民用航空器维修基础系列教材

涡轮发动机飞机结构与系统 （下）（第2版）

Turbine Aeroplane Structures and Systems

（ME-TA）

任仁良　主编

清华大学出版社
北京

内容简介

本书是"民用航空器维修基础系列教材"之一,是民用航空器维修人员基础执照考试的指定参考用书。全书分为9章,内容包括飞机电源系统、灯光和氧气系统、防火系统、防冰和排雨系统、航空仪表、自动飞行系统、通信系统、导航系统和机载维护系统。

本书的内容是飞机维修人员机电(ME-TA)专业必须要掌握的基础知识,通俗易懂,实用性强,基本上不涉及复杂的数学公式和推导,注重定性描述大纲中要求掌握的基本知识。本书可作为航空维修职业技术院校和CCAR-147维修基础培训机构的培训教材或参考教材,也适用于具有一定基础的航空机电专业人员自学。

本书封面贴有清华大学出版社防伪标签,无标签者不得销售。
版权所有,侵权必究。举报:010-62782989,beiqinquan@tup.tsinghua.edu.cn。

图书在版编目(CIP)数据

涡轮发动机飞机结构与系统:ME-TA.下/任仁良主编.—2版.—北京:清华大学出版社,2017(2025.6重印)

(民用航空器维修基础系列教材)

ISBN 978-7-302-46303-0

Ⅰ.①涡… Ⅱ.①任… Ⅲ.①涡轮喷气发动机-民用飞机-飞机构件-教材 ②涡轮喷气发动机-民用飞机-飞机系统-教材 Ⅳ.①V222

中国版本图书馆CIP数据核字(2017)第021391号

责任编辑:赵 斌 赵从棉
封面设计:李星辰
责任校对:刘玉霞
责任印制:曹婉颖

出版发行:清华大学出版社
网　　址:https://www.tup.com.cn,https://www.wqxuetang.com
地　　址:北京清华大学学研大厦A座　　邮　编:100084
社 总 机:010-83470000　　邮　购:010-62786544
投稿与读者服务:010-62776969,c-service@tup.tsinghua.edu.cn
质量反馈:010-62772015,zhiliang@tup.tsinghua.edu.cn

印 装 者:三河市人民印务有限公司
经　　销:全国新华书店
开　　本:185mm×260mm　　印 张:20　　字 数:486千字
版　　次:2006年11月第1版　2017年3月第2版　　印 次:2025年6月第20次印刷
定　　价:62.00元

产品编号:072699-02

民用航空器维修基础系列教材
编写委员会

主任委员：任仁良

编　　委：刘　燕　陈　康　付尧明　郝　瑞
　　　　　　蒋陵平　李幼兰　刘　峰　刘建英
　　　　　　刘　珂　吕新明　任仁良　王会来
　　　　　　张　鹏　邹　蓬　张铁纯

序言
PREFACE

2005年8月,中国民航规章CCAR-66R1《民用航空器维修人员执照管理规则》考试大纲正式发布执行,该大纲规定了民用航空器维修持照人员必须掌握的基本知识。随着中国民用航空业的飞速发展,业内迫切需要大批高素质的民用航空器维修人员。为适应民航的发展,提高机务维修人员的素质和航空器的维修水平,满足广大机务维修人员学习业务的需求,中国民航总局飞行标准司组织成立了"民用航空器维修基础系列教材"编写委员会,其任务是组织编写一套满足中国民航维修要求、实用性强、高质量的培训和自学教材。

为方便机务维修人员通过培训或自学参加维修执照基础部分考试,本套教材根据民航局颁发的 AC-66R1-02 维修执照基础部分考试大纲编写,同时满足 AC-147-02 维修基础培训大纲。本套教材共 14 本,内容覆盖了大纲的所有模块,具体每一本教材的适用专业和对应的考试大纲模块见本书封底。

本套教材力求通俗易懂,紧密联系民航实际,强调航空器维修的基础理论和维修基本技能的培训,注重教材的实用性。本套教材可作为民航机务维修人员或有志于进入民航维修业的人员的培训或自学用书,也可作为 CCAR-147 维修培训机构的基础培训教材或参考教材。

"民用航空器维修基础系列教材"第1版在 CCAR-66 执照基础部分考试和 CCAR-147 维修基础培训中得到了非常广泛的应用。通过10年多的使用,在第1版教材中发现了不少问题;同时10年来,大量高新技术应用到新一代飞机上(如B787、A380等),维修理念和技术也有了很大的发展,与之相对应的基础知识必须得到加强和补充。因此,维修基础培训教材急需进行修订。

"民用航空器维修基础系列教材"的再版是在民航局飞行标准司的直接领导下进行修订编写的。这套教材的编写得到了民航安全能力基金的资助,同时得到了中国民航总局飞行标准司、中国民航大学、广州民航职业技术学院、中国民用航空飞行学院、民航管理干部学院、上海民航职业技术学院、北京飞机维修工程有限公司(Ameco)、广州飞机维修工程有限公司(Gameco)、中信海洋直升机公司、深圳航空有限责任公司等单位以及航空器维修领域专家的大力支持,在此一并表示感谢!

由于编写时间仓促和我们的水平有限,书中难免存在许多错误和不足,请各位专家和读者及时指出,以便再版时加以纠正。我们相信,经过不断的修订和完善,这套教材一定能成为飞机维修基础培训的经典教材,为提高机务人员的素质和飞机维修质量作出更大的贡献。读者如有任何意见和建议请发至:skyexam2015@163.com。

"民用航空器维修基础系列教材"编委会
2016年4月

前 言

FOREWORD

《涡轮发动机飞机结构与系统(ME-TA)》分上下两册,上册为涡轮发动机飞机结构和机械系统,下册为飞机电气电子系统。本教材是按照中国民航规章 CCAR-66R2《民用航空器维修人员执照管理规则》航空机电专业(ME)考试大纲 M11 编写的,本书的编写内容是飞机维修人员必须要掌握的基础知识。在编写过程中,力求做到通俗易懂,注重知识的实用性,贯彻了理论与实际密切结合的思想,基本上不涉及复杂的数学公式和推导,强调定性描述大纲中要求掌握的基本知识。本书可以作为航空维修职业技术院校和 CCAR-147 维修基础培训机构的培训教材或参考教材,也适用于具有一定基础的航空机电专业人员自学。

上册由张铁纯老师主编和统稿,内容包括飞机结构、液压系统、燃油系统、起落架系统、飞行操纵系统、空调系统和设备/设施与水系统。

下册由任仁良教授主编和统稿,内容包括飞机电源系统、灯光和氧气系统、防火系统、防冰和排雨系统、航空仪表、自动飞行系统、通信系统、导航系统和机载维护系统。其中第 1~4 章由任仁良编写;第 5~8 章由王会来编写;第 9 章由杨国余编写。杨惠敬、刘建英、冯建朝等也参与了编写工作。

在本书第 1 版使用 10 年的过程中,随着新一代飞机 B787 和 A380 投入运行,飞机电气电子系统发生了很大的变化,急需增加相应的基础知识。第 2 版是在第 1 版的基础上进行修订的,重点对原版各章的文字和内容进行了重新梳理,对一些不清楚的或错误之处进行了修改和完善,力求把飞机电气电子系统的基本原理讲解得更直接、更透彻,以方便机械专业机务人员学习。

在电源系统增加了飞机电网的线制说明;增加了航空锂电池一节,增加了飞机电瓶充电、容量检查和维护的基本知识;在直流电源系统中增加了直流电源的控制与保护一节;增加了多电飞机如 B787 飞机在电源方面的新技术,如电压等级分为 115/200V 和 230/400V,加强了变频电源的内容,增加了交流起动发电机内容;增加了电网的控制与保护一节,增加了电网构型和远程配电方式、自动配电方面的内容,使电源系统内容更加完整。在灯光和氧气系统中增加了飞机上常用的照明光源一节,对全面了解飞机上的灯光很有帮助;增加了现代飞机常用的 LED 灯的描述和应用举例;对应急灯光和机外灯光增加了描述内容。在防火系统中,增加了光敏型火警探测器,使探测器种类更加完整;按最新的标准划分了火的种类;对灭火瓶释放外部指示进行了描述;对空客和波音典型的发动机灭火瓶的不同构型进行了说明。在防冰排雨系统中增加了电动式结冰探测器,使探测器种类更加完整。

宋静波、蒋陵平、项伟、许俊、张宏伟、刘建英、许少伟、万晓云、郝瑞、杨晓龙、杨娟等民航专家对全书进行了审校,提出了许多修改意见,在此谨表深深的谢意。

我国民航所使用的飞机大都是欧美制造,为了便于学生对照机型资料学习,书中的部分电路符号采用了欧美国家的符号,学习时应予注意。

由于编写时间仓促,加之编者水平有限,书中可能存在着许多错误和不足之处,请各位专家和读者指出,以便再版时加以纠正。

编者

2016 年 12 月

目 录

第 1 章　飞机电源系统 …………………………………………………………… 1
1.1　概述 ……………………………………………………………………… 1
　　1.1.1　飞机电源系统的功用和组成 …………………………………………… 1
　　1.1.2　飞机主电源系统的种类 ………………………………………………… 2
　　1.1.3　飞机电网的线制及参数 ………………………………………………… 4
1.2　航空蓄电池 ……………………………………………………………… 4
　　1.2.1　航空蓄电池的基本知识 ………………………………………………… 4
　　1.2.2　铅酸蓄电池 …………………………………………………………… 11
　　1.2.3　碱性蓄电池 …………………………………………………………… 14
　　1.2.4　锂电池 ………………………………………………………………… 22
　　1.2.5　机载电瓶充电器 ……………………………………………………… 25
1.3　直流电源系统 …………………………………………………………… 26
　　1.3.1　直流发电机 …………………………………………………………… 26
　　1.3.2　发电机调压器 ………………………………………………………… 32
　　1.3.3　直流电源的并联供电 ………………………………………………… 35
　　1.3.4　直流电源的控制与保护 ……………………………………………… 36
1.4　交流电源系统 …………………………………………………………… 39
　　1.4.1　恒频交流电源和变频交流电源 ……………………………………… 39
　　1.4.2　恒速传动装置的基本工作原理 ……………………………………… 41
　　1.4.3　交流发电机的结构和工作原理 ……………………………………… 46
　　1.4.4　调压器 ………………………………………………………………… 50
　　1.4.5　交流电源系统的故障及保护 ………………………………………… 54
　　1.4.6　交流电源的并联供电 ………………………………………………… 62
1.5　二次电源和应急电源 …………………………………………………… 66
　　1.5.1　变压整流器 …………………………………………………………… 66
　　1.5.2　静止变流器 …………………………………………………………… 68
　　1.5.3　应急发电机 …………………………………………………………… 71
　　1.5.4　应急电池组件 ………………………………………………………… 73

1.6 地面电源及其控制 …………………………………………………………………… 76
1.7 飞机电网及配电系统 ………………………………………………………………… 77
  1.7.1 飞机电网 ……………………………………………………………………… 77
  1.7.2 飞机电网的构型 ……………………………………………………………… 79
  1.7.3 电源供配电方式 ……………………………………………………………… 80
  1.7.4 电网的控制与保护 …………………………………………………………… 84
  1.7.5 多电飞机的电网构型 ………………………………………………………… 86

第 2 章 灯光和氧气系统 …………………………………………………………………… 89

2.1 灯光照明系统 ………………………………………………………………………… 89
  2.1.1 灯光系统概述 ………………………………………………………………… 89
  2.1.2 常用照明光源 ………………………………………………………………… 90
  2.1.3 机内灯光 ……………………………………………………………………… 96
  2.1.4 机外灯光 ……………………………………………………………………… 103
  2.1.5 应急灯光 ……………………………………………………………………… 105
  2.1.6 灯光系统维护注意事项 ……………………………………………………… 108
2.2 氧气系统 ……………………………………………………………………………… 108
  2.2.1 氧气系统概述 ………………………………………………………………… 108
  2.2.2 机组氧气系统 ………………………………………………………………… 109
  2.2.3 旅客氧气系统 ………………………………………………………………… 113
  2.2.4 便携式氧气瓶 ………………………………………………………………… 116
  2.2.5 氧气系统的指示和警告 ……………………………………………………… 117
  2.2.6 氧气系统的维护与保养 ……………………………………………………… 118

第 3 章 防火系统 …………………………………………………………………………… 120

3.1 概述 …………………………………………………………………………………… 120
  3.1.1 防火系统的功用和组成 ……………………………………………………… 120
  3.1.2 警告信息的描述 ……………………………………………………………… 121
3.2 火警探测系统 ………………………………………………………………………… 122
  3.2.1 火警探测系统的组成 ………………………………………………………… 122
  3.2.2 火警探测原理 ………………………………………………………………… 123
  3.2.3 飞机火警探测系统举例 ……………………………………………………… 130
  3.2.4 火警探测系统的检查与维护 ………………………………………………… 133
3.3 飞机灭火系统 ………………………………………………………………………… 134
  3.3.1 火的种类和灭火方法 ………………………………………………………… 134
  3.3.2 手提式灭火器 ………………………………………………………………… 136
  3.3.3 飞机重要区域的灭火系统 …………………………………………………… 137
  3.3.4 灭火系统的维护 ……………………………………………………………… 141

第 4 章　防冰和排雨系统 … 143

4.1　结冰的形式及其危害 … 143
- 4.1.1　飞机结冰的危害 … 143
- 4.1.2　结冰的机理 … 144
- 4.1.3　飞机结冰及其形式 … 145

4.2　结冰探测器 … 146
- 4.2.1　电动式结冰探测器 … 147
- 4.2.2　振荡式结冰探测器 … 147
- 4.2.3　压差式结冰探测器 … 150
- 4.2.4　放射性同位素结冰探测器 … 151

4.3　防冰和除冰 … 151
- 4.3.1　机翼和发动机进气道防冰 … 152
- 4.3.2　螺旋桨防冰 … 154
- 4.3.3　风挡玻璃的防冰和防雾 … 155
- 4.3.4　大气数据探头防冰 … 157
- 4.3.5　供水和排放系统的防冰 … 158
- 4.3.6　机械能除冰系统 … 158

4.4　风挡排雨系统 … 160
- 4.4.1　排雨液 … 160
- 4.4.2　厌水涂层 … 161
- 4.4.3　风挡刮水器 … 162

4.5　飞机的地面除冰 … 162

第 5 章　航空仪表 … 165

5.1　航空仪表概述 … 165
- 5.1.1　航空仪表的分类 … 165
- 5.1.2　航空仪表的发展历程与布局 … 165
- 5.1.3　航空仪表显示数据的基本 T 型格式 … 169
- 5.1.4　模拟式/数字式电子仪表的优缺点 … 171

5.2　大气数据仪表 … 171
- 5.2.1　国际标准大气 … 171
- 5.2.2　气压式高度表 … 172
- 5.2.3　升降速度表 … 174
- 5.2.4　马赫-空速表 … 176
- 5.2.5　温度指示器 … 180

5.3　全/静压系统 … 182
- 5.3.1　静压系统 … 182
- 5.3.2　全压系统 … 183

5.3.3　系统结构 ·· 184
　　5.3.4　全/静压系统的基本故障分析 ·· 186
　　5.3.5　全/静压系统的排水接头 ··· 188
5.4　大气数据计算机 ·· 189
　　5.4.1　模拟式大气数据计算机 ·· 189
　　5.4.2　数字式大气数据计算机 ·· 190
　　5.4.3　混合式大气数据计算机 ·· 193
5.5　飞行数据记录器 ·· 193
5.6　陀螺 ·· 195
5.7　陀螺仪表 ·· 198
　　5.7.1　姿态仪表 ·· 198
　　5.7.2　航向仪表 ·· 199
5.8　警告系统 ·· 201
　　5.8.1　高度警告 ·· 201
　　5.8.2　超速警告 ·· 203
　　5.8.3　失速警告 ·· 204
5.9　电子飞行仪表系统 ·· 207
　　5.9.1　概述 ·· 207
　　5.9.2　EFIS 的基本组成 ·· 208
5.10　发动机指示和机组警告系统与电子中央飞机监控系统 ································· 210
　　5.10.1　EICAS 的组成 ·· 210
　　5.10.2　EICAS 的显示 ·· 214
　　5.10.3　系统的异常显示 ·· 221
　　5.10.4　电子中央飞机监控系统 ··· 222

第 6 章　自动飞行系统 ·· 231

6.1　自动飞行系统的组成和基本功能 ··· 231
　　6.1.1　自动飞行系统的组成 ·· 231
　　6.1.2　自动飞行系统的基本功能 ··· 231
　　6.1.3　自动飞行系统的基本结构 ··· 232
6.2　自动驾驶仪 ·· 233
　　6.2.1　自动驾驶仪的功用及其基本组成 ··· 233
　　6.2.2　自动驾驶仪的基本原理 ·· 233
　　6.2.3　自动驾驶仪的常见工作方式 ·· 235
6.3　飞行指引 ·· 236
6.4　偏航阻尼系统 ·· 236
　　6.4.1　偏航阻尼系统的功用 ·· 236
　　6.4.2　荷兰滚的原理 ·· 237
　　6.4.3　偏航阻尼系统的组成 ·· 238

6.5 配平系统 ··· 240
    6.5.1 安定面配平功用 ··· 240
    6.5.2 俯仰配平系统的组成和工作原理 ································· 241
6.6 自动油门系统 ··· 243
    6.6.1 自动油门系统的功用 ·· 243
    6.6.2 自动油门系统在整个飞行过程中的工作情况 ··················· 244

第7章 通信系统 ··· 246

7.1 通信系统的组成和功用 ·· 246
7.2 机内通话系统 ··· 247
    7.2.1 音频管理系统 ·· 247
    7.2.2 音频控制板 ·· 247
    7.2.3 内话系统 ··· 248
    7.2.4 广播系统 ··· 249
7.3 无线电通信系统 ··· 250
    7.3.1 甚高频通信系统 ··· 250
    7.3.2 高频通信系统 ·· 251
    7.3.3 选择呼叫系统 ·· 253
    7.3.4 卫星通信系统 ·· 254
    7.3.5 飞机通信寻址与报告系统 ·· 256
7.4 事故调查设备 ··· 259
    7.4.1 驾驶舱话音记录系统 ·· 259
    7.4.2 紧急定位发射机 ··· 260

第8章 导航系统 ··· 262

8.1 导航系统的组成 ··· 262
8.2 无线电导航系统 ··· 263
    8.2.1 自动定向机系统 ··· 263
    8.2.2 甚高频全向信标系统 ·· 266
    8.2.3 仪表着陆系统 ·· 268
    8.2.4 全球定位系统 ·· 271
8.3 雷达系统 ··· 273
    8.3.1 无线电高度表 ·· 273
    8.3.2 测距机 ·· 275
    8.3.3 气象雷达系统 ·· 277
8.4 交通管制与警告系统 ·· 280
    8.4.1 空中交通管制 ·· 280
    8.4.2 交通警告与防撞系统 ·· 282
    8.4.3 近地警告系统 ·· 285

8.5 惯性基准系统 …………………………………………………………………… 287
8.6 飞行管理系统 …………………………………………………………………… 288

第9章 机载维护系统 ……………………………………………………………… 292

9.1 概述 ……………………………………………………………………………… 292
9.2 系统的组成及工作原理 ………………………………………………………… 293
    9.2.1 组成及工作方式 ………………………………………………………… 293
    9.2.2 工作原理 ………………………………………………………………… 294
9.3 OMS 人/机界面描述 …………………………………………………………… 297
9.4 打印机 …………………………………………………………………………… 300
9.5 机载数据装载系统 ……………………………………………………………… 300
9.6 飞机状态监控系统 ……………………………………………………………… 301

参考文献 ……………………………………………………………………………… 305

第1章 飞机电源系统

1.1 概述

1.1.1 飞机电源系统的功用和组成

1. 飞机电源系统的功用

所有飞机都要使用电能,其主要用途是:
(1) 电能转换成热能,如厨房用电、电热防冰类负载等;
(2) 给电子设备供电,如计算机、显示器、传感器、控制器等;
(3) 电能转换成机械能,如电动油泵、电动风扇、电磁活门等;
(4) 照明,如驾驶舱、客舱照明,航行灯、着陆灯等。

2. 飞机电源系统的组成

飞机电源系统主要由电源、控制及保护装置和供配电网络等几个部分组成。

1) 电源

为了保证飞机在各种情况下的正常供电,按照电源的来源和用途,飞机电源系统由主电源、辅助电源、应急电源、二次电源和地面电源组成,如图 1.1-1 所示。

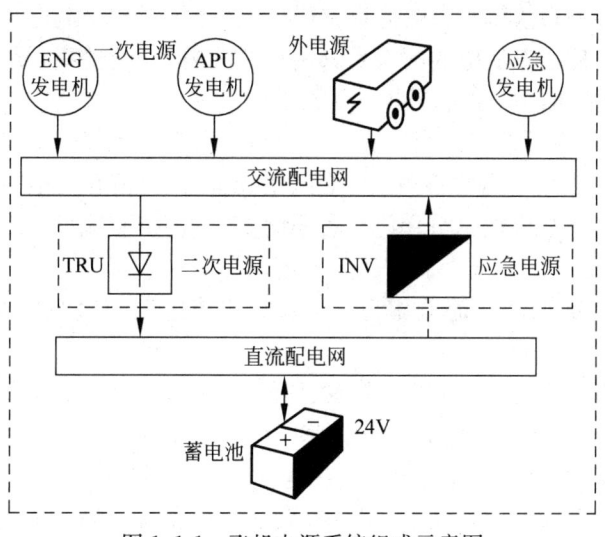

图 1.1-1　飞机电源系统组成示意图

主电源：是指由航空器发动机驱动的发电机所提供的电源。

辅助电源：是指由辅助动力装置(APU)驱动的发电机或机载电瓶提供的电源，飞机在地面或空中主发电机失效时，可以由 APU 发电机提供电源。

应急电源：飞机在飞行中主电源失效时，飞机上的关键设备由应急电源供电。应急电源有机载电瓶、变流机(器)、冲压空气涡轮发电机(RAT.G)、液压马达驱动的发电机(HMG)等。

二次电源：是将主电源一种形式或规格的电能转变为另一种形式或规格的电能，以满足不同用电设备的需要。如变压整流器(TRU)和变流机(器)(INV)，前者将 115/200V 的交流电变成 28V 直流电，后者将 28V 直流电变成 115V 交流电。

地面电源：飞机在地面时，由地面电源车或逆变电源向飞机供电。

2) 控制及保护装置

飞机电源系统的控制包括对发电机进行调压、发电机的励磁控制、发电机输出控制、发电机并联控制和汇流条控制等。电源系统保护装置的作用是当电源系统发生故障时，切断发电机的励磁和输出。如交流电源系统设置的保护项目有过压(OV)、欠压(UV)、过频(OF)、欠频(UF)、过流(OC)、差动(DP)等保护；直流电源有过压(OV)、反流、过载等保护。

3) 供配电网络

发电机到负载的供配电网络的作用是将电能输送到负载，主要包括汇流条、电源分配系统(配电)、过流(短路)保护器(跳开关)等。

1.1.2 飞机主电源系统的种类

飞机的主电源主要有两种形式，一种是直流电源，一种是交流电源。早期的航空器大多采用直流电源，现代航空器大多采用交流电源。根据适航要求，为了保证飞行安全，所有运输用航空器必须安装有直流备用电源系统。

传统的低压直流发电机容量较小，一般为几千瓦到十几千瓦，电压采用 14V DC 或 28V DC。小型飞机一般以直流电源为主电源，直流电源由有刷直流发电机(DC generator)、交流-直流发电机(DC alternator)或航空蓄电池提供，机载设备所需的交流电由旋转变流机或静止变流器(INV)提供。低压直流电的优点是采用单线配电，安全性高，导线重量相对较轻，控制保护设备简单，适用于用电量比较小的飞机。

270V 高压直流电源系统采用无刷直流发电机，电网重量也大大减轻，但由于 270V 高压直流电绝缘防护要求高，控制相对复杂，变压比较困难，目前在民航运输机上没有得到广泛应用。但某些大型飞机上的部分用电设备采用 270V 高压直流供电，是由 115/200V 经全波整流得到的直流电。

现代大中型飞机都采用交流电作为主电源。交流电源与直流电源相比，主要有以下优点：

(1) 交流发电机采用无刷发电机，没有换向问题，减少了噪声、电磁干扰和维护工作量；

(2) 交流电源电压等级高，发电机输出功率大，发电机和配电导线重量轻；

(3) 交流—交流、交流—直流的电压变换容易，功率损耗小。

由于交流电源优点突出，现代大型运输机大都采用交流电源作为主电源。无刷交流发电机的容量大，目前的单机容量已经超过了 250kV·A，电压等级有 115/200V 和 230/400V

两种,目前除了 B787 飞机的主发电机采用 230/400V 外,其余机型的主发电机都是 115/200V。

交流电源分为恒频交流电和变频交流电两大类,前者的额定频率为 400Hz,后者的频率范围一般在 360~800Hz。在以交流电为主电源的飞机上,所需直流电源由变压整流器(TRU)或航空蓄电池提供。

随着航空新技术的发展,飞机自动化程度越来越高,对电源容量的要求也越来越大。表 1.1-1 列出了典型主流机型的电源容量。

表 1.1-1 各种飞机的电源容量

飞 机 型 号	投入使用年份	发电机总功率			总功率/kV·A 或 kW
		直流/kW	交流/kV·A		
			变频	恒频	
DC2	1932	1.5			1.5
DC3	1935	3			3
DC4	1939	12			12
SIEBEL	1945	4			4
MYSERE IV A	1952	6			6
CARAVELLE	1955	27			27
BREGUET ALIZE	1956	12	20		32
BOEING 707	1958			160*	160*
CARAVELLE SAS	1961	27	36		63
BREGUET ATLANTIC	1961	18	140	24	182
TRANSALL	1962		180	18	198
SUPER FRELON	1964	27		28	55
DC8	1966			160	160
BOEING B737	1966			80	80
LOCKHEED C5A	1968			240	240
CONCORDE	1969			160	160
BOEING B747	1969			360*	360*
AIRBUS A300	1972			270*	270*
MIRAGE 2000	1980			40	40
BOEING B767	1981			270*	270*
ATR 42	1983	24	40		64
AIRBUS A320	1987			270*	270*
RALALE	1990		80	1.2	81.2
AIRBUS A340	1991			415*	415*
AIRBUS A330	1993			345*	345*
AWACS				675	675
BOEING B777	1995			360*	360*
AIRBUS A380	2006		840*		840*
B787	2007		1470*		1470*

注:*表示包括 APU 发电机

1.1.3　飞机电网的线制及参数

1. 电网的线制

目前的民航运输机其机体结构一般是金属及其合金,因此电网和负载可以利用机体构成回路。当飞机机体结构采用金属材料时,可以起到地线或中性线的作用,一般是电源的"负端"或中性线接于飞机机体上,负载可以接在正线或火线与机体之间。这种电网结构减少了电缆数量,减轻了电网的重量,简化了安装和维护工作。直流电源都采用这种接法。但新型飞机如 B787 的机体结构大量采用非金属复合材料,需要专门设置零线。

目前大多数采用金属材料作机体结构的飞机,三相交流电源普遍采用负线或中性线接机体的电网构型。中性线接于机体的三相交流电源系统如图 1.1-2 所示。同时,这种供电方式还可以提供两种规格的电压,即相电压 115V 和线电压 200V。

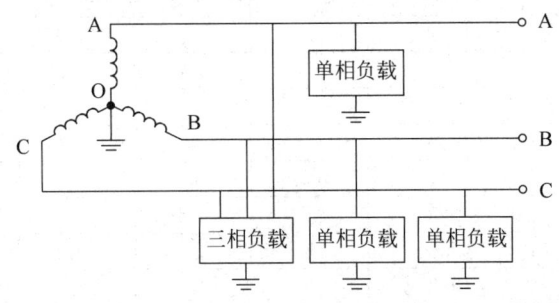

图 1.1-2　以机体为中线的三相四线制

2. 飞机电网的参数

飞机供电系统的基本参数包括电压、频率、相数等,这些参数与供电系统、配电系统和用电设备的性能、体积、重量和制造成本等有着密切的关系。现代飞机供电系统的基本参数如下:

(1) 低压直流电源:电压为 14 VDC 或 28V DC,一般采用单线制。

(2) 恒频交流电源:电压为 115/200V AC,频率为 400Hz,三相四线制。

(3) 变频交流电源:电压为 115/200V AC 或 230/400V AC,频率为 360～800Hz(其中窄变频为 360～650Hz,宽变频为 360～800Hz),三相四线制。

(4) 高压直流电源:电压为 270V DC,单线制或双线制。

1.2　航空蓄电池

1.2.1　航空蓄电池的基本知识

1. 航空蓄电池的功用

根据适航要求,任何飞机必须安装应急直流电源。航空蓄电池(或称电瓶)是最基本的应急直流电源。当飞机在飞行过程中主电源和其他辅助电源都失效后,必须由蓄电池向飞机上的重要设备供电,以维持飞机紧急着陆。适航条例规定,在应急情况下,电瓶应至少能维持 30min(双发延程飞行(ETOPS)为 1h 以上)向重要设备供电。

概括起来说,电瓶的主要功用有:①在飞机直流电源系统中,切换大负载时起到维持供电系统电压稳定的作用;②用于起动发动机或APU;③在应急情况下,向重要的飞行仪表和导航设备等供电,以保证飞机安全着陆。

目前飞机上常用的电瓶有酸性和碱性两种,大型飞机大多采用碱性电瓶,锂电池也在飞机上得到了应用,如B787飞机,而小型飞机主要采用酸性电瓶。飞机电瓶为时控件,装机一定时间后必须离位,在内场(电瓶维修车间)进行检查、充电、容量检测和维护,以消除电瓶固有的记忆特性(镍镉蓄电池),恢复其额定容量,确保飞机飞行安全。当电瓶的实际容量达不到额定容量的85%时,就不能装机使用。电瓶离位检查的时间间隔与其型号及所安装飞机的机型有关,如我国某航空公司机队维修方案中要求的机载电瓶送进内场检查和测试的时间间隔如表1.2-1所示。

表1.2-1 不同飞机电瓶离位检查的时间间隔

机 型	时间间隔(FH:飞行小时;或DAYS:天)
EMB145	600FH
B737CL	750FH
B737NG	1000FH
B747	1800FH
B757	2000FH
B777	400DAYS
A319/320/321	1000FH
A330	365DAYS

2. 航空蓄电池的常用术语

1) 放电速率

放电速率(discharging rate)简称放电率,常用时率和"C"速率(倍率)表示。时率是以放电时间表示的放电速率,即以某电流放电至规定终止电压所经历的时间。例如某电池额定容量为40A·h,以5小时率(表示为C_5)放电,则该电池应以8A电流放电。

"C"速率常用来描述电瓶的充放电速率,单位为A。将充足电的电瓶用1h放电至终止电压的放电速率称为1C,如容量为40A·h的电瓶,以1C的放电速率放电,则放电电流为40A;以$C/2$放电则为20A;以0.1C放电(或充电),则其放电(或充电)电流为4A。

2) 额定电压

额定电压(nominal voltage)是指蓄电池以2小时率放电(即电瓶充满电后用2h放电到终止电压),并放出80%的电量时,电瓶所能维持的电压。如航空蓄电池的额定电压为24V,指的是充满电后的电瓶以2小时率放电,当放出80%的电量时,蓄电池应能维持在24V。而实际的电瓶充满电后的电压一般达28V以上。

3) 放电终止电压

放电终止电压(the endpoint voltage)是指电瓶以一定电流在25℃环境温度下放电至能反复充电使用的最低电压。

一般单体铅酸电池终止电压为1.8V。铅酸航空蓄电池由12个单体电池串联组成,因此铅酸电瓶的放电终止电压为21.6V。单体碱性电池的放电终止电压为1V,碱性电瓶由

19个或20个单体电池组成,因此其放电终止电压为19V或20V。

4) 容量

充满电的蓄电池在一定放电条件下所能放出的电量称为容量(capacity),容量的单位为安培小时,简称安时(A·h)或毫安时(mA·h)。1个安培小时是指电瓶用1A电流向负载放电,可以持续放电1h。此外,蓄电池的容量可以分为理论容量、实际容量和额定容量。

理论容量是指蓄电池极板上的活性物质的质量按法拉第电解定律计算而得到的最高理论值。为了比较不同系列电池理论容量上的差异,常用"比容量"的概念,即单位体积或单位质量电池所能放出的理论电量,单位为A·h/kg或W·h/kg。例如,常用的酸性电瓶的比容量为0.79A·h/kg,而碱性电瓶可达到1.11A·h/kg。可见,碱性电瓶的比容量高于酸性电瓶,这表明在相同容量下,碱性电瓶的体积重量更小。这也是现代飞机上大都采用碱性电瓶的原因之一。

实际容量是指电瓶在一定条件下所能输出的实际电量。它等于放电电流与放电时间的乘积,单位为A·h。一般情况下,实际容量小于理论容量。因为组成一个实际电瓶时,除了活性物质外,还包括非反应成分,如外壳、导电零件等,同时还与活性物质被有效利用的程度有关。电池的实际容量主要与电池正、负极活性物质的数量及利用率有关。活性物质的利用率主要与放电速率、放电形式、放电温度及电极的结构和制造工艺等因素有关。

额定容量(rated capacity)也叫保证容量,是按照国家或有关部门颁布的标准,保证电池在一定放电电流和温度下放电到终止电压时应达到的容量。我们常说的电瓶容量一般指额定容量。

从理论上讲,1个100A·h的电瓶用100A放电时应能放电1h,50A可以放电2h,20A可以放电5h。但实际情况并非如此。对碱性电瓶来说,上述结论基本正确(碱性电瓶内阻很小)。而对于酸性电瓶,大电流放电时由于极板迅速被硫酸铅覆盖,使电瓶内阻增加,电瓶容量迅速下降,这也是酸性电瓶的主要缺点之一。例如,一个25A·h的酸性电瓶用5A放电能放5h,用48A放电则只能维持20min,其实际容量仅为16A·h,如用140A放电仅用5min就放完了,电瓶的实际容量下降到了11.7A·h。

从电瓶结构和使用条件考察,影响电瓶容量的因素主要有5个方面:①极板面积的大小;②极板活性物质的多少;③电解液的密度;④放电时的温度;⑤放电速率和放电方式。

增大极板面积,增加活性物质的数量,电瓶的容量将增加。但在电瓶结构之外,电瓶的新旧程度、电解液密度、放电温度、放电电流的大小等就成为影响容量的主要因素。其中放电电流大小和放电温度的影响最大。例如,在50°F(10℃)时,一个充满电的酸性电瓶以一定电流可以放电5h,但在0°F(-18℃)时以同样电流放电只能放电1h。因为当温度下降时,化学反应的速度变慢。镍镉电瓶对放电温度及放电率敏感度较低,但随着温度的降低,放电容量也会减小。电瓶容量与温度之间的关系如图1.2-1所示(放电速率为1C)。

充放电速率对电瓶的输出容量也有影响,实践表明,用较小电流对电瓶充电比大电流(不包括快速充电)充电,在同等条件下,电瓶能放出的电量更多,因此,一般采用C/2及以下的小电流充电。在同等条件下,放电速率越大,容量越小。例如,一个由20个单体电池串联组成的、额定容量为40A·h的镍镉电瓶,其放电终止电压为20V,当用1C放电时,其容量约为42A·h,10C放电时容量大约只有25A·h,而用20C放电,则电压马上低于20V,如图1.2-2所示。

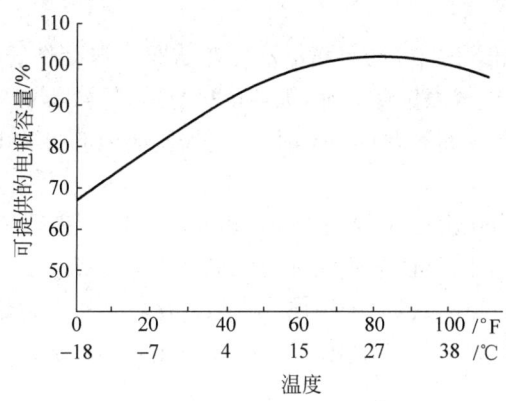

图 1.2-1 电瓶容量与温度的关系

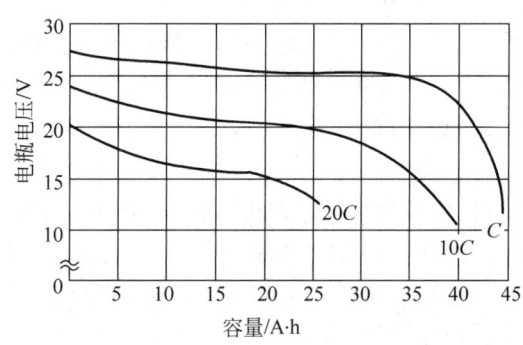

图 1.2-2 容量与放电率的关系

随着充放电次数的增加,电瓶容量会逐步下降,一般当实际容量低于额定容量的85%时,就不能装上飞机使用。

此外,电解液的密度与电瓶容量的关系也不是单调的,密度太大或太小都会导致电瓶容量下降,只有在规定密度值下,电瓶的容量才能达到最大值。

5) 内阻

蓄电池的内阻(internal resistance)使电流通过电池内部时受到阻力,使蓄电池的输出电压降低。蓄电池的内阻不是常数,在放电过程中会随时间不断变化,这是因为活性物质的组成、电解液密度和温度都在不断变化。

蓄电池的内阻包括欧姆电阻和极化电阻。欧姆电阻主要由电极材料、电解液、隔膜的电阻以及各部分的接触电阻等组成,它与电池的结构、制造工艺及装配的松紧度等有关,并遵循欧姆定律。其中电解液的密度太高或太低都会导致内阻增大,因此在维护过程中,电解液的密度必须依据制造厂家给出的参数确定。

电瓶在充放电过程中,正、负极板进行电化学反应时极化引起的内阻称为极化电阻。极化电阻主要与电池的工作条件有关,放电电流和温度对其影响很大。在大电流放电时,电化学极化和浓差极化(极板附近的电解液浓度与相对远离极板的电解液浓度不同)均增加,使极化电阻增大。温度降低对离子的扩散有不利的影响,使化学反应速度变慢,故在低温条件下,蓄电池的极化电阻将增加。

一般飞机上常用的酸性电瓶的内阻为 30mΩ 左右,而碱性电瓶内阻只有 10mΩ 左右。

6) 自放电

电池的自放电(self discharging)是指电池在存储期间容量降低的现象。当极板或电解液中含有杂质时,就容易组成腐蚀微电池,消耗电极材料,导致容量降低。此外,当电池表面有导电物质或置在潮湿及高温的环境中时,也会加剧电池的自放电。

7) 深度放电

深度放电(deep discharging)主要用于碱性电瓶。当电瓶进行离位检查时,需要在内场进行深度放电,主要用于消除碱性电瓶固有的记忆效应和电瓶在反复充电后产生的单体电池电压不平衡现象(尤其是在飞机上采用恒压充电时比较严重),以恢复电瓶的容量。

深度放电就是在电瓶放电到终止电压后,继续放电,把所有电量都放完,再用短路夹短接单体电池的两端。

8) 充电效率

当蓄电池充电时,有一部分电量消耗在水的分解上,同时由于蓄电池存在内阻,其消耗的能量都以热量的形式释放掉。此外,充入电瓶的电能也不能全部输出,因为自放电、电极活性物质的脱落、活性物质结块等问题也降低了实际的输出容量。一般情况下,充电输入的安时数是额定安时数的140%的情况下,就可以认为电瓶已经充满电。

9) 使用寿命

在规定条件下,电瓶的有效寿命期限称为使用寿命(life)。电瓶的使用寿命包括使用期限和使用周期。使用期限是指电瓶可供使用的时间,包括电瓶的存放时间。使用周期是指电瓶可供重复使用的次数。电瓶每经历一次全充电和全放电称为一个周期或一个循环。若以循环方式考核,铅酸电瓶的使用寿命为300~500次或更多;碱性镍镉电瓶的使用寿命较长,为500~1000次。

采用正确的充电和维护方法,可以延长电瓶的使用寿命,因此电瓶的维护和保养十分重要。几种常用蓄电池的主要性能对比如表1.2-2所示。

表 1.2-2 几种常用蓄电池主要性能对比

性能项目＼蓄电池种类	铅酸电池	镍镉电池	镍氢电池	锂离子电池	聚合物锂电池
标称电压/V	2.0	1.2	1.2	3.6	3.6
比容量/(W·h/kg)	30~50	50~80	65~120	120~190	130~200
每月自放电率/%	5	20	30	<10	<10
循环寿命/次	300~500	500~1000	300~500	500~1000	500~1000
记忆效应	无	有	有	无	无
工作温度/℃	−20~+60	−40~+60	−20~+60	−40~+60	−40~+60
维护周期/月	4	1.5	2.5	3~6	3~6
污染状况	Pb污染	Cd、Ni污染	Ni污染	无	无

3. 蓄电池的充电方法

充电是蓄电池日常维护管理的重要工作,充电设备和充电技术是做好充电工作的重要技术基础。目前所用的电瓶充电设备种类繁多。从充电方式看,有恒压充电、恒流充电和恒压恒流充电等几种方式。由于电瓶充满电后存在自放电现象,因此为了维持电瓶的容量,在飞机上还采用浮充电方式。

1) 恒压充电方式

恒压充电(constant potential charging)是指在充电过程中,充电电压恒定不变,同时,充电设备的输出电压应高于电瓶电压。由于充电初期蓄电池的电动势较低,因此恒压充电时初始充电电流很大,随着充电的进行,电流逐步减小。恒压充电曲线如图 1.2-3 所示。

恒压充电方式的优点是：①在充电设备能提供足够充电电流的情况下(大于 10C),充电速度快。在开始充电的 30min 内,就可以将完全放电的电瓶充到 90% 的容量；②充电设备简单；③电解液的水分损失比较小。

恒压充电的缺点是：①冲击电流大。当电瓶完全放电以后,电压很低,而充电电压保持不变,这时冲击电流很大。如一个 40A·h 的电瓶,冲击电流可能达到 400A。②由于各单体电池的内阻、极板、电解液不能完全一样,恒压充电时,每个单体电池分配的电压不相等,容易造成单体电池充电不平衡,有些单体过充,有些单体充不足。③当充电设备的电压设定过高或过低时,容易造成电瓶过充或充电不足。对碱性电瓶容易造成"热击穿"(thermal runaway)和"容量下降"(capacity fading)。

为了防止冲击电流过大,损伤电瓶和充电设备,有些充电设备采用恒压限流的充电方式,即在电瓶开始充电时限制充电电流的大小,但充电时间会相应延长。

2) 恒流充电方式

恒流充电(constant current charging)是指在充电过程中,电流维持恒定,充电设备的输出电压随电瓶电压的变化而改变。恒流充电曲线如图 1.2-4 所示。

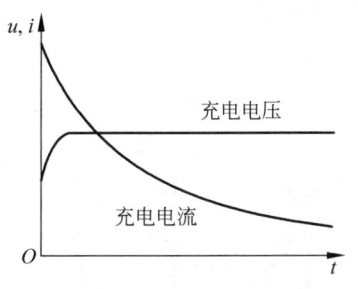

图 1.2-3　恒压充电曲线

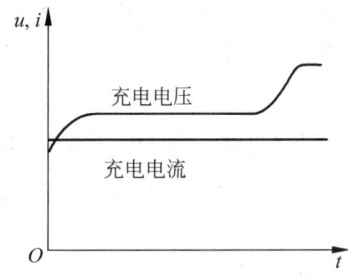

图 1.2-4　恒流充电曲线

恒流充电方式的优点是：①没有过大的冲击电流；②不会引起单体电池充电不平衡；③容易测量和计算出充入电瓶的电能(A·h)。目前电瓶离位充电大多采用这种充电方式。

但恒流充电也有一些缺点,主要有：①开始充电阶段的电流较小,在充电后期电流又过大,而且充电时间较长；②过充时析出气体多,对极板冲击大,能耗高,电解液水分损失相对要多；③充电设备比较复杂。

采用二阶段恒流充电法(stepped constant current charging)可以克服恒流充电时间长的缺点,一般采用大电流(也称为主充)(1C)充 1h,再用小电流(也称为过充)(C/10)充 4h。这种充电方式可以有效地克服恒流充电法充电时间长的缺点,并且减小了充电过程中的水分损失,但充电设备比较复杂。没有大、小电流自动转换功能的充电设备需要人工调节。

实现恒流充电有两种基本方式,一种是采用模拟控制的方法实现电流恒定,另一种方法是采用脉宽控制方法。

恒流充电方式能有效防止碱性电瓶的容量下降(capacity fading),因此得到了广泛应用。

3) 恒流恒压充电方式

恒流恒压充电方式(constant current constant potential charging)是在电瓶开始充电时采用恒流充电方式,充电一定时间后自动转换到恒压充电方式。这种充电方式集中了恒压、恒流充电的优点,克服了恒压、恒流充电的不足,但充电设备比较复杂。现代飞机上安装的充电器大多采用这种方式,如图 1.2-5 所示。当恒电流充电(38A·h 电瓶)至预定的电压值后,改为恒电压充电,同时充电器还可以作为 TRU 向飞机提供直流电源。

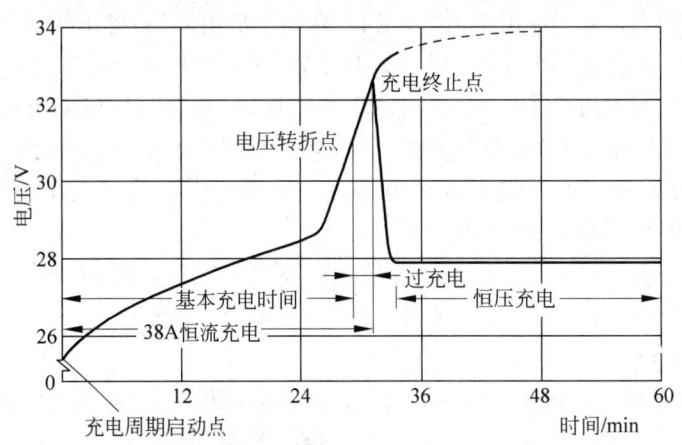

图 1.2-5 恒流恒压充电曲线

4) 快速充电方式

为了能够最大限度地加快电瓶的电化学反应速度,缩短电瓶达到满充状态的时间,同时尽量减轻电瓶正、负极板的极化现象,提高电瓶的使用效率,可以采用快速充电方式(fast charging)。快速充电主要有脉冲式充电法和 Reflex™ 快速充电法等。

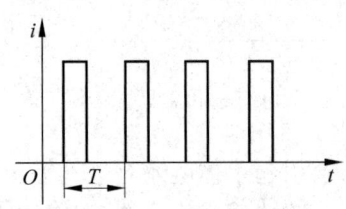

图 1.2-6 脉冲式充电曲线

脉冲充电方式首先是用脉冲电流对电瓶充电,然后让电瓶停充一段时间,如此循环,如图 1.2-6 所示。充电脉冲使电瓶充满电量,而间歇期使电瓶经化学反应产生的氧气有时间重新化合而被吸收掉,使浓差极化和欧姆极化自然而然地得到消除,从而使下一轮的恒流充电能够更加顺利地进行,使电瓶可以吸收更多的电量。脉冲间歇充电使电瓶有较充分的化学反应时间,从而有效减少析气量,提高电瓶的充电电流接受率。

Reflex™ 快速充电法是美国的一项专利技术,它主要面对的充电对象是镍镉电池。Reflex™ 快速充电法的充电曲线如图 1.2-7 所示,在一个工作周期内,包括正向充电脉冲、反向瞬间放电脉冲以及停充维持 3 个阶段。由于它采用了新型的充电方法,有效减小了浓差极化和欧姆极化,大大降低了电瓶的充电时间,但充电设备比较复杂。虽然有些航空公司已经购买了这种设备(如 RF-80K 电瓶充电/分

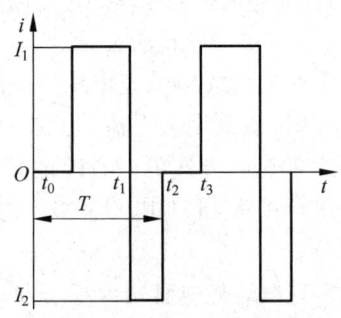

图 1.2-7 Reflex™ 快速充电法的充电曲线

析仪),但大多数部件维修手册(CMM)中还没有推荐这种充电方法。

Reflex^{TM}快速充电时,为了缩短充电时间(充电时间为1h),一般采用大电流($\geqslant 2C$)充电。但是,大电流充电会使电池产生极化现象。所谓极化现象是指电瓶在充(放)电过程中,尤其是大电流充(放)电时,电池的极板电阻增加(欧姆极化);另一方面,造成正、负极板附近电解液浓度与其他地方不一样(浓差极化),从而使电化学反应速度减慢,导致温度上升,析气增加。为了克服电池极化,在充电过程中加入放电和停止脉冲,即采用充电($t_0 \sim t_1$)→放电($t_1 \sim t_2$)→停止($t_2 \sim t_3$)→充电模式,当然是充入的电量多,放出的少。这种充电方式能有效克服电池的极化现象,消除碱性电瓶的记忆效应,充电效率高,速度快,因此在航空和地面电瓶充电中得到了广泛应用。但这种方法容易出现过充或单体电池损坏的后果。充电时要严格按照程序进行。

注意:有些电瓶(尤其是密封式电瓶)不能用 Reflex^{TM}快速充电法充电,如 EAGLE PICHER 密封式电瓶,在厂家的电瓶维护手册上有明确规定,在电瓶维护和充电时一定要注意。

5)浮充电

由于电瓶存在自放电现象,因此为维持电瓶容量不减少,必须对充满的电瓶进行浮充电(float charging)。在飞机上进行浮充电时,将电瓶连接到比电瓶电压略高的直流电源上,一般直流电压应为28V。浮充电电流的大小与电瓶的环境温度、清洁程度和容量有关。在15~33℃范围内,对于碱性电瓶来说,1A·h需要的浮充电电流约为3mA(酸性电瓶略高),一个40A·h的电瓶需要的浮充电电流为120mA左右。当温度升高时,浮充电流应有所增加。

1.2.2　铅酸蓄电池

1. 结构

飞机上常用的酸性蓄电池为铅蓄电池。构成铅蓄电池的主要部件是正负极板、电解液、隔板和电池槽,此外还有一些附件,如端子、连接条、排气栓等。

航空铅酸电池由12个单体电池串联组成,每个单体电池的输出额定电压为2.1V。单体电池的极板由铅-锑合金栅架组成,其中锑含量为7%~10%。正极板上涂有糊状的二氧化铅(PbO_2),负极板上涂有金属铅(Pb)。二氧化铅和金属铅都是参与化学反应的有效材料,称为活性物质。为充分利用活性物质,极板多为疏松多孔状,以便电解液渗入。正负极板间的隔板由多孔的高绝缘性能材料制成。电解液为稀硫酸(H_2SO_4)。为了减轻重量,航空蓄电池的电解液相对较少,而密度相应增加,密度为1.280~1.300g/cm³(25℃)。因为单体电池的内阻随正、负极板的距离变大而迅速变大,为了减小内阻,极板之间的隔隙应尽可能小。单体电池装在防酸容器中。由于电池工作时有气体逸出,所以每个单体电池上方都装有泄气阀(排气栓),用于排出气体,但电解液不会因为飞机机动飞行而溅出。图1.2-8所示为单体电池的结构。

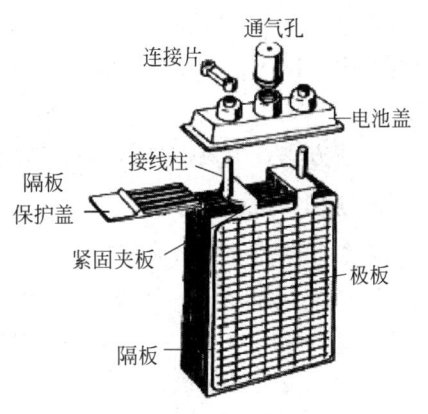

图1.2-8　单体电池的结构

2. 充放电原理

铅酸蓄电池正极板上的活性物质是二氧化铅(PbO_2),负极板上是金属铅(Pb),电解液为稀硫酸(H_2SO_4)。

当蓄电池和负载接通以后,电池就开始放电,电子从负极板流向正极板,如图 1.2-9 所示。

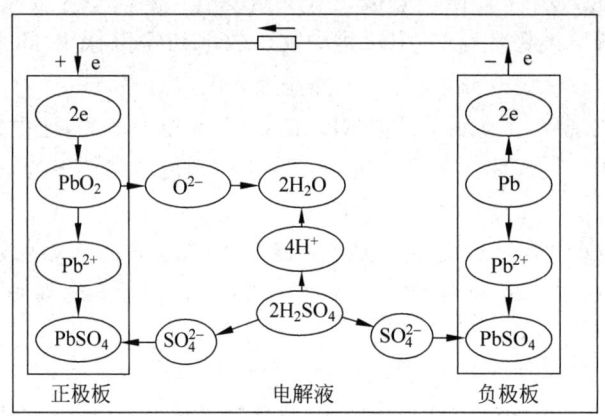

图 1.2-9　铅酸蓄电池放电时的化学反应示意图

接通电路后,电解液中的 H_2SO_4 电离成氢离子(H^+)和硫酸根离子(SO_4^{2-})。在负极板上,活性物质 Pb 电离为 Pb^{2+} 和电子,Pb^{2+} 和硫酸根离子相结合,生成硫酸铅 $PbSO_4$ 沉积于负极板表面,电子转移至外电路,可用下式表示:

$$Pb + SO_4^{2-} \longrightarrow PbSO_4 + 2e$$

正极板得到电子,使 PbO_2 电离为 Pb^{2+} 和 O^{2-}。与此同时,电解液中的 H^+ 向正极板移动,和 PbO_2 中的 O^{2-} 反应生成水(H_2O),同时 PbO_2 中的 Pb^{2+} 与部分 SO_4^{2-} 相结合生成 $PbSO_4$ 沉积于正极板表面,可表示为

$$4H^+ + PbO_2 + SO_4^{2-} \longrightarrow PbSO_4 + 2H_2O$$

当正、负极板的活性物质全部参与反应生成 $PbSO_4$ 后,电池放电完毕。由于在放电过程中消耗了硫酸,并生成了水,因此电解液密度不断下降,放电完毕时的电解液密度约为 $1.150 g/cm^3$,因此可以用测量电解液密度的方法来判断电池的放电状态。

充电是放电的逆过程,充电完毕后,正、负极板的 $PbSO_4$ 又分别转换成 PbO_2 和 Pb,电解液密度又恢复到初始值。充、放电总的化学方程式如下:

$$Pb + 2H_2SO_4 + PbO_2 \rightleftharpoons 2PbSO_4 + 2H_2O$$

上述方程式中,从左向右为放电反应,从右向左为充电反应。

3. 放电特性

铅酸蓄电池的放电曲线如图 1.2-10 所示。放电开始时,活性物质表面处的硫酸被消耗,硫酸浓度立即下降,因此电池端电压明显下降,如曲线的 ab 段。放电中期,由于扩散的作用,硫酸被补充到活性物质附近,电压下降变慢,如曲线的 bc 段。

随着放电的继续进行,正、负极板的活性物质逐渐转变成硫酸铅。硫酸铅的导电性不良,使电池内阻增加,同时电解液密度也进一步下降,这些原因导致放电曲线在 c 点以后电池端电压急剧下降。当达到所规定的终止电压后必须停止放电,否则将损坏电池。

4. 充电特性

铅酸蓄电池充电时的电压变化曲线如图 1.2-11 所示。在充电开始时,极板上的 $PbSO_4$ 迅速转化为 PbO_2 和 Pb,并生成 H_2SO_4,极板附近的电解液密度迅速上升,因此电池端电压也沿着 ab 曲线急剧上升。在充电中期,因电解液的扩散作用,端电压缓慢上升,如 bc 段。随着充电的进行,逐渐接近电化学反应的终点,电池就充满电了。当极板上所剩的硫酸铅不多时,充入的电量在正、负极板上产生副反应,即析气过程发生,这时电池的端电压达到 d 点,两极上大量析出气体,进入水的电解过程,端电压达到一个新的稳定值,正常情况下该电压约为 2.6V(开路电压)。图中的虚线表示蓄电池电动势 E 的变化情况。

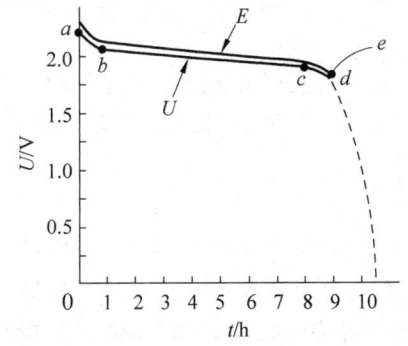

图 1.2-10　铅酸蓄电池放电曲线

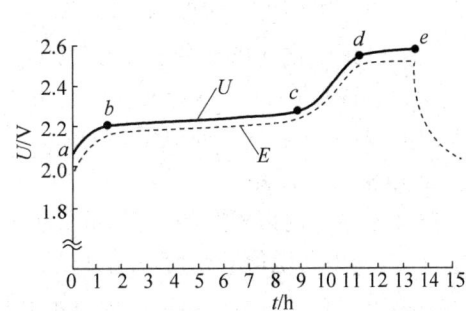

图 1.2-11　铅酸蓄电池的充电特性曲线

铅酸蓄电池是否充足电可以通过以下三个现象来判断:
(1) 单体电池电压达到最大值(2.6V,开路电压),且连续 2h 保持恒定;
(2) 电解液密度达到规定值并维持不变;
(3) 电解液大量而连续地冒气泡。

用电解液密度来衡量铅酸电瓶充放电状态是比较可靠的方法,因为在一定的温度范围内,铅酸蓄电池电动势的大小是电解液密度的函数。用比重计测量电解液密度时,应考虑温度的影响。在 27℃(80°F)时,比重计读出的数不需要补偿,但当温度高于或低于 27℃时,读数需要加上一个修正值。如 15℃(60°F)时测量的读数为 $1.240 g/cm^3$,则实际值应为 $1.240-0.008=1.232(g/cm^3)$。不同温度下的电解液密度修正值如表 1.2-3 所示。

表 1.2-3　不同温度下的电解液密度修正值

电解液温度		校正值	电解液温度		校正值
°F	℃		°F	℃	
120	49	+0.016	40	5	−0.016
110	43	+0.012	30	−2	−0.020
100	38	+0.008	20	−7	−0.024
90	33	+0.004	10	−13	−0.028
80	27	0	0	−18	−0.032
70	23	−0.004	−10	−23	−0.036
60	15	−0.008	−20	−28	−0.040
50	10	−0.012	−30	−35	−0.044

5. 铅酸电瓶的常见故障和维护

铅酸电瓶产生故障的原因很多,除了正常的自然损坏及制造质量和运输保存等影响外,大多数是由于使用维护不当造成的。实践证明,使用维护是否适当,直接影响着电瓶的使用寿命。铅酸电瓶的主要故障、原因和预防措施简述如下:

1)极板硫酸盐化

铅酸电瓶在正常放电情况下,正、负极板上的活性物质(PbO_2及Pb)变为松软的硫酸铅小晶体,在充电时很容易和电解液接触,产生化学反应而恢复为原来的二氧化铅和绒状铅。但如果维护管理不当,极板上的硫酸铅结晶就会逐渐形成为体积大而又导电不良的粗结晶硫酸铅,附着在极板表面,从而造成极板硬化。这一故障将导致电池的内阻增加,容量下降,严重时将使极板失去可逆性而损坏。

避免极板硬化的措施主要有:使用中不过量放电、放电后及时充电、定期进行均衡充电、确保电解液的液面高于极板等。此外,暂时不用的蓄电池应充足电,盖好注液盖,清洁蓄电池的上表面,并放置在通风干燥处。

2)电池内部短路

单格电池的内部短路是因正、负极板的搭接造成的,这时电池会出现以下现象:电解液温度升高、充电时电解液密度不上升及无气泡产生、放电时电压下降快等。造成内部短路的原因是隔板损坏、电池内部落入导电物质、电池槽底沉积物过多(活性物质脱落造成)、极板弯曲等。这时一般需要对蓄电池彻底维修。

3)极板活性物质过量脱落

当铅酸蓄电池极板上的活性物质过量脱落时,就会在电池槽底部积聚大量沉淀物,这将造成电池温升高、电解液混浊、析气量增大等现象,最终导致电池容量下降。

造成极板活性物质过量脱落的主要原因有:大电流充电或过量充电,使活性物质过度氧化、疏松,板栅受到腐蚀,失去承受活性物质的能力;经常过放电,生成大量硫酸铅,使极板体积过分膨胀,结合力下降;电解液密度过大,腐蚀性大,活性物质机械强度下降等。

蓄电池的故障原因也是避免出现故障的使用维护注意事项。除了上述提到的故障及维护方法外,具体使用中应按照维护手册进行。

此外,酸性电瓶的维护还应该注意以下几个方面。

(1)放电终了的电瓶必须在24h内充电;充满电的电瓶每月至少复充一次,以防止极板硬化。

(2)经常检查电解液是否充足。如电解液不足,会降低电瓶容量,极板暴露在空气中也会引起极板硬化。如果电解液不足,应加蒸馏水,不能加自来水或矿泉水。

(3)在制作电解液时,先准备好一定量的蒸馏水,将硫酸慢慢倒进水里,并搅拌均匀。需要注意的是,千万不能将蒸馏水倒在硫酸里,因为水的密度小,浮在酸的表面,剧烈的化学反应产生的热量会使水沸腾,迸溅出来使操作人员受伤。

(4)不能将航空电瓶的电解液与其他酸性电瓶的电解液混用,因为航空电瓶电解液的密度比其他地面用酸性电瓶电解液的密度大。

1.2.3 碱性蓄电池

飞机上常用的碱性蓄电池为镍镉蓄电池(镍镉电瓶)。镍镉电瓶与铅酸电瓶相比,具有比能大、内阻小、低温性能好、耐过充电和耐过放电能力强、寿命长、维护性好、能以充电态或放电态长期储存等优点,尤其是大电流放电时,电压平稳,非常适合用于起动发动机等瞬时大电流放电的场合。但镍镉电瓶也有缺点,例如成本高、有"记忆"效应等。目前大多数运输机上都采用碱性电瓶。

镍镉电瓶主要有两种结构形式,一种是阀控式镍镉电瓶(vented nickel-cadmium battery),当电瓶过充时产生的氧气和氢气可以从泄气阀(排气阀)中排出去;另一种是密封式镍镉电瓶(sealed nickel-cadmium battery)。目前飞机上大多采用阀控式镍镉电瓶,如无特殊说明,本书讨论的电瓶即为阀控式镍镉电瓶。密封式镍镉电瓶大约在20世纪80年代后期出现,在有些飞机上也有采用,本书仅作简单介绍。

1. 镍镉蓄电池的结构

典型的镍镉蓄电池的外形如图1.2-12所示。

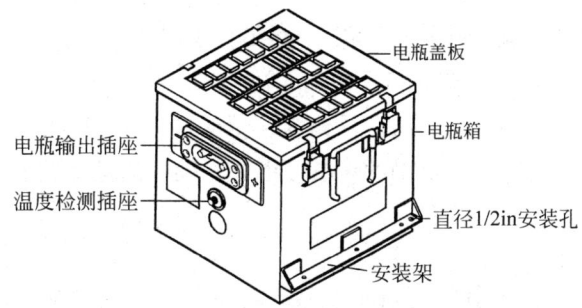

图1.2-12 典型的镍镉蓄电池外形图

镍镉蓄电池一般由20个单体电池串联组成,每个单体电池输出电压为1.22V。单体电池的基本结构与铅蓄电池相同,主要由正极板、负极板、隔膜、泄气阀、电池盖等组成。单体电池的结构如图1.2-13所示。

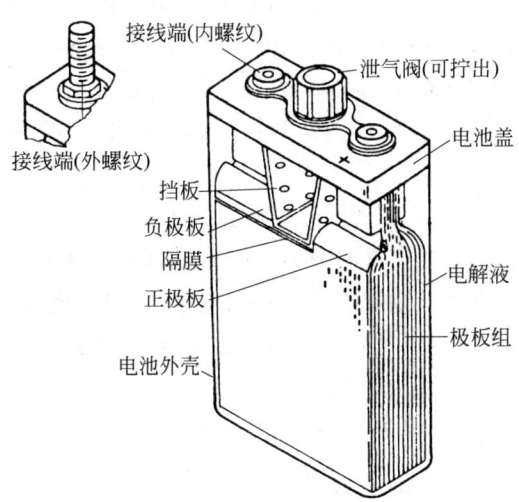

图1.2-13 单体电池的结构

1) 极板

镍镉蓄电池正极板的活性物质为三价镍的氢氧化物(nickel oxy hydroxide)(NiOOH)，负极板为镉(Cd)。航空电瓶的极板一般为烧结式极板。一个单体电池的正、负极板由多片极板组成的极板组构成。

2) 隔膜

在正极板和负极板之间有一层隔膜(separator)，隔膜由多孔多层的尼龙和中间一层玻璃纸构成，见图 1.2-14。隔膜的作用主要有两个，一是防止正极板和负极板接触，使电瓶失效；二是气体隔离作用（玻璃纸的作用），防止在过充时正极板产生的氧气流到负极板，与负极的镉起化学反应而产生热量，从而导致电池热击穿(thermal runaway)。

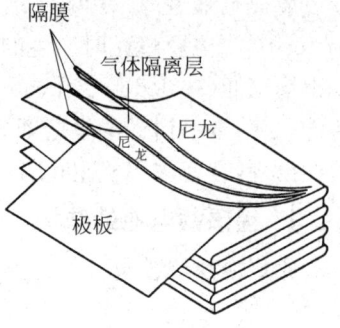

图 1.2-14　隔膜的构成

3) 电解液

电解液(electrolyte)为氢氧化钾(KOH)水溶液(30%氢氧化钾和70%的水)，KOH 的密度为 $1.24\sim1.30 \text{g/cm}^3$。在镍镉电瓶中，电解液不参与化学反应，而是作为离子的导体来完成电荷的传递。因此，在充放电过程中，电解液的密度不变，也不能像酸性电瓶一样用测量密度的办法来判断电瓶的充放电状态。

4) 泄气阀

每个单体电池上安装有泄气阀(relief valve)，也称为释压阀或排气阀(vent cap)。泄气阀有三个作用：①拧开时用于加蒸馏水或电解液；②防止飞机飞行时电解液泄漏；③防止电瓶内气体压力太大而引起爆炸。电瓶的泄气阀可以使单体电池内的气体排出，又可以防止外界物质进入电池内部。泄气阀开启压力范围为 2～10psi[①]（13.8～69kPa）。当蓄电池充放电时，尤其是过充时，会产生气体，当气体压力大于 10psi 时，泄气阀必须打开，否则会引起电瓶爆裂。当气压小于 2psi 时，泄气阀关闭，以防止空气中的酸性气体与电瓶的电解液起反应而降低电瓶容量，同时还可以防止飞机机动飞行或颠簸时电解液泄漏溅出。维护手册中规定，如果泄气阀在压力大于 10psi 时不能打开，必须对泄气阀进行清洁和修理；如果泄气阀在压力小于 2psi 时打开，则说明泄气阀密封圈已经损坏，必须予以更换。

另外，有些蓄电池还装有温度保护开关，当蓄电池温度超过 150°F(65.55℃)时断开蓄电池的充电电源。由于碱性电瓶在低温充放电时会出现充电不足或放电容量下降的现象，因此在某些碱性电池上安装有低温敏感开关和加热装置，当温度低于 30°F(−2℃)时，接通加热电路；当温度达到 40°F(5℃)时断开。但随着电瓶型号的不同，超温保护和低温加热的温度值也会有所不同，具体参数可参考 CMM 手册。

2. 镍镉蓄电池的基本工作原理

当蓄电池和负载接通以后，电池开始放电，电子从负极板流向正极板，如图 1.2-15 所示。

---

① 1psi＝1lb/in² ＝ 6.895kPa

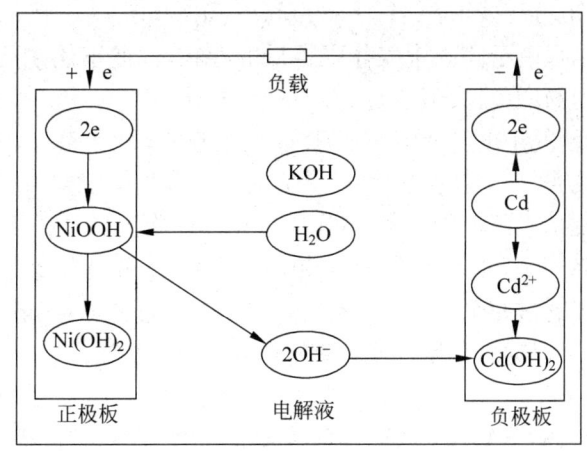

图 1.2-15　镍镉蓄电池放电时的化学反应原理图

接通电路后,正极板得到从负极板输入的电子,正极板的活性物质 NiOOH 在水的参与下,生成氢氧化亚镍($Ni(OH)_2$)和氢氧根离子(OH^-),其过程可以表示为:

正极板:$2NiOOH + 2H_2O + 2e \longrightarrow 2Ni(OH)_2 + 2OH^-$

在电解液中,OH^- 从正极板携带负电荷迁移到负极板,完成电荷的传递。

负极板:$Cd + 2OH^- \longrightarrow Cd(OH)_2 + 2e$

充电过程是放电过程的逆过程。借助于外电源作用,使电子从电源正极输出,经电池后回到负极,正极板的 $Ni(OH)_2$ 又还原为 NiOOH,负极板的 $Cd(OH)_2$ 也恢复为 Cd 和 OH^-。OH^- 从负极迁移至正极,即把负电荷运回正极,完成导电作用。充电时有:

负极:$Cd(OH)_2 + 2e \longrightarrow Cd + 2OH^-$

正极:$2Ni(OH)_2 + 2OH^- \longrightarrow 2NiOOH + 2H_2O + 2e$

从以上分析可以看出,电解液 KOH 没有参与化学反应,仅起到了导电作用。充电时生成水,因而电解液面有所升高,但电解液浓度变化不大,因此电解液密度不能作为电池充放电状态的判断标准。

充、放电总的化学方程式为

$$2Ni(OH)_2 + Cd(OH)_2 \underset{放电}{\overset{充电}{\rightleftharpoons}} 2NiOOH + Cd + 2H_2O$$

$$(+) \qquad (-) \qquad\qquad (+) \qquad (-)$$

在电瓶的充电、使用和维修(深度放电)过程中,过充电与过放电是不可避免的,下面讨论在过充电与过放电时电池的工作情况。

3. 镍镉蓄电池的过充电和过放电

1) 过充电

过充电是指正极板的 $Ni(OH)_2$ 已经完全转换成 NiOOH,负极板的 $Cd(OH)_2$ 已经完全转换成 Cd,这时充入的全部电流用于将水电解成氢气和氧气并产生热量,正极板产生氧气,负极板产生氢气。

对于负极板有:$2H_2O + 2e^- \longrightarrow H_2 + 2OH^-$

对于正极板有:$2OH^- \longrightarrow 1/2 O_2 + H_2O + 2e^-$

过充电时总的反应方程式为：$2H_2O \longrightarrow 2H_2 + O_2$

氧气与氢气产生后，由于隔膜中气体阻挡层的存在，因此不能在负极板和正极板被化合，只能随着气体压力的增大（大于 2psi），从泄气阀排出。

这种过充电反应消耗了电解液中的水，降低了电池中的电解液面，大电流过充电时易使电池过热，损坏尼龙隔膜，使电池提前失效，并有可能产生"热击穿"。热击穿现象常发生在电瓶的过充阶段，特别是采用恒压充电方式时，过充使电瓶发热，内阻下降，充电电流增大，发热增加，内阻再下降……，如此循环，直到使电瓶损坏。为了保持电瓶的最大容量，适当过充电量是必需的（一般需过充至140%），但只允许小电流过充电，一般用 C/10 的小电流进行过充电。水的损耗可以通过控制过充电量来加以限制或补充。

2）过放电

过放电是指正极板的 NiOOH 已经完全转换成 $Ni(OH)_2$，负极板的 Cd 已经完全转换成 $Cd(OH)_2$，且在放电时，因为电池组中各个电池存在差异，容量小的电池首先会放电到终止电压。以后若继续放电，电池电压将迅速降低，最后会发生电池反极性。换言之，反极性后的电池原来的正极变为负极，原来的负极变为正极。过放电时，全部电流用于将水电解成氢气和氧气，正极产生氢气，负极产生氧气。过放电过程的反极电池存在着下列化学反应：

反极前正极：$4H_2O + 4e \longrightarrow 2H_2 + 4OH^-$

反极前负极：$4OH^- \longrightarrow 4H_2O + O_2 + 4e$

上述反应说明，原正极的 NiOOH 物质全部转变成 $Ni(OH)_2$ 后，电池放电反应终止，开始析出氢气；原负极的多孔性 Cd 超量变为 $Cd(OH)_2$，正常放电反应也结束，开始析出氧气。

由于反极电池产生气体，升高了电瓶中的气压，不仅使安全泄气阀开闭次数增加，而且也使电池内的极化作用变得更加严重。实验表明：当反极电池电压反极到 $-0.06 \sim -0.26V$ 时，在较长的时间内气压不再增加了。原因是负极上盈余的金属镉以 Cd^{2+} 离子形式大量迁移至隔膜，并到达正极板的周围，形成了镉桥，这样将使两个电极发生微短路，最终使电池失效。

在将单体电池串联组合时，各个电池的容量必须挑选为一致，防止因某个电池的反极而使电池组端电压迅速跌落，从而导致电瓶容量降低。维修时要特别注意这一点。

4. 密封式镍镉蓄电池简介

密封式镍镉蓄电池一般为纤维式镍镉蓄电池（fiber nickel cadmium，FNC），当电瓶过充时，正极板产生的氧气由负极板吸收，或加装水分重组系统。水分重组系统内含有催化剂，当充电时产生的氧气和氢气与催化剂接触后，将形成蒸馏水回流到电极单元。

目前，密封式镍镉蓄电池也已应用于航空领域，如某航空公司的 B777 就采用了密封式 FNC 镍镉蓄电池（ACME 263BA101），这种电瓶具有较高的体积比能量，重量相对较轻，放电电流较大。由于是密封式的，没有气体排出，因此不需要泄气阀，电解液也不会溢出，也不用加蒸馏水。此外，这种蓄电池没有记忆效应，不需要进行深度放电，允许在飞机上做容量测试，是一种免维护电瓶，理论上不需要进行离位到电瓶车间维护和检测。但在实际使用中，根据航空公司的维修方案，一般还是每隔 400 天就送到电瓶车间进行检修。

FNC 的基本原理与普通的镍镉电瓶基本一样，在过充时（为了保证电瓶容量，适当过充是必要的）会产生氧气和氢气，但主要气体是正极产生的氧气。FNC 采用两个负极并联，一个正极,如图 1.2-16 所示。在每个负极上有两个负极板,在两个负极板中间加了第三个极板,第三个极板为非浸渍纤维镍极板,用来吸收在过充时正极板产生的氧气,最多可以吸收用 $2C$(C 为 1h 放电速率,C=电瓶额定容量/1h)电流过充所产生的氧气。另外,单体电池采用真空密封,即使在过充时,单体电池内也能达到部分真空状态。

FNC 电瓶的充电方法与普通的镍镉电瓶略有不同,如二阶段恒流充电从主充(大电流)转到过充(小电流)时,一般不采用时间控制,而是用电瓶的温升控制,因此,必须使用专用的充电器,否则容易损坏 FNC 电瓶。密封式镍镉电瓶一般不适合采用 Reflex™ 快速充电法充电。

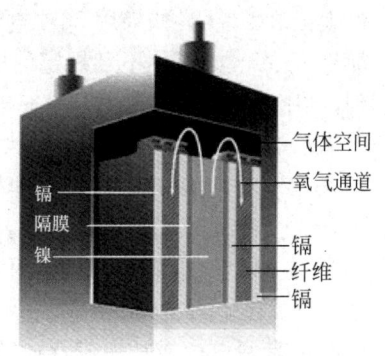

图 1.2-16　FNC 电瓶结构示意图

5. 镍镉电瓶的充电和电解液调整

1) 蓄电池的充电

根据适航要求,飞机电瓶必须定期离位检查,即送内场电瓶修理车间进行检查维护,以确保电瓶的实际容量≥85%的要求。本节重点讨论电瓶在内场的充电方法和要求。

电瓶充电可以采用恒压、恒压限流、恒流、二阶段恒流或快速充电等方法,一般情况下应根据电瓶生产厂家 CMM 手册要求的充电方式进行充电。由于恒压充电具有冲击电流大,容易造成单体电池不平衡、热击穿等缺点,目前,绝大多数航空电瓶生产厂家都要求采用恒流充电方法或二阶段恒流充电方法进行充电。

二阶段恒流充电方式具有充电速度快、充电质量高、充入的电能容易计算等优点,航空电瓶普遍采用这种充电方法。由于充入的电能不能百分之百被电瓶储存,因此将放完电的电瓶用恒流充电法充电,充电的安时数大约为电瓶额定容量的 140%。但也不能太多,以防止电瓶过充。在大多数情况下,都是先用 $C/2$ 的电流充电 2h,再用 $C/10$ 的电流充电 4h,则充入电瓶的总电能(容量)为

$$\frac{1}{2}C \times 2 + \frac{1}{10}C \times 4 = 1.4C \text{ (A·h)}$$

即充入的电量(容量)为额定容量的 140%。

在实际使用中,可以利用充电电流和时间来确定电瓶是否充足。大多数碱性电瓶要求采用二阶段恒流充电法。例如,型号为 SAFT40176 电瓶的充电必须按表 1.2-4 进行。SAFT40176 型电瓶共有单体电池 20 个,额定容量为 36A·h。开始充电时用大电流(主充),一般用 C 或 $C/2$ 电流充电,然后用小电流 $C/10$ 充 4h 即可(过充)。如果时间允许,也可以直接用 $C/10$ 电流充 14h。

表 1.2-4　36A·h 碱性电瓶的充电时间

大　电　流				小　电　流	
充电电流/A	达到电压/V	充电时间/h		充电电流/A $C/10$	充电时间/h
		最小	最大		
36(C)	31.4	1	1.25	3.6	4
18($C/2$)	31	2	2.5	3.6	4
3.6($C/10$)	30	10	12	3.6	4

表 1.2-4 说明，如果用 36A 电流充电，则充电 1h 后，电瓶电压应达到 31.4V，如达不到，再加充 15min，如还达不到规定的电压值，则说明电瓶的某些单体有问题，应该检修。如能达到，再用小电流 3.6A(C/10)充电 4h，这时所有单体电池电压都应大于或等于 1.5V 而小于 1.7V，对于电压小于 1.5V 或大于 1.7V 的单体电池必须修理或更换。用 C/2(18A)或 C/10(3.6A)的电流充电时其原理相同。为了防止过充，必须要限制大电流加充时间，如大电流 18A 充电 2h，如达不到 31V，则最多加充 30min。有的电瓶生产厂家不容许大电流加充，如果在规定充电电流和规定时间内达不到规定的电压，则某些单体电池必须进行修理或更换。

如果是新电瓶或在库房存放的电瓶重新启用，则必须用 C/10 充电，并至少充 14h，但不要超过 16h。

2) 电解液的调节和补充

当电瓶的电解液不足时会引起容量降低，但电解液过多则容易溢出，堵塞泄气阀，损坏电瓶，甚至引起爆炸。因此，调节电解液高度是电瓶维修中的一项十分重要的工作。

电解液的调整和补充必须在充电结束前进行(电解液泄漏除外)，即在小电流充电结束前 15~30min 或充电结束后(具体根据 CMM 手册要求)，马上对电解液进行测量和调整，而不能在放电后或充电结束后很长时间再进行。因为镍镉电瓶在放电时电解液被极板和隔膜吸收，测量时电解液高度有所降低，但此时不能作为补充电解液的依据，否则充电时容易溢出。

6. 镍镉电瓶的容量测试

镍镉电瓶放电时，只能放到终止电压 1V(单体)，否则将影响电池的容量和寿命。由于碱性电瓶的电解液不参加化学反应，电解液密度基本不变，因此不能像铅酸电瓶一样用测量电解液密度的方法来判断充电或放电状态。

当电瓶实际容量低于额定容量的 85% 时，电瓶就不能重新装上飞机。碱性电瓶的实际容量只能用放电的方法来确定，测量方法简述如下：①将飞机上拆下的电瓶先进行放电(初次放电、深度放电)，再按要求充电；②将充满电的电瓶放置 12h 后，再用电流 C 或 C/2 或 C/4 放电(二次放电、容量检测)，放电到第一个单体电池电压等于 1V 时停止放电(早期的 CMM 手册也有规定放电到电瓶总电压 20V(20 个单体电池，19 个单体电池为 19V))，则放电电流乘以放电时间就是该电瓶的容量。例如，36A·h 电瓶的放电容量检测应满足表 1.2-5 的要求。

当电瓶放电到表 1.2-5 中规定的放电最小时间时，放电电流和放电时间的乘积就是额定容量的 85%。如果达不到最小放电时间，就需要对电瓶进行维修。一般先对电瓶进行深度放电，以消除单体电池之间的不平衡和镍镉电池固有的记忆效应，恢复电瓶的容量，如果还不能解决问题，就需要对电瓶进行深度维修。

表 1.2-5　36A·h 碱性电瓶放电时间的要求

放电电流/A	第一个单体电池达到 1V 的最小时间
9(C/4)	3h24min
18(C/2)	1h42min
36(C)	51min

7. 镍镉电瓶的深度放电和一般维护

1) 镍镉电瓶的深度放电

镍镉电池有一个特有的故障叫"记忆效应",所谓"记忆效应",就是电池长时间经受特定的工作循环后,自动保持这一特定循环的现象。例如电池的电量还没有被完全放完就开始充电,这样反复循环,就会使电池的实际容量下降。因此,飞机上的镍镉电瓶在使用一段时间后,必须拆卸下来进行深度放电,以消除记忆效应和电池电压不平衡,使其恢复额定容量。

所谓深度放电就是在电瓶放电到终止电压后,继续放电,把所有电量都放完,再用短路夹短接单体电池的两端。深度放电可以采用下面3种方法进行。

(1) 当完成容量测试后,即第一个单体电池电压已经达到1V后继续放电。当放到所有单体电池电压均为1V或以下时,再用1.0Ω/2W的电阻将所有单格短路(见图1.2-17(b)),并保持这种状态16~24h,以保证每个单体电池把电全部放完并冷却。

(2) 当完成容量测试后,即第一个单体电池电压达到1V后继续放电。当所有单体电池电压接近或低于0.5V时,用金属短路夹短路每个单体电池的两极(见图1.2-17(a)),并保持这种状态16h,以保证每个单体电池把电全部放完并冷却。

深度放电完成后,再按充电要求把电瓶充满。

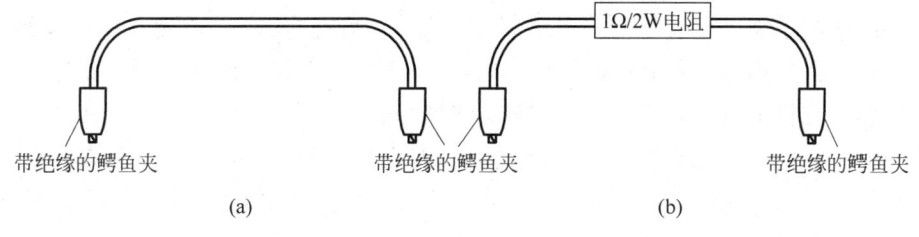

图 1.2-17 金属短路夹

2) 镍镉电瓶的一般维护

镍镉电瓶的维护应该严格按照生产厂家的使用说明书和维护手册进行。

由于酸性电瓶和碱性电瓶的电解液在化学性能上是相反的,因此,酸碱电瓶的维护车间应该间隔开,并保持良好的通风。

由于电瓶的电解液具有腐蚀性,因此不要用手或皮肤直接接触。如不慎溅出了电解液,应立即中和。碱性电瓶电解液应用醋或硼酸进行中和,酸性电瓶电解液用苏打中和,然后用清水冲洗干净。

使用中应保持电瓶清洁,防止自放电。

在充电过程中,随着化学反应的进行,电瓶温度随之升高。一般要求电瓶温度不超过125°F(52℃),如果电瓶温度太高,应降低充电速度。

充电时排气孔一定要畅通。由于在充电过程中或过充时会释放出氢气和氧气,形成易爆的混合气体,因此不能有明火存在,应采用防爆电气设备并保持良好的通风。

碱性电瓶的维护还应注意以下几点。

(1) 电解液加注。当电解液低于规定值时,应加蒸馏水,但同样不能超过规定值。要注意的是，充电结束后应马上检查和调整电解液高度，因为镍镉电瓶在放电或放置很长一段时间后，极板会吸收电解液。如果在放电后调整电解液高度，在充电时电解液可能会冒出来。

(2) 漏电检测。电瓶内部短路是碱性电瓶的常见故障，检查各个单体电池的漏电情况，可以利用毫安表检查，将表的一端与外壳相联，另一端接到单体电池的正极。如果漏电流超过 100mA，则该电瓶必须进行分解清洁和维修。

(3) 深度放电。采用恒压充电方式一段时间后，会造成单体电池不平衡，充电时测量电压正常，但放电时放出的电量不足，这时就需要深度放电。

1.2.4 锂电池

1. 概述

锂电池的开发始于 20 世纪 60 年代。早期的锂电池的负极材料是单质锂，由于锂相当活泼，遇水会剧烈反应生成 LiOH，甚至燃烧或爆炸，所以一般采用非水电解液，如无机的亚硫酰氯($SOCl_2$)及有机的四氢呋喃等。虽然如此，由于锂的强活性，安全问题仍然很难解决。反复的充放电使得高活性的粉状锂单质积累得越来越多；在充电过程中形成的锂晶体可能结成枝状，引起短路等严重问题。

目前使用的锂电池实际上是锂离子(Li-ion)电池(简称锂电池，下同)，正负电极材料由两种不同的锂离子嵌入化合物组成，没有金属锂存在，只有锂离子。锂离子电池较好地解决了安全问题。由于锂电池具有优越的性能，目前已经在民用领域得到应用。最近几年，锂电池开始安装在飞机上，如 B787 飞机上就安装了锂电池。

为了保证航空锂电池的安全运行，锂电池本身自带有监控保护电路。在地面维护时，锂电池与传统的碱性或酸性电瓶有所不同。本书在介绍锂电池原理的基础上，重点介绍航空锂电池在地面的充放电和容量检测的要求和方法。

锂电池与目前的机载碱性电池相比，主要有以下优点：

(1) 比能量较高，具有高储存能量密度，目前已经达到 460～600W·h/kg，是镍镉电瓶的 2 倍，约为铅酸电池的 4 倍；

(2) 采用密封电池，不需要像镍镉电瓶一样加蒸馏水，维护工作量小；

(3) 单格电池额定电压高(单体电池工作电压为 3.6V)，约等于 3 只镍镉或镍氢充电电池的串联电压，便于组成电池电源组；

(4) 自放电率很低，不到碱性电池的一半，这是该电池最突出的优越性之一；

(5) 重量轻，体积小，约为同容量镍镉电瓶的一半；

(6) 没有记忆效应，可随时补充充电，不需要深度放电；

(7) 锂离子电池不含汞、镉、铅等有毒元素，是绿色环保电池。

当然，锂电池也有着较明显的劣势：

(1) 安全性相对较差，但目前已经达到航空电瓶的安全要求。

(2) 在大电流放电的情况下，锂电池的性能尚不及镍镉电池及锌银电池。

(3) 锂离子电池均需设置过充放电路和过温保护电路，以防止电池被过充和过放电。过度充电和过度放电或超温，将对锂离子电池的正、负极造成永久性损坏。

(4) 由于锂电池的金属稀有及结构复杂,导致其生产成本较高。

2. 锂电池的结构和基本工作原理

1) 锂电池的结构

锂电池的基本结构与镍镉电池相同,也是由正极、负极、能传导锂离子的电解质以及把正负极隔开的隔膜组成。但锂电池本身还需要设置过充、过放电限制电路和过温保护电路。

锂电池的正极板材料由锂离子嵌入化合物组成,正极材料主要有锂钴氧化物($LiCoO_2$)、锂镍氧化物($LiNiO_2$)、锂锰氧化物($LiMnO_2$)等。

锂电池的负极板采用碳素材料,主要分石墨与非石墨两大类。目前主要用石墨材料,石墨具有良好的层状结构,锂离子可填充于其中。

电解液是锂离子电池的重要组成部分,对电池的性能有很大的影响。目前使用的液体电解液主要由有机溶剂如碳酸酯和锂盐如六氟磷酸盐($LiPF_6$)组成。航空锂电池电解液采用碳酸盐。

为了提高锂电池的安全性,锂电池本身(作为电池的一部分)必须设置过充和过放限制电路和过温保护线路,以防止电池被过充和过放。过度充电、放电和超温,将对锂离子电池的正负极造成永久的损坏。从分子层面看,可以直观地理解为过度放电将导致负极碳过度释出锂离子而使得其片层结构出现塌陷,过度充电将把太多的锂离子硬塞进负极碳结构中去,而使得其中一些锂离子再也无法释放出来,这也是锂离子电池为什么通常配有充放电控制电路的原因。

某型号的锂电池其保护电路由 4 个电瓶监控组件(battery monitoring unit,BMU)、2 个温度传感器、1 个霍尔电流传感器和 1 个内置接触器组成。当电瓶出现异常,如电瓶过充、过压、充电电流过大、低压、过热、单格电压不平衡时,上述控制保护电路使内置接触器跳开,或禁止充电或放电,以保护电瓶不被损坏。

2) 锂电池的基本工作原理

锂离子电池的正极材料通常由锂的活性化合物组成,负极则是特殊分子结构的碳。充电时,加在电池两极的电势迫使正极的化合物释放出锂离子,使其嵌入负极分子排列、且呈片层结构的碳中。放电时,锂离子从片层结构的碳中析出,这一过程称为脱嵌,析出的锂离子重新和正极的化合物结合。在这一过程中,锂离子的移动产生了电流。锂离子电池的充放电过程就是锂离子的嵌入和脱嵌过程,锂离子在正、负极之间往返嵌入/脱嵌,这一过程如图 1.2-18 所示。在充电时,正极部分的锂离子脱嵌,离开含锂化合物,透过隔膜向负极移动,并嵌入到负极的层状结构中;反之,在放电时,锂离子在负极脱嵌,移向正极并结合于正极的化合物之中。与传统锂电池不同的是,被氧化还原的物质不再是金属锂和锂离子(Li^+),锂离子只是伴随着两极材料本身发生的放电过程而产生氧化态的变化而反复脱嵌与嵌入,往返于两极之间,所以锂电池又被称做摇椅电池(rocking chair battery)。

以正极材料锂钴氧化物($LiCoO_2$)为例,其放电的化学方程式为

正极:$CoO_2 + Li^+ + e \longrightarrow LiCoO_2$

负极:$LiC_6 - e \longrightarrow 6C + Li^+$

总反应:$CoO_2 + LiC_6 \rightleftharpoons LiCoO_2 + 6C$

上式中,从左到右为放电反应,从右到左为充电反应。

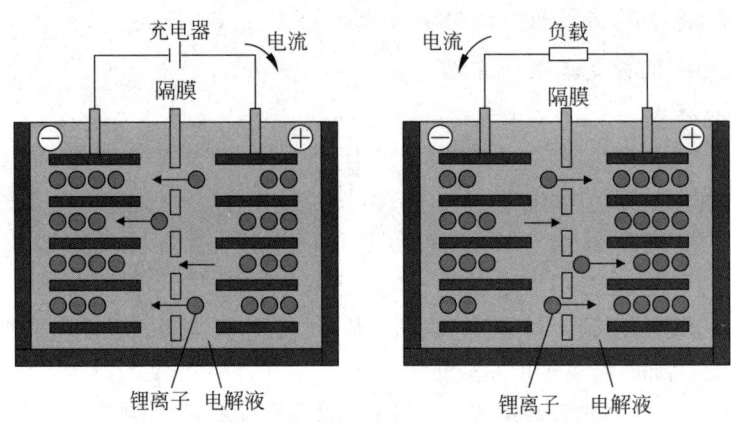

图 1.2-18　锂离子电池的充放电过程

3. 典型航空锂电池的充放电和容量检测方法

下面以某航空公司 B787 飞机上安装的 THALES 锂离子电池(部件号:B3856-901)为例,说明航空锂电池的充放电和容量检测方法。锂电池的充放电必须用专用充电设备,电池本身的监控组件输出也必须与充电设备连接起来,以保证电池的安全。

1) THALES 锂离子电池的主要技术数据

(1) 额定电压:28.8V DC

(2) 开路电压(充满时):(32.2±0.35)V DC

(3) 额定容量:65A·h(1h 放电率)

(4) 到寿容量:50A·h(1h 放电率)

(5) 单格数:8 个

(6) 电解液:碳酸盐

2) 锂电池的充放电方法

锂电池的充电采用恒流恒压充电方式,先恒流 50A 充电,然后再恒压 32.2V DC 充电;或恒压限流充电方式,即用 32.2V DC、限流 50A 充电,直到充电电流下降至 5A 为止。

锂电池的放电采用恒电阻放式(电流约为 50A),放电至电瓶电压为 22V 时为止。根据这个要求可计算出放电电阻为 0.576Ω。

3) 锂电池的容量测试方法

由于锂电池采用恒电阻放电,所以电流不是恒定的,计算电瓶容量时,可以采用积分或秒脉冲对 $(I/3600)$(I 为放电电流)进行累加。简单的计算可采用如下方法,如图 1.2-19 所示。

充足电的锂电池开始放电的电流为 $(28.8/R)$A,当电池电压达到 22V 时停止放电,则放电结束时的电流为 $(22/R)$A,设放电时间为 T,则容量 C 为图 1.2-19 中线段所围成的面积,计算可得容量为 $C=(25.4/R)T$(A·h),当放电电阻为 0.576Ω 时,容量 $C=44.1T$(A·h)。

4) 锂电池的容量测试时间间隔要求

对锂电池进行容量测试的时间要求与传统的航空碱性电瓶的要求有所不同,碱性电瓶一般是固定的时间间隔,而锂电池作容量测试的时间间隔要按照图 1.2-20 所示的要求进行。

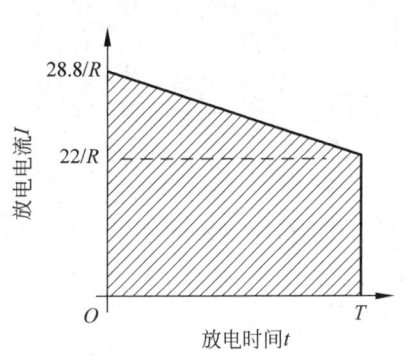
图 1.2-19　简单的容量计算方法

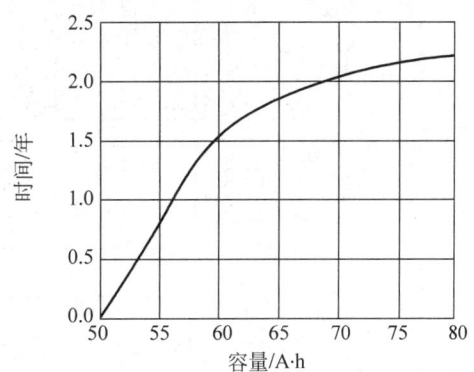
图 1.2-20　容量测试的时间间隔与容量的关系

对于额定容量为65A·h的锂电池,可以按如下方法较为简单地判定容量测试的间隔时间:当测试的电瓶容量在69~80A·h时,2年做一次容量检测;当电瓶容量在60~68A·h时,1.5年做一次容量检测;当电瓶容量在57~59A·h时,1年做一次容量检测;当电瓶容量在54~56A·h时,半年做一次容量检测;当电瓶容量在50A·h以下时,该电瓶应报废。

当锂电池需要存储时,必须在带电情况下存储,电压不能太高也不能太低,应在29.6~30V范围内。如电瓶电压小于29.6V,则需要用50A的电流恒流充电到30V存储;如电瓶电压高于30V,则需要通过恒电阻(50A)放电放到29.6V再存储。

1.2.5　机载电瓶充电器

航空电瓶除了在地面进行定期容量检测和维护外,为保证电瓶一直处于充满状态,在飞机上都要由飞机电源系统向电瓶充电或浮充电。在早期的轻型飞机上,主电源一般采用28V DC低压直流电,机载电瓶(常采用铅酸电瓶)可以直接连接到飞机直流汇流条上进行充电,这种充电方式属于恒压充电。在现代大型运输机上,一般都采用镍镉电瓶,主电源也都采用交流电,因此必须配置专用的电瓶充电器(battery charger)。电瓶充电器有两种基本工作模式,一种是采用恒压限流充电模式,另一种是采用恒流和恒压相结合的充电模式。此外,机载电瓶充电器还可以起到变压整流器的作用,为飞机提供直流电源。

恒压式电瓶充电器在整个充电过程中电压恒定,由于碱性电瓶长期进行恒压充电时,容易造成电瓶热击穿和容量下降,这是碱性电瓶(主要指镍镉电瓶)的固有特性。当碱性电瓶长期进行恒压充电时,有时会出现电瓶电压不上升反而下降的情况,使充电电流不断上升,电瓶产生过热而烧坏,甚至发生火灾。因此,这种充电器必须具有良好的电瓶超温保护功能和限流功能。目前,现代飞机上一般安装具有恒流和恒压充电模式的电瓶充电器,下面简要介绍这种充电器。

充电器工作原理示意图如图1.2-21所示。

电瓶充电器在开始给电瓶充电时,采用恒流充电方式,当电瓶电压达到转折电压(inflection point)时,充电器就自动转换到恒压模式,电压为27.75V。充电器一方面给电瓶进行浮充电(top charging),另一方面给热电瓶汇流条供电。

当符合下列情况之一时,电瓶充电器自动进入恒流充电模式:①电瓶电压低于23V;②电瓶充电器刚通电时;③电瓶充电器输入电源中断0.5s以上时。

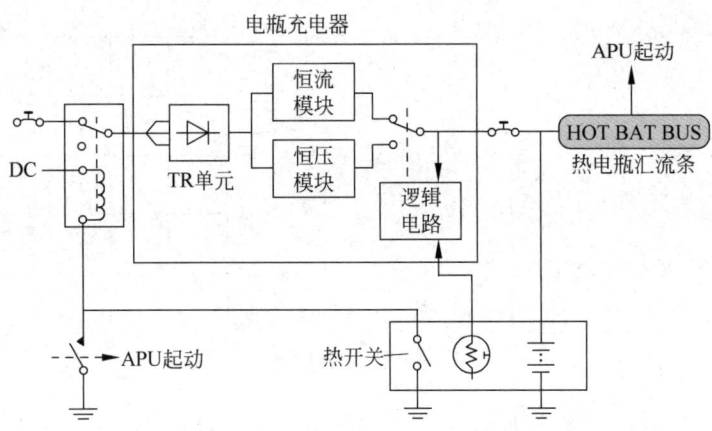

图 1.2-21　电瓶充电器工作原理示意图

恒流恒压充电器还具有变压整流(TR)工作模式,TR 模式的输出电压也是 27.75V,可代替 TRU 向电瓶汇流条供电。但充电器在恒压充电和 TR 模式时有一些区别,如 B757 飞机充电器 TR 工作模式时输出电流可达 64A,而恒压充电时的电流限制在 38A。

在下列情况下,充电器将停止向电瓶充电:①电瓶温度超过 63℃;②充电器过载;③采用电瓶起动 APU 时。

1.3　直流电源系统

在早期的飞机上,以及轻型飞机上,大都采用 14V 或 28V 低压直流电源系统作为主电源。与大型运输机上的交流主电源相比,直流电源系统具有以下优点:

(1) 直流电源系统电网结构简单,只需要一根馈线,电源的负极接在机体上;

(2) 容易实现并联供电,提高供电质量和可靠性;

(3) 直流电源的控制和保护设备简单;

(4) 有刷直流发电机可以工作在"电动"和"发电"两种状态下,实现起动机和发电机合二为一,有效减轻机载设备的重量;

(5) 对于小型飞机来说,电源系统的重量相对比较轻。

鉴于以上优点,在小型及轻型飞机上,14V 及 28V 低压直流电源系统得到了广泛应用。随着飞机电源容量的增加和飞机飞行高度的增加,低压直流电源系统主要存在以下缺点:

(1) 有刷直流发电机高空换向困难,还会产生电磁干扰;

(2) 对于较大容量的发电机来说,由于电压低,使得发电机及配电导线重量重,发电机的功率/质量比(kW/kg)较小,如某型号直流起动/发电机的功率/质量比仅为 0.7,而变频交流发电机为 2.5,恒速恒频交流电源为 1.9;

(3) 当采用低压直流电源作为主电源时,直流-交流或直流-直流的变换设备复杂,成本高。

因此,在大、中型运输机上,普遍采用交流电源系统作为主电源。本节仅简单介绍直流发电机的结构及调压、控制和并联等基本内容。

1.3.1　直流发电机

直流发电机是将机械能转换为直流电能的电磁设备。低压直流电源的额定电压为

28V，单台发电机的额定功率有 6、9、12、18kW 等数种。

飞机上常用的低压直流发电机有两种形式，一种是传统的有刷直流发电机（DC generator），一种是交流-直流发电机（DC alternator）或称为硅整流发电机。两种发电机各有优缺点，下面简要介绍两种发电机的结构和基本工作原理。

1. 有刷直流发电机

1）发电机的结构

有刷直流发电机主要由定子、转子、换向器（整流子）、电刷组件等部件组成，典型的有刷直流发电机结构如图 1.3-1 所示。

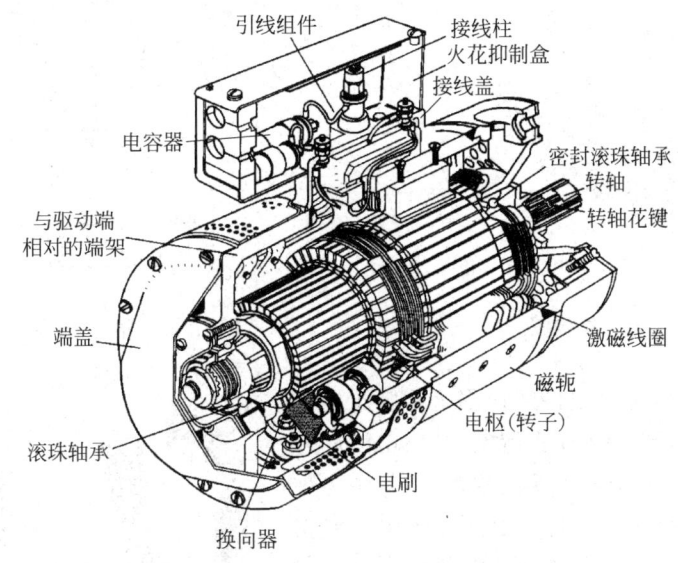

图 1.3-1　有刷直流发电机的构造

定子主要由铁磁材料制成的磁极、励磁线圈和壳体（磁轭）组成，如图 1.3-2 所示。磁极和励磁线圈用来产生磁场。给励磁绕组通入直流电后，磁极被磁化，产生 N 极和 S 极。磁力线通过定子铁芯、气隙、转子（图中未画出）和壳体构成磁回路。气隙中的磁通大小决定着转子电枢绕组中产生的感应电动势大小。励磁绕组中的励磁电流越大，磁通就越大，转子上产生的感应电动势也越大。

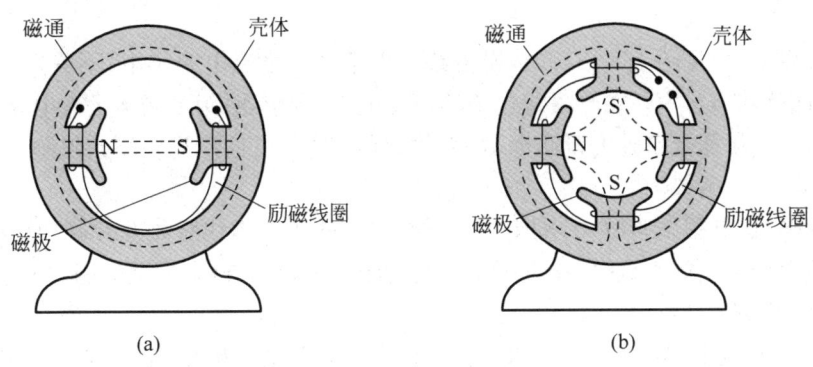

图 1.3-2　定子结构图

壳体由铁磁材料构成，又称为磁轭，一方面为磁力线提供磁通路，另一方面作为发电机的机械结构，用于安装磁极和固定发电机。图1.3-2(a)和(b)分别是两极电机和四极电机的定子结构图。

转子由铁芯、电枢线圈、换向器和转轴组成，如图1.3-3所示。转子铁芯的外圆周有沟槽，槽里安放电枢绕组，多个电枢线圈相互串联，每个线圈的两个出线端都连接在相互绝缘的换向片上。当电枢线圈随转子转动时，切割气隙中的磁力线，产生交流电动势，该交流电动势被换向器转换成直流电，并从电刷上向外引出。图1.3-4(a)、(b)分别表示的是一个转子电枢线圈中产生的交流电动势和由电刷引出的脉动直流电波形图。

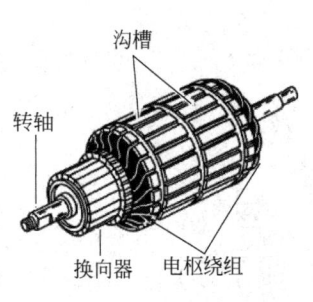

图1.3-3 转子结构图

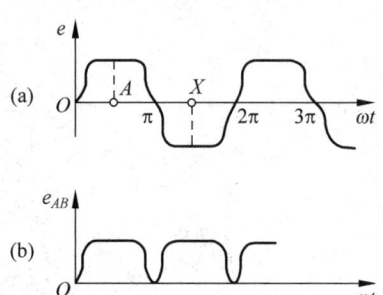

图1.3-4 感应电动势波形图

可见，换向器和电刷组件的作用是将转子电枢绕组中产生的交流电转换成直流电，并由电刷向外输出。换向器由互相绝缘的换向片组成，每个电枢绕组的两端连接到两片换向片上。电刷由导电材料制成，电刷表面在弹簧的作用下与换向器表面紧密接触。电刷结构及其与换向器的接触情形如图1.3-5所示。

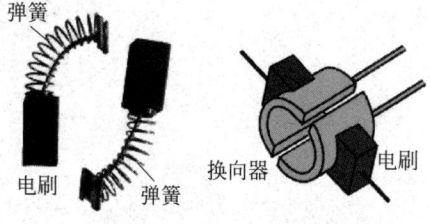

图1.3-5 电刷结构及与换向器的接触

2) 直流发电机的励磁方式

从直流发电机的结构和工作原理可知，要想在转子电枢绕组中产生感应电动势，首先必须要有磁场，即定子励磁绕组中必须通入直流电。根据励磁电能的来源或励磁绕组与电枢绕组的接法不同，直流发电机可以分为他励式、并励式和复励式几种，各自的电路示意图如图1.3-6所示。

他励式发电机(见图1.3-6(a))的励磁线圈由单独的励磁电源供电，不受发电机电枢电压的影响，便于调节。串联在励磁绕组中的可变电阻(调压器)用于调节励磁电流，以维持输出电压不变。由于需要单独的励磁电源，因此他励发电机的应用场合受到限制，飞机上一般不采用。

并励发电机(见图1.3-6(b))的定子励磁线圈与转子电枢线圈相互并联，其励磁电能来自于发电机自身发出的直流电，省去了单独的励磁电源，因此得到广泛应用。一般小型飞机都采用这种发电机。

复励发电机(见图1.3-6(c))指的是定子磁极上有两套励磁线圈，其中一套与转子电枢绕组串联，称为串励线圈；一套与转子电枢绕组并联，称为并励线圈。复励发电机主要用在起动发电机中,用作起动机时,工作于串励状态,以便产生大的起动转矩;用作发电机时,工作于并励状态,用于发出直流电。

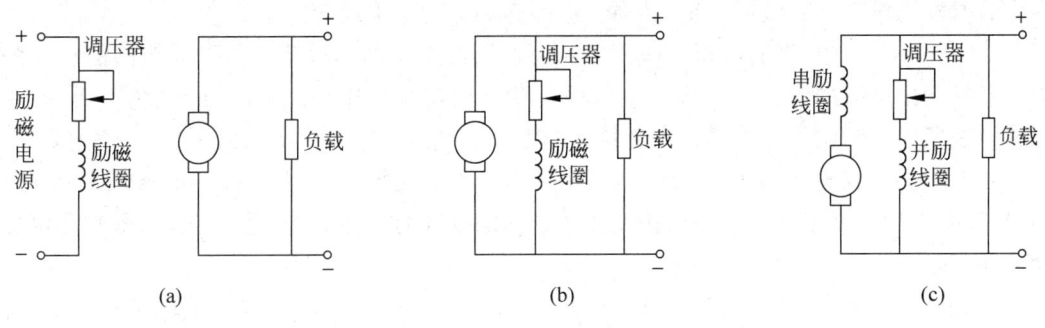

图 1.3-6 直流发电机的励磁方式

3) 电枢反应

当励磁线圈通电后,在电机中就会产生磁场,磁力线的方向由右手螺旋定则确定。图 1.3-7(a)表示只有励磁磁场(又称为主磁场),没有电枢电流(发电机空载,没有输出电流)时磁力线的分布情况,这时的磁场分布均匀、对称,几何中性线 ab 处的磁场为零。

当接通发电机负载时,转子电枢线圈中就有电流流过。根据电磁定律,在电枢线圈中就会产生磁场,该磁场称为电枢磁场。设发电机的转子顺时针方向转动,则转子电枢绕组中产生的感应电动势和电流方向可以用右手定则确定,其方向如图 1.3-7(b)中所示。根据右螺旋法则,可以确定出电枢磁场的方向,由图可知,电枢磁场与励磁磁场相互垂直。需要注意的是,图 1.3-7(b)中没有画出励磁磁场。

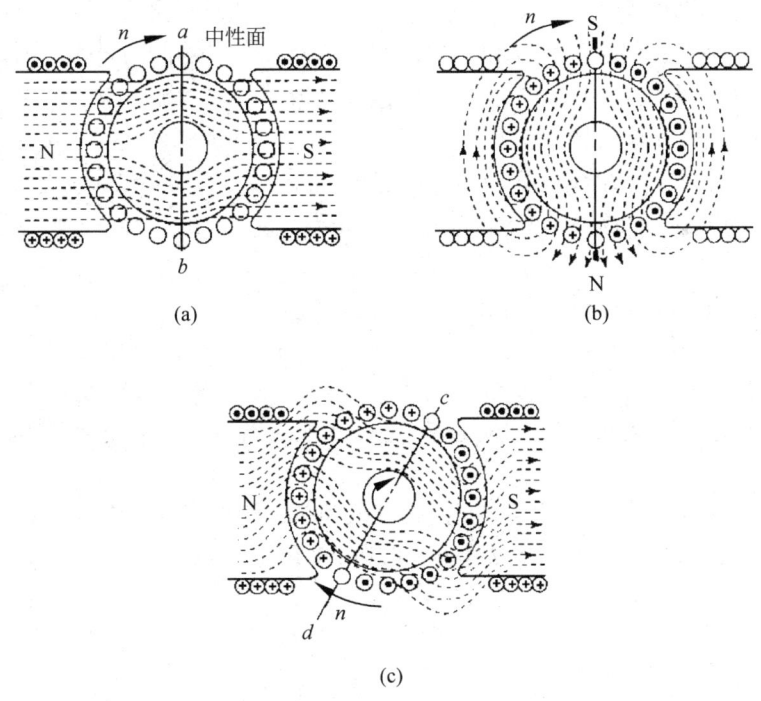

图 1.3-7 电枢反应
(a)励磁磁场;(b)电枢磁场;(c)合成磁场

可见，当发电机带负载运行时，发电机中同时存在着两个磁场：励磁磁场和电枢磁场，而且这两个磁场将发生叠加效应。图 1.3-7(c)表明两个磁场同时存在时，发电机负载电流产生的电枢磁场对励磁磁场产生的影响，这种影响称为电枢反应。

从图 1.3-7(c)中可知，电枢反应使得合成磁场发生了扭曲或畸变。磁场扭曲的程度随着发电机输出电流的增大而增大。主磁场的畸变使得几何中性线 ab 上的磁场不再为零。这里将磁场为零的位置称为物理中性线，由图可见，物理中性线 cd 偏离了几何中性线 ab。这时若电刷仍然放置在几何中性线上，则由于电刷处的磁场不为零，将使得电枢电流换向时（电枢线圈中的电流随转子旋转而快速改变方向的现象称为换向）产生火花，严重时会烧坏换向器和电刷。

解决电枢反应引起的换向火花的方法主要有两种：一种方法是调整电刷架的位置，将电刷安装在合成磁场的物理中性面上（图 1.3-7(c)中的 cd 线）。但是当发电机的负载电流发生变化时，产生的电枢磁场强度也随之改变，则磁场中性面的位置也会发生变化。一般是将电刷调定在发电机输出额定电流时的中性面位置上，但当发电机的负载电流偏离额定值时仍然会产生换向火花。小型发电机一般都采用调整电刷位置的方法。

对于功率较大的直流发电机，一般需要在定子上加装换向磁极，换向磁极上的线圈与转子电枢线圈相串联。这时当发电机向负载输出电流时，换向线圈中产生的换向磁场就会抵消电枢反应的影响，使得电刷处的合成磁场近似为零，从而减小电刷处的换向火花。较大功率的发电机大都采用加装换向磁极的方法或两种方法都采用。

换向磁极如图 1.3-8 所示，它位于两个主磁极之间，其上的换向线圈与转子电枢线圈串联。

2. 交流-直流发电机

从上述有刷直流发电机的结构和工作原理可知，直流发电机的定子为磁场，在转子的电枢绕组中产生感应电动势，负载电流是从转子电枢绕组通过换向器和电刷提供给负载的，因此在电刷与换向器接触处非常容易产生换向火花，导致发电机的可靠性下降，还容易产生电磁干扰。

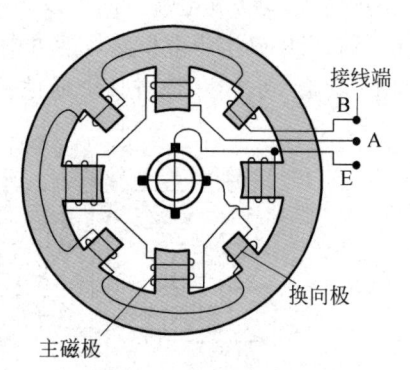

图 1.3-8 换向磁极

为了克服有刷直流发电机换向困难（尤其是在高空）、换向时产生火花以及换向器和电刷的维护工作量大的缺点，可以采用交流-直流发电机，又称为硅整流发电机。这种发电机的本体是一台旋转磁极式交流发电机，发电机定子电枢绕组上发出的交流电经二极管整流后变成直流电，再输送到飞机电网供负载使用。

硅整流发电机由一台旋转磁极式交流发电机和二极管整流器组成。其中的交流发电机由爪极式转子（见图 1.3-9(a)）和定子电枢（见图 1.3-9(b)）组成。

与有刷直流发电机相反，这种交流发电机的转子是磁场部分，其作用是产生恒定磁场。转子主要由两块爪形磁极、磁轭、转子轴和滑环等组成，如图 1.3-9(a)所示。两块爪极铁芯的空腔内装有励磁绕组和磁轭。滑环是两个彼此绝缘的铜环，压装在转子轴上并与转轴绝缘，两个滑环分别与励磁绕组的两端相连，随转子一起转动。

当通过电刷和两个滑环给励磁绕组通入直流电时，在励磁绕组中就产生了轴向磁通，使

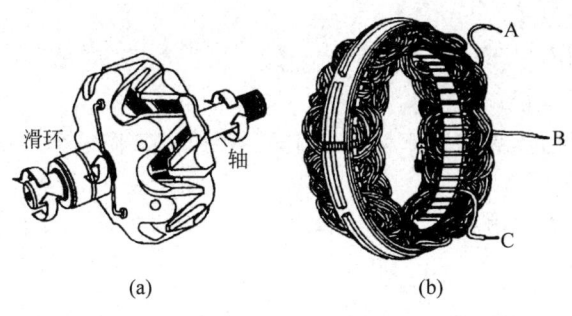

图 1.3-9 硅整流发电机的结构

爪极铁芯一块被磁化为 N 极，另一块被磁化为 S 极，从而形成六对（或八对）相互交错的磁极。当转子转动时，就形成了旋转磁场。

需要注意的是，这里的滑环与前述的有刷直流发电机中的换向器的结构和功能都不相同。首先，滑环是一个整体的导电环，而换向器由几十片互相绝缘的导体组成；其次，从电刷经过滑环导入到转子励磁绕组中的直流电并不存在换向问题，因此没有火花产生，而连接在换向器上的电枢绕组经过电刷时，其内的电流方向发生改变。可见，硅整流发电机虽然有电刷，但并没有换向问题，也没有火花，这也是这种发电机的优点之一。

硅整流发电机的定子铁芯内安放有三相绕组，三相绕组可以接成星形接法或三角形接法。当转子旋转时，定子三相绕组切割磁力线，就可以发出三相交流电。三相交流电通过 6 只整流二极管全波整流成直流电后输出，如图 1.3-10 所示。图中的 F 为励磁线圈，安装在转子上。励磁方式也可以采用他励或自励。

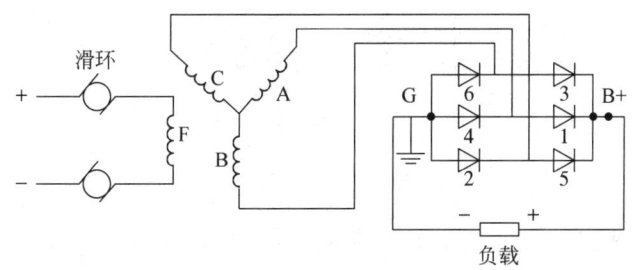

图 1.3-10 硅整流发电机原理图

3. 两种直流发电机的优缺点

有刷直流发电机主要有以下几方面的优点：

（1）能用作起动/发电机。起动发动机时，工作在电动机状态，发动机起动后转为发电机状态，一机两用，从而减轻机载设备的重量。

（2）改变励磁方式可以做成不同特性的发电机或电动机。

（3）过载能力强。

但有刷直流发电机也有以下缺点：

（1）高空换向困难，电刷磨损严重。

（2）换向时产生火花，对机载电子设备产生干扰；换向器和电刷磨损大，维护工作量大。

(3) 结构复杂,重量重。

交流-直流发电机有以下优点:

(1) 结构简单,重量轻;

(2) 无机械换向装置,高空性能良好,工作可靠,维护工作量小。

主要缺点有:

(1) 不能用作起动/发电机;

(2) 过载能力较差。

1.3.2 发电机调压器

飞机低压直流电源的额定电压为 14V 或 28V,但当负载变化或发电机转速改变时,电压将偏离额定值,因此,必须由调压器来自动调节发电机的励磁电流,以保持输出电压恒定。增加发电机的励磁电流,发电机输出电压增高,反之则减小。

常用的调压器有振动式调压器、晶体管调压器和炭片调压器等。

1. 振动式调压器

在早期的小型飞机上,小功率直流发电机常采用振动式调压器,其结构示意图如图 1.3-11 所示。

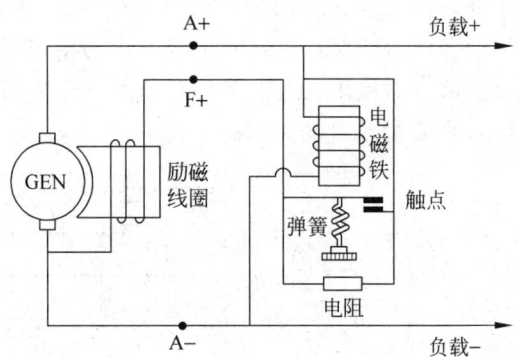

图 1.3-11 振动式调压器的结构

振动式调压器主要由以下几部分组成。

(1) 电磁铁。它用于敏感发电机的端电压,并起到拉开触点的作用。电磁线圈并联在发电机输出端,电压越高,电磁铁产生的电磁吸力越大。

(2) 弹簧。其作用是使触点闭合。

(3) 触点。它用于控制串联于励磁绕组中的电阻的接入或短路,当触点闭合时,电阻被短路,励磁电流增大,发电机电压升高。

(4) 电阻。它用于调节励磁电流的大小,当触点断开时,将电阻串入励磁线圈,使励磁电流减小,发电机电压下降。

振动式调压器的工作原理简述如下:

当发电机开始转动时,发电机自励发电。此时由于发电机电压低,电磁铁吸力小,弹簧的拉力大于电磁铁的吸力,使触点闭合,将电阻短接,励磁电流上升,发电机输出电压上升。当发电机电压上升到一定值(大于额定值)时,电磁铁吸力大于弹簧拉力,触点断开,这时电阻串入到励磁线圈中,使励磁电流下降,发电机电压下降。当发电机输出电压下降到一定值(小于额定电压)时,弹簧拉力又大于电磁铁吸力,使触点合上,将电阻短路,发电机电压上升……如此循环,使发电机电压在额定电压上下波动。调整弹簧拉力,就可以调整发电机的输出电压值。

发电机输出电压波形如图1.3-12所示。这种调压器触点的通断频率在每秒50~200次,即50~200Hz,可以使调节点电压在(28±1)V左右波动。

振动式调压器只能用于小功率直流发电机,此时的发电机励磁电流较小,否则调压器的触点可能产生电弧或造成熔焊。这种调压器的优点是结构简单,重量轻;缺点是触点频繁开合,容易产生磨损和电磁干扰,且发电机输出电压波动较大。

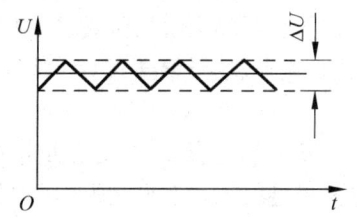

图1.3-12 采用振动式调压器的发电机电枢电压波形图

2. 晶体管调压器(电子式调压器)

为克服振动式调压器机械触点频繁通断引起的问题,可以采用没有机械触点的固态开关,即用大功率晶体管代替机械触点,这类调压器统称为电子式调压器。电子式调压器的具体电路有多种结构,但其基本组成和工作原理都相似。一种典型的晶体管调压器原理电路如图1.3-13所示。

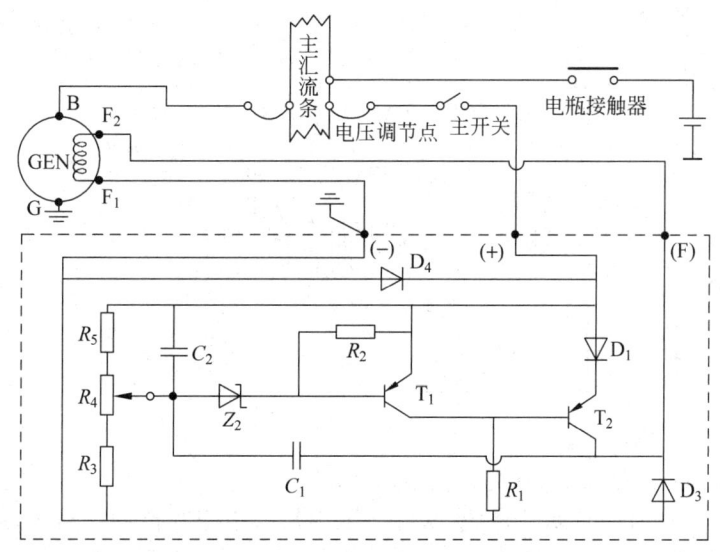

图1.3-13 晶体管调压器电路

电路主要由以下几部分组成:①电压敏感电路,由电阻R_3、R_4、R_5和电容器C_2组成,用于敏感发电机的输出电压;②电压鉴别电路,由稳压管Z_2组成,用于比较发电机的实际电压与设定电压的相对大小;③开关放大电路,由三极管T_1、T_2和二极管D_1及电阻R_1、R_2组成,用于功率放大,同时实现对励磁电流的调节。

晶体管调压器的工作原理与振动式调压器基本相同。当发电机电压低于一定电压时,稳压管Z_2截止→T_1截止→T_2导通,电源"+"端通过D_1、T_2加到励磁线圈的F_2端,再回到电源的"−"端,使发电机电压上升。当电压上升到一定值时,Z_2击穿导通→T_1导通→T_2截止,励磁线圈断电,发电机输出电压下降。当电压下降到一定值时,Z_2 又截止……如此循环,使发电机输出电压保持在额定值上。当发电机的负载增大时,输出电压下降,因此 T_2 的导通时间变长,截止时间变短,励磁电流的平均值增大,以维持输出电压不变。调整电阻 R_4,就能调定发电机的输出电压值。

并联在励磁绕组两端的二极管 D_3 称为续流二极管,当晶体管 T_2 截止时,储存在励磁线圈中的磁场能量通过 D_3 释放,减小了励磁线圈上产生的感应电动势,以防止击穿晶体管 T_2。

图中的电容器 C_1 为负反馈电容,用于提高调压的稳定性。二极管 D_4 的作用是防止发电机极性接反,起到保护调压器的作用。

可见,晶体管调压器没有运动部件,不会产生电弧和火花,没有机械磨损及电磁干扰,且晶体管的开关频率高,可以有效减小发电机输出电压的波动,提高调压精度。此外,晶体管调压器还具有体积小、重量轻、工作可靠等优点,目前已广泛应用。

3. 炭片调压器

振动式调压器采用接通和断开固定电阻来控制励磁电流,晶体管调压器采用通、断励磁电流,从而控制发电机的电压。在两种调压器中,励磁电流都是脉动变化的,都会引起发电机电压在小范围内波动。为了使发电机输出电压更加平稳,采用在励磁电路中串联一个可变电阻,并通过改变可变电阻值来改变励磁电流,这就是炭片调压器的基本工作原理。其原理图如图 1.3-14 所示。

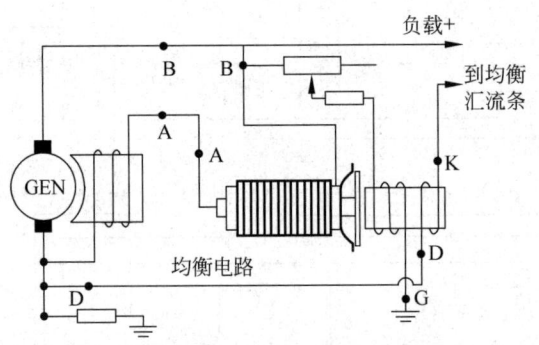

图 1.3-14　炭片调压器电路

炭片调压器的组成部分及各部分功用如下:

(1) 炭柱。由一片一片炭片叠成,炭柱电阻由炭片电阻和接触电阻两部分组成。炭片电阻基本保持不变(不考虑温度影响),而炭片之间的接触电阻受炭柱上的压力控制,压力越大,接触电阻就越小。炭柱上所受的压力等于弹簧压力减去电磁吸力。

(2) 弹簧衔铁组件。弹簧的作用是压紧炭柱,使炭柱电阻减小;衔铁受电磁力的控制,其作用是拉松炭柱,使电阻增大。

(3) 电磁铁。电磁铁上的工作线圈通过电阻并联在发电机输出端,用于敏感电压的大小,电磁铁产生的电磁力的作用是拉松炭柱,使炭柱电阻增加。

(4) 调节电位器。用于调整电磁铁中的电流,从而整定发电机的额定输出电压。

炭片调压器的工作原理简述如下:

当电压升高时→电磁拉力增大→炭柱被拉松→电阻增大→励磁电流减小→电压下降；当电压下降时→电磁拉力下降→炭柱被压紧→电阻减小→励磁电流增大→电压升高。这样就可以使电压保持恒定。

如果工作线圈两端的电压等于零，则线圈中没有电流，弹簧将炭柱压紧，炭柱电阻最小，便于发电机自励。

炭片调压器由于有铁芯和运动部件衔铁，因此在调节过程中存在调节滞后、调压误差大、稳定性差、体积大、功耗大等一系列缺点，目前已经很少采用，已基本被电子式调压器取代。

1.3.3 直流电源的并联供电

直流电源并联供电的条件比较简单，主要有以下两方面：

(1) 发电机极性相同；

(2) 发电机输出电压相同。

并联供电主要有以下优点：①供电质量高。并联供电时电网总容量增大，当负载突变时，对电网造成的扰动小。②供电可靠性高。在并联供电系统中，各发电机互为备用，当其中一台发电机故障时，不会对电网上的用电设备造成影响，可以实现不间断供电。由于直流电源并联控制比较简单，两台及以上直流发电机多采用并联供电。

飞机上一般采用同容量的发电机并联，并联运行时要求各台发电机承担的负载相同，以防止有的发电机过载、有的发电机欠载的情况。虽然飞机上一般都采用同型号的发电机和调压器，但由于发电机及调压器的特性和安装不可避免地存在一定的差异，因此并联供电时负载分配一般是不均衡的，这就需要采取措施来均衡负载。通过分析可知，可以通过调节发电机的励磁电流使负载均衡。调压器不同，其均衡措施也各不相同。下面以炭片调压器和晶体管调压器为例，说明负载均衡的原理。

1. 炭片调压器的负载均衡电路

炭片调压器的负载均衡电路如图 1.3-15 所示。图中表示两台直流发电机并联供电。

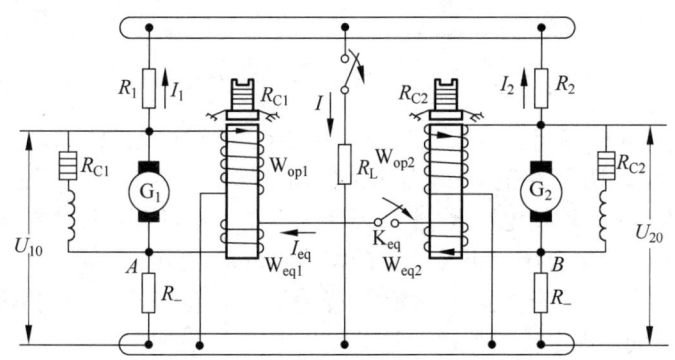

图 1.3-15　炭片调压器的均衡电路

在炭片调压器中，均衡线圈 W_{eq1} 和 W_{eq2} 分别绕在两个调压器的电磁铁上。为了测量发电机的输出电流，在发电机的负极性端接入电阻 R_-，R_- 一般为换向磁极的线圈电组和接线电阻。R_1、R_2 为正线电阻，包括馈线电阻和接触电阻等。

设 1 号发电机 G_1 的输出电流大于 2 号发电机 G_2 的输出电流,即 $I_1>I_2$,这时,A 点电位小于 B 点电位(以地为参考点),电压 U_{BA} 使两个均衡线圈中有电流流动。根据右手螺旋定则,可以判断出各台发电机均衡线圈中产生的磁通方向也各不相同,因此其作用也不相同。可分析如下:

对于 1 号发电机 G_1:均衡线圈 W_{eq1} 产生的磁通与 G_1 调压器工作线圈 W_{op1} 产生的磁通方向相同,因此对炭柱的拉伸力增大,使炭柱电阻 R_{C1} 增大,励磁电流下降,使 G_1 发电机的输出电压下降,则其输出电流 I_1 随之减小。

对于 2 号发电机 G_2:均衡线圈 W_{eq2} 产生的磁通与 G_2 调压器工作线圈 W_{op2} 产生的磁通方向相反,因此对炭柱的拉伸力减小,炭柱电阻 R_{C2} 减小,励磁电流增大,使 G_2 发电机的输出电压上升,则其输出电流 I_2 随之增大。总电流维持不变。

当 $I_1<I_2$ 时,可作同理分析。这样就使两台发电机的负载得到均衡。在均衡线圈之间必须装一个开关 K_{eq},便于发电机单独供电时调压器的正常工作。

2. 晶体管调压器的均衡电路

在每台发电机的调压器的敏感电路(参看图 1.3-13)中接入均衡电阻 R_{24}(见图 1.3-16),两个均衡电阻之间通过开关连接起来。

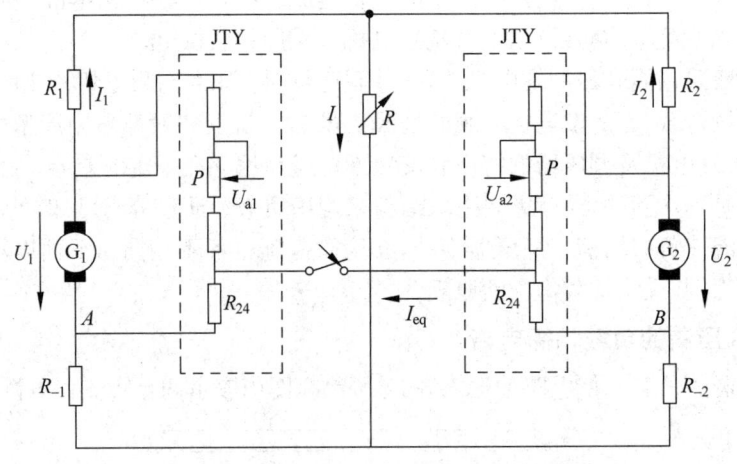

图 1.3-16　晶体管调压器的均衡电路

设 1 号发电机 G_1 的输出电流大于 2 号发电机 G_2 的输出电流,即 $I_1>I_2$,这时的 A 点电位小于 B 点电位(以地为参考点),电压 U_{BA} 使两个均衡电路中有电流流动。

对于 1 号发电机 G_1,均衡电阻 R_{24} 上的压降为上正下负,使 G_1 调压器敏感到的电压 U_{a1} 增加,调压器使 G_1 的输出电压减小,则 G_1 的输出电流 I_1 也随之减小。

对于 2 号发电机 G_2,均衡电阻 R_{24} 上的压降为下正上负,使 G_2 调压器敏感到的电压 U_{a2} 下降,调压器使 G_2 的输出电压增加,则 G_2 的输出电流 I_2 也增加。

当 $I_1<I_2$ 时,可作同样分析。这样就可以使两台发电机的负载得到均衡。在均衡电阻之间必须装一个开关,便于发电机单独供电时调压器的正常工作。

1.3.4　直流电源的控制与保护

电源的控制和保护装置是实现电源正常供电的重要设备,其主要功能是控制发电机输出端与电网的通断。当电源系统发生过电压、欠压、过载或反流等故障时,将故障发电机与电网隔离。

小功率的低压直流电源系统一般采用电磁式保护装置,也有采用电子式保护电路的。本节简要介绍几种保护装置。

1. 限流控制器

在某些直流发电机系统中配置有电流限制器,当发电机过载时,通过限制发电机的电压来限制其输出电流,以防止发电机过热或烧毁。

电磁式电流限制器结构如图 1.3-17 所示,主要由电磁铁、触点、弹簧和电阻组成。电磁铁上的电流线圈与负载电路相串联,与触点并联的电阻 R 用于调节励磁电流。当负载电流过大时,电流线圈产生的电磁力将触点拉开,并把电阻串入到发电机的励磁线圈中,使发电机电压下降,因此发电机的输出电流相应减小。当电压过低时,电磁铁线圈中的电流减少,电磁力下降,在弹簧的作用下触点又闭合,把串联于励磁电路中的电阻短接,这样发电机电压又升高。如果发电机持续过载,则限流器触点将连续振动,这样就可以将发电机的输出电流保持在安全值之内。限流器的参数整定为当发电机输出电流大于额定值的 10% 时触点断开。

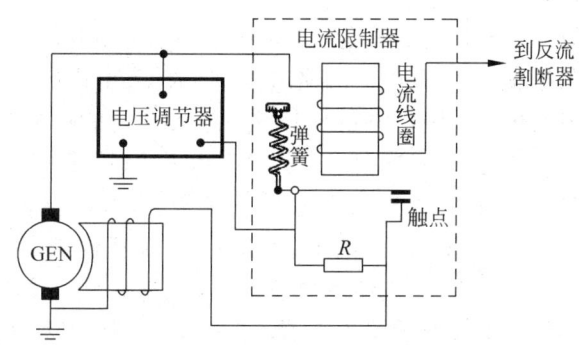

图 1.3-17　电流限制器原理图

2. 反流割断器

当有刷直流发电机与蓄电池并联工作时,发电机的输出电压应高于飞机电瓶电压,这时发电机向负载供电的同时,为电瓶充电。当由于某些原因造成发电机电压低于电瓶电压时,电瓶电流就会倒流入发电机,使发电机变成负载而吸收功率。这样会导致电瓶电量在很短的时间内耗尽,失去应急电源的功能,给飞行安全带来隐患。因此,直流电源系统一般都安装有反流割断器,当出现反流时,及时将发电机输出端与电网隔离,此时由电瓶为关键负载供电。图 1.3-18 为反流割断器原理图。

电磁式反流割断器主要由电磁铁和一个触点组成。电磁铁上绕有一个电压线圈和一个电流线圈。电流线圈中流过负载电流,用于检测电流的方向,导线粗而匝数少;电压线圈的作用是检测发电机的输出电压,电压线圈导线细而匝数多。

当发电机电压高于电瓶电压时,电压线圈产生的电磁力使触点闭合,发电机通过电流线圈向负载输出电流,并向电瓶充电。电流线圈中产生的磁通与电压线圈中的磁通方向相同,两个线圈的电磁合力使触点闭合更紧密。当发电机电压低于电瓶电压时,电流反向流动,这

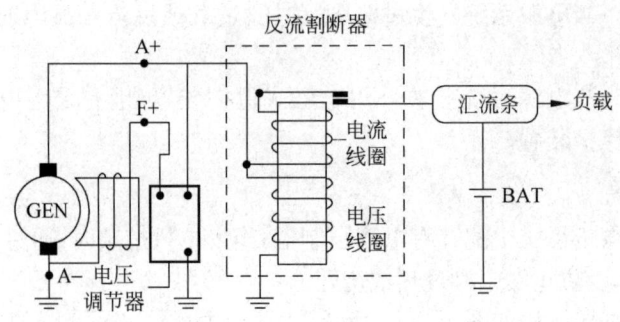

图 1.3-18 反流割断器原理图

时电流线圈中的磁通与电压线圈中的磁通方向相反,使电磁力相互抵消。当反流达到 30A 时,触点在弹簧的作用下断开,从而实施反流保护。

一般情况下,发电机电压在 26.6～27V 时触点闭合。

若采用硅整流发电机与蓄电池并联,则由于整流二极管的单向导电性,无须设置反流保护。

3. 过电压和过载保护

由发电机励磁电路或调压器的故障而造成的过电压会对用电设备和发电机本身造成损坏。因此必须采取有效措施,断开发电机的输出,并使故障发电机从电网上退出。

在两台以上的直流发电机并联供电系统中,若某台发电机的励磁电流持续升高,则大部分负载将转移到这台发电机上,使发电机过载。这时也需要对过载的发电机实施保护。

过电压和过载保护采用反延时,即故障越严重,断开延时时间越短。图 1.3-19 是一种电子式过电压和过载保护电路原理图。图中,运放 A_1 的反相输入端检测发电机的负载电流,经过反相放大器反相和放大后,送到运放 A_2 的反相输入端;发电机的输出电压经过 R_4、W、R_5 组成的分压器后,也加到运放 A_2 的反相输入端。运放 A_2 的同相输入端由稳压管 DW_1 提供基准信号,输入端的二极管 D_1、D_2 起到"或逻辑"的作用,使电路同时兼有过电压和过载保护功能。

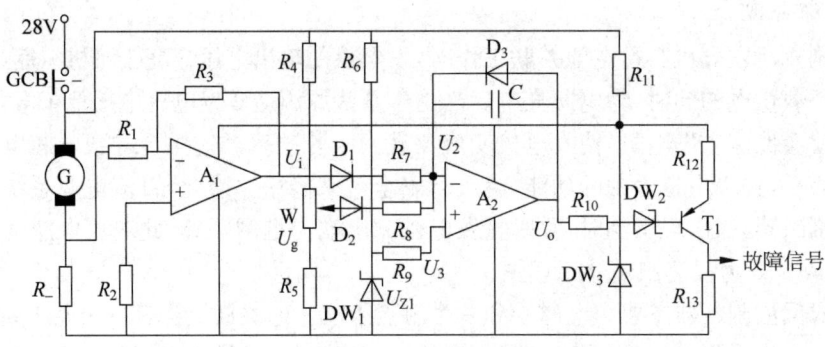

图 1.3-19 过电压及过载保护电路原理图

运放 A_2 的反馈电容 C 提供反延时功能,稳压管 DW_3 用于为保护电路提供工作电源。

当发电机正常工作时,即发电机无过电压和过载故障时,运放 A_2 反相端的两个输入电压 U_i 和 U_g 都小于同相端的基准电压 U_{Z1},运放 A_2 输出高电平,稳压管 DW_2 和晶体管 T_1

都不导通,电路没有输出信号。

当发电机发生过电压故障时(高于32V),电位器 W 上的电压 U_g 高于基准电压 U_{Z1},二极管 D_2 导通,D_1 截止,U_g 通过电阻 R_8 对电容器 C 开始充电。过电压越严重,充电电流越大,运放 A_2 的输出电位下降越快,则稳压管 DW_2 和晶体管 T_1 导通越快,延时越短,从而实现了反延时。最后稳压管 DW_2 和晶体管 T_1 都导通,电路输出故障信号。

当发电机发生过载故障时,运放 A_1 的输出电压 U_i 高于基准电压 U_{Z1},二极管 D_1 导通,D_2 截止,U_i 通过电阻 R_7 对电容器 C 充电。与过电压时一样,经过电容器 C 的反延时后,稳压管 DW_2 和晶体管 T_1 都导通,电路输出故障信号,从而切断发电机输出和励磁。

当直流发电机发生欠压故障时(电压低于20.5V),采用7秒固定延时切断发电机的输出,电路原理可参考本章"交流电源系统"。

1.4 交流电源系统

交流电源系统可以分为两大类:恒频交流电源和变频交流电源。两种电源在目前的大型运输机上都有应用,如目前的主流机型 B737NG、A320 等飞机都采用恒速恒频(CSCF)交流电源,而新型飞机如 A380、B787 的主电源系统采用变速变频(VSVF)交流电源。

1.4.1 恒频交流电源和变频交流电源

1. 恒频交流电源

恒频交流电源主要有两种形式:带有恒速传动装置的恒速恒频(CSCF)交流电源和不带恒装的变速恒频(VSCF)交流电源,其传动结构如图 1.4-1 所示。

图 1.4-1 恒频交流电源结构示意图

图 1.4-1(a)所示的恒频交流电源由恒速传动装置(简称恒装,CSD)传动,可以把发动机变化的转速转变为恒定的转速,使发电机发出频率为 400Hz、电压为 115/200V 的恒频交流电。这是目前大型喷气式运输机上最常采用的形式。

恒速恒频电源系统的优点是:恒频交流电对飞机上的各种负载都适用,配电简单;恒频交流电源系统可以单台运行,也可以并联运行。其不足之处是:CSD 增加了电源系统的重量和成本,其功率/重量比小于不带 CSD 的变速变频电源系统。为了进一步减轻重量,提高可靠性,可以将 CSD 和发电机组合在一起,组成整体驱动发电机(IDG)。这一构型已在现代飞机上得到了广泛应用。

图 1.4-1(b)所示的恒频交流电源没有恒装,发电机发出的是变频交流电,然后再利用电子器件组成的频率转换器将变频交流电变换为 400Hz 的恒频交流电。

变速恒频交流电源的主要优点是:取消了 CSD,重量有所减轻。其不足之处是:允许的环境工作温度比较低,过载能力差,结构复杂,可靠性相对较低,维护比较困难。目前,该系统也已在飞机上得到了应用。

飞机恒频交流电源的稳态和暂态性能指标应满足国际航空电源标准(ISO 1540—2006),其中稳态特性应满足表 1.4-1 所示的要求。

表 1.4-1 恒频交流电源的稳态参数

交流电源参数		正常(normal)	非正常(abnormal)	应急(emergency)
电压/V	三相平均电压	104～120.5	95.5～132.5	104～120.5
	单相电压	100～122	94～134	100～122
	最大不平衡电压	6	6	8
	过压保护	＞134		
	欠压保护	＜94		
频率/Hz	允许频率范围	390～410	390～440	360～440
	过频保护	＞440		
	欠频保护	＜360		
波形	理想波形	正弦波		
	波峰系数	1.26～1.56		
	总谐波失真度	8%		10%
	单次谐波含量	＜6%		＜7.5%
相位	相位差	116°～124°		

注:电源正常工作状态是指航空器在地面和飞行中,电源系统没有发生故障或没有出现不正常时的工作状态,不包括电启动主发动机或辅助动力装置。

电源非正常工作状态是指航空器电源发生故障或出现不正常时,保护装置将不正常或故障部分与其他部分隔离的工作状态。在这种情况下,电源供电特性超出了正常工作范围,但仍保持在非正常工作极限之内。

2. 变频交流电源

变频交流电源是由飞机发动机经减速器直接带动交流发电机,发电机发出的是变频交流电,其结构示意图如图 1.4-2 所示。

图 1.4-2 变频交流电源结构示意图

这种系统不需要恒速传动装置,结构简单,可靠性高,维护工作量小,重量轻。不足之处是:由于频率的变化,对电机类用电设备的要求随之提高。在需要恒频交流电的场合,须由逆变器提供。随着飞机用电量的增加,变频交流电的优越性更加突出。变速变频交流电源将成为飞机电源的主要形式,目前已被 A380、B787 等飞机采用。

变频电源分窄变频 360～650Hz 和宽变频 360～800Hz 两种。涡扇发动机和某些 APU 发动机(如 B787 APU 不恒速)的转速变化范围较小,涡喷发动机的转速范围大。根据航空电源标准,两种变频电源的要求是有区别的。

飞机变频交流电源的稳态和暂态性能指标应满足国际航空电源标准(ISO 1540—2006),其中稳态特性应满足表 1.4-2 所示的要求。

表 1.4-2 变频交流电源参数

交流电源参数		窄 变 频			宽 变 频		
		正常	非正常	应急	正常	非正常	应急
电压/V	三相平均电压	104～120.5	98.5～132.5	104～120.5	101.5～120.5	98.5～132.5	101.5～120.5
	单相电压	100～122	97～134	100～122	100～122	97～134	100～122
	最大不平衡电压	6		8	9		12
	过压保护	>134			>134		
	欠压保护	<97			<97		
频率/Hz	频率变化	360～650			360～800		
	过频保护	>650			>800		
	欠频保护	<360			<360		
波形	理想波形	正弦波			正弦波		
	波峰系数	1.26～1.56			1.26～1.56		
	总谐波失真度	<8%	<10%		10%		12%
	单次谐波含量	<6%	<7.5%		<7.5%		<9%
相位	相位差	116°～124°			114°～126°		

表 1.4-1 和表 1.4-2 中所示的性能指标是设计调压器、故障保护电路的依据,也是研制航空机载电源和地面电源的理论依据。

1.4.2 恒速传动装置的基本工作原理

恒速传动装置将变化的发动机转速变成恒定转速,使发电机发出恒频交流电。图 1.4-3 所示为某型飞机电源系统的 CSD 参数。由图可见,发动机在工作范围内(从慢车转速到额定转速)其输出转速变化约一倍,如果没有 CSD,则发电机的输出频率将在 280～560Hz 之间变化。恒频电源系统要求频率为 400Hz,为此要求驱动发电机的转速为 12000rpm,即 CSD 的输出转速为 12000rpm。

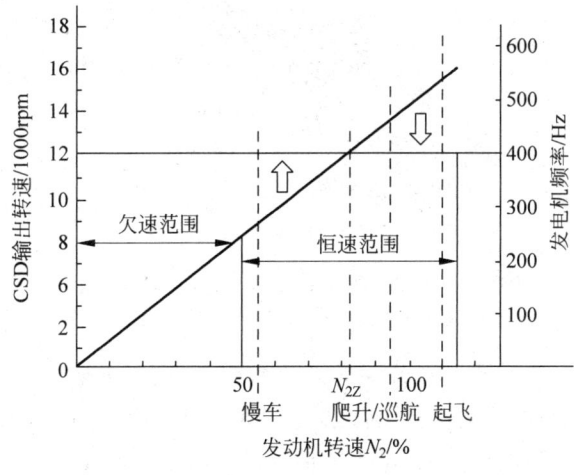

图 1.4-3 恒速传动装置的输入转速范围

从图中可以看出，当发动机转速在慢车转速（≥50%额定转速）到某一转速值 N_{2z} 时，CSD 应工作在增速状态（图中箭头向上区域），使得其输出转速达到 12000rpm；当发动机转速恰好等于 N_{2z} 时，CSD 的输出转速也恰好为 12000rpm，此时发电机频率正好等于 400Hz；当发动机转速大于 N_{2z} 时，CSD 应工作在减速状态，使得其输出转速保持在 12000rpm。发动机从慢车转速到额定转速的区域内，CSD 都能将变化的转速转换为恒定的转速。而当发动机转速小于慢车转速时，CSD 的输出转速也将小于 12000rpm，处于欠速状态，发电机将处于欠频状态，属于保护状态，电源不能使用。

恒速传动装置的主要形式有两种，一种是电磁式，一种是液压机械式。由于电磁式的输出功率比较小，现代运输机上都采用液压机械式恒速转动装置，下面简单介绍其组成和工作原理。

1. CSD 的组成和各部分功用

液压机械式恒装主要由差动游星齿轮系、液压泵-液压马达组件、调速系统、滑油系统和保护装置等五部分组成，如图 1.4-4(a) 所示。

(1) 差动游星齿轮系的主要功用有两个，一是传递发动机的转速，二是传递由液压马达输出的补偿转速，并使两个转速进行叠加，从而保持输出转速不变。图 1.4-4(b) 是差动游星齿轮系结构图。

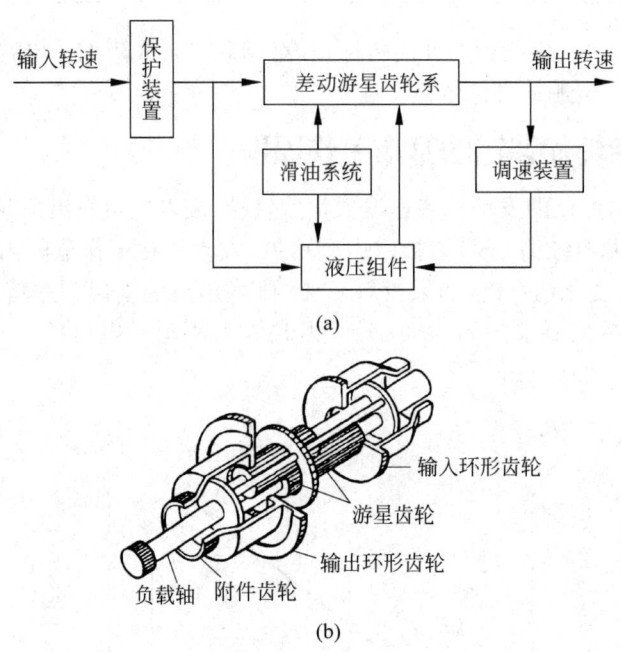

图 1.4-4　差动游星齿轮系的组成原理及结构
(a) 恒装组成原理图；(b) 差动游星齿轮系结构图

(2) 液压泵-液压马达组件是调速系统的执行机构，液压泵输出大小和方向可控的液压能，该液压能驱动液压马达转动，马达转速的大小和方向都受液压泵输出液压能的控制。液压马达的转速叠加在游星齿轮系上，用于补偿发动机转速的变化。

(3) 调速装置主要有离心飞重式机械调速器和电子式调速器。其功能是敏感恒装的输出转速,并改变液压泵可变斜盘的偏转角度和方向(见图 1.4-6),从而改变液压马达的转速和转向,以补偿发动机转速的偏离。另外,为了满足有些飞机交流发电机并联供电的需要,使并联供电时有功负载能均衡分配,还引入了电调线圈用于转速的附加调节。

(4) 滑油系统除了对齿轮系统起润滑和散热作用外,还作为液压泵-液压马达组件传递功率的介质。

(5) 保护装置的作用是当恒装故障时,如滑油压力低(小于 140psi)或温度高(大于 365°F 即 185℃)时,人工或自动脱开恒装与发动机的连接,以保护恒装和附件齿轮箱的安全。恒装在空中脱开后,只有在地面且发动机完全停车后才能复位。

2. 恒装的基本工作原理

恒装的输出转速由两个转速决定,一是发动机经游星齿轮架直接传递过来的转速 n_i,该转速随发动机转速的变化而变化;二是液压泵-液压马达组件通过环形齿轮传递的转速 n_m,该转速用来补偿发动机转速的变化,以保持恒装的输出转速不变。其原理示意图如图 1.4-5 所示。

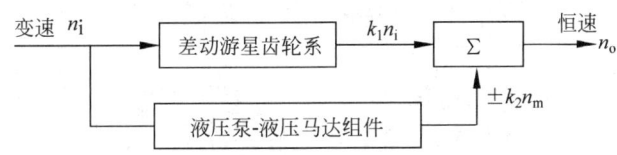

图 1.4-5 恒装的转速构成示意图

设恒装的输入转速为 n_i,输出转速为 n_o,液压马达的转速为 n_m,则输出转速可以表示为

$$n_o = k_1 n_i \pm k_2 n_m$$

其中 k_1、k_2 为游星齿轮系的传动比。

液压马达转速前面的"±"号由 CSD 的输入转速 n_i 的大小决定,并与马达的转向相对应。两个转速的叠加由差动游星齿轮系完成。

当发动机转速等于 N_{2Z}(见图 1.4-3)时,液压马达不转动,CSD 的输出转速正好等于额定转速时,CSD 的这种工作状态称为零差动方式,这时的恒装输入轴转速称为制动点转速 n_Z,该转速的大小与图 1.4-3 所示的发动机转速 N_{2Z} 成正比。

当发动机转速小于 N_{2Z} 时,恒装的输入轴转速小于制动点转速 n_Z,这时在调速器的作用下,液压马达正方向旋转,通过差动游星齿轮系的作用使恒装的输出转速上升,这时 CSD 的输出转速为 $n_o = k_1 n_i + k_2 n_m$。恒装输入转速 n_i 越小,液压马达转速就越大,从而使输出转速保持不变。恒装的这种工作方式称为正差动方式。

当发动机转速大于 N_{2Z} 时,恒装输入轴转速大于制动点转速 n_Z,液压马达反方向旋转,通过差动游星齿轮系的作用使恒装的输出转速下降,这时的 CSD 输出转速为 $n_o = k_1 n_i - k_2 n_m$。恒装输入转速 n_i 越大,液压马达反方向的转速就越大,从而使恒装输出转速保持不变。恒装的这种工作方式称为负差动方式。

3. 恒装调速系统的工作原理

恒装调速器的作用是敏感输出转速的变化,调整液压泵可变斜盘倾角的大小和方向,使液压泵输出液压能的大小和方向随之改变,从而使马达的转速及转向随之改变,以补偿发动机转速的变化,维持输出转速不变。

恒装的转速调节器有离心飞重(fly weight)式机械调速器和电子式调速器两种。波音系列的飞机电源系统大都采用机械式调速器，如 B737CL、B747 等机型；而空客系列的飞机电源系统大都采用电子式调速器，如 A320、A340 等机型。下面分别介绍两者的基本工作原理。

1) 离心飞重式机械调速器

离心飞重式机械调速器是目前广泛采用的一种调速器，它利用离心飞重来测量 CSD 的输出转速，其原理示意图如图 1.4-6 所示。离心飞重随 CSD 输出轴而旋转，离心飞重离心力的大小反映转速的大小。分配活门受离心力和弹簧弹力的控制。当输出转速偏离额定值时，分配活门将上下移动，驱动伺服活塞左右运动。而伺服活塞的运动将带动液压泵可变斜盘的倾角改变，使液压泵输出液压能的大小和方向发生变化，从而驱动液压马达的转速大小和方向随之改变，最终使 CSD 的输出转速恢复到额定值上。

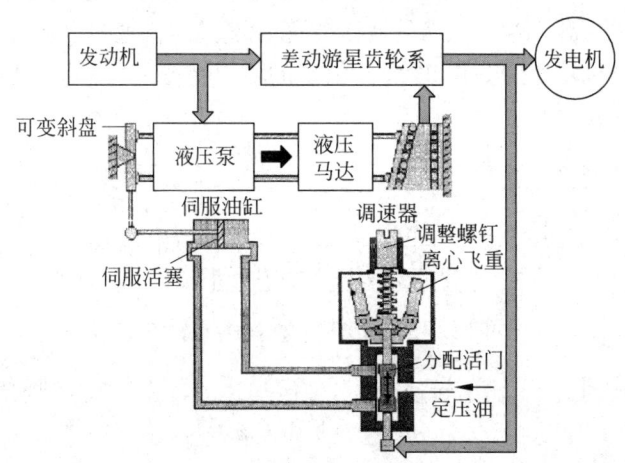

图 1.4-6　离心飞重式机械调速器的原理示意图

图 1.4-6 所示为恒装工作于零差动方式的状态，这时的液压泵可变斜盘保持垂直，液压马达不转动。当发动机转速增加时，离心飞重的离心力增加，离心飞重向外运动，控制油路中的液压油驱动伺服活塞向左运动，可变斜盘向右倾斜，使液压马达反方向转动，抵消发动机转速的增加。可见，经过伺服活塞、可变斜盘和液压马达输出齿轮等部件的一系列动作后，输出转速将恢复到额定值，这时离心飞重的离心力与弹簧弹力达到平衡，CSD 工作于新的稳定状态(负差动方式)。

当发动机转速减小时，离心飞重因离心力减小而向内运动。液压油使伺服活塞向右运动，可变斜盘将向左倾斜，使液压马达正方向转动，抵消发动机转速的减小，从而使 CSD 的输出转速上升，直到离心飞重的离心力与弹簧弹力又一次达到平衡，CSD 工作于新的稳定状态(正差动方式)。

当发电机的稳态输出频率偏差在 ±20Hz 以内时，可以通过调速器中的调整螺钉来改变弹簧的弹力，从而调整发电机的频率。调整一整圈大约相当于 3Hz。在调整时，首先应根据频率的偏差计算出必要的螺钉旋转圈数，然后关闭发动机再进行调节。注意：只有在发动机停转时，才能在 CSD 上进行调整。

当发电机的稳态输出频率偏差在 ±20Hz 以外时，需要更换恒速传动装置并送修理厂检修。

2）电子式调速器

电子式调速器的工作原理示意图如图 1.4-7 所示。

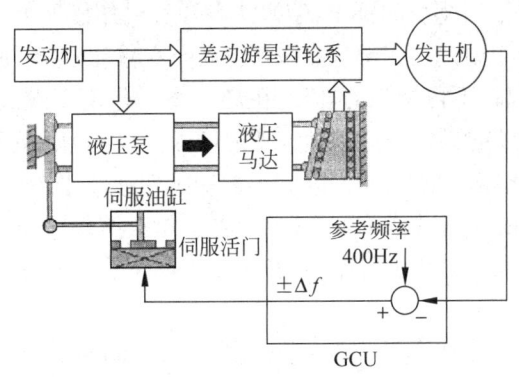

图 1.4-7　电子式调速器的原理示意图

电子式调速器利用发电机控制组件 GCU 中的频率检测电路，将发电机的输出频率与基准频率 400Hz 进行比较，将检测到的频率差信号转换为电流信号，该电流信号的大小与频差 Δf 成正比。电流信号被放大后驱动伺服活门，控制作动筒左右移动。其他部分的工作原理与离心飞重式机械调速器相同。

4. 恒装的脱开和复位机构

在恒装的输入端和附件齿轮箱传动轴之间设置有输入脱开装置。当恒装的滑油压力低（小于 140psi）或温度高（大于 365°F/185℃）时，CSD 或 IDG 故障灯亮，此时必须人工按下脱开开关，使恒装与发动机脱开。恒装脱开后，在空中不能复位，只能在地面进行复位。某些型号的恒装安装有自动脱开机构，当 CSD 中的滑油温度高于设定值时，自动将 CSD 与发动机脱开。

人工控制的输入脱开装置由齿形离合器、蜗轮蜗杆机构、电磁铁、复位机构四个部件组成，如图 1.4-8 所示。

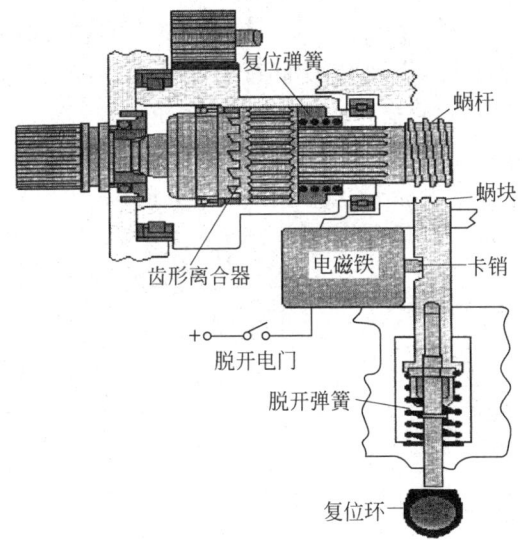

图 1.4-8　恒装的脱开和复位机构

控制恒装脱开的机构是齿形离合器,它由复位弹簧保持闭合,并将发动机的速度从齿轮箱输入到恒装的差动齿轮系。当按下驾驶舱电气面板上的脱开按钮时,电磁铁通电,电磁铁上的卡销被电磁铁吸入,解除了对蜗块的锁定,使蜗块在弹簧的作用下上升,并与蜗杆相接触。这时由于蜗杆的旋转,使离合器的右半部分克服弹力而向右移动,逐渐使齿形离合器分离。

当离合器脱开后,蜗轮不再被驱动,但还在离心力的作用下继续旋转,从而确保离合器能够完全脱开。如果 CSD 的输入转速太低,则蜗杆由于离心力不足而不能完全与离合器分开,这时会造成离合器损坏,如断齿等。因此当发动机转速小于慢车转速时,不能脱开恒装。

恒装脱开后,可以在 ECAM 或 EICAS 显示器上检查结果,这时发电机的输出电压和频率都应显示为零。如发电机电压和频率不为零,则表明恒装没有完全脱开,这时恒装可能已经损坏。

需要注意的是:脱开恒装时,为了防止电磁线圈长时间通电导致过热,按下脱开按钮的时间不能超过 3s,而且 1min 内最多只能脱开一次。恒装脱开电门一般是带有保险盖的红色电门,不允许随便按下。

恒装的复位只能在地面进行。当发动机完全停转时,拉下 CSD 外壳上的复位环,将蜗块下拉,直到电磁铁的卡销锁入蜗块的凹槽内,并能听到"咔哒"声后,才表明恒装完全复位了。

目前已经将 CSD 和发电机组合在一起,组成整体驱动发电机(IDG),除了人工脱开机构外,还有自动脱开(热脱开)功能,当 IDG 温度达到 200℃ 左右时,IDG 脱开电磁活门中的热脱开机构将 IDG 脱开(焊锡熔化)。但 IDG 自动脱开后不能人工复位,必须更换 IDG。

1.4.3 交流发电机的结构和工作原理

1. 交流发电机的结构和基本工作原理

在飞机交流电源系统中,普遍采用同步交流发电机。交流发电机有两种结构形式,即旋转磁极式和旋转电枢式。两种结构形式的交流发电机工作原理相同,都是基于电磁感应原理。当导体在磁场中作切割磁力线的运动时,导体中就产生感应电动势。基于上述基本原理,所有的交流发电机都是由两大部分组成:一是产生感应电动势的导体,称为电枢绕组;二是产生磁场的磁极和励磁绕组。只要两者之间有相对运动,就能在电枢绕组中感应出交流电。

图 1.4-9 为旋转磁极(一对磁极)式三相交流发电机的结构和波形图。图 1.4-9(a)所示的转子磁极上绕有直流励磁绕组,直流励磁电流必须通过电刷和滑环通入到励磁绕组,磁极铁芯被磁化后产生恒定磁场。

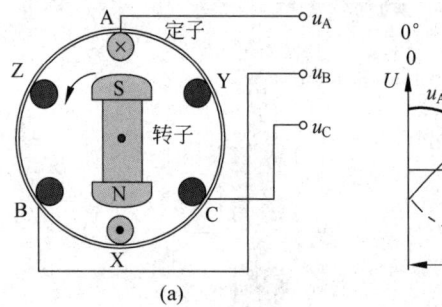
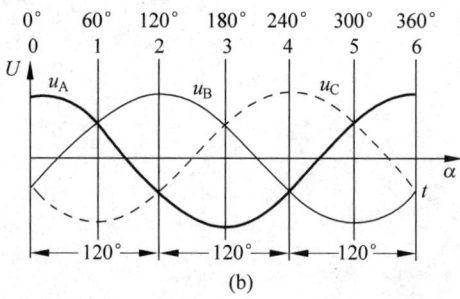

图 1.4-9　三相交流发电机及波形图

发电机定子铁芯的内圆周有槽,槽里安放电枢绕组,三相绕组匝数相等,在空间互差 120°。当转子由原动机带动旋转时,定子三相电枢绕组中就发出三相交流电,三相交流电压在时间上互差 120°,其波形如图 1.4-9(b) 所示。

交流发电机每相电枢绕组产生的感应电动势 E_a 的有效值为

$$E_a = 4.44 fW\Phi$$

式中,f 为感应电动势的频率,W 为每相绕组匝数,Φ 为每极磁通。

交流发电机发出的感应电动势的频率 f 与转子转速 n 和磁极对数 p 之间有如下的固定关系:

$$f = \frac{pn}{60}$$

可见,交流电的频率与转子转速同步变化,因此这种交流发电机又称为同步发电机。若某型航空交流发电机的磁极对数 $p=2$,则为了发出 400Hz 的航空交流电,电机的额定转速应为 12000rpm。

无论是旋转电枢式交流发电机,还是旋转磁极式发电机,都需要通过电刷和滑环将励磁电流送入到转子或将交流电能从转子中引出。与有刷直流发电机类似,电刷的存在使得发电机的可靠性变差,同时也增加了维护工作量,因此目前飞机上大多采用无刷交流发电机。

从励磁方式上分,交流发电机可以分为自励和他励两大类。无论采用哪一种励磁方式,都要满足以下的基本要求:一是发电机要起励可靠,即发电机的输出电压要能随转速的升高迅速建立起来;二是电网中有大负载启动或当发电机电枢绕组短路时,发电机的励磁能迅速增大,以确保可靠供电或短路保护装置可靠动作,这种能力称为强行励磁能力,简称强励磁能力。

下面简要介绍飞机上常用的二级和三级无刷交流发电机的结构和基本工作原理。

2. 二级式无刷交流发电机(自励)

二级式无刷交流发电机主要由交流励磁机、主交流发电机和旋转整流器组成,其结构示意图如图 1.4-10 所示。图中左侧部分是一台大功率旋转磁极式交流发电机,其中转子上的 DC 表示直流磁场(包括磁极和励磁绕组),定子上的三根线 A、B、C 表示三相电枢绕组输出端,发出的交流电为飞机电网供电,该电机称为主发电机。图中右侧部分是一台小功率旋转电枢式交流发电机,定子上的 DC 表示励磁磁场,从 A、F 端子处输入直流电源,该直流电源来自于主发电机发出的三

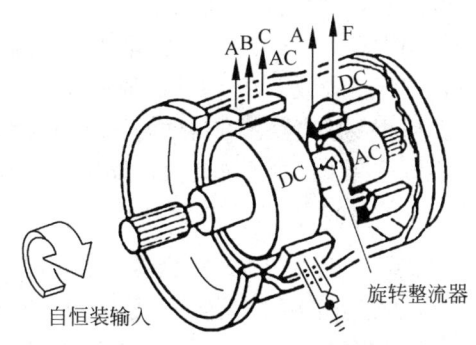

图 1.4-10 二级无刷交流发电机结构示意图

相交流电(经过整流、调压后),因此属于"自励"方式;转子上的 AC 表示转子电枢绕组发出的交流电,该交流电经过安装在转轴上的整流二极管转换成直流电后,提供给主发电机的转子励磁绕组。由于整流二极管随转轴旋转,因此称之为旋转整流器。右侧的旋转电枢式交流发电机的功用是为主发电机提供励磁,因此称其为交流励磁机。

从图 1.4-10 可见,这种发电机的外壳里同轴安装着两台交流发电机,因此又称之为二级式无刷交流发电机。

二级无刷交流发电机的电路原理图如图 1.4-11 所示。图中点画线上面的部件安装在定子上,下面的部分安装在转子上。主交流发电机的三相电枢绕组接成 Y 形,中性点 N 就近接到机体上。

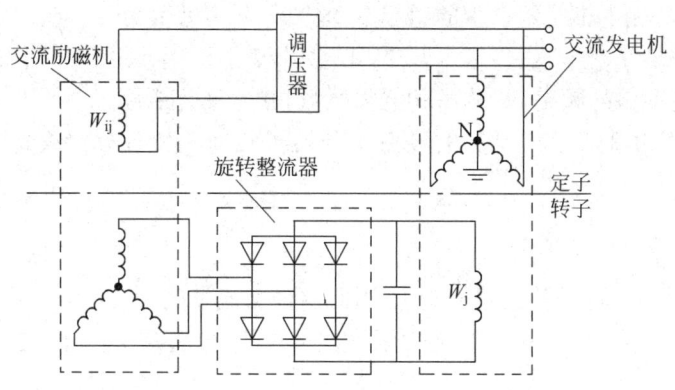

图 1.4-11　二级无刷交流发电机原理电路

当发动机带动发电机转子转动后,交流励磁机的转子电枢绕组切割剩磁产生剩磁电压,经旋转整流器整流后输送到主交流发电机的转子励磁线圈上,从而产生磁场。主交流发电机的定子电枢绕组切割磁力线,也产生一个 15V 左右的剩磁电压。该电压通过调压器使交流励磁机的磁场增大,则交流励磁机的电枢电压随之增加,主发电机的电枢电压也随之增加。当电网电压增加到额定电压时,调压器限制交流励磁机的励磁电流,使主发电机输出电压保持恒定。

由以上分析可知,二级式无刷交流发电机是靠剩磁起励发电的。当发电机遭受振动、高温等干扰因素时,剩磁会减小或消失,这时就需要为发电机充磁。为了保证起励可靠,可以在交流励磁机的磁极中嵌入永久磁铁。

此外,自励发电机的励磁电源来自于主发电机的输出,当主发电机的电枢绕组发生短路或电网中有大负载启动时,发电机的输出电压会下降,则加在交流励磁机励磁绕组上的励磁电压也将消失或下降,因此这种发电机不能提供强励磁能力。为了克服这个缺点,可以采用复励或相复励电路。在这两种励磁电路中,励磁电压不仅与主发电机的输出电压有关,还与负载电流有关。由于相复励电路原理较复杂,此处不再介绍。

3. 三级无刷交流发电机(他励)

三级式无刷交流发电机增加了永磁式副励磁机(permanent magnet generator,PMG),PMG 的定子电枢电压给交流励磁机的励磁绕组供电,而与主发电机的输出无关,因此这种结构属于"他励"方式。他励发电机的起励不依赖于剩磁电压,因此可以保证发电机可靠起励。三级无刷交流发电机的其余部分与二级式发电机基本相同,其电路组成原理图如图 1.4-12 所示。

永磁式副励磁机是一台旋转磁极式发电机,其定子电枢绕组上发出的交流电经过整流后给调压器和控制保护装置供电,该电源与飞机电网无关,因此飞机电网的故障(包括短路等)不会影响到调压器的工作,提高了电源系统的可靠性。此外,当主发电机输出馈线发生短路故障时,也不会影响到交流励磁机的励磁电流,在调压器的作用下,该励磁电流还可以增大,为发电机提供强励磁能力。目前的飞机电源系统大都采用这种结构的发电机。

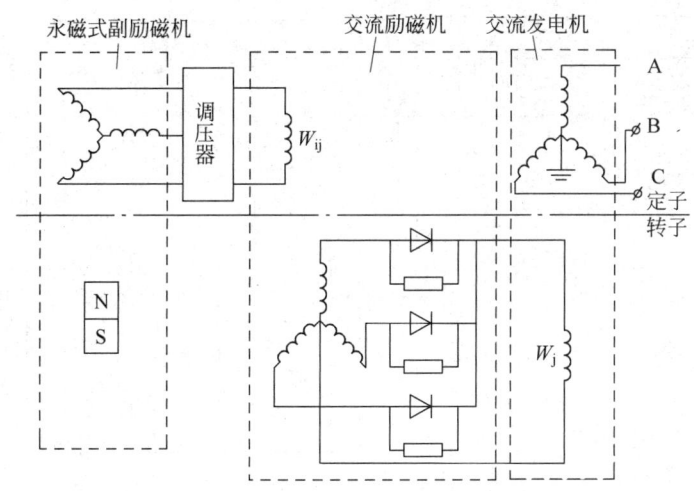

图 1.4-12　三级无刷交流发电机原理电路

4. 交流起动/发电机

有刷直流发电机的优点之一是可以用作起动/发电机,当起动发动机时,电机工作于电动状态,待起动完发动机后再转为发电状态,一机两用,减轻了机载设备的总重量。

在大型运输机上,主电源大都采用恒速恒频交流电源,由于采用了 CSD 或 IDG,使得电机不能工作在"电动"和"发电"两种状态下。在这些机型上,主发动机的起动一般都采用空气起动机,需要由地面气源车、APU 或从发动机引气来驱动。这既会增加机载设备的重量,又会增大燃油消耗。因此,国际航空界一直致力于研究采用交流起动/发电机,以减轻机载设备的重量。目前在某些大型运输机的 APU(APU 发电机不使用 CSD)上已经采用了交流起动/发电机,如 B737-800 型飞机。而在 B787 飞机上,主电源系统取消了 CSD,主发电机和 APU 发电机都采用了交流起动/发电机,有效减轻了机载设备的重量,降低了发动机的燃油消耗量。

本节以 B737-800 飞机的 APU 交流起动/发电机为例,简单介绍交流起动/发电机的结构特点和控制原理。

交流起动/发电机和交流发电机结构基本相同,是一台三级无刷同步发电机,不同的是在轴上还安装了一台解算器。解算器是旋转变压器的一种工作方式,能将转子转角转换为与转角成一定函数关系的电压信号,用作电动状态时的控制信号。

交流起动/发电机的发电模式与三级式交流发电机相同,下面主要讨论电动模式。为使发电机工作在电动模式,APU 电源系统中增加了两个主要部件:起动电源组件(start power unit,SPU)和起动转换组件(start converter unit,SCU)。SPU 把飞机或地面的 115/400Hz 交流电或电瓶的 28V 直流电转换成 270V 高压直流电,供 SCU 使用。SCU 再把 270V 高压直流电转换成三相变频交流电和单相/三相恒频交流电,以便给起动/发电机的三相定子绕组和励磁绕组供电,使起动/发电机产生电磁力矩。其原理示意图如图 1.4-13 所示。

交流起动/发电机的控制原理如图 1.4-14 所示,当 APU 的"ON/START"开关移到"START"位时,APU 的起动转换组件 SCU 为起动/发电机的主发电机定子绕组提供频率

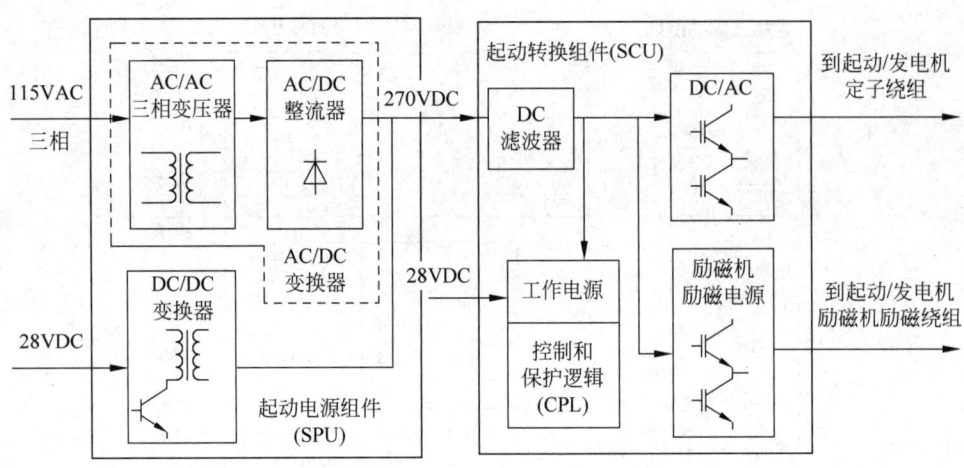

图 1.4-13 SPU 和 SCU 的内部电路原理框图

可调的三相交流电，同时也为起动/发电机的励磁机励磁绕组提供单相恒频交流电。安装于转轴上的解算器用于为 SCU 提供转子位置检测信号。加到励磁机励磁绕组上的单相交流电将产生交变磁场，该磁场在励磁机转子绕组上感应出交流电压，该交流电压经过旋转整流器整流后，为主发电机的转子励磁绕组供电。这时，起动/发电机的主发电机定子和转子绕组都产生了磁场，通过这两个磁场之间的相互作用，转子上产生的电磁转矩使起动/发电机的转轴开始转动，并带动 APU 的涡轮也开始旋转。随着变频交流电的频率升高，转子的转速也逐步升高，直到 APU 达到运行速度为止。当 APU 转速达到额定转速的 95% 时，撤销外加的变频电源，使起动/发电机转为发电机状态。

起动转换组件 SCU 通过安装在起动/发电机转子上的位置编码器来检测转子的位置，根据转子的位置来控制定子电流，以便获得最大的转矩。

图中的解算器定子和转子绕组均没有画出，但其定、转子绕组的输入和输出信号均来自于/去往起动转换组件 SCU，用于输出转子位置信号。

如图 1.4-14 所示，当 APU 的"ON/START"开关移动到"ON"位置时，起动/发电机工作于发电模式，其工作原理与普通的无刷交流发电机完全一样。这时由 PMG 的定子电枢电压为交流励磁机和位于发电机控制组件 GCU 中的调压器供电。其余的工作原理与前述的发电机原理完全相同。

1.4.4 调压器

当交流发电机的转速发生变化或负载的大小和性质发生变化时，发电机的输出电压也将改变。因此，交流发电机必须配备调压器，通过调节发电机的励磁电流实现对输出电压的自动调节，以维持电压恒定。

调压器的主要功用归纳如下：

（1）当发电机的转速、负载大小及性质发生变化时，通过调节励磁电流，使调节点的电压保持在规定的范围内；

（2）在电网输出端发生短路故障时，通过调压器的作用增大发电机的励磁电流，使发电机输出足够大的短路电流，以确保保护电路快速动作，这种能力称为强励磁功能；

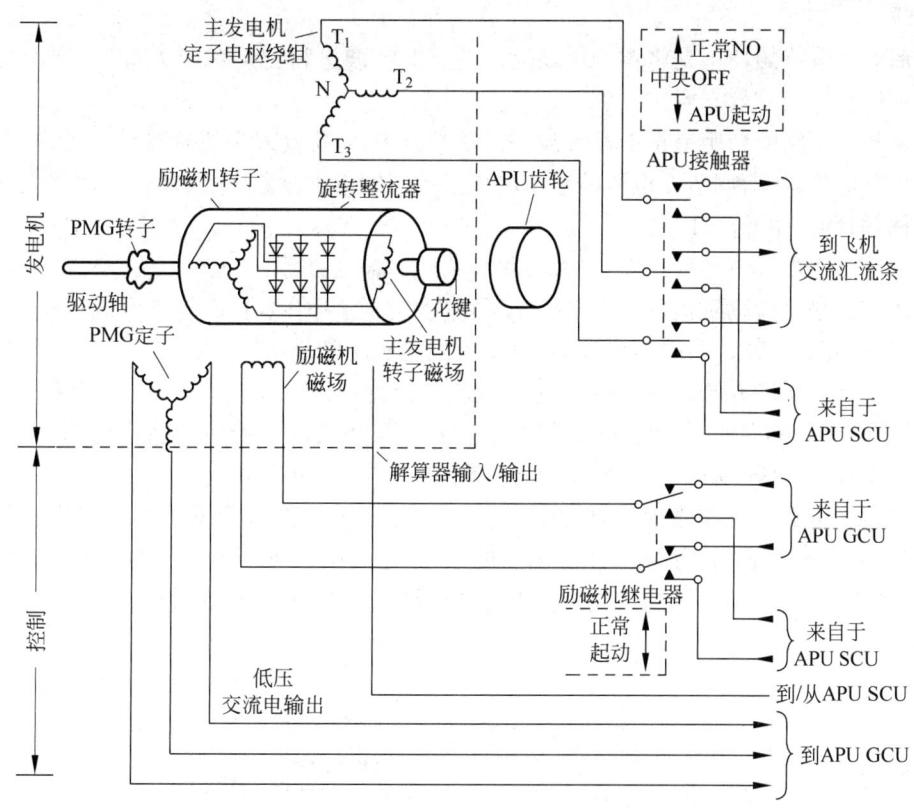

图 1.4-14 交流起动/发电机控制原理示意图

(3) 在恒速恒频交流电源并联供电系统中,通过调节励磁电流,使各台交流发电机之间的无功功率均衡分配(见后续内容)。

现代飞机的交流发电机都采用晶体管调压器。晶体管调压器有两种,一种是直放式调压器,另一种是脉冲调宽式(PWM)调压器。由于直放式调压器存在功耗大的缺点,因此现代飞机上一般都采用PWM式晶体管调压器。以下介绍这种调压器的工作原理。

PWM式晶体管调压器的组成原理框图如图1.4-15所示。电路主要由五部分组成,各部分电路的功能简述如下:

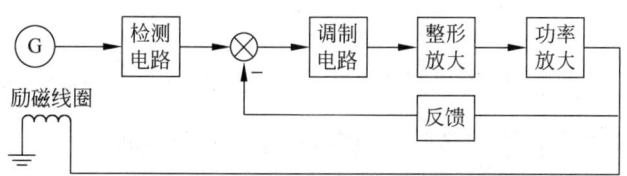

图 1.4-15 PWM式晶体管调压器的组成框图

检测电路的功用是将发电机的输出电压进行降压和整流,并将整流后的脉动成分进行部分滤波而形成三角波,三角波的平均值正比于发电机的输出电压,然后将三角波输入到调制电路。

调制电路的功用是将检测电路送来的三角波与基准电压进行比较,产生PWM波,其目的是使功率放大管工作在开关状态,以减小管耗。PWM波的脉冲宽度与发电机的输出电压相关联。

整形放大电路的功用是将调制电路输出的 PWM 波进行整形和放大,以便推动功率放大电路工作。

功率放大电路的功用是把 PWM 波进行功率放大,并推动发电机励磁线圈工作,调节发电机的励磁电流,从而调节发电机的输出电压。由于发电机励磁电流较大,功率放大管一般采用达林顿管或 MOSFET。

典型的功率放大电路接线图如图 1.4-16 所示。需要注意的是,在无刷交流发电机中,调压器调节的是交流励磁机的励磁电流 I_{jj},而主发电机的励磁电流 I_j 与 I_{jj} 成正比变化,见图 1.4-11 和图 1.4-12。图中的线圈 W_{jj} 是交流励磁机的励磁绕组。

与励磁绕组反向并联的二极管 D 称为续流二极管,其功用有两点:一是当功率管截止时,为励磁绕组中储存的磁场能量提供放电通路,以减小线圈上产生的感应电动势,保护功率管不被击穿;二是使励磁电流平稳变化,减小发电机输出电压的脉动。

功率放大电路的工作原理可以用图 1.4-17 所示的波形图来说明。当功率管的基极为高电平时,功率管导通,由于励磁线圈电感的作用,励磁电流逐步增大;当功率管基极为低电平时,功率管截止,励磁线圈产生的反电势通过续流二极管 D 形成回路,因此励磁电流是连续的。

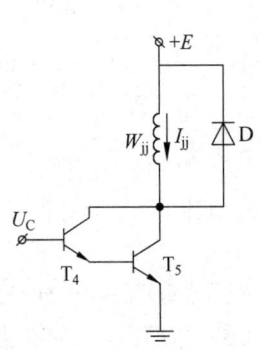
图 1.4-16 功率放大电路

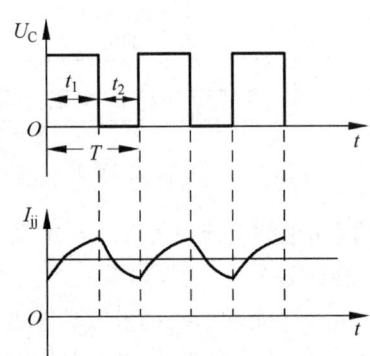
图 1.4-17 励磁电流波形图

励磁电流的平均值由下式决定:

$$I_{jj} = \frac{E}{R_{jj}} \frac{t_1}{T}$$

式中,I_{jj} 为励磁电流平均值;E 为调压器的工作电源,来自于 PMG(三级发电机)或主发电机(二级发电机);R_{jj} 为励磁机励磁线圈的电阻;T 为脉冲周期,$T=\frac{1}{f}$,f 为 PWM 波的频率;t_1 为功率管导通时间。

对于恒频交流电源,E、R_{jj}、T 均为常数,则上式可以写为

$$I_{jj} = Kt_1$$

式中,$K=\frac{E}{R_{jj}T}$。可见,发电机励磁电流与功率管导通时间或 PWM 波的脉宽成正比。

下面举例说明典型机载发电机的 PWM 式晶体管调压器的组成和基本工作原理,图 1.4-18 是 Westinghouse 公司的发电机调压器原理图。

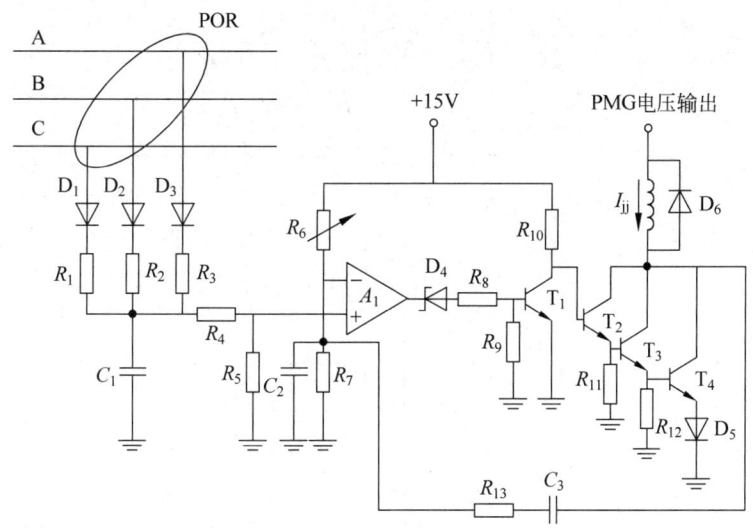

图 1.4-18　Westinghouse 的发电机调压器原理图

图中的 POR(point of regulation)称为调节点,一般位于发电机输出馈线并接近于汇流条处,调压器检测该点的电压,将保持该电压为恒定。

接于电网上的三个整流二极管 $D_1 \sim D_3$、电阻 $R_1 \sim R_5$ 及电容器 C_1 组成了调压器的检测电路。$D_1 \sim D_3$ 对发电机输出的三相电压进行半波整流,得到频率为 1200Hz 的脉动电压。检测电路中的电阻 $R_1 \sim R_3$,电阻 R_4、R_5 组成分压器,电容 C_1 起部分滤波作用,用于将半波整流后的脉动电压变成近似的三角波。整流脉动波形及三角波如图 1.4-19(a)所示(注意:电容 C_1 不能太大,否则就会滤波成直流)。

检测电路输出的三角波送入到调制电路中。调制电路主要由运放 A_1 组成,电阻 R_6、R_7 和电容 C_2 组成电压基准电路,为运放(比较器)A_1 提供基准电压。三角波与基准电压比较后,由 A_1 调制为脉冲波(见图 1.4-19(b)),该脉冲波的频率固定(等于三角波的频率 1200Hz),而脉冲的宽度与发电机的输出电压相关联。图中,由于基准电压保持不变,因此当发电机输出电压上升时,三角波将上移,脉动宽度 t_2 增加 t_1 减小;反之 t_2 则减小。

稳压管 D_4 和电阻 $R_8 \sim R_{10}$ 及三极管 T_1 组成整形放大电路。当运放 A_1 输出高电位时,D_4 击穿,T_1 导通,集电极输出低电位;当运放 A_1 输出低电位时,D_4 截止,T_1 也截止,集电极输出高电位。这样 T_1 就将 A_1 输出的 PWM 波转换了极性,即当 A_1 输出高电平时,T_1 输出低电平,并进行了放大,其输出波形如图 1.4-19(c)所示。

三极管 $T_2 \sim T_4$ 组成功率放大电路,其输出波形如图 1.4-19(d)所示。

R_{13} 和 C_3 组成阻容负反馈电路,以增强调压的稳定性。

调压器各级电路的输出波形如图 1.4-19 所示。根据图 1.4-19 所示的波形图,就可以分析调压器的调压过程。如发电机电压 $U\uparrow \rightarrow$ 调制电路脉冲宽度 $\uparrow \rightarrow$ 整形放大电路脉冲宽度 $\downarrow \rightarrow$ 功放管导通时间 $t_1 \downarrow \rightarrow$ 励磁电流 $I_{jj} \downarrow \rightarrow$ 发电机电压 $U\downarrow$。

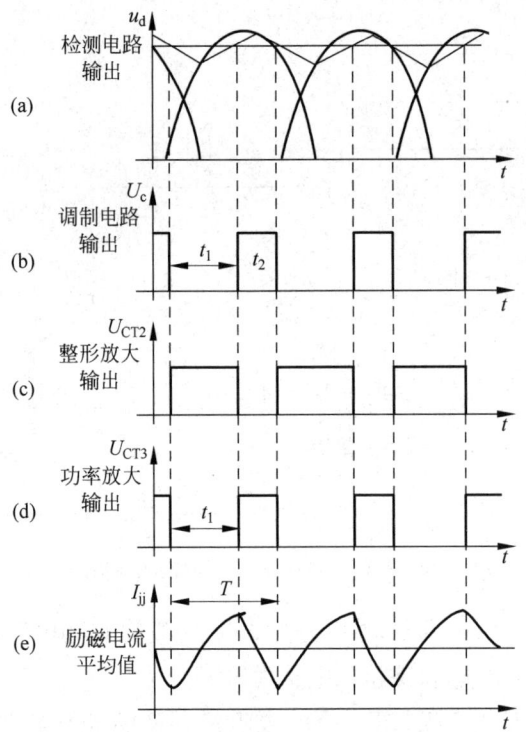

图 1.4-19 调压器各级电路波形图

1.4.5 交流电源系统的故障及保护

当交流电源系统出现故障时,必须进行有效的保护,以防止损坏用电设备和电源系统,保证飞行安全。当发电系统出现故障时,根据故障情况,由发电机控制组件(generator control unit,GCU)分别断开发电机励磁继电器(generator control relay,GCR)和发电机输出断路器(generator circuit breaker,GCB)。GCR 串联在发电机励磁电路中,当 GCR 断开时,发电机没有输出电压。如发生过压故障时,必须断开励磁,以保护发电机和调压器。GCB 可以将发电机与飞机电网断开,用于保护用电设备。

飞机交流电源系统中设置的主要故障保护项目有以下几种:过压保护(OV)、欠压保护(UV)、欠频保护(UF)、过频保护(OF)、差动保护(DP)、过载或过流保护(OL/OC)、开相保护(open phase,OP)、欠速保护(under speed,US)和逆相序保护(NPS)等。下面简单介绍这几种电源系统的故障保护要求和电路的基本工作原理。

1. 过压保护(OV)

1) 过压保护电路的组成和工作原理

根据航空电源的国际标准 ISO 1540—2006,单相过压值为 134V,或三相平均电压的过压值为 132.5V。产生过压的原因主要是调压器失效,从而导致发电机的励磁电流过大。为了防止由于干扰信号而产生误动作,在保护电路中必须加设延时。根据过压值越大危害也越严重的特点,过压保护采用反延时(inverse time delay),即过压值越大,延时时间越短。当发电机发生过电压故障时,会对发电机本身及电网上的负载都造成损害,因此过压时应同时断开 GCR 和 GCB，即断开发电机的励磁和输出。典型的 GCU 过压保护电路如图 1.4-20 所示。

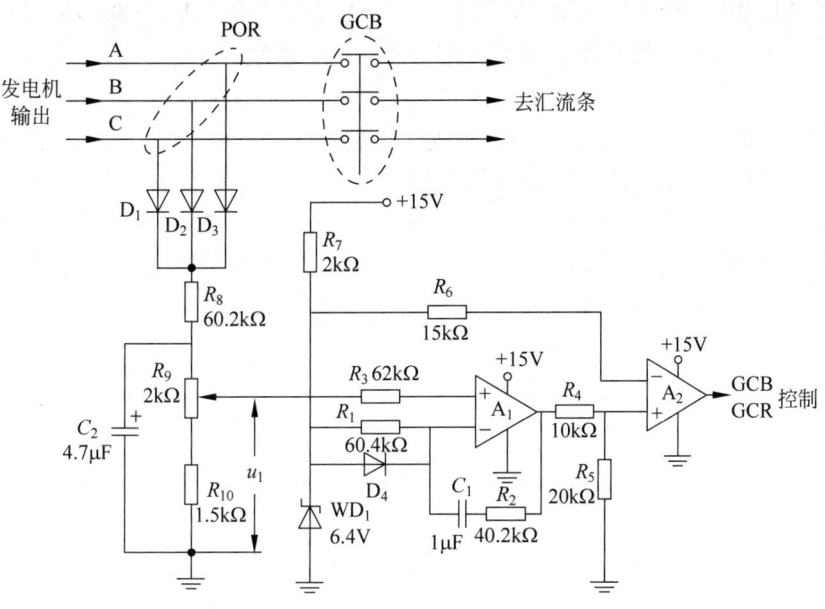

图 1.4-20 典型的 GCU 过压保护电路

过压保护电路由敏感电路（整流管 $D_1 \sim D_3$、电阻 $R_8 \sim R_{10}$ 及滤波电容 C_2）、稳压电路（电阻 R_7 和稳压管 WD_1）、反延时电路（运放 A_1 和电容 C_1 及电阻 $R_1 \sim R_3$）、比较器（运放 A_2 及电阻 $R_4 \sim R_6$）组成。

三相 400 Hz 交流电经过硅二极管 $D_1 \sim D_3$ 半波整流及电容 C_2 滤波后，从电阻 R_9、R_{10} 上取出检测电压 u_1（见图 1.4-20），通过 R_3 加到运放 A_1 的"+"端，稳压管 WD_1 两端电压（6.4V）为运放 A_1 和 A_2 提供一个参考电压或基准电压，该电压通过 D_4、R_1 加到 A_1 的"-"端，通过 R_6 加到 A_2 的"-"端。

当发电机输出电压正常时（三相平均电压小于 132.5V），检测信号 u_1 低于参考电压（6.4V），即运放 A_1 的"+"端电压小于"-"端电压，A_1 输出低电位。同时，电容 C_1 通过 D_4、R_2、A_1 反向充电，电容 C_1 上的电压 U_{C0} 充电到约 6.4V，极性为左"+"右"-"。运放 A_2 的"+"端为低电位，"-"端（6.4V）大于"+"端电压，故 A_2 输出低电位，这时说明发电机电压正常。二极管 D_4 的作用是当接通电源时，让运放 A_1 的"-"端迅速建立起电压，以防止电源接通瞬间，由于 A_1"-"端电压低而产生虚假的过电压信号。

当发电机过压时（三相平均电压大于 132.5V），检测信号 u_1 高于参考电压，即运放 A_1 的"+"端电压大于"-"端电压，此时延时电路开始工作，即由运放 A_1 和 R_1、R_2、C_1 组成的比例积分器对过电压信号 $\Delta u_1 = u_1 - 6.4(V)$ 进行比例积分运算，A_1 的输出电位逐步升高。当 A_2"+"端的电压（即 R_5 上的电压）大于 A_2 的"-"端的电压时，A_2 输出高电位，该信号送到 GCR 和 GCB 的控制电路上，关断发电机的励磁电路，使发电机灭磁；同时断开发电机接触器，停止向负载供电。

2）反延时特性分析

为了分析过压保护电路中的延时时间与过压值之间的关系，必须知道 u_1 与发电机输出电压有效值之间的关系。设三相交流电对称，其相电压有效值为 U。三相交流电经半波整流、滤波和分压后得到采样电压 u_1，则 u_1 和发电机输出相电压 U 成正比关系。当 $U=134V$ 时，调整可变电阻 R_9，使得 $u_1=6.4V$；当 $U>134V$ 时，$u_1>6.4V$，电路经延时后发出保护信号。经过计算，发电机输出相电压有效值 U 与 u_1 的关系为

$$U = 20.94 u_1$$

设 A_1 为理想运算放大器，将由 A_1 组成的延时电路重画于图 1.4-21。当发电机输出相电压小于 134V 时，$u_1<6.4V$，A_1 输出低电位（$u_{o1}=0V$），稳压管提供的 6.4V 基准电压通过 $D_4//R_1$ 向 C_1 反向充电，充电路径为：$6.4V \rightarrow D_4//R_1 \rightarrow C_1 \rightarrow R_2 \rightarrow A_1 \rightarrow$ 地，最后充到 $U_{C\infty}=-6.4V$ 为止，电容电压的实际极性为左"+"右"-"。当发电机输出过电压时，检测值三相平均电压 $U>132.5V$，$u_1>6.4V$，D_4 截止，延时电路开始工作。

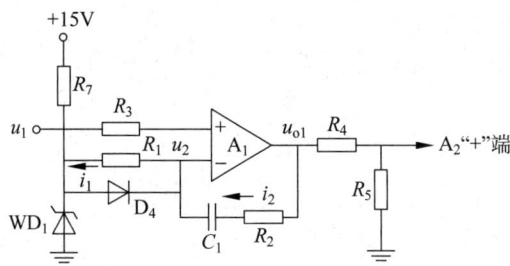

图 1.4-21　反延时电路

根据理想运放"虚短"和"虚断"的概念，有 $u_1=u_2$，$i_1=i_2$，这说明当 u_1 一定时，电容充电电流一定，即有

$$i_1 = i_2 = \frac{\Delta u}{R_1} = \frac{u_1 - 6.4}{R_1}$$

式中，Δu 的大小反映了过压值的大小。设发电机输出相电压由 115V 或小于 134V 突跳到 134V 以上，则 Δu 为一阶跃信号（理想情况），即 Δu 为一常数。过压时，以 i_1 或 i_2 的电流对电容 C_1 进行充电，u_{o1} 上升，并当 $u_{o1} \geq \frac{R_4+R_5}{R_5} \times 6.4(V)$ 时，通过 A_2 发出保护信号。可以求得延时时间 T 为

$$T = \frac{6.4 R_1 C_1 (1 + R_4/R_5)}{\Delta u} - C_1 (R_1 + R_2) \quad (s)$$

由上式可见，过压值越高，即 Δu 越大，延时时间越短，即电路具有反延时特性。当 $\Delta u = 6.4 \frac{R_1(1+R_4/R_5)}{R_1+R_2}$ 时，延时时间 $T=0$。由上式可以计算出，当发电机输出相电压从小于 134V 阶跃上升到大于等于 248V 时，延时时间为 0。

2. 欠压保护（UV）

当恒频交流电源的相电压低于 94V 时，欠压保护电路发出信号，经过固定延时 7s 后，断开 GCR 和 GCB。欠压故障主要是由于调压器或发电机本身故障造成的，但当恒速传动装置（CSD）发生欠速时或发电机过载时也会造成发电机欠压。UV 保护电路原理图如图 1.4-22(a) 所示。

发电机某相输出电压经 D_1 整流、R_1 和 R_2 分压及 C_1 滤波后，通过 R_3 加到比较器 A_1 的"-"端，A_1 的"+"端为参考电压，通过 R_6 可以调整。当发电机输出电压正常时，比较器

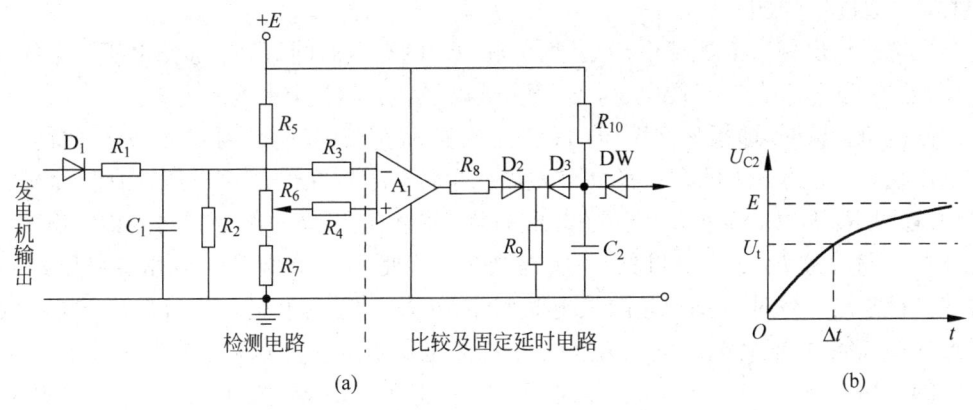

图 1.4-22 欠压保护电路及延时特性

A_1 的"一"端电位高于"+"端电位，A_1 输出低电平。二极管 D_2 截止，D_3 导通。电阻 R_9 比 R_{10} 取值小，因此电容 C_2 上的电压很小，稳压管 DW 截止，没有信号输出。

当发电机输出电压低于 94V 时，A_1 "一"端电位低于"+"端电位，A_1 输出高电平，二极管 D_2 导通，D_3 由于 R_9 上的电压而截止，电源 E 通过电阻 R_{10} 对电容器 C_2 充电，电容电压 U_{C2} 按照指数规律上升（见图 1.4-22(b)）。当电压大于稳压管 DW 的击穿电压 U_t 时，稳压管 DW 击穿，电路输出保护信号，断开 GCR 和 GCB。通过设计参数，可以使延时时间 Δt 等于 7s。

当欠压故障在 7s 内消失时，比较器 A_1 输出变为低电位，D_2 截止，D_3 导通，电容 C_2 上的电荷通过 R_9 快速释放掉，则电路没有信号输出。

一般情况下，发电机的三相输出每相都安装有欠压保护电路，只要有一相出现低电压故障，GCB 就会断开。

3. 欠频保护(UF)

当发电机输出电压的频率低于 360Hz 时，欠频保护电路发出信号，经过固定延时 7s 后断开 GCB。欠频和欠压故障往往同时发生。如果欠频发生在前，则欠压保护电路输出就会被锁定。如果欠压发生在前，则欠频保护电路输出就会被锁定。

交流电源的欠频故障会引起电磁设备工作不正常，如造成交流电动机欠速、变压器绕组过热等故障。

典型的欠频保护电路原理图如图 1.4-23 所示。

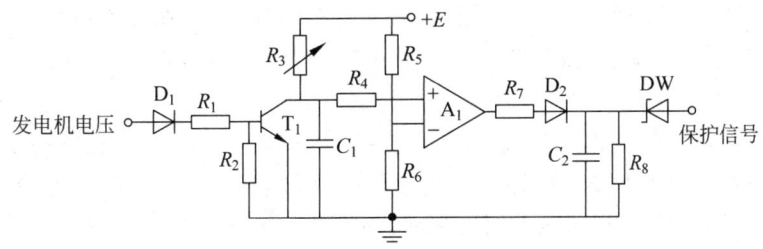

图 1.4-23 欠频保护电路图

发电机某相电压经过 D_1 半波整流后，再经 R_1、R_2 分压后加到三极管 T_1 的基极。在发电机输出波形的正半周 T_1 导通，负半周 T_1 截止。当 T_1 截止时，电容 C_1 通过 R_3 充电；T_1

导通时，C_1 通过 T_1 放电。

当发电机输出频率正常时，T_1 截止时间短，C_1 的充电时间短，C_1 上的电压（A_1 的"＋"端电压）始终低于 A_1 的"－"端电压，A_1 输出低电平，电容 C_2 上的电压为零。

当发电机欠频时，即频率低于 360Hz 时，T_1 的截止时间变长，则 C_1 的充电时间变长，在充电后期，C_1 上的电压（即 A_1 的"＋"端电压）将高于 A_1 的"－"端电压，因此 A_1 输出高电平，并通过 R_2、D_2 向 C_2 充电。但在波形的负半周和正半周的部分时间内，A_1 输出低电平，这时 C_2 将通过 R_8 放电。可见，一次充电并不能使 C_2 上的电压大到击穿稳压管 DW。为此在设计电路参数时，要求 C_2 的放电时间常数 R_8C_2 远大于充电时间常数 R_7C_2（约 10 倍），这样在欠频时，能确保每个周期内 C_2 上都有电荷积累，使得 C_2 上的电压逐步升高，起到延时的作用。当 C_2 上的电压升高到使稳压管 DW 击穿时，发出欠频信号，断开 GCR 和 GCB。

若欠频故障持续时间很短，即在 DW 击穿前故障消失，则电容 C_2 上的电荷积累不会达到 DW 的击穿电压，电路就不会发出欠频信号，从而防止了误动作。

4. 过频保护（OF）

当发电机输出频率高于 440Hz 时，过频保护电路发出信号，经固定延时 1s 后，断开 GCR 和 GCB。过频故障主要是由于 CSD 调速系统故障，造成发电机转速过大造成的。一般恒速恒频电源系统不需要过频保护，因为过速时 CSD 会自动或人工脱开，但有的飞机上也设有过频保护。过频保护电路原理与欠频类似，本书从略。

5. 差动保护（DP）

差动保护是对短路故障的保护，但其适用范围主要包括两个方面。一是当无刷交流发电机中的主发电机定子电枢绕组发生相与地、相与相之间的短路故障时。故障产生的原因通常是因振动而断线搭地或因相间绝缘破坏而造成。发生故障后将产生很大的短路电流，以致烧毁发电机，严重时可能引起火灾。二是主发电机输出馈线发生短路故障。馈线是指发电机输出接头至汇流条的导线，由于振动等原因，容易造成搭铁（对地短路）或相与相的短路故障。为了减小短路故障造成的危害，要求保护装置尽快切断发电机的励磁电路，并将发电机从电网上切除，即断开 GCR 和 GCB。差动保护一般不设置延时，或只有很短的延时，如 50ms。

差动保护电路原理图如图 1.4-24 所示。图中，CT_1 和 CT_2 为两组电流互感器，电流互感器的结构如图 1.4-25 所示。一个环形铁芯上绕有线圈（一般为 1000 匝），发电机的馈线从中间的孔中穿过，因此互感器的变比为 1∶1000，即副边线圈中的电流是原边电流的 1/1000。

差动保护器的 CT_1 安装在发电机电枢绕组的中线侧，CT_2 安装在发电机输出馈线的 GCB 之后。每相馈线的两个互感器的副边绕组按照同名端首尾串联，组成差动检测环，如图 1.4-26 所示（图中取 C 相馈线为例，其余两相原理相同）。

当没有短路故障时，发电机每相电枢绕组及其馈线上的电流相等，即两组互感器 CT_1 和 CT_2 原边的电流相等，则副边感应出的电流 I_1 和 I_2 也相等，因此电阻 R_1 和 R_4 中的电流差 $\Delta I=0$，电阻 R_4 上没有电压，保护电路没有输出信号，图 1.4-24 中的运放 A 的"＋"端电位低于"－"端的参考电压，A 输出低电平。这时说明电路没有短路故障。

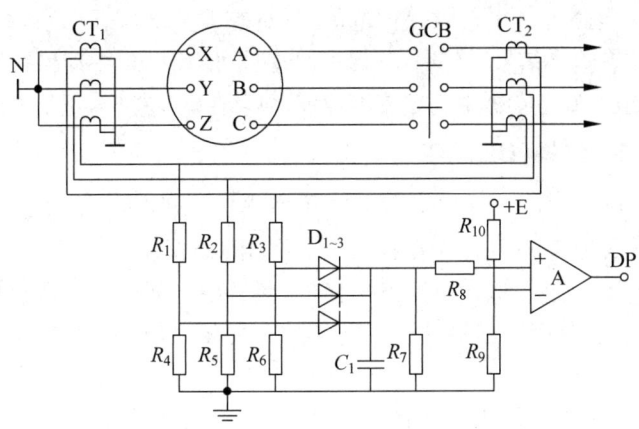

图 1.4-24 差动保护电路原理图

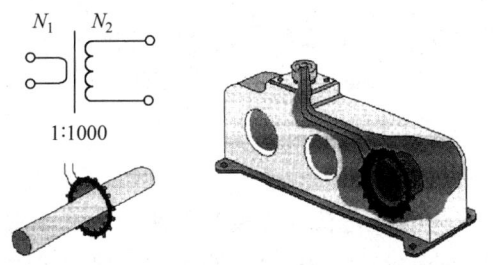

图 1.4-25 电流互感器组件

当两组互感器之间的区域如 K 点发生短路故障时(见图 1.4-26),互感器 CT_1 的原边流过很大的短路电流,而互感器 CT_2 的原边基本没有电流。因此两组互感器副边的电流也不相等,则电流差 $\Delta I \neq 0$。该电流差通过电阻 R_4 转换为电压后,经过二极管半波整流、电容 C_1 滤波后,输出的电压 U_{C_1} 不为零。U_{C_1} 经 R_8 加到运放 A 的"+"端(见图 1.4-24)。当两组电流互感器原边的电流差达到 20~40A 时,运放 A"+"端的电压大于"-"端的电压,A 输出高电平,通过控制电路断开 GCR 和 GCB。

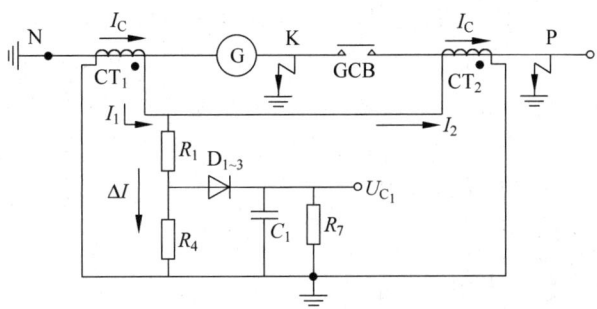

图 1.4-26 一相差动保护电路原理图

当两组互感器之外的区域如 P 点发生短路故障时(见图 1.4-26),互感器 CT_1 和 CT_2 的原边都流过很大的短路电流,但由于两组互感器副边的电流仍然相等,因此这时的电流差 $\Delta I = 0$,保护电路没有信号输出。

可见，差动保护电路有一个有效保护范围，只有在 CT_1 和 CT_2 之间的区域内发生短路故障时，保护电路才有输出信号。同时，从保护原理也可以看出"差动保护"的含义，指的是当同一相馈线中的两组电流互感器中的电流不相等，即存在电流差时，保护电路才输出信号。

6. 过载（或过流）保护（OL/OC）

利用差动保护电路（图 1.4-24）中的电流互感器 CT_2 的信号还可以实现过载或过流保护，保护电路的工作原理与差动保护电路相同，不同的是仅用了 CT_2 一组电流互感器。当发生过载或过流故障时，过载保护电路发出信号，断开发电机输出，以防止发电机因过载而烧坏。过载保护采用反延时。过载时一般还伴随有欠压故障，此时应禁止欠压保护电路输出信号。

过载故障一般是由于电网中的一台发电机损坏而退出电网，这时另一台发电机就会由于负载加大而产生过载。在有些飞机中，过载信号将引起自动卸载（load shedding），电源汇流条控制器 BPCU 会自动切除一些不重要的或不影响飞行安全的通用负载，如厨房负载等。若卸载后发电机恢复正常，就不需要断开发电机的输出。但若自动卸载后发电机仍然过载，则需要断开 GCR 和 GCB，以防止发电机因长期过热而损坏。

7. 开相保护

利用图 1.4-24 中的电流互感器 CT_2 的信号还可以实现开相保护（open phase），所谓开相是指三相电源系统中有一相馈线电流为零而其他两相输出正常。在这种情况下，会使三相用电设备不能正常工作，如三相交流电动机、TRU 等。保护电路的原理是比较 CT_2 中各相电流互感器的输出，当两相之间的电流差达到一定值时，保护电路输出信号，断开 GCR 和 GCB。开相保护采用固定延时，一般为 5s。

造成馈线断路（开相）的原因主要有：主发电机内部的电枢绕组开路、发电机外部馈线开路及三相断路器 GCB 有一相接触不良或损坏等。

8. 欠速保护

发电机欠速（under speed）是传动系统的故障。欠速故障的检测环节一般是由转速传感器敏感 CSD 的输入转速或 APU 发电机的转速。欠速保护电路将转速传感器送来的电压或频率信号与设定值进行比较，当转速低于额定转速的 90% 时，欠速保护电路发出保护信号。欠速保护电路的原理与欠频或欠压保护电路基本相同，这里不再赘述。

欠速一般不是发电机的故障，但欠速会导致电源系统发生欠频或欠压故障。欠速保护电路的一个功能是在发动机或 APU 关断时，发出一个信号禁止欠频或欠压保护电路输出信号去断开 GCR，即欠速时只需要断开 GCB。

9. 逆相序保护（NPS）

当三相交流发电机的输出相序不正确时，就不能合上 GCB，否则在供电时会出现如电动机反转等严重的事故；在交流发电机并联供电系统中，并联发电机的相序不同将烧毁发电机和供电线路。相序故障主要发生在更换发电机后或地面电源供电时。

一种逆相序保护电路如图 1.4-27 所示。发电机的 A 相电压经二极管 D_1 半波整流后通过电阻 R_1 加到可控硅 SCR 的阳极上，B 相电压经二极管 D_2 半波整流后通过电阻 R_2 加到 SCR 的控制极。

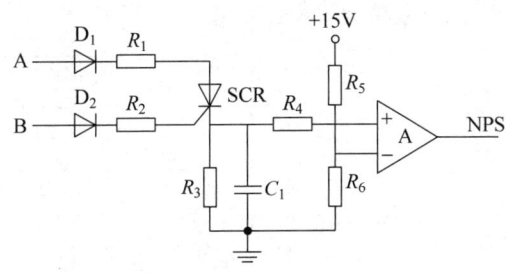

图 1.4-27 逆相序保护电路原理图

A 相、B 相半波整流后的波形和 SCR 相序正确时的导通区间如图 1.4-28 所示。

当发电机相序正确时，A 相电压超前于 B 相电压 120°。根据可控硅的特点，只有当阳极有正向电压，且在控制极加上触发信号时才能导通。可控硅触发导通后，只有在满足下列条件时才能关断：①可控硅的阳极电压降为零或变为负值；②通过可控硅的电流小于其维持电流。可见可控硅的关断与触发信号无关。由于 B 相电压加在控制极上，因此这时 SCR 的导通区间仅为 A 相波形的 1/3，如图 1.4-28 中的斜线部分，在 A 相电压的负半周时 SCR 截止。

SCR 导通时向电容 C_1 充电，由于充电时间很短，且在负半周 SCR 截止时，电容 C_1 通过 R_3 放电，因此 C_1 上的电压很低，比较器 A 的"－"端电压大于"＋"端电压，运放 A 输出低电平，这时表明相序是正确的。

当相序不正确时，如 A 相和 B 相对调，则整流后的波形和 SCR 的导通区间如图 1.4-29 所示。

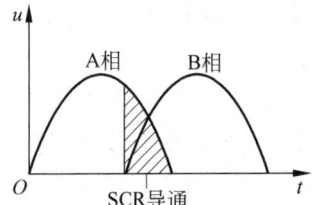

图 1.4-28 相序正确时 SCR 的导通区间

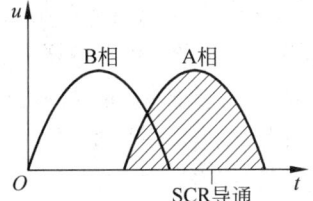

图 1.4-29 相序不正确时 SCR 的导通区间

A 相和 B 相对调后，触发信号提前了 120°，即在 SCR 阳极电压到来之前，触发信号已准备好，在 A 相电压的正半周内，SCR 被触发导通后就一直保持导通状态。因此，可控硅的导通区间是 A 相电压的整个半波，如图 1.4-29 中的斜线部分所示。这就使 C_1 的充电时间变长，电压升高，使比较器 A 的"＋"端电压高于"－"端电压，运放 A 输出高电平。将该输出信号送到 GCB 的控制电路上，就能阻止 GCB 接通。

同理可以分析，不管 A 相和 C 相对调或 B 相与 C 相对调，都可以使逆相序保护电路工作。

10. 故障保护和控制电路举例

电源系统的故障保护是通过控制 GCR 和 GCB 的通、断来实现的，飞机型号不同，其控制逻辑也不完全相同。如 B737-200 飞机，在欠压时不断开 GCR，而仅断开 GCB；而在有些飞机上，发生 UV 故障时两者都要断开，如 A330 飞机等。各种故障的延时时间也不完全相同，但都要满足国际航空电源标准 ISO 1540 的要求。下面以 A330 飞机为例，说明故障保护和控制电路的基本逻辑关系,电路原理框图如图 1.4-30 所示。

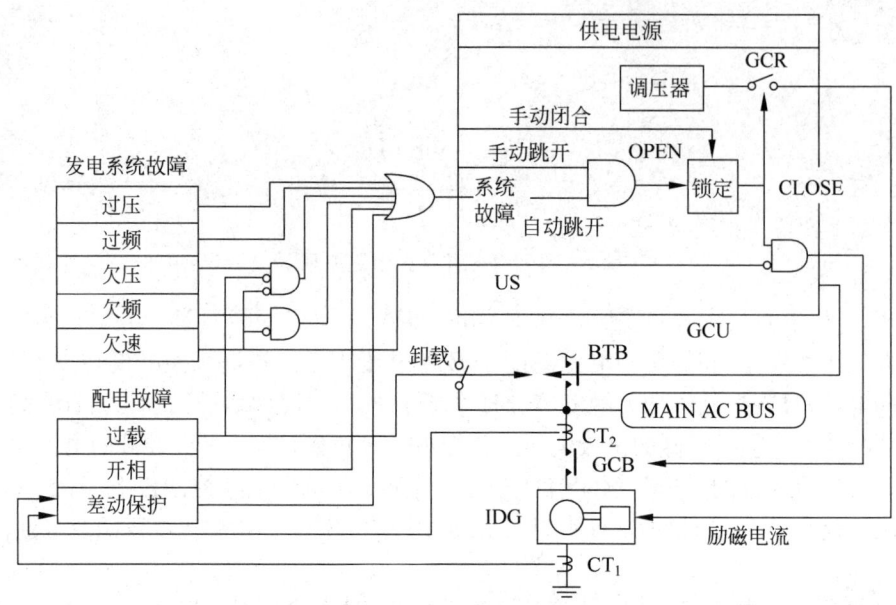

图 1.4-30　A330 飞机故障保护和控制逻辑原理图

图 1.4-30 所示的发电机控制逻辑主要表示出 GCR 和 GCB 的通、断逻辑关系,从图中可以看出,GCR 控制发电机(IDG)的励磁电流,决定发电机是否发电;GCB 控制发电机是否向外输出电能。图中的电流互感器 CT_1 和 CT_2 用于差动保护。

(1) 当人工合上发电机的控制电门且电源系统无故障时,GCR 触点吸合,调压器工作,发电机正常发电,如没有欠速故障,则 GCB 吸合,发电机向飞机供电。

(2) 当发生过载故障时,过载故障信号一方面将欠压保护电路封锁,这时不会关断 GCR,以保证发电机正常发电;另一方面使卸载继电器跳开,切除部分不太重要的负载,如厨房、娱乐系统的用电,使发电机不再超载。

(3) 当发生欠速故障时,欠速故障信号一方面封锁欠压和欠频保护电路输出故障信号,从而不能关断 GCR,另一方面输出信号去关断 GCB,使发电机不再向外输出电能。

(4) 当发生过压(OV)、欠压(UV)、过频(OF)、欠频(UF)、开相(OP)或差动(DP)任一故障时,使 GCR 跳开,发电机不再发电,同时断开 GCB。

1.4.6　交流电源的并联供电

1. 并联供电的优缺点

两台以上由恒装驱动的恒速恒频交流发电机可以采用并联供电。与单独供电系统相比,并联供电具有以下优点。

(1) 供电质量高。并联后由于电网容量增大,大功率用电设备的起动和断开对电网的干扰作用小,即电源的电压和频率波动小,提高了供电质量。

(2) 供电可靠性高。并联供电情况下,当其中一台发电机发生故障时,可将故障发电机与电源系统隔离,其他发电机正常向负载供电,从而实现了不间断供电。并联供电系统中的交流发电机能起到互为备用的作用,因而大大提高了供电可靠性。

并联供电的主要缺点是:控制和保护设备比较复杂,如并联时有功功率和无功功率不均衡或均衡不好,将使发电机的供电能力大大降低。

随着电子技术的发展,即使发电机不并联也能实现对负载的不间断供电(负载中断供电时间短,在允许范围内),因此现代飞机上大多采用单独供电方式。并联供电方式主要用在多发电机飞机上,如在 B727、B747、A340 等飞机上安装有三台或四台发电机,这些发电机可以分组并联或全部并联。

2. 并联供电的条件

飞机交流电源要符合一定的条件才能投入并联,以保证投入并联瞬间所产生的冲击电流和冲击功率不超过允许范围。具体来讲,就是要求待并联的各台发电机输出的电压、频率、相位、相序、电压波形等都相同。但实际上,上述条件完全相同是不可能的,只要其差值在允许范围内即可实施并联。下面简要介绍并联条件及其对电网的影响。

1) 电压波形

投入并联的发电机输出的电压波形应相同,均应为良好的正弦波,电压波形的失真度均应小于 4%。一般采用同一型号的发电机就能满足该要求。

2) 相序

并联发电机的输出相序必须严格一致。相序与发电机的转子转向及输出馈线的接线顺序有关,而发电机的转向是固定的,因此接线时要确保三相相序严格一致。

3) 频率

要做到两台或多台发电机的输出频率完全相同是难以实现的,实际上允许有一定的偏差。在地面电力系统中,因为原动机和发电机的功率相当,投入并联后,通过"自整步"作用可以使多台发电机牵入同步,因而允许频率有较大误差。而飞机上的发动机其功率远大于发电机,发电机的功率一般只占发动机输出功率的 5%,因此发电机的负载不足以影响原动机的转速。因此,采用直接刚性传动的变速变频交流发电机无法实现并联。

通过恒速传动装置驱动的发电机可以实现并联,因为一般的机械液压式恒装都存在静态误差,即随着发电机负载的增加,恒装的输出转速(对应于发电机的频率)有所下降,其频率特性是下垂的,如图 1.4-31 所示。

设有两台发电机要投入并联,两台发电机的输出频率分别为 f_{01} 和 f_{02},输出的有功功率分别为 P_1 和 P_2,电网上的总有功负载为 P_c,$P_c = P_1 + P_2$。两台频率不同的发电机并联后,电网的频率将变为 f_c,f_c 的大小与总负载 P_c 有关。

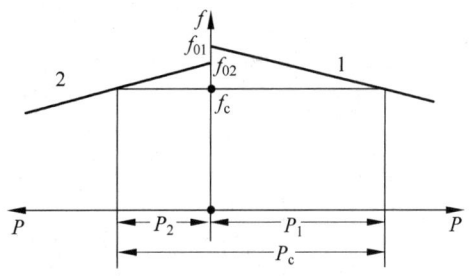

图 1.4-31 恒装有静差和频率不同时的有功负载分配

由图 1.4-31 可见,并联后两台发电机输出的有功功率不相等,且有 $P_1 > P_2$,即空载频率高的发电机承担的有功功率大。为了防止发电机过载,并联后必须对有功负载进行均衡。

均衡有功负载时,通过恒装的电调线圈增加 2 号发电机的转速,使曲线 2 上移,则 P_2 增大。为了维持总负载 P_c 不变,在 2 号恒装转速上升的同时,必须减小 1 号发电机的转速,使曲线1下移，P_1减小，最后达到$P_1=P_2=P_c/2$。

4）电压大小

飞机上的发电机都配有调压器，可以保证并联发电机的调定电压基本相等。所以投入并联时，不会产生太大的冲击电流。但并联以后，即使电源间的压差很小，也会产生很大的无功功率分配偏差，从而导致系统不能正常工作。因此必须采取措施均衡无功负载。均衡方法是通过调节发电机的励磁电流，改变发电机的调定电压，从而使无功负载达到均衡分配。

5）相位

交流电源投入并联时，对电压的相位有一定的要求。两台发电机在电压相位不相同时投入并联的瞬间，相当于在发电机回路里突然串入一个电势，即相当于两台发电机突然短路的情形。为了减小冲击电流，一般要求并联瞬间的相位差$\Delta\varphi<90°$。如B707飞机上的四台30kV·A发电机并联时，要求并联瞬间电压的相位差$\Delta\varphi<15°$。

3. 投入并联的自动控制

飞机发电机投入并联供电的控制采用自动方式，发电机正常发电后，GCB接通，向发电机汇流条供电，见图1.4-33。然后由自动并联控制电路检测并联发电机的输出电压与电网间的频差Δf、压差ΔU和相位差$\Delta\varphi$，当其大小在允许范围内时，使发电机汇流条连接断路器(bus tie breaker, BTB)合上，向同步汇流条供电，实现多台发电机的并联供电。其原理电路如图1.4-32所示。

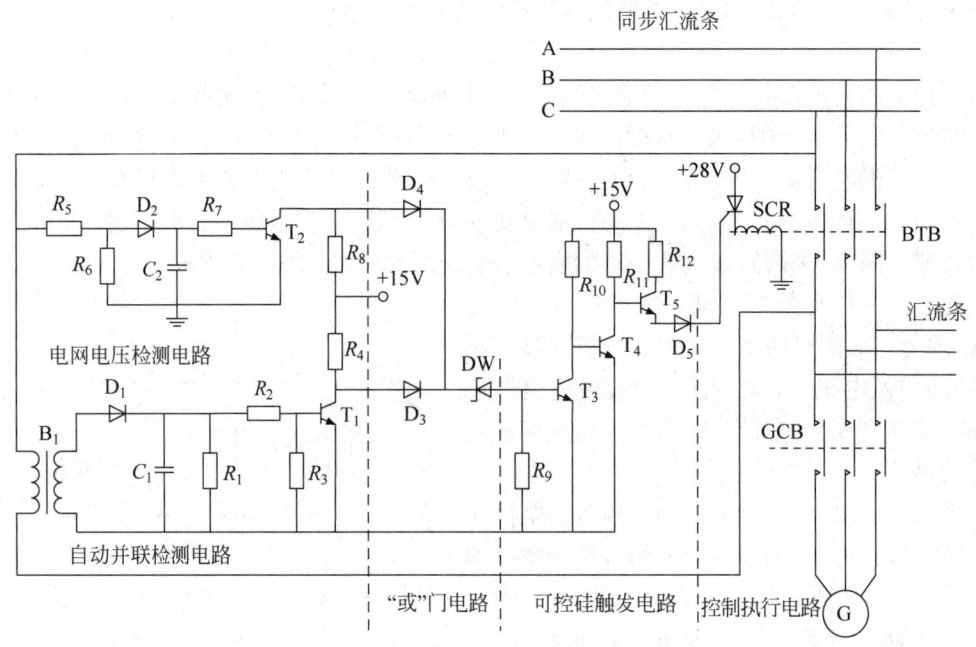

图1.4-32　自动并联控制电路原理图

电网电压检测电路的作用是当电网上无电压时，就不存在并联的问题，发电机可以直接投入电网。该电路由二极管D_2、三极管T_2等组成。当电网上无电时，二极管D_2及三极管T_2均截止，T_2输出高电位，D_4导通，使DW击穿导通，使T_3导通、T_4截止、T_5导通，SCR触发导通，BTB接通，发电机向同步汇流条供电。

当同步汇流条上有电压时,经二极管整流、C_2 滤波而使 T_2 管导通,集电极输出低电位,二极管 D_4 不能导通。这时,稳压管 DW 是否击穿工作,将由"或"门的另一路自动并联检测电路信号决定。

并联检测电路主要由变压器 B_1、二极管 D_1、电容 C_1 及三极管 T_1 组成。变压器初级线圈跨接在电网和发电机输出上,当相序不正确时,变压器输出高电压,经 D_1 整流和 C_1 滤波后,使 T_1 导通,无触发信号,不能合闸。如果相序正确,变压器输出电压的大小决定于电网和发电机输出的电压差 ΔU、频率差 Δf 和相位差 $\Delta \varphi$。当压差 ΔU、频差 Δf 和相位差 $\Delta \varphi$ 中有一项或几项不符合要求时,晶体管 T_1 都始终处于导通状态,集电极输出低电平,二极管 D_3 截止,则可控硅没有触发信号,BTB 不能接通。当上述三个参数都符合并联条件时,三极管 T_1 截止,集电极输出高电位,使 DW 击穿而发出合闸信号。

实际上 ΔU、Δf 和 $\Delta \varphi$ 等于零是不可能的。飞机上一般要求 $\Delta f \leqslant (0.5\% \sim 1.0\%) f_N$($f_N$ 为额定频率),$\Delta U \leqslant (5\% \sim 10\%) U_N$($U_N$ 为额定电压),$\Delta \varphi \leqslant 90°$时,就可以投入并联,并联后会自动调整,最终达到同步运行。四台发电机并联供电系统的简化示意图如图 1.4-33 所示。

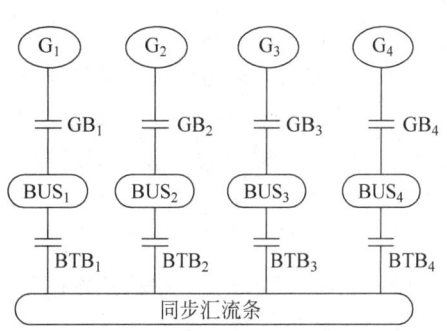

图 1.4-33 并联供电系统简化示意图

4. 并联后有功负载和无功负载的自动均衡

根据《电工基础》的原理,交流电路的功率有三种:有功功率、无功功率和视在功率,分别用 P、Q、S 表示。设某交流电路的电压有效值为 U,电流有效值为 I,负载的功率因数为 $\cos \varphi$,其中 φ 为交流电压和电流之间的相位之差。则功率的计算公式如下:

(1) 有功功率:$P = UI \cos \varphi$,其含义为负载实际消耗的功率,单位为瓦特(W)。

(2) 无功功率:$Q = UI \sin \varphi$,其含义为负载与电源交换的功率,单位为乏(Var)。

(3) 视在功率:$S = UI$,一般用来表征供电设备的容量,单位为伏安(V·A)。

几台交流发电机并联后,有功负载和无功负载必须均衡,否则会出现有的发电机过载、有的发电机欠载的情况,严重时将使整个电源系统无法正常工作。

1) 有功负载的自动均衡

由图 1.4-31 可知,发电机有功功率的调节可以通过调整恒装的转速来实现。当负载所需的总有功功率不变时,增加一台发电机的转速,必须同时减小另一台发电机的转速。由有功电流均衡环节敏感发电机有功输出的偏差,并转换为电压信号,通过恒装的电调线圈,使输出有功功率大的发电机的转速下降,输出有功功率小的发电机转速上升,最后达到平衡。

恒装的电调线圈只能进行小范围的高精度调速,一般为额定转速的 5% 左右。其基本原理是,在 CSD 调速器的离心配重上嵌入永久磁铁,用电调线圈产生的磁场对离心配重的位置进行小范围调整,从而改变恒装的输出转速。

2) 无功功率的均衡

由于飞机上的负载有很多是感性负载,必须由电网提供无功功率才能正常工作。每台发电机提供的无功功率同样需要均衡。若要改变同步发电机输出的无功功率,必须调节发电机的励磁电流。在电网总无功负载保持不变的情况下,增加一台发电机的无功输出,必须同时减少另一台发电机的无功输出,否则就会引起电网电压的波动。因此,在并联发电机的调压器中都设有无功功率均衡环节。

无功均衡环节将无功电流偏差信号转换为电压信号后,叠加到调压器的电压检测电路上。调压器对励磁电流进行调节,使输出无功功率小的发电机的励磁电流增大,输出无功功率大的发电机的励磁电流减小。励磁的改变将使发电机的感应电动势改变,但由于并联供电,电网电压基本保持不变,而只有每台发电机输出的无功功率发生了变化,这是和单独供电的不同之处。

1.5 二次电源和应急电源

在主电源为交流电源的飞机上,二次电源是将一种电源形式(如交流电)转换成另一种形式(如直流电)的电源。由变压整流器(transfomer rectifier unit,TRU)把交流电转换成直流电。在主电源为直流电的飞机上,由静止变流器(static inverter,INV)将直流电转换成单相或三相交流电。此外,静止变流器还可以用作应急交流电源,把航空蓄电池的直流电逆变为交流电,应急情况下为关键交流负载供电。

在现代飞机上,应急电源除了航空蓄电池外,还装有应急发电机,如冲压空气涡轮发电机(RAT.G)、液压马达驱动的发电机(HMG)等。这些应急发电机的工作时间长,克服了航空蓄电池容量有限的弊端。

此外,应急电源系统还包括应急照明电源、发动机供油活门应急关断电源及救生设备电源等,这些设备一般采用自备小型充电电池供电。

1.5.1 变压整流器

在以交流电为主电源的系统中,变压整流器将三相交流电转变为 28V 的直流电,为飞机上的直流负载提供电源,如控制与保护设备、直流继电器和接触器、无线电通信、雷达、自动驾驶仪及直流电动机等。

1. 变压整流器的组成

变压整流器主要包括变压器、整流元件、滤波器、冷却风扇和过热保护开关等,其结构示意图如图 1.5-1 所示。变压器的作用是将 115/200V、400Hz 的三相交流电变换为大小合适的交流电压;整流元件的作用是将主变压器输出的交流电变换为直流电,整流元件一般采用硅整流二极管;滤波器包括输入滤波器和输出滤波器。输入滤波器的作用是减小变压整流器对电网电压波形的影响,滤除高频干扰;输出滤波器的作用是滤除整流后的脉动成分,使直流输出更加平滑。滤波电路一般采用由电感和电容组成的 LC 滤波器,其结构形式有

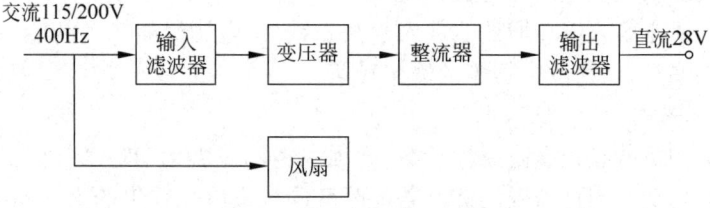

图 1.5-1 变压整流器组成框图

Γ型和Π型滤波电路等。冷却风扇对变压整流器进行通风冷却。TRU的内部一般设置有过热保护开关,当内部温度超过一定值时断开TRU的输入电源,使其停止工作。

2. 变压器的连接方式

根据变压器和整流电路接法的不同,变压整流器可以分成三相半波整流、三相全波整流、六相半波整流和六相全波整流等基本类型。变压器的原边绕组可以接成星形(Y)或三角形(△),副边绕组可以接成三相整流电路或六相整流电路。由于全波整流效率高,输出电压脉动小,因此飞机上的TRU大多采用全波整流。

1) 变压器按Y/Y连接的三相全波整流电路

这种电路又称为三相桥式整流电路,其电路及其输出电压波形如图1.5-2所示。

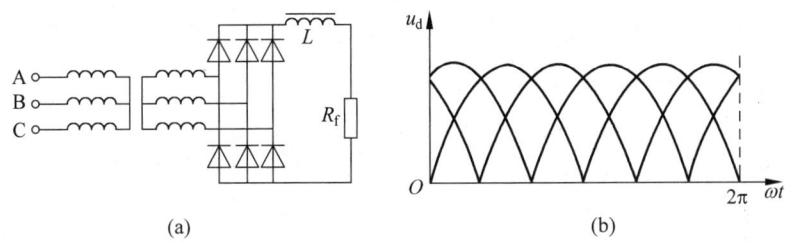

图1.5-2 变压器按Y/Y连接的三相全波整流电路及其输出电压波形
(a) 整流电路结构;(b) 输出电压波形

三相全波整流电路的输出电压波形含有2400Hz的交流成分,该交流分量的频率较低,脉动幅值较大,使得LC滤波器的体积和重量较大,因此应用较少。

2) 变压器按Y/△Y连接的六相全波整流电路

为了进一步减小整流后输出电压的脉动成分,提高脉动频率,常采用六相全波整流电路,即主变压器的原边绕组采用Y接法,副边绕组由两部分组成:一个Y连接的三相绕组和一个△接法的三相绕组,副边的六个相电压之间的相位差为60°,因此,全波整流输出电压的脉动频率提高为$400 \times 12 = 4800$(Hz)。电路结构及输出电压波形如图1.5-3所示。由图可见,整流输出电压的脉动频率提高,交流脉动分量的幅值减小,输出电压的质量得到提高,同时也有助于减小LC滤波器的体积和重量。

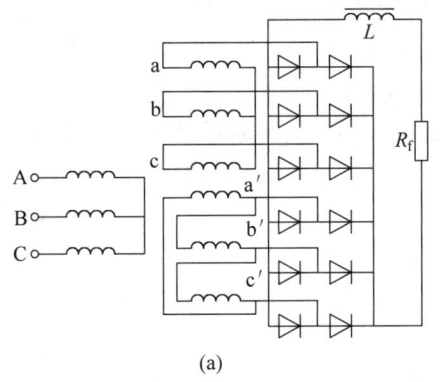
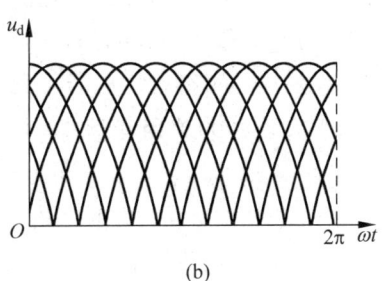

图1.5-3 变压器按Y/△Y连接的六相全波整流电路及其输出电压波形
(a) 整流电路;(b) 输出电压波形

3. 典型的飞机变压整流器电路

图 1.5-4 所示为 B767 飞机变压整流器电路。由变压整流器的连接方式可知，此电路属于变压器按 Y/△Y 连接的六相全波整流电路，为了增加输出功率，变压器副边采用了两个 △ 绕组和两个 Y 绕组的并联，从而使输出容量增大一倍。

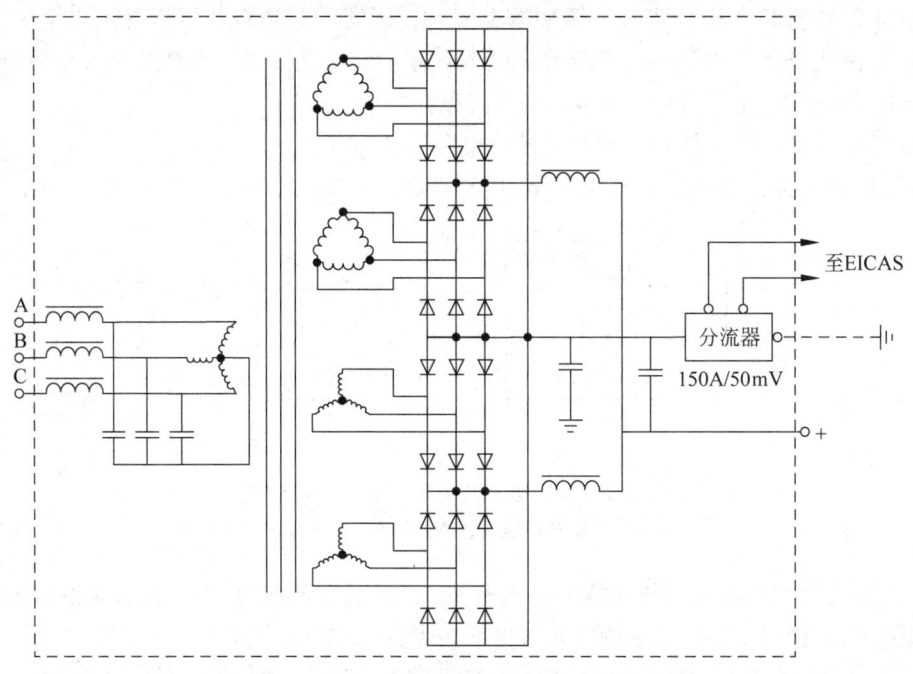

图 1.5-4　典型飞机变压整流器电路

在该电路中，变压器的原边绕组是 Y 连接，并带有一级 Γ 型 LC 滤波器。经整流后的脉动直流电经过 LC 滤波后，送至直流汇流条，负端经过一个分流器接地。分流器用于测量负载电流的大小，并将信号送至发动机指示和机组警告系统（EICAS）进行显示。

1.5.2　静止变流器

飞机上的逆变器通常称为变流机（器），是将直流电变为交流电的设备。它分为旋转变流机和静止变流器两种类型。旋转变流机是由直流电动机带动交流发电机发出单相或三相交流电，这种变流机组噪声大，效率低，维护工作量大，曾应用在早期的飞机上。目前广泛采用的是用电力电子器件构成的静止变流器（逆变器），这种变流器没有运动部件，转换效率高，维护工作量小。本书仅讨论静止变流器。

1. 静止变流器的功用和组成

静止变流器在飞机上的主要功用有以下几方面。

（1）在以直流电为主电源的飞机上用作二次电源，将主电源的直流电逆变为恒频交流电，为机载电子电气设备供电。

（2）在以恒频交流电为主电源的飞机上，将蓄电池的直流电逆变为恒频交流电，为关键设备提供应急交流电源。

（3）在以变频交流电为主电源的飞机电源系统中，提供恒频交流电源。

(4) 为某些机载特种设备提供专用交流电源,以实现不间断供电。

静止变流器的基本组成如图 1.5-5 所示,变流器有单相和三相两种,其组成基本相同,主要由以下几个基本环节组成。

(1) 直流电源:是静止变流器的输入电源,可以是直流发电机的输出、蓄电池或变频交流电整流后的直流电源。

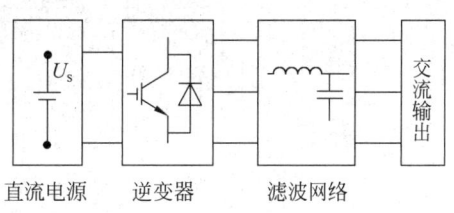

图 1.5-5 静止变流器的组成

(2) 逆变器:又称为逆变电路,其功用是把直流电能转变为所需频率的交流电能。它是静止变流器的核心部分,由功率转换电路和控制电路组成。功率转换电路是进行能量转换的功率部分,由电力电子器件作为功率转换元件,工作在开关状态。主电路可以连接成推挽式、半桥式或全桥式等结构。控制电路用于为主电路开关管提供控制信号,主要包括振荡器、驱动电路、电压调节器和保护电路等。

(3) 滤波网络:包括输入滤波器和输出滤波器。输入滤波器用于抑制从直流电网输入的瞬变量,同时又能抑制逆变器对直流电网造成的高频噪声干扰。输出滤波器用于滤除高次谐波,以获得低失真度的正弦波。

2. 逆变器主电路的结构

(1) DC-AC 构型。直接把输入的直流电逆变成所要求频率和电压的交流电,其主电路结构如图 1.5-6(a)、(b)所示。图 1.5-6(a)称为推挽式,图 1.5-6(b)称为桥式。为了减小功率管的损耗,必须让其工作在开关状态。

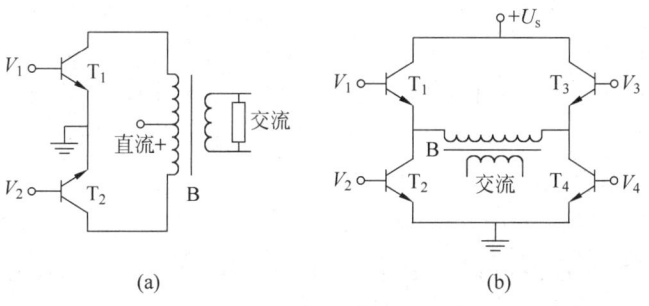

图 1.5-6 DC-AC 型逆变器主电路

由图可见,这种构型需要在输出端加设输出变压器,其作用一是实现输入输出端的电气隔离,二是将输出电压升高到所需的大小。

这种构型的特点是:由于只含有一级逆变环节,具有结构简单、电力电子器件少、转换效率高、成本低等优点;但由于输出侧有中频变压器,导致设备体积、重量和噪声较大。

(2) DC-DC-AC 构型。其结构示意图如图 1.5-7 所示。前级 DC/DC 变换电路将输入的直流电变换到后级逆变器所要求的输入直流电压值,采用高频变换,变压器重量轻,同时实现了输入和输出的电气隔离;DC/AC 变换电路再将直流电逆变成所需要的交流电。

这种构型的特点是:由于增加了前级 DC/DC 变换装置,成本升高,且系统的效率会相应降低。但由于采用高频变压器取代了笨重的中频变压器,有效降低了逆变器的重量。通过控制 DC/DC 电路的占空比,可以实现直流电压和交流输出电压的幅值控制。

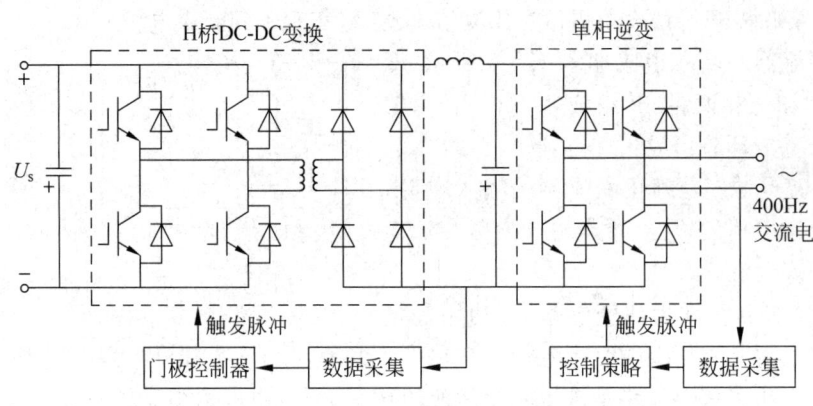

图 1.5-7　DC-DC-AC 型静止变流器主电路

3. 逆变器的控制方式

为了降低交流波形的失真度,减轻滤波器的重量,提高逆变效率,可以对逆变器采用不同的控制方法,从而得到不同的输出电压波形,如图 1.5-8 所示。

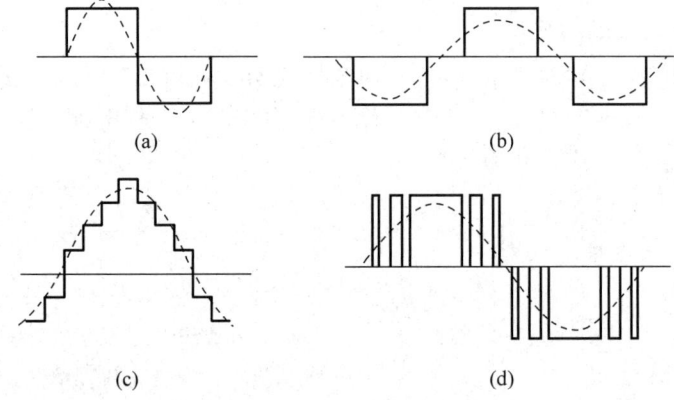

图 1.5-8　逆变器输出波形
(a) 矩形波(方波)-正弦波;(b) 准矩形波-正弦波;(c) 阶梯波-正弦波;(d) 脉宽调制波-正弦波

图 1.5-8(a)所示的逆变器称为方波型逆变器,方波中含有大量的谐波成分,需要采用结构复杂的滤波电路,转换效率较低,因此应用较少。

图 1.5-8(b)所示的逆变器称为准矩形波逆变器,这种逆变器的输出谐波含量略有减小,且可以通过选择准矩形波的宽度来消除某次及其倍数次谐波分量,如 3 次及 3 的倍数次谐波。

图 1.5-8(c)所示的逆变器称为阶梯波逆变器。通过分析可知,阶梯波的阶梯数越多,谐波含量就越低,则输出波形质量也越好,可以有效减轻输出滤波器的体积及重量,但需要多绕组变压器和多个功率管,控制电路较复杂。

图 1.5-8(d)所示的逆变器称为脉冲调宽逆变器(PWM)。所谓 PWM 波,指的是幅值相同、宽度不同的脉冲在半个周期内对称排列组成的非正弦波,由于输出矩形脉冲序列的脉冲宽度按正弦规律变化,因此这种调制技术又称为正弦脉宽调制(sinusoidal PWM,SPWM)技术。通过数学分析可知,精确选择脉冲的宽度,可以消除 3、5、7、9 次等谐波分量。半个周

期中的脉冲波越多,总谐波含量就越少,因此可以极大地减小输出滤波器的体积和重量,因此应用比较广泛。

SPWM 逆变器是现在主流的逆变器结构,在此基础上,为降低输出电压的谐波含量及提高直流侧电压的利用率,又发展起来了消除特定次谐波的 PWM 技术(selected harmonic elimination PWM,SHEPWM)。通过开关时刻的优化选择,消除选定的低频次谐波,有效降低了开关频率和开关损耗,提高了直流电压的利用率。这种控制策略与其他调制方式相比,逆变器在相同的开关频率下具有更高的输出电压波形质量。

逆变器是静变流器的核心,因此采用合适的控制技术可以在允许的指标下最大限度地消除输出波形中的谐波成分,提高输出电压波形的质量、电源性能和效率。这部分内容涉及到较多的电力电子技术方面的知识,本书不再详细展开,读者可以参阅电力电子技术方面的相关书籍。

1.5.3 应急发电机

民航运输机适航条例规定,当正常电源不能给飞机电网供电时,应由应急电源向飞机重要用电设备供电,以保证飞机安全就近着陆。

航空蓄电池是飞机上最常用和最重要的应急直流电源,静止变流器将电瓶直流电变成恒频交流电源,为重要的交流负载供电。但由于蓄电池容量有限,在应急情况下一般只能供电 0.5h,因此其使用时间受到了限制,不能满足大型远程运输机的要求。因此除了航空蓄电池外,新型中、远程飞机上一般都装有其他应急电源。

冲压空气涡轮(ram air turbine,RAT)用于驱动液压源和发电机,是一种比较常用的应急液压源和应急电源,如 B777、A320、A330、A340 等飞机上都装有冲压空气涡轮发电机。当正常电源失效时,人工或自动放出 RAT,由飞机前进的气流推动涡轮转动,再由涡轮直接驱动或通过液压马达驱动发电机。RAT 的使用不再受时间限制,但要受到飞机空速的限制,只有当空速大于一定值时才能正常使用。

液压马达驱动发电机(hydraulic motor-driven generator,HMG)是另一种应急发电机,飞机在空中飞行时,只要发动机及液压系统正常工作,HMG 就能工作,因此其使用不受空速和时间的限制。在某些远程飞机上就配备了 HMG。飞机在空中飞行时,当飞机上的主交流汇流条均失效时,液压马达发电机就会自动工作。HMG 可以给驾驶舱的仪表转换汇流条供电,并通过应急 TRU 提供直流电源。一般来说,装有 HMG 的飞机就不再装冲压空气涡轮发电机,冲压空气涡轮仅驱动液压泵,提供应急液压源,有液压就可驱动 HMG。

1. 冲压空气涡轮发电机

本节介绍的冲压空气涡轮发电机(RAT.G)是由涡轮直接驱动的发电机。整个 RAT 组件由机械涡轮、发电机、机械调速器、自动释放控制器、发电机控制器及输出接触器等组成。涡轮和发电机同轴,两者额定转速相匹配,省去了传动齿轮,提高了可维护性,同时省去了油面、油滤和漏油的检查。图 1.5-9 所示为 B777 飞机的冲压空气涡轮发电机,其额定容量为 7.5kV·A。

当正常主电源失效时,可以自动或人工放出 RAT。自动释放控制器(ADCU)安装在前附件舱内,其主要功能是监测飞机电源系统,以确定其是否失效,同时监测起落架信号,以确定飞机是否在空中。当 ADCU 检测到左/右主交流汇流条均无电且飞机在空中时,即发出

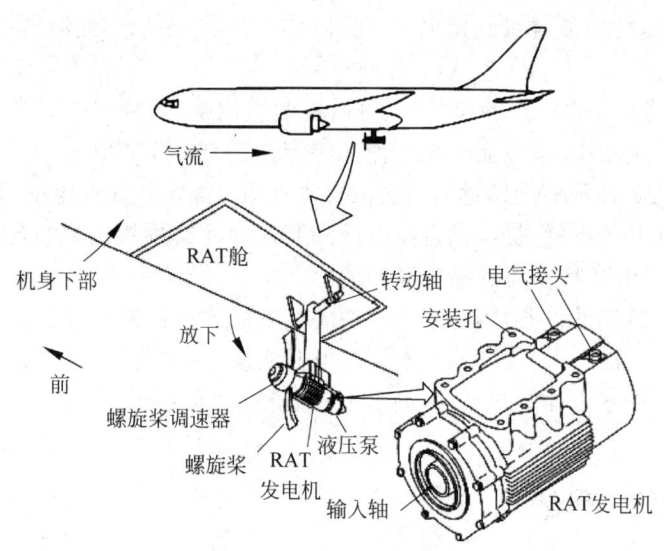

图 1.5-9 冲压空气涡轮发电机

信号给 RAT 的上位锁,将蓄电池的电能加到上位锁的电磁线圈上,使 RAT 自动释放出来。涡轮由飞机前进的气流推动转动,从而驱动发电机发出交流电。

与主电源一样,RAT.G 也采用三级无刷交流发电机,发电机输出电压的控制与保护由 RAT 发电机控制器(RAT GCU)完成,GCU 还对 RAT 发电系统提供过压、欠频、馈电线短路、汇流条故障等的保护,并控制 RAT 发电机接触器向飞机重要交流汇流条供电。RAT.G 控制原理图如图 1.5-10 所示。当左右转换汇流条无电且飞机在空中时,RAT 释放继电器闭合,将热电瓶汇流条上的 28V 直流电传输给 RAT 作动器线圈,使 RAT 放下。此外,人工接通 RAT 释放电门,也可以将 RAT 放下。

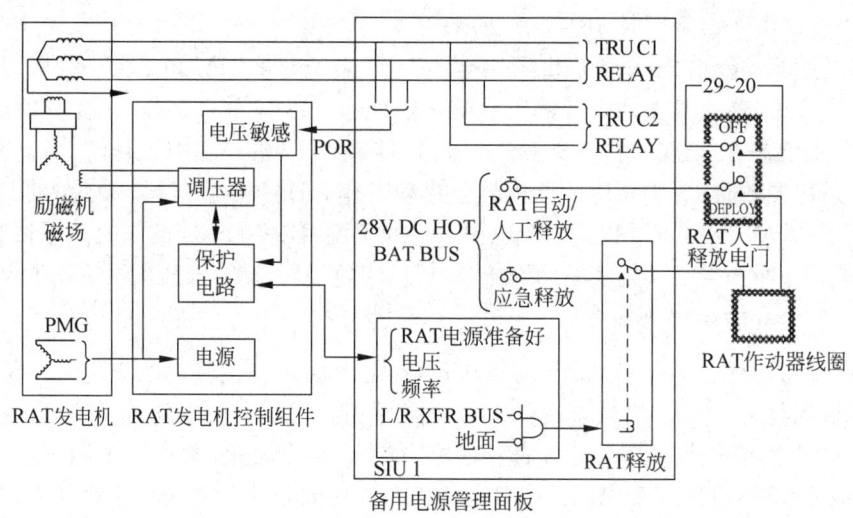

图 1.5-10 应急发电系统控制原理图

RAT 上配置有机械调速器,用于调节涡轮转速。在整个飞行包线内,可以保持发电机转速在额定转速的 ±10% 范围内,使发电机频率保持在 360~440Hz 范围内。当涡轮转速下降到使发电机发生欠频故障时,RAT 发电机接触器(GCB)自动断开。若转速恢复使欠频故障消失,则 GCB 自动接通,继续向外供电。

当 RAT 发电机工作时,主蓄电池和 APU 蓄电池处于备份状态,飞机上的关键负载由 RAT.G 和应急 TRU 供电。

RAT 释放后将保持释放状态到飞机着陆阶段。飞机着陆后,须经地勤人员检查后,才能用手动回收泵将 RAT 收回到机内。RAT 的结构设计成无须任何专用地面设备,在任何地方就可以将 RAT 收起。

2. 液压马达发电机

液压马达驱动发电机(HMG)作为一种应急发电机,一般安装在轮舱里,是一个独立的备份电源,且不受飞机飞行时间和飞行速度的限制,为中、远程飞机所必需。如 B757/767 等远程型飞机上就配备了液压马达发电机。

液压马达发电机系统的组成部件包括液压马达、发电机、液压关断活门、发电机控制组件、测试电门等,图 1.5-11 所示为 B757/767 飞机的液压马达发电机。

当飞机的主发电机失效,且液压系统工作正常时,飞机就可以由 HMG 提供应急交流电源。HMG 可以同时提供交流和直流输出(通过应急 TRU)。如某型飞机的 HMG 交流输出容量为 5kV·A,经变压整流后输出直流电源,其额定输出为 28V/50A。

液压马达上装有一个电动液压伺服活门,该活门由发电机控制组件 GCU 控制。GCU 通过控制液

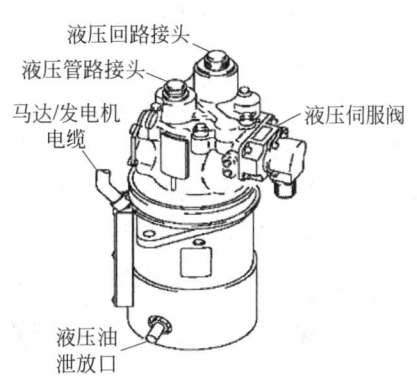

图 1.5-11 液压马达驱动发电机

压伺服活门,可以使发电机的输出频率在稳态工作条件下维持在(400±2)Hz。当伺服控制系统失效时,由机械超速调节器使发电机的输出频率维持在(430±10)Hz。

飞行中当敏感到两侧主交流汇流条均无电时,HMG 起动。经 5.5s 延时后,HMG 关断活门打开,发电机开始工作。飞行中,若正常电源系统又恢复供电,则 HMG 自动停止工作。

1.5.4 应急电池组件

应急电池组件独立于飞机电源系统,可以在飞机主电源失效和主电瓶失效的情况下,对飞机重要的安全逃生设备进行短时供电。

1. 功用

飞机上常用的应急电池组件有以下两种典型应用:①在应急情况下,向飞机发动机和 APU 应急燃油关断活门供电,以切断发动机供油。如 B777 飞机上使用的 CSDS28W008-3(件号 BFS24)的应急电池组件,如图 1.5-12 所示,内装有 22 节镍镉蓄电池,其输出额定电压为 26.5V,额定容量为 270mA·h,用于为应急燃油关断活门供电。②应急照明电池组件,在主电瓶失效的情况下,提供应急照明电源(如迫降等),并为释放逃生设备提供直流电源。如 B737、B747、B757、B767、B777 等现代飞机上使用的 BPS7-3 应急照明电池组件,内装有 6 节镍镉蓄电池,其额定电压为 7.2V,额定容量为 3.5A·h,如图 1.5-13 所示。

应急电池组件包括独立的充电电路、电池组件、主电瓶电压检测电路和自检电路等。只有当主电瓶失效或电压太低时,应急电池才会提供电源。在正常情况下应急电池组件与飞机电瓶汇流条相连,对应急电池进行充电或浮充电,以确保电池在充满电状态。

应急电池组件将充电电路、检测电路、电池等组合在一个组件内,属于航线可更换件(LRU)。应急电池组件必须定时送内场检修,以便对电池和电子线路进行检测和维护。大部分应急电池组件的工作原理基本相同,这里以 BPS7-3 为例说明其基本工作原理和检测维护方法。

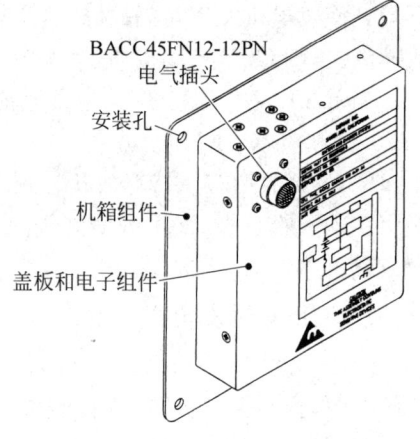

图 1.5-12　CSDS28W008-3 应急电池组件

2. 应急照明电源的基本工作原理

应急照明是在主电源断电、飞机处于应急状态时,为机组人员完成迫降以及飞机迫降后机上人员进行紧急撤离时为飞机提供内部和外部照明。因此,应急照明电源应独立于机上正常的照明系统,由独立于主电源的应急电源供电。在应急情况下,该电源是否正常工作,直接影响到旅客的生命安全。应急照明电源通常使用自备小型电池。在一架飞机上,由安装在不同位置的几个应急照明电源组件供电,即使机体断裂,也能提供应急照明。图 1.5-13 所示为飞机应急照明电源组件。

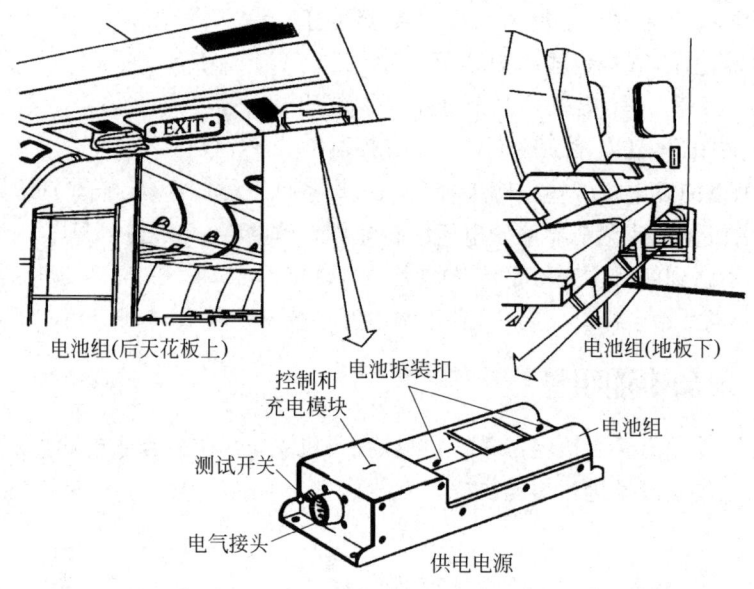

图 1.5-13　应急照明电池组件

飞机应急照明电源组件包括电池组、测试电门、电缆头、控制与充电电路等。电源组件上的测试电门可对该电源组件范围内的所有应急灯进行测试,按压测试电门,应急灯接通电源,工作 1min。

驾驶舱顶板 P5 板上的应急灯电门是三位置电门,包括"接通"位(ON)、"预位"位(ARM)和"关断"位(OFF)。当电门在"接通"位时,不管汇流条有无电压,应急灯点亮;"关断"位时,应急灯灭,阻止系统自动工作;在"预位"位时,使系统设定为自动工作,只有当汇流条无电或电压低于12V时,应急灯才点亮。飞机在正常飞行时,控制电门应放在"预位"位。只要前顶板上的应急灯电门未置于"预位"位,则"未预位"灯和"主告诫"灯点亮。乘务员面板上的应急出口灯电门有两个位置:"接通"位(使应急灯点亮)和"正常"位(使应急灯设定为自动工作)。即使P5板上的应急灯电门置于"关断"位,乘务员面板上的电门也可在应急时接通应急灯。

正常情况下,即当P5板上的应急灯电门置于"预位"或"断开"位,且乘务员面板上的应急出口灯电门在"正常"位时,飞机直流汇流条给应急照明电源的电池充电。

为了防止应急灯自动工作而使电池放电,当人工断开飞机上的所有电源时,必须将P5板上的应急灯电门置于"断开"位,乘务员面板上的电门置于"正常"位。

典型的应急照明电源电路原理框图如图1.5-14所示,它由充电电路、输出控制及调压电路、低压检测及锁定电路、汇流条电压敏感电路、测试控制电路、逻辑控制电路及软起动电路等组成。

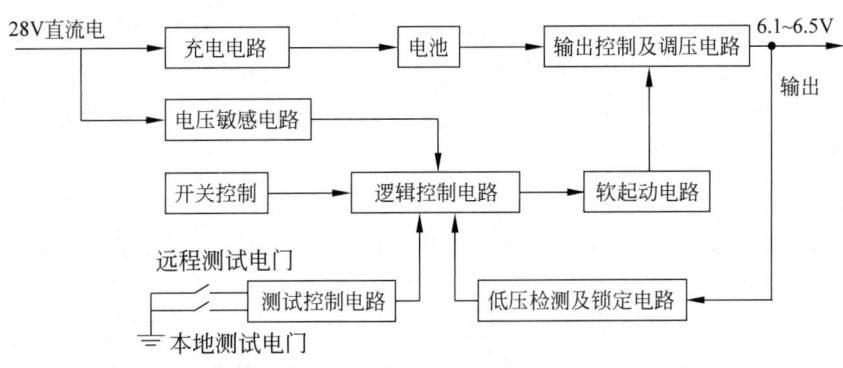

图1.5-14 BPS7-3应急照明电源原理框图

在正常情况下,飞机直流汇流条(电瓶汇流条)上的28V直流电向应急照明电源的电池充电,该电池是额定电压为1.2V、容量为3.5A·h的6节镍镉充电电池。电池串联成7.2V,由内部调压电路调至6.1~6.5V输出,其容量可在7A输出电流的情况下,使应急照明灯工作15min。

应急照明电源系统中的输出控制及调压电路可以进行调压和输出控制。

汇流条电压敏感电路的作用是检测飞机直流汇流条是否正常供电。由于该汇流条是由变压整流器或主电瓶供电,在供电电源转换时,会产生小于1s的供电中断,这时如果应急照明控制电门置"预位",将自动点亮应急照明灯。为了防止这种情况发生,在汇流条电压敏感电路中设计了1s延时电路。

应急照明电源电池放电时,为了防止电池由于深度放电而发生永久性损坏,设计了低压检测及锁定电路。当低压检测电路输出低电平时,低压锁定电路锁定输出,以防止电池过量放电。只有当飞机供电正常时,才能解除锁定。

测试控制电路用于测试应急照明电源是否正常工作。测试电门有两个,一个是装在机舱里的远程测试电门,另一个是装在应急电源组件上的本地测试电门(两个电门均为瞬时接触式电门)。当任一电门合上时,逻辑控制电路使应急照明灯亮,(60±10)s后熄灭。

逻辑控制电路及软起动电路可以减轻对灯泡的电流冲击,延长灯泡寿命。

当飞机发生事故时,应急电源直接影响到旅客的生命安全,因此,必须定期在内场进行功能性检查和校验。在内场校验时,应采取静电防护措施,并按照要求定期进行电池的容量测试。如果电池容量达不到要求,应更换同型号的新电池,以保证应急照明电源可靠工作。

1.6 地面电源及其控制

当飞机在地面进行维护、清洁、加油、装卸货物、发动机起动等作业时,一般由地面电源或廊桥电源为飞机供电。

地面电源有直流和交流两种,以直流电为主电源的小型飞机采用地面直流电源,大型运输机或以交流电源为主电源的飞机采用地面交流电源。

地面电源通常通过两种方法获得,一种是车载柴油发电机组,另一种是将地面220/380V、50Hz的工频交流电通过变压整流器整流成28V直流电,为飞机提供直流电源;或通过逆变器变成115/200V、400Hz的航空交流电,为飞机提供恒频交流电。目前大中型机场使用的廊桥电源也是逆变电源,逆变电源的工作原理与飞机上的静变流器基本相同,本节从略。

为了能在飞机上使用地面电源,每架飞机的机身下方都有一个地面电源插座,与地面电源上的插头配套使用。图1.6-1所示为一个典型的三针插座,用于地面直流电源。插座上的两个大插钉分别为直流电源的"+""-"端,另一个细而短的插钉是控制插钉,也是直流电源的"+"端,主要用于控制外电源接触器EPC的通断,其电路示意图如图1.6-2所示。由于控制插钉比较短,插上电源时,能确保只有插紧后外电源接触器才能吸合;拔出插头时,保证先断开外电源接触器,以避免拔出插头时产生火花或电弧。

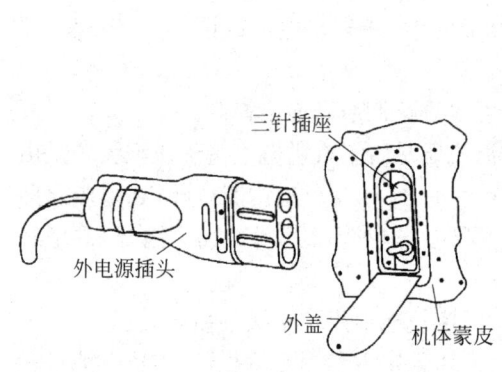

图1.6-1 地面直流电源插头

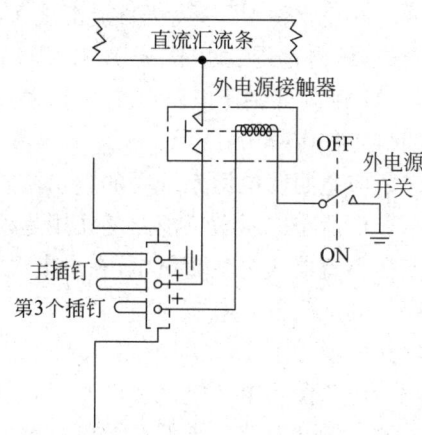

图1.6-2 地面直流电源控制示意图

地面交流电源的插座上有6个插钉,如图1.6-3所示。其中4个大插钉分别为三相四线制电源的ABC三相火线和零线N,两个小插钉E、F起控制作用。E、F插钉比主插钉细而短,因此只有当插头插紧后,E、F插钉才能和外部电源插头形成通路,使EPC闭合。

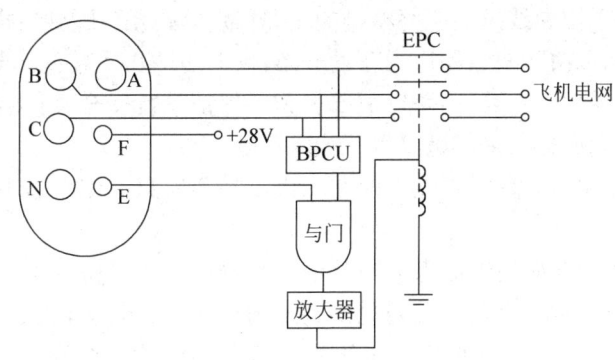

图 1.6-3 外部交流电源控制示意图

在外部电源插头中,E、F 端子是短接的。拔出插头时,由于 E、F 插钉比主插钉短,因此 E、F 插钉先断开,使外电源接触器跳开,以保证主插钉拔出时外电源空载,从而防止产生火花和电弧。

有的飞机上装有外电源控制组件 EPCU(如 B737-200),用于检测外部电源的相序、电压、电流及频率等是否符合要求,如果符合要求,则 EPCU 发出信号,允许外部电源接触器 EPC 接通。

B737-500 以后的飞机,EPCU 的功能由汇流条控制组件 BPCU 完成,不同的是 E、F 不直接接在外部接触器工作线圈回路中,而是提供一个逻辑信号,如图 1.6-3 所示。

外部电源接触器的吸合需满足以下条件,一是 E、F 已插好并形成通路;二是外电源质量合格,电压、频率等参数都符合要求;三是机上所有发电机的 GCB 都处于"OFF"位。当上述条件全部满足时,由 BPCU 发出使能信号,使 EPC 吸合,外电源即可向飞机上的汇流条供电。

在飞机外部电源插座上一般有两个指示灯,分别是"AC CONNECT"灯和"NOT IN USE"灯。当外部电源插好后,"AC CONNECT"灯亮。当"NOT IN USE"灯亮时,表示外电源空载,允许拔下插头;而当"NOT IN USE"灯灭时,说明飞机正在使用地面电源,如果此时要拔下插头,正确的操作程序是先到驾驶舱断开地面电源开关,使外部电源接触器跳开,然后再拔下地面电源插头,以防止插头和插座之间产生火花和电弧。

地面电源向飞机供电后,BPCU 监控地面电源的质量,当发生过流、过压、欠压、过频、欠频等故障时,就会断开 EPC。另外,当 APU 发电机或主发电机向飞机电网供电时,由 BPCU 控制自动断开外部电源,以防止不同电源间的并联。

1.7 飞机电网及配电系统

1.7.1 飞机电网

飞机电网是将飞机电源的电能传输到用电设备的环节,主要由传输电能的导线或电缆及其连接器、汇流条、电路保护电器(熔断器和跳开关等)、供配电控制器等组成,用于实现电能到用电设备的输送、分配、控制和保护。

飞机上用于把电能输送到各种负载的公共点称为汇流条(BUS),飞机配电系统就是以多个汇流条为基础,采用导线及电缆等将电能按照预定的路径分配到飞机的各个部位。

飞机电网的分布取决于机载用电设备的分布,供电网络几乎遍布于飞机全身。因此,飞机电网非常复杂,容易发生短路、断路等故障。为了保证飞行安全,对飞机电网的要求非常高。一般来说,飞机电网的布局应满足以下技术要求。

(1) 飞机电网必须具有高可靠性。即在飞机正常和应急工作状态下,都能保证飞机关键负载的连续可靠供电。

(2) 飞机电网要有很强的生命力。当某台发电机或电源设备发生故障时,能实现电网重构,确保重要设备的供电,并将故障对电网的影响限制在最小范围之内。

(3) 电网重量应轻。在特定的电源电压和功率条件下,通过合理布局,尽量减轻电网的总重量。

(4) 维护性好。飞机电网的布线要易于安装、检查、维修和改装。

(5) 减少电磁干扰。要采取必要的屏蔽措施,减少对电子通信设备的干扰。

飞机电网有直流电网和交、直流混合电网两种典型的结构,有集中式配电和分布式配电两种方式,供电方式分为发电机单独供电和并联供电两种。

1. 飞机直流电网

在以直流电为主电源的小型飞机上,其供电网络比较简单。图 1.7-1 是直流发电机与蓄电池的并联供电图。发电机的输出经过反流割断器与蓄电池并联,两者的电能都输送到汇流条上。电能从汇流条通过跳开关、控制开关或继电器等送到负载。跳开关起过载和短路保护作用,控制开关或继电器完成负载的通断控制。

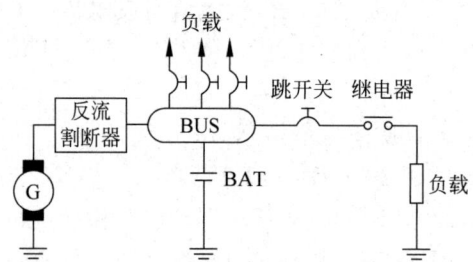

图 1.7-1 直流电源系统供电简图

因为直流电源的并联很容易实现,多发电机直流供电系统一般都采用并联供电方式,并联后的电网容量增大,可以提高供电质量和供电可靠性。

2. 交、直流混合电网

大型运输机的电网容量大,用电设备多,大都采用交流电源作为主电源。但根据适航要求,飞机供电系统必须同时配备直流电源,因为只有直流电可以通过电瓶储存,以便在发电机失效时向飞机提供应急电能。同时,继电器、接触器、电磁阀等都需要由直流电提供工作电源。因此,总的供电网络比较复杂。交、直流电网的基本关系可以用图 1.7-2 表示。

交流电源系统由主发电机、APU 发电机、应急交流发电机(如 RAT.G)和地面交流电源组成,上述电源按照一定的逻辑关系把交流电提供给交流配电网络。当交流电源正常供电时,通过变压整流器将直流电源提供给直流配电网络。当飞机上无交流电源时,由飞机电瓶提供应急直流电源,并通过静变流器或应急发电机提供应急交流电源。

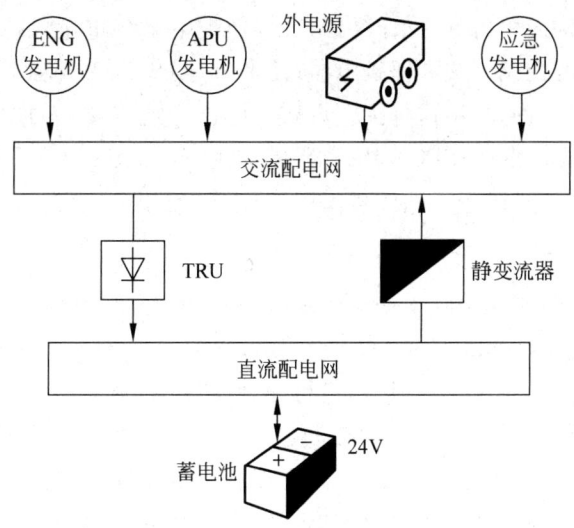

图 1.7-2 交、直流混合电网示意图

1.7.2 飞机电网的构型

飞机上有两种典型的配电方式,一种是飞机只有一个电源中心的集中配电方式,另一种是包含几个电源中心的分布配电方式。前者是目前大多数飞机采用的配电方式,后者为现代大型飞机所采用。

1. 集中式配电

在这种配电方式中,飞机只有一个电源中心,用跳开关作为保护器件,用开关或接触器控制负载的工作,每个负载都有专用的供电导线和控制导线,电能从电源中心经过安装在驾驶室的控制开关和保护跳开关 CB 向负载输送,如图 1.7-3 所示。

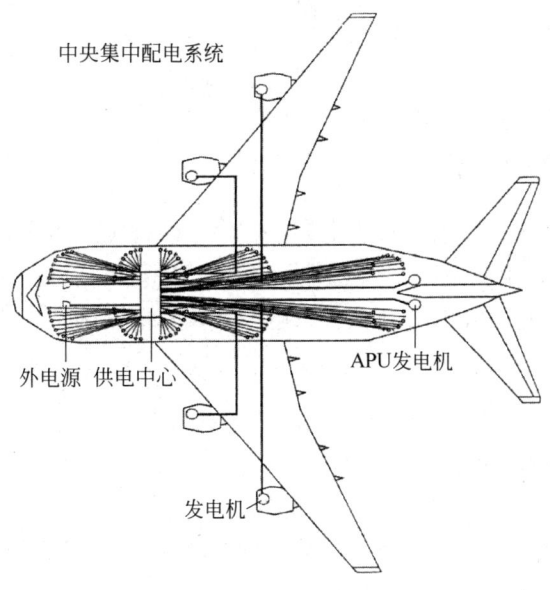

图 1.7-3 集中式配电

集中配电方式结构简单可靠,操作维护方便,但配电导线重量大,安装于驾驶舱的中心配电装置集中了所有的控制开关和保护电器,几乎所有配电导线都要经过驾驶舱,复杂而笨重,目前的大、中型飞机普遍采用这种配电方式。但随着航空技术的发展,固态功率控制器(solid state power controller,SSPC)、电子跳开关(electronic circuit breaker,ECB)和自动配电技术的应用,新型飞机已经开始逐步采用分布配电方式。

2. 分布式配电

在这种配电方式中,飞机上除了一个电源中心外,还有若干个分中心,每个电源分中心由电源二次分配组件(secondary power distribution unit,SPDU)和远程电源分配组件(remote power distribution unit,RPDU)进行控制(图中未画出),如图1.7-4所示。负载的通断用固态电源控制器SSPC进行远程控制。由于采用了负载的总线控制和电子跳开关ECB,电源馈线不需要到驾驶舱,这种配电方式控制设备和控制逻辑复杂,但大大减轻了配电导线的重量。目前在新一代大型飞机如B787上采用了这种配电方式。

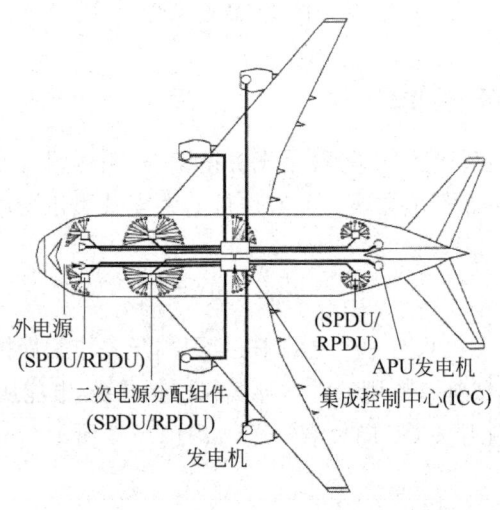

图1.7-4 分布配电方式

1.7.3 电源供配电方式

飞机电源系统的供电方式有单独供电和并联供电两种主要形式。交流电源的并联比较复杂,因此一般双发飞机上的恒频交流电源系统大都采用单独供电,而多发飞机上的恒频交流电源才会采用并联供电。本节介绍两种供电方式及其电网构型。

1. 汇流条分类

飞机上各种电源先送到汇流条,再由汇流条送到机载用电设备。用电设备按照其重要程度,一般分为三个等级:重要负载或关键负载,主要负载,次要负载(通用负载)。与之相对应,配电系统的汇流条一般也分为三个等级,主要包括主汇流条(有些飞机上称为发电机汇流条或负载汇流条)、重要汇流条(有些飞机称为转换汇流条或仪表汇流条)和应急汇流条(或备用汇流条)。一些不会对飞行安全造成影响的设备一般称为通用负载或次要负载,由通用汇流条或厨房汇流条供电。对飞行安全有重要影响的设备由重要汇流条(转换汇流条或仪表汇流条)供电,如发动机指示仪表、防撞灯、惯导平台等,这些用电设备至少需要 2 余度供电。另外一些直接关系到飞行安全的设备由应急汇流条供电,如广播、电瓶指示仪、发动机火警、灭火设备、飞行警告计算机等,这些设备在飞行中不允许断电。

2. 发电机单独供电方式

目前,大多数双发飞机的主电源系统采用单独供电方式。典型的双发飞机单独供电系统(B737-800)的配电网原理图如图 1.7-5 所示。

当两台发电机正常工作时,发电机电路断路器 GCB1 和 GCB2 吸合,发电机向各自的转换汇流条 AC XFR BUS(重要汇流条)、主汇流条 MAIN BUS、厨房汇流条 GALLEY BUS 和应急汇流条 AC STBY BUS 供电,并通过变压整流器 TRU1、TRU2 向直流汇流条 DC BUS 供电,1 号转换汇流条向交流应急汇流条 AC STBY BUS(备用汇流条)供电,1 号直流汇流条向直流应急汇流条 DC STBY BUS(备用汇流条)供电。

现代运输飞机的供电系统都具有自动卸载功能,由汇流条电源控制组件(bus power control unit,BPCU)控制,以防止发电机过载,提高供电可靠性。当发电机超载或有发电机失效时,自动卸载,停止向主汇流条和厨房汇流条供电。如当 1 号发电机失效,且无 APU 电源时,GCB1 跳开,1 号主汇流条和 1 号厨房汇流条停电,BTB1 和 BTB2 接通,1 号转换汇流条由 2 号发电机供电。直流连接继电器吸合,1 号直流汇流条由 TRU2 供电。同理,2 号发电机失效时工作原理相同。

当两个发电机都失效时,所有主汇流条、转换汇流条均无电。直流应急汇流条由电瓶供电,交流应急汇流条由静变流器供电。一般情况下,电瓶只能供电半小时(双发延程飞行 ETOP 除外),以保证飞机就近着陆。有些飞机装有冲压涡轮发电机(RAT.G)或液压马达发电机(HMG)作为应急电源。

热电瓶汇流条(HOT BAT BUS)和电瓶直接相连,主要向不能断电的重要负载如航空时钟、灭火器等供电。变压整流器 TRU3 主要向电瓶汇流条供电,当 TRU2 失效时,TRU1 向 DC BUS2 供电(3 个 TRU 电压相同,由于二极管的作用,TRU3 不向 DC BUS2 供电),当 TRU1 和 TRU2 都失效时,TRU3 通过二极管也可以向 2 号直流汇流条供电。

如由 APU 发电机供电,则 APB 和 BTB 接通,在空中,APU 发电机可以向其中一个系统供电,在地面时可以向两个系统供电(如 B737 飞机)。

飞机在地面由地面电源供电时,EPC 和 BTB 接通,地面电源可向飞机上的所有汇流条供电。地面服务汇流条 GND SVC BUS 可以由机载电源和地面电源供电,电瓶充电器连接在 2 号地面服务汇流条上,只要飞机上有电,电瓶就一直处于充电状态。

3. 发电机并联供电

采用并联供电的飞机一般有四台或以上发电机,如 B747、A340 飞机等。典型的四发并联供电电源分配网络如图 1.7-6 所示。

1) 四发飞机的主配电系统

发电机电路断路器 GCB 的工作情况基本上与双发飞机一样,但汇流条连接断路器 BTB 的工作情况则完全不同。

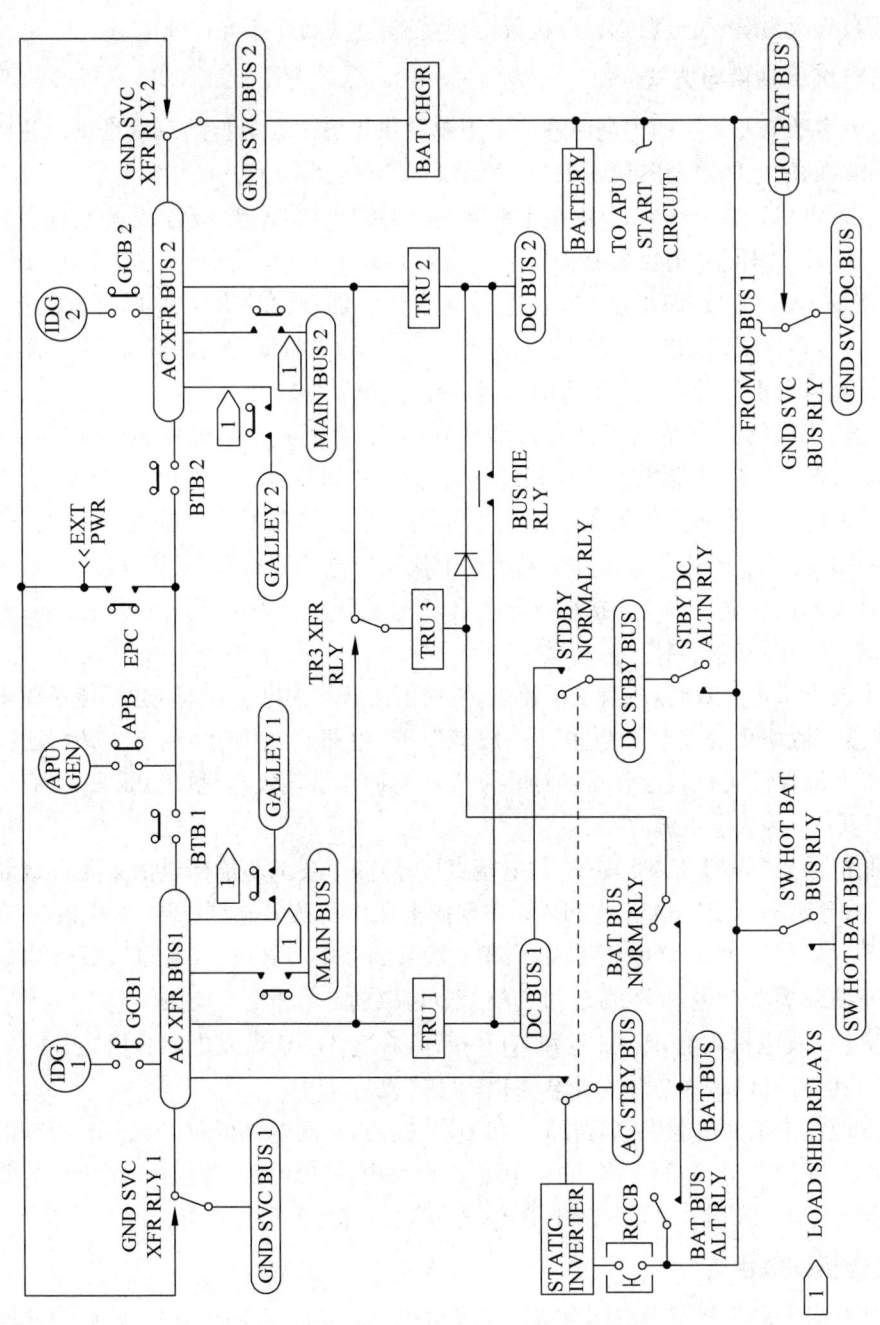

图 1.7-5 单独供电系统配电简图

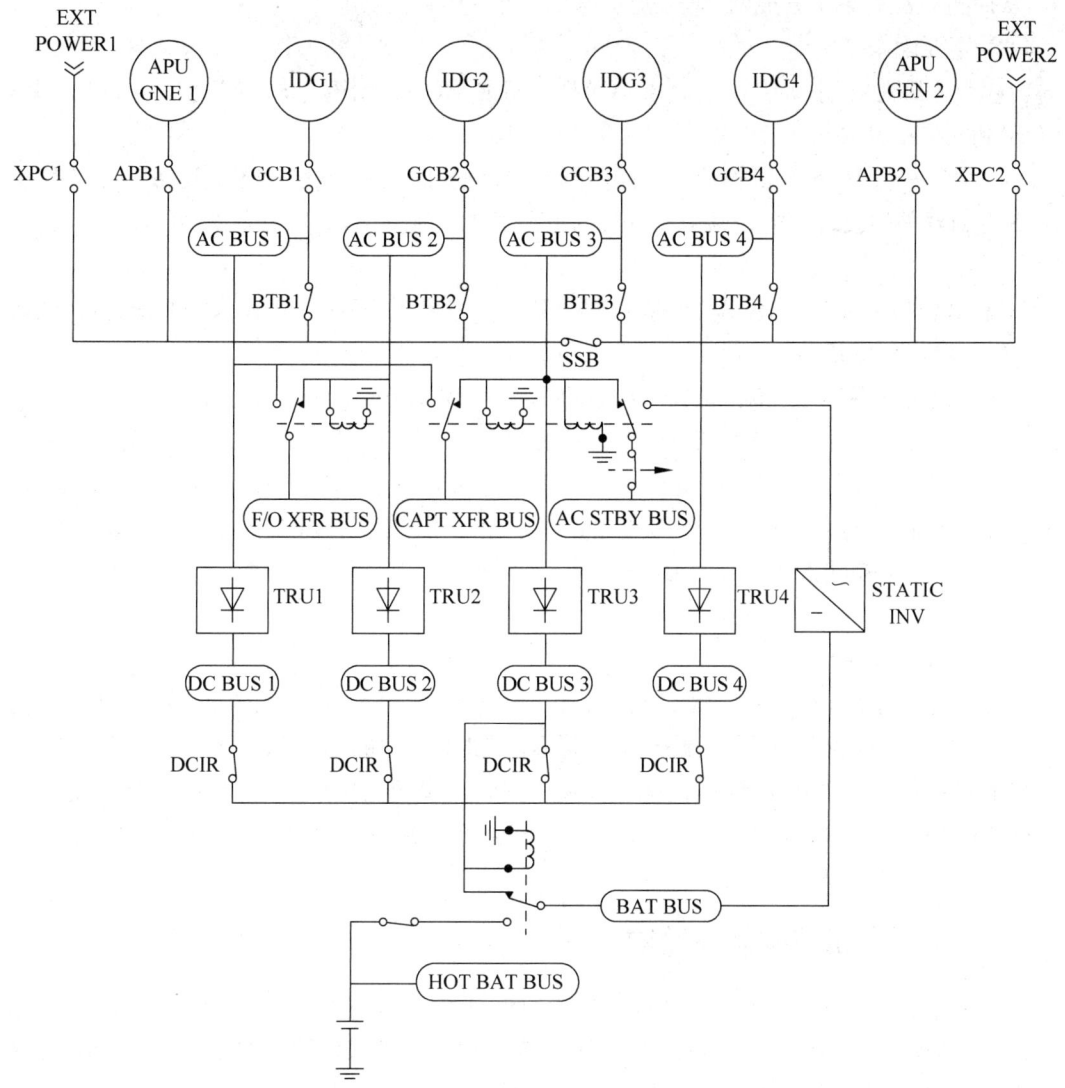

图 1.7-6　四发飞机并联供电电源分配网络

在四发飞机上，BTB1～BTB4 和系统分离断路器（SSB）通常是闭合的，因此，当 GCB1 闭合后，IDG1 就为整个配电系统供电。在地面操作第一台发电机向电网供电时，应关掉一些大的用电负载，以保证发电机不过载。

如果 IDG2 与 IDG1 的电压、频率、相序和相位相同或满足并联条件时，GCB2 接通，两台发电机并联运行，因为这时 BTB1、BTB2 和 SSB 是闭合的。IDG1 与 IDG2 的上述参数由发电机控制组件（GCU）自动控制和监控。同理，IDG3、IDG4 发电机满足并联条件时，也向电网并联供电。当发生故障时，相应的 BTB 也可以断开，从而实现单独供电或部分发电机并联供电。

在 B747 飞机上，因为用电负载很大，需要两部外部电源或两台 APU 发电机一起向飞机供电。由于外部电源或 APU 发电机不能并联，因此在使用它们向飞机供电时，SSB 断开,从而将主配电系统分成两部分,就像双发飞机一样单独供电。

2) 重要配电系统

它由正驾驶(机长)转换汇流条(CAPT XFR BUS)、副驾驶转换汇流条(F/O XFR BUS)和相应的开关组成。

CAPT XFR BUS 为机长的设备提供电源,如机长的仪表、导航和通信设备。F/O XFR BUS 为副驾驶的设备供电。两个飞行员的电源通常是独立的,它们分别由 AC BUS3 和 AC BUS2 供电。

当 AC BUS2 和 AC BUS3 故障时,两个驾驶员才使用 AC BUS1 作为公共的备用电源。

3) 直流配电系统

主直流配电系统由直流汇流条 DC BUS1~DC BUS4 和主直流电源开关组成。每个直流汇流条由相应的主交流汇流条通过 TRU 提供电能。主直流汇流条通常在直流汇流条隔离继电器(DCIR)的控制下并联运行。当发生故障时,相应的 DCIR 断开,可以实现单独供电或部分并联供电。有些情况下需要主直流汇流条单独供电,以提高可靠性。如在 B747 飞机上,当自动着陆起始时,DCIR 开关自动断开,从而避免短路故障影响整个系统的工作。

4) 应急配电系统

应急配电系统由交流备用汇流条(AC STBY BUS)和电瓶汇流条(BAT BUS)组成。正常情况下,交流备用汇流条由 AC BUS3 供电,电瓶汇流条由 DC BUS3 供电。如果没有 AC 电源可用,电瓶汇流条(BAT BUS)自动连接到电瓶上,由电瓶供电,AC STBY BUS 自动转换到静变流器,由静变流器将电瓶的直流电转换为交流电,为 AC STBY BUS 供电。

1.7.4 电网的控制与保护

飞机电源系统均设置有汇流条电源控制组件(BPCU),用于担负飞机电网的电能分配、控制和保护功能。BPCU 还提供外部电源监控和保护、汇流条监控保护、卸载控制和地面勤务电源控制等功能,如图 1.7-7 所示。

1. 汇流条的控制保护和电网重构

在图 1.7-7 中,当 1 号发电机发生故障时,GCU1 使 GCB1 断开,1 号发电机停止向飞机供电,BPCU 发出指令使 GCU1 和 GCU2 分别接通 BTB1 和 BTB2,使 1 号转换汇流条由 2 号发电机供电,同时在过载情况下 BPCU 断开 1 号厨房汇流条和 1 号发电机主汇流条,实现了电网重构,保证了接在 AC XFR BUS 上的重要设备的供电。

2. 卸载控制

BPCU 自动检测汇流条上负载的大小,在过载时自动卸载,以防止电源过载而烧毁。卸载有配置卸载、指令卸载和过载卸载三种形式。

1) 配置卸载

当飞行中只有 APU 提供交流电时,实施配置卸载。BPCU 断开所有厨房继电器。

第1章 飞机电源系统

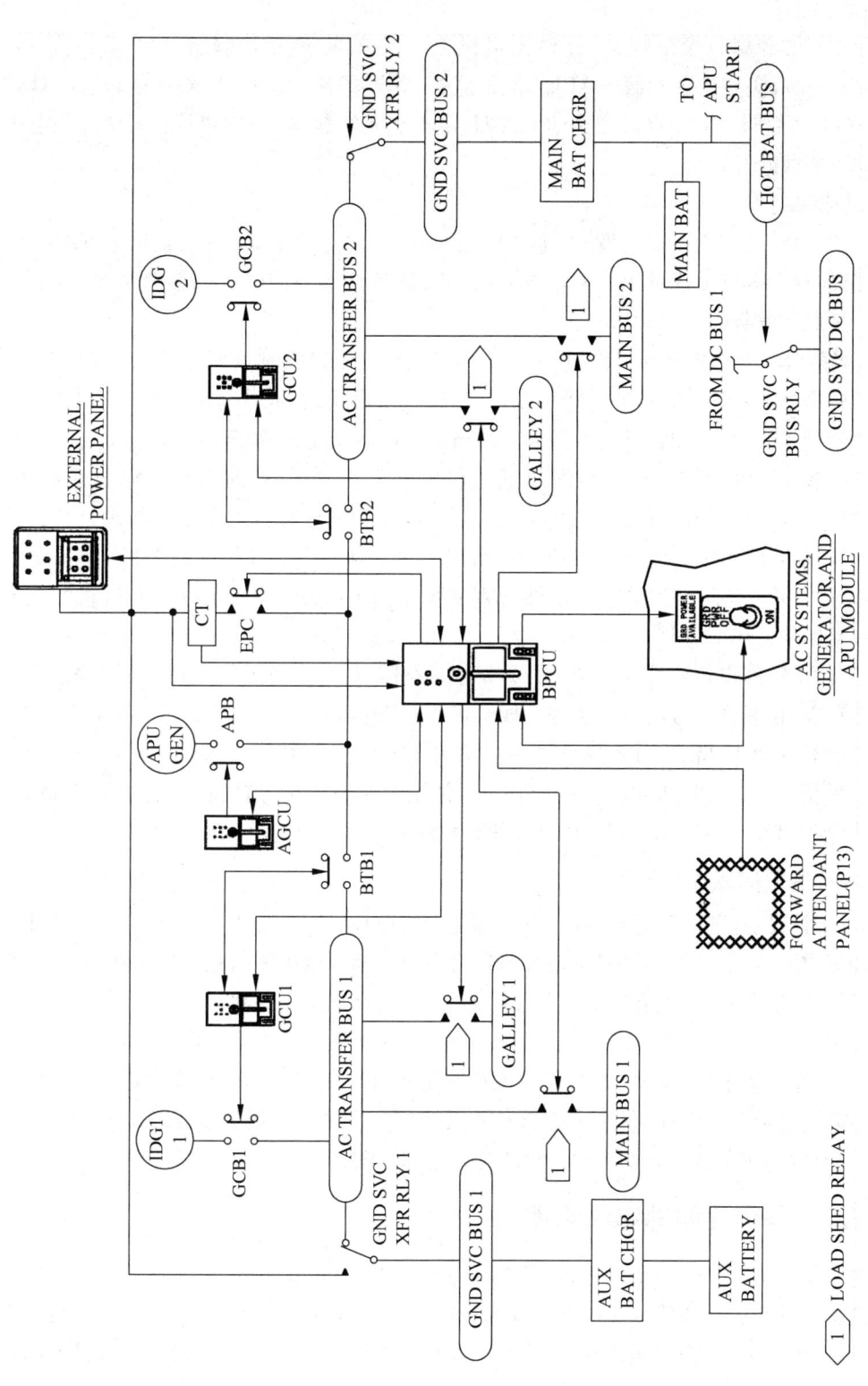

图 1.7-7 电网的控制与保护示意图

2) 指令卸载

这种形式的卸载只会出现在 APU 发电机上。当 APU 电子控制组件(ECU)感应到 APU EGT 高时,实施指令卸载。APU ECU 监控 APU 的性能参数,以确定是否会出现过载。当 EGT 超温时,ECU 将信号送给 BPCU,主汇流条卸载继电器将断开(厨房卸载继电器已由配置卸载断开)。

3) 过载卸载

以 B737-800 飞机为例,主发电机容量为 90kV·A,当发电机控制组件(GCU 或 AGCU)感应到发电机过载时(274A,300s),或 BPCU 感应到外部电源过载(340A,5s)时进行卸载。过载卸载有以下三种情况。

(1) 当两台主发电机同时工作,且其中一台发电机发生过载时,BPCU 首先将过载发电机供电的厨房继电器断开;如果仍然存在过载,过载发电机的 GCB 将断开,并且相应的汇流条断路器(BTB)锁定在断开位置,这将使过载发电机的交流转换汇流条断电。

(2) 当单台发电机同时向两个发电通道供电并发生过载时,如 1 号发电机过载,则 BPCU 断开 1 号厨房汇流条;如果过载仍然存在,再断开 2 号厨房汇流条。如果过载仍然存在,BPCU 断开两个主汇流条接触器。如果仍然过载,GCU 断开相应的 BTB,并锁定在断开位,这时 IDG1 只向一侧供电。如果仍然过载,则 GCU 断开相应的 GCB,这将使交流转换汇流条断电。

(3) 当 APU 发电机或外部电源工作并发生过载时,BPCU 断开 1 号厨房汇流条;如果过载仍然存在,再断开 2 号厨房汇流条;如果仍然过载,BPCU 断开两个主汇流条接触器。如果仍然过载,BPCU 指令 BTB2 断开并锁定在断开位,这时 APU.G 或 EP 只向一个通道供电。如果仍然过载,BPCU 指令 BTB 1 断开并锁定在断开位,这时已经卸去全部负载。如果过载警告消失,BPCU 指令 BTB2 重新闭合,向一个通道供电。

3. 外部电源的监控和保护

BPCU 对飞机外部电源进行监控,当外部电源的电压、频率和相序都符合要求,外部电源插头插妥(EF 接通)、驾驶舱的"外电源可用灯"点亮、地面电源电门在 ON 位和 BTB 在断开位时,BPCU 发出指令,接通外部电源接触器 EPC,外部电源向飞机供电。

当外部电源发生过压/欠压、过频/欠频、过流、三相电流不平衡等故障时,BPCU 自动断开 EPC。如果出现过载,BPCU 先断开汇流条断路器 BTB2,只向一个通道供电;如果仍持续过载,BPCU 再打开 BTB1,卸去大部分负载,这时 EP 只向地面勤务汇流条供电。如果仍然存在过载状况,则 BPCU 断开 EPC,使外电源全部卸载。

1.7.5 多电飞机的电网构型

多电飞机(more electric aircraft,MEA)或全电飞机(full electric aircraft,FEA)是指由电气系统部分代替或全部代替飞机上传统的液压系统、气源系统和部分机械设备,执行元件为电动元件的飞机。这样使飞机的动力配备方便,系统简单可靠,大大减轻了机载设备的重量,提高了可靠性,是航空技术发展的必然趋势。

多电飞机技术已成功应用到军用和民用飞机上,在民用飞机中,B787 飞机是多电飞机的典型代表。B787飞机上的一些典型的机械系统如空调系统、气动系统、防冰系统和机轮刹车系统等均由电气系统代替,使飞机的用电量急剧增加。B787飞机的主电源系统包括4台额定容量为250kV·A的变频交流起动/发电机(variable frequency starter generator,VFSG)和2台额定容量为225kV·A的辅助变频交流起动/发电机(APU starter generator,ASG)。每台VFSG的额定电压为235V,频率变化范围为360~800Hz。每台ASG的额定电压为235V,频率变化范围为360~440Hz。飞机上的其他电源还有冲压空气涡轮发电机RAT.G,电网总容量达到1.5MW。

由于采用了大功率交流起动/发电机,使电动起动主发动机成为可能,代替了传统的气动起动机,极大地减轻了机载设备的总重量,提高了系统的可靠性。采用电动空调系统取代发动机引气的空调系统,有效提高了燃油效率,并使发动机的运行可靠性得到提高。

不可忽视的是随着用电量的增加,配电电缆重量也随之增加。为了解决这个问题,B787飞机主要采取了以下措施:

(1) 主电源采用了变频电源,减少了恒速传动装置(CSD)的重量;

(2) 主电网的交流电压从115V提高到230V,部分直流电压从28V提高到270V,因此在输送同样电能的情况下,减轻了配电导线的重量;

(3) 采用了分布式配电和负载自动管理新技术,大大减轻了配电和控制导线的重量。

B787多电飞机的电网采用分布式配电技术,电网构型分为一次配电系统(primary power distribution system,PPDS)和二次配电系统(secondary power distribution system,SPDS)。一次配电系统与传统的配电系统相似,从一次配电系统通过ELCC(electrical load control contactor)直接向大功率负载供电。二次配电系统是从一次配电系统得电后再向各个负载配电,二次配电采用远程配电系统,在该系统中,负载并不直接连接到汇流条上,而是接在远程电源分配组件(remote power distribution unit,RPDU)上,用固态功率控制器SSPC来控制负载的接通和关断,采用电子跳开关ECB实现过载保护。B787主要由两个二次配电组件(secondary power distribution unit,SPDU)和17个远程配电组件RPDU构成二次配电系统,如图1.7-8所示。

四台主发电机和两台APU发电机为变频发电机,采用单独供电,四台主发电机分别向4个主汇流条供电,主汇流条联成环状,如果其中的发电机有故障,APU发电机和其他发电机都可以向故障发电机的主汇流条供电。

采用分布式配电技术和负载自动管理技术,可以大大提高配电的可靠性,增加系统的安全性,减轻配电系统重量,并根据飞机发电容量的大小、供电系统的完好程度及飞机不同飞行阶段自动地断开和接通用电设备,使系统具有重构的能力,从而保证飞行关键负载的可靠供电。

B787飞机采用的负载自动管理方式是通过软件定义负载的重要性或在什么条件下供电。当发电机发生故障时,BPCU根据负载的重要性或用途自动卸载。当飞机在地面时,自动给地面需要工作的设备供电。因此,在B787飞机上没有地面操纵汇流条和地面服务汇流条,但为了理解方便起见,把这些汇流条称为虚拟汇流条(virtual bus)。

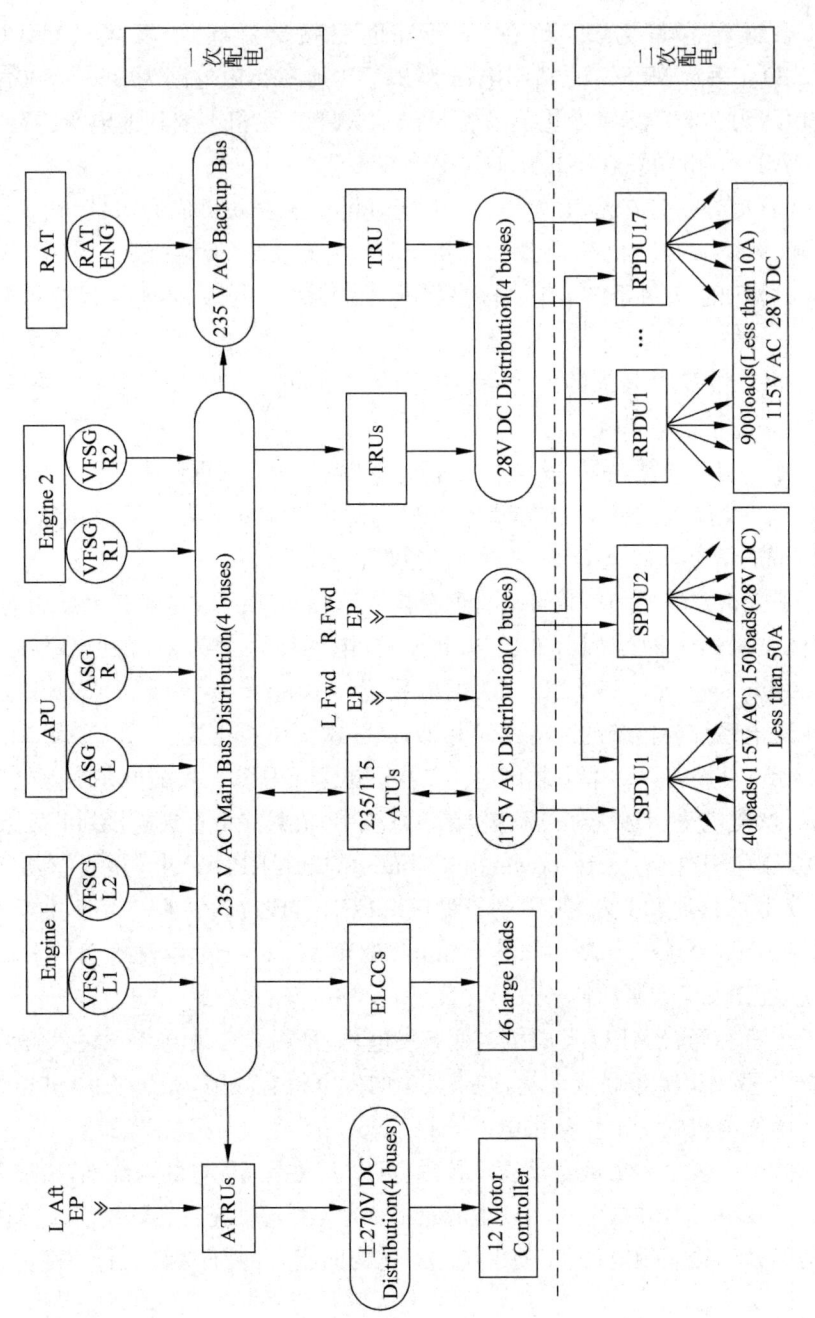

图 1.7-8　B787 飞机配电系统简图

第2章 灯光和氧气系统

2.1 灯光照明系统

2.1.1 灯光系统概述

1. 灯光系统的功用

飞机灯光照明系统的功用是为飞机的安全正常飞行、飞行员和乘务员的工作、旅客的安全舒适以及飞机的维护、货舱装卸货物等提供必要的灯光照明和指示。在夜间或能见度差的气象条件下,当飞机在跑道上滑行、滑跑、起飞和降落,或在空中飞行时,都离不开灯光系统的照明和指示。即使在白天,灯光系统的照明和指示也是必不可少的。

飞机灯光照明系统的功用可以归纳为以下六个方面:①为飞行员提供所需的驾驶舱正常和备用灯光照明;②为飞行员提供飞机相关系统的灯光指示和警告;③为乘务员和旅客提供所需的客舱灯光照明和旅客告示牌指示;④为地面服务和勤务工作提供所需的灯光照明;⑤为飞机的安全正常飞行提供所需的机外灯光照明;⑥在紧急情况下为旅客和乘务员提供应急照明和撤离指示。

按照安装位置的不同,灯光照明设备可以分为机内照明、机外照明,按照工作状态的不同分为正常照明和应急照明。

2. 飞机灯光系统的构成

表 2.1-1 给出了飞机内部、外部和应急灯光的主要构成。

表 2.1-1 飞机灯光系统主要构成一览表

灯光类别	工作区域	具体用途	主 要 构 成
机内灯光	驾驶舱区域	普通照明:区域照明和局部照明	顶灯、天花板灯;各个面板和操纵台的泛光灯和照明灯以及阅读灯、航图灯、图表灯、地板灯、备用罗盘灯和工作台照明灯等
		整体式照明	灯板、微小白炽灯泡和发光二极管
		信号指示灯	照明灯、测试控制电门、变压器和控制器
	客舱区域	普通照明	天花板日光灯、侧板(舷窗)灯和走道灯等
		厕所照明	日光灯、镜前灯和洗手台照明(辅助)灯
		旅客和客舱乘务员照明	旅客阅读灯和乘务员工作灯
		旅客告示牌	禁止吸烟、系好安全带、返回座位、厕所有人、厕所无人、旅客呼叫灯

续表

灯光类别	工作区域	具体用途	主要构成
机内灯光	货舱区域	前货舱、后货舱和散装货舱(如有)照明	前货舱、后货舱和散装货舱照明灯
	勤务区域	勤务照明	轮舱、空调舱、附件舱和电子设备舱等照明
机外灯光	飞机外部	飞机轮廓、方向和位置识别	航行灯
		跑道照明	着陆灯、起飞灯(如有)
		滑行道和跑道照明	滑行灯、转弯灯
		航徽照明	航徽灯
		飞机轮廓、位置警告和识别	防撞灯(信标灯)和频闪灯(如有)
		机翼和发动机照明灯	机翼和发动机结冰探测灯
应急灯光	客舱和出口区域	客舱内部应急照明	天花板应急照明灯
		应急撤离通道指示	应急撤离通道指示灯
		头顶应急出口指示	应急出口标志指示牌
		应急出口外部照明	应急出口区域灯和应急撤离滑梯灯

2.1.2 常用照明光源

飞机上的照明光源都采用电光源,也就是把电能转换为光能的设备或器具。根据光的产生原理,常用的电光源可以分为以下几大类:①热致发光电光源(如白炽灯、卤钨灯等);②气体放电发光电光源(如荧光灯、汞灯、钠灯、金属卤化物灯等);③固体发光电光源(如LED和场致发光器件等)。在这三大类电光源中,各种电光源的发光效率和特性都有较大的区别,应根据使用场合的不同进行选用。

常用的电光源种类如图 2.1-1 所示。

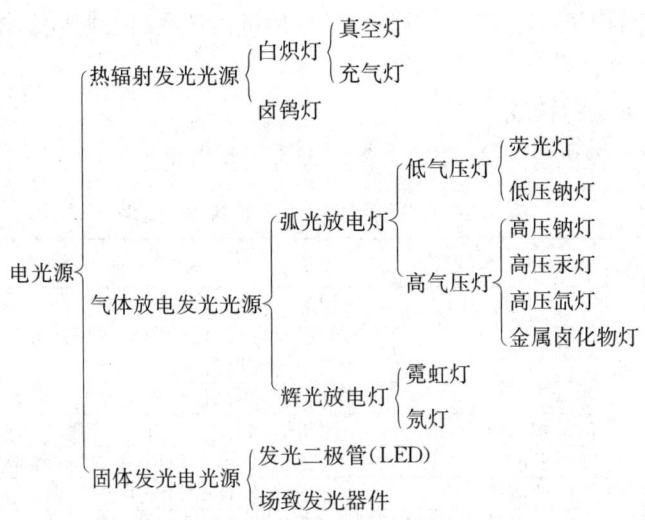

图 2.1-1 常见的电光源种类

不同种类的光源,其特点和应用场合各有不同,限于篇幅,下面仅简单介绍飞机上的常用光源。

1. 白炽灯

白炽灯属于热辐射发光光源,它是将灯丝通电加热到白炽状态,利用热辐射发出可见光的电光源。普通白炽灯点燃时,随着钨丝的温度上升和长时间的工作,钨丝会逐渐蒸发变细,灯泡壳变黑,最后当灯丝细到一定程度时就会熔断。特别是在白炽灯刚开灯的一瞬间,灯丝的电阻值较小,导致电流很大,因此更容易使灯丝损坏。

为了防止钨丝氧化,抑制钨丝的蒸发,可以将白炽灯泡抽成真空,然后再充以一定比例的氩、氮混合气体。充气的主要作用是抑制钨丝的蒸发,降低灯丝的氧化程度,减小白炽灯光通量的衰减。但 40W 及以下的普通白炽灯由于其工作温度不高,一般不填充其他混合气体,仅抽成真空即可。而在大功率白炽灯的玻璃壳中充入惰性气体,可以有效提高白炽灯的光效,延长其使用寿命。

利用热致发光原理制成的电光源制作简单,成本低,但是发光效率低,如白炽灯的发光效率一般为 7~20lm/W(lm,流明),仅有 11%,大部分能量都以热量的形式消耗掉了。但因为白炽灯具有体积小、结构简单、造价低、集光性能好、不需要其他附件等优点,在一些只需要小功率照明和指示的场合仍然获得了广泛应用。

2. 卤钨灯

卤钨灯(卤素灯)与白炽灯一样,也属于热辐射光源,其工作原理基本上与普通白炽灯相同,但在结构上有较大的差别。最突出的差别就是在卤钨灯泡内填充的气体中含有部分卤族元素或卤化物,能有效延长灯丝的寿命。目前使用的卤钨灯主要有两类:一类是在灯壳内充入微量的碘化物,称为碘钨灯;另一类是在灯壳内充入微量的溴化物,称为溴钨灯。卤钨灯的结构示意图如图 2.1-2 所示,图 2.1-2(a)为两端引出,图 2.1-2(b)为单端引出。

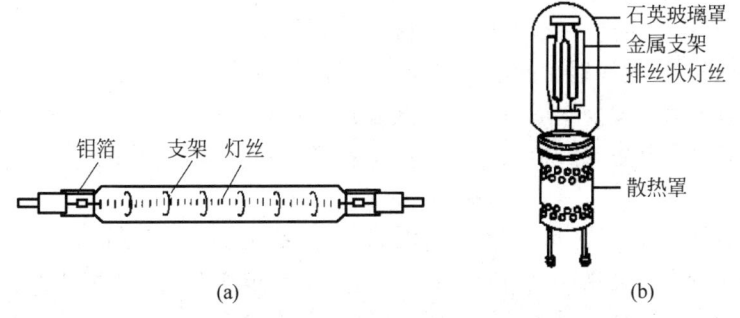

图 2.1-2 卤钨灯结构示意图

当充入卤素物质的灯泡通电工作时,从灯丝蒸发出来的钨在灯泡壁区域内与卤素物质产生化合反应,形成一种挥发性的卤钨化合物。由于泡壁温度很高(250℃),因此卤钨化合物呈气态。当卤钨化合物扩散到较热的灯丝周围区域时又分化为卤素和钨,释放出来的钨沉积在灯丝上,而卤素继续参与循环过程。由于卤钨的循环有效地抑制了钨的蒸发,因此能有效延长卤钨灯的使用寿命,同时还可以进一步提高灯丝的温度,获得较高的光效,并减小使用过程中的光通量衰减。

为了使灯壁处生成的卤化物处于气态,卤钨灯的管壁温度要比普通白炽灯高得多。相应地,卤钨灯的泡壳尺寸就要小得多,必须使用耐高温的石英玻璃或硬玻璃,因此卤钨灯又称为石英灯。常用的反射形卤钨灯因带有反射杯,又称为杯灯。但由于石英玻璃不能阻隔紫外线,因此室内使用的卤钨灯通常都需要另外使用紫外线滤镜。

按照工作电压区分,卤钨灯还可以分为高电压灯(可直接接入工频交流电)和低电压灯(需配置相应的变压器)两种,低电压卤钨灯寿命更长,安全性更高。

卤钨灯的功率从 5W 到 250W 不等,且具有体积小、发光效率高(达 17～33lm/W)、色温稳定、光通量衰减小(5%以下)、寿命长(可达 3000～5000h)等特点,如某些飞机上的防冰灯(或称为大翼灯)就是采用卤钨灯作为光源的。

3. 荧光灯

荧光灯俗称日光灯,是低气压汞蒸气弧光放电灯,也被称为第二代光源。与白炽灯相比,它具有光效高、寿命长、光色和显色性都比较好的特点,因此在大部分场合取代了白炽灯。

荧光灯主要由灯管和电极组成。灯管内壁涂有荧光粉,将灯管内抽成真空后加入一定量的汞、氩、氪、氖等气体。荧光灯的电极由钨丝制成,在灯丝上涂以发射材料(一般为三氧化物),用于产生热电子发射,以维持灯管的放电。

荧光灯的主要附件镇流器有两种:电感式镇流器和电子镇流器。由于电感镇流器具有体积大、重量重、有电磁噪声等缺点,目前已经普遍采用了电子镇流器,如飞机客舱安装的荧光灯采用的就是电子镇流器。

电感式镇流器必须和启辉器一起工作,其结构示意图如图 2.1-3 所示。启辉器 S 的主要元件是一个由两种膨胀系数不同的金属材料压制而成的双金属片(冷态触点常闭)和一个固定触点,其作用是在灯管刚接通电路时,触点闭合,使电流流过灯丝,对灯丝进行预热;当双金属片因温度升高而弯曲断开的瞬间,镇流器产生高压脉冲,使两电极之间的气体被击穿,产生气体放电。灯丝发射出的电子流撞击汞原子,使其电

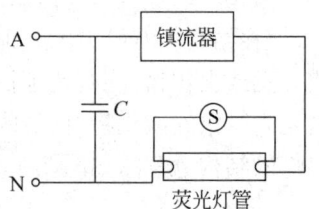

图 2.1-3 荧光灯管结构示意图

离而放电。放电过程中发射出的紫外线又激发灯管内壁的荧光粉,从而发出可见光。荧光粉的化学成分可决定其发光颜色,有日光色、暖白色、白色、蓝色、黄色、绿色、粉红色等多种颜色。

电子镇流器具有如下优点:能提高灯的光效、光线无闪烁、能瞬时启动且无启辉器、调光性能好、功率因数高、无噪声、体积小重量轻等。电子镇流器主要由输入滤波器、整流滤波电路、功率因数校正电路、高频功率振荡器、谐振电路、控制及保护电路等几部分组成,如图 2.1-4 所示。各部分的作用如下:

(1) 输入滤波器:也叫抗干扰滤波器,用于防止电子镇流器产生的高频干扰信号进入到电网而造成电磁污染。

(2) 整流滤波电路:将输入的交流电整流成直流电,作为电子镇流器的工作电源。

(3) 功率因数校正电路:补偿电路的功率因数。

(4) 高频功率振荡电路:是电子镇流器的核心电路,将直流电源变换成 20～50kHz 的高频电源,用于驱动荧光灯。该电路通常采用一对功率管(三极管或场效应管)组成自激振荡器来实现。

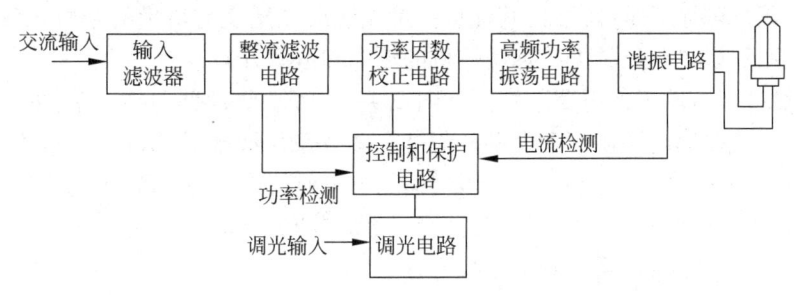

图 2.1-4 电子镇流器组成示意图

(5) 谐振电路：用来取代普通荧光灯的启辉器，它在荧光灯起辉前，可以等效为一个串联谐振电路，其振荡频率与高频振荡电路的频率一致。当发生谐振时，在电容上产生一个很高的电压，可以确保灯管起辉点亮。灯管点亮后谐振电路用作限流器。

(6) 控制和保护电路：当荧光灯不能正常点亮时，很高的谐振电压会使功率器件损坏，该电路的作用是保护功率器件在异常状态时不会烧毁。

(7) 荧光灯：其作用是将 20~50kHz 的高频电能变换成光能。

荧光灯具有光效高、寿命长、光谱接近日光（常称日光灯）、显色性好、表面温度低、眩光影响小等优点，因此得到了广泛应用。目前，飞机客舱内的照明光源大多采用荧光灯。

4. 高强度气体放电灯

前述的荧光灯属于低气压气体放电灯，灯管内充有低气压的汞蒸气。高气压气体放电灯是指灯管或灯泡工作时（点燃状态），管内的气体压力达到 1~5 个大气压。高的气体压力有助于保护电极，延长灯的使用寿命。

高压气体放电光源管壁的负荷一般比较大，也就是灯的表面积（玻璃壳外表面）不大，但灯的功率较大，往往超过 $3W/cm^2$，因此又称为高强度气体放电灯（high intensity discharge lamp，HID）。

高压气体放电灯的发光效率比热辐射电光源高得多，它们的发光效率为普通白炽灯的数十倍，且气体放电灯的功率可以做得很大（数千瓦），因此主要应用在大面积照明场所。

HID 灯主要包括高压汞灯、高压钠灯、金属卤化物灯和氙灯等。许多飞机上的防撞灯、频闪灯使用的是高压氙气灯，B787 飞机的着陆灯、滑行灯和跑道转弯灯都是 HID 灯。下面主要介绍这种灯的结构和基本工作原理。

1) 高压氙灯的基本结构和发光原理

因为高压氙灯工作时管壁的温度高，管内压力大，因此其灯泡采用耐高温和耐高压的石英玻璃制成。放电管内封有一对电极（直流灯：一只为阳极，另一只为阴极；交流灯：两只均为具有电子发射性能的电极），电极采用钼箔封接。管内充入一定压力的惰性气体氙气（xenon）和金属卤化物，目的是提高管内蒸气压力，提高发光效率。

高压氙灯的内部结构示意图如图 2.1-5 所示。

氙灯分为长弧氙灯、短弧氙灯和脉冲氙灯。飞机上

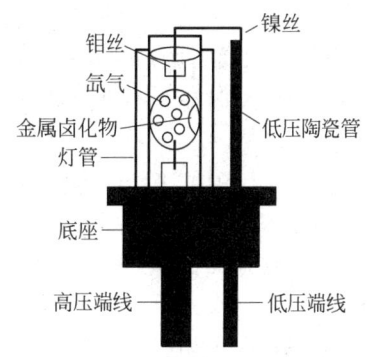

图 2.1-5 高压氙灯结构示意图

的防撞灯、频闪灯都属于脉冲氙灯,其优点一是能解决光亮度与热量的矛盾,二是闪光灯更能引起人的注意,以更明显的方式标明飞机的轮廓和运动方向。

典型的脉冲氙灯的工作电路示意图如图 2.1-6 所示。该电路包括一个低压电源和一个 400V 的高压直流驱动电源。驱动电源和氙灯之间要采用屏蔽导线以降低电磁干扰。当灯管内的气体电离时会产生高能电流脉冲,气体的电离使气体的电阻降低,进而产生数千安培的电流。当电流通过灯管时,将能量传递给氙气周围的电子,使其能量上升。当电子能量等级迅速回落时产生光子,使得灯管发出亮光。

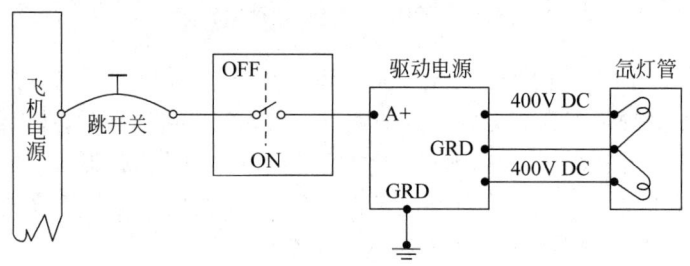

图 2.1-6　高压氙灯工作电路示意图

飞机上的频闪灯是短波紫外线辐射和强烈的近红外线辐射光源,由其产生的总体效应是高强度的白色闪光。

2) 高压氙灯的特点

高压氙气灯被誉为 21 世纪照明领域的革命性产品,其主要优点如下:

(1) 亮度高。氙气灯的光通量约为卤素灯的 3 倍,非常适合于需要高亮度照明的场合,如飞机防撞灯、着陆灯等。

(2) 寿命长。氙气灯是利用电子激发气体发光的,并无钨丝存在,因此寿命长,可达 3000h,而卤素灯的寿命只有 250h 左右。

(3) 节能。需要同样亮度照明的场所,采用氙气灯比卤素灯可节电 40%,比传统光源节电 70%,是一种性能优良的绿色节能灯。

(4) 光衰小。与 LED 灯相比,氙灯的光衰小,实际使用寿命长。

(5) 成本低。与 LED 灯相比,其成本不及 LED 灯的 1/3。

3) 氙灯的使用注意事项

氙灯不同于普通的白炽灯或卤钨灯,使用时应注意以下几点。

(1) 灯泡接线时必须特别注意正、负极不能接反,粗电极"＋"端为阳极,细电极"－"端为阴极,如果接反则短短几秒钟内就会将阴极烧坏。

(2) 维护时注意不要污染石英泡壳,可采用酒精棉花擦拭干净,以防止灯泡受热不均而爆裂。

(3) 由于氙灯工作时电流较大,灯头和灯座之间接触必须良好,并保持接触点清洁。

(4) 因灯内充有高压气体,故在装卸运输时,尤其是在装机时要避免碰撞。

(5) 在地面试验 HID 灯时,由于没有迎面气流冷却,通电时间不要太长,以防过热烧坏。

5. 发光二极管

发光二极管(lighting emitting diode,LED)的结构和发光原理在《电子技术基础》教材中已有介绍,这里仅简单介绍LED光源的特点和驱动电源。

1) LED光源的特点

发光二极管属于场致发光(又称为电致发光)器件,是一种把电能转化为光能的电子器件,具有普通二极管的特性。其基本结构是一块电致发光的半导体模块封装在环氧树脂中,通过正、负两个管脚与外部驱动电源相连。LED与其他光源相比,主要有以下优点。

(1) 高节能。LED的工作电流为毫安级,单管功率在0.03~1W之间,电光转换效率接近100%,在相同照明效果下比传统光源节能80%以上。

(2) 长寿命。LED光源被称为长寿灯,工作温度低,属于固体冷光源,采用环氧树脂封装,灯体内没有灯丝,不存在灯丝发光易烧、热沉积、光衰快等缺点,使用寿命可达5万~10万h,比传统光源寿命长10倍以上。

(3) 利环保。LED光谱中没有紫外线和红外线,热量低,无频闪,无辐射,无汞等污染物,废弃物可回收,可以安全触摸,属于典型的绿色照明光源。

此外,LED照明光源还具有光线质量高、抗冲击性和抗震性好、不易破碎、体积小、维护费用低等优点,因此其应用越来越广泛。B787等现代飞机上使用了大量的LED灯作为照明灯和信号灯。

2) LED的驱动电源

LED虽然具有结构简单、使用方便等诸多优点,但要想让LED发挥出其功效,必须给LED配置合适的驱动电源。根据LED的工作特性,LED最适合采用恒流驱动电路,这可以有效提高LED的发光效率,减少LED的光衰度。从《电子技术基础》中已知,由于LED的正向伏安特性非常陡(正向动态电阻非常小),因此不能像普通白炽灯一样直接用电压源供电,否则电压稍有波动电流就会增大到将LED烧毁的程度。为了使LED的工作电流保持稳定,以确保LED能正常、可靠地工作,设计出了各种各样的LED驱动电路。下面简要介绍几种驱动电路。

(1) 串联限流电阻

这是最简单的一种驱动电路,在LED中串联一只限流电阻,如图2.1-7(a)所示。当多只小功率LED作为一个光源使用时,常采用串并联接法(见图2.1-7(b)),先在每条LED串联支路中接入限流电阻,然后再并联。这种接法可以在一只LED故障时,不影响整个电路的工作。

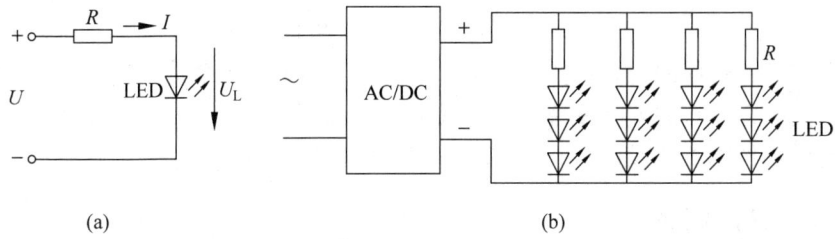

图2.1-7 LED限流电阻接法

这种驱动电路的优点是简单,成本低;缺点是电流稳定度不高,电阻发热消耗功率,导致用电效率降低,仅适用于小功率LED的驱动。

(2) 线性恒流驱动电路

图 2.1-8 所示为采用分立元件组成的线性恒流驱动电路。该电路只用了 6 个电子元器件,即三极管 T_1、T_2,电阻 R_1、R_2、R_3 和电容 C_1。为了得到较高的电流放大倍数和较大的输出电流,调整管 T_2 采用达林顿管。

电路的恒流工作原理如下:当电源电压 U 上升或 LED 负载减少时,LED 中的电流 I 将上升,则电路发生以下调节作用:$I\uparrow \to U_{R1}\uparrow \to I_{b1}\uparrow \to$

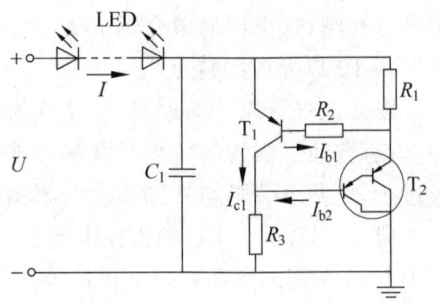

图 2.1-8 线性恒流驱动电路

$I_{c1}\uparrow \to U_{R3}\uparrow \to I_{b2}\downarrow \to I\downarrow$;当 LED 中的电流 I 受干扰下降时,调节作用相反。正是这种电流负反馈作用,维持了负载电流 I 的基本恒定。

线性恒流驱动电路虽然具有电路简单、元件少、成本低、工作可靠等优点,但使用中也发现几点不足:一是调整管(T_2)工作在线性状态,工作时功耗大,发热严重,不仅要求较大尺寸的散热器,而且降低了了用电效率;二是电路对电源电压及 LED 负载变化的适应性差。当更换不同的 LED 灯时,驱动电路的参数必须进行调整。此外,线性恒流驱动器只能工作在降压状态,不能工作在升压状态,即电源电压必须高于 LED 的工作电压。

(3) 开关恒流驱动电路

采用开关电源,再辅以其他电路,就可以组成恒流驱动电路,其组成框图如图 2.1-9 所示。图中的输入处理电路是对输入电压进行变换、整流、滤波、隔离等处理,辅助电路包括浪涌吸收电路、功率因数校正电路及保护电路等,DC/DC 变换器是通过各种控制方法,实现恒流输出,反馈电路用于检测输出电压和电流,通过控制电路调整 DC/DC 开关电路的工作状态,以保持恒流输出。

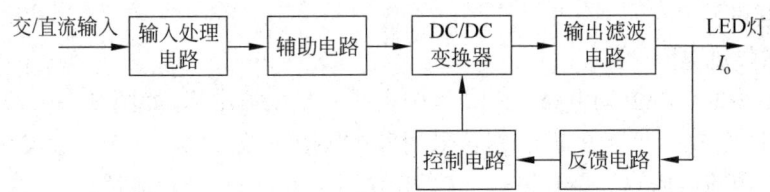

图 2.1-9 开关恒流驱动电路组成框图

尽管 LED 是一种节能、环保、小尺寸、多色彩、长寿命的新型光源,但与 LED 灯配套的驱动器却存在各种各样的问题。实践证明,LED 灯的故障 80% 都是源于驱动电路的可靠性问题,由此造成 LED 灯的实际使用寿命远低于其 10 万小时的设计寿命。由此可见,研制出高性能和高可靠性的 LED 灯驱动电源还有许多技术问题需要解决。

2.1.3 机内灯光

机内灯光包括驾驶舱灯光、客舱灯光、货舱地面服务灯光和维护区域地面勤务灯光。

1. 驾驶舱灯光

驾驶舱灯光必须达到下列基本要求:具有足够的亮度,不会使飞行员目眩,灯光的明暗程度可以连续调节,能够根据复杂的天气条件和驾驶舱灯光的强弱及时快速调节亮度,光线反射小,在主电源失效的情况下仍能保证重要仪表和指示的照明。

驾驶舱灯光大致可以分为普通照明、仪表和面板整体照明和信号指示灯等。典型的驾驶舱灯光示意图如图2.1-10所示。

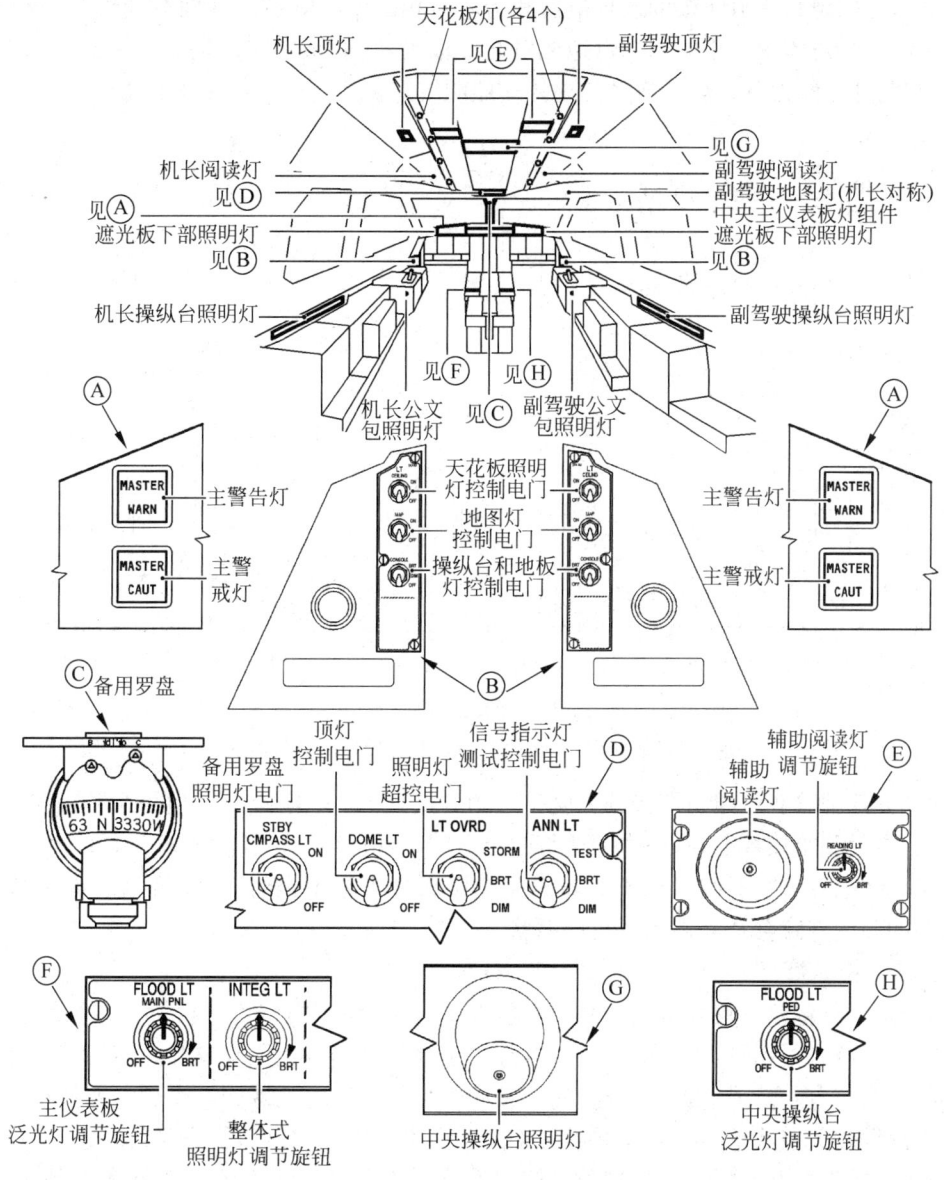

图 2.1-10　驾驶舱照明

1) 普通照明

普通照明为整个驾驶舱区域和局部区域提供照明。驾驶舱区域照明灯光有顶灯和天花板灯等,局部区域的照明灯光一般包括各个面板或操纵台的泛光灯和照明灯,以及航图灯、图表灯、阅读灯、地板灯、备用罗盘灯和工作台照明灯等。局部照明的面板通常包括顶板、遮光板、左中右仪表板、中央操纵台和左右操纵台等。对于不同的机型,普通照明灯光的具体构成和叫法略有差异。

2) 仪表和面板整体式照明

仪表和面板整体式照明为驾驶员在夜间或复杂天气条件下飞行时提供清晰的面板、仪表和控制照明和指示。整体式照明灯的核心部件是灯板,灯板的正面有刻蚀好的文字和挖好的开口,与控制和指示面板的选择电门和指示器相匹配。灯板的背面有电气接头和电路板,照明灯灯泡是体积微小的白炽灯泡或发光二极管,它们镶嵌在灯板里。在某些飞机上,整体式照明灯也称为背景灯。典型的整体式照明灯灯板示意图如图 2.1-11 所示。

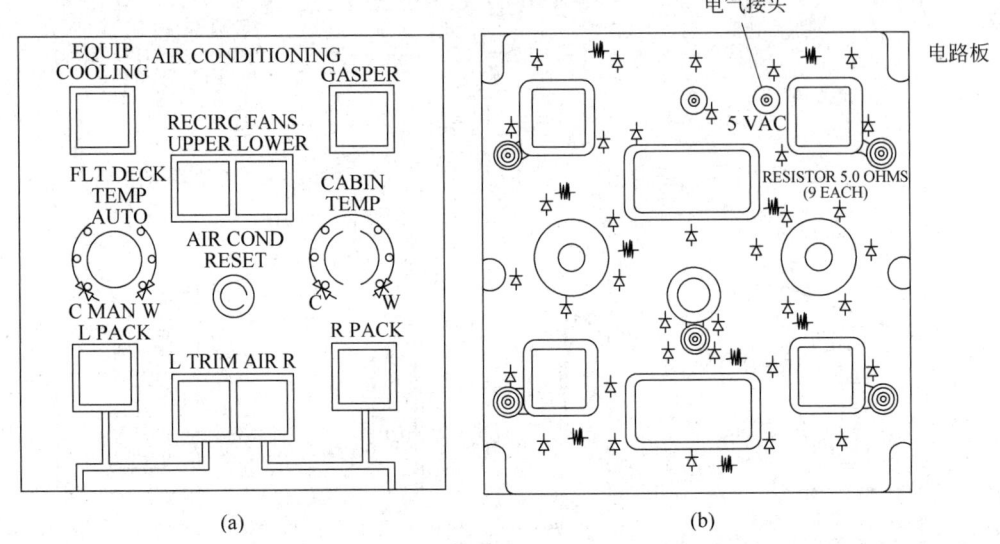

图 2.1-11 整体式照明灯灯板
(a) 典型的照明灯板正面;(b) 典型的照明灯板背面

大部分驾驶舱普通照明灯光的亮度是可调的,仪表和面板整体照明的亮度全部是可以调节的。在驾驶舱顶板上,有一个照明灯超控电门,该电门一般具有"雷雨"和"暗"两个位置(有的飞机多了一个"亮"位),当驾驶舱遇到雷雨天气光线不足时,只要将电门置于"雷雨"位,有关的照明灯就会自动进入明亮照明状态。

3) 信号指示灯

信号指示灯包括各仪表板上的系统警告灯、警戒灯和不同颜色(通常为蓝色、绿色和白色)的位置或状态指示灯,以及遮光板上的红色主警告灯和黄色主警戒灯等。当有系统出现故障时,该系统警告灯或警戒灯点亮,遮光板两侧相应的红色主警告灯或黄色主警戒灯同时点亮,发出警告或警戒信号。对于具有 EICAS(发动机指示和机组警告系统)或 ECAM(电子中央飞机监控器)的飞机,当出现故障时,EICAS 或 ECAM 上分别伴随有相应的 A、B、C 级或三、二、一级警告、警戒或提醒信息。典型的信号指示灯示意图如图 2.1-12 所示。

4) 测试和控制电门

在驾驶舱顶板或中央仪表板上,有一个测试和控制所有信号指示灯明暗状态的电门(有些飞机称为"主明暗测试电门",MD&T),该电门有"暗亮"(DIM)、"明亮"(BRT)和"测试"(TEST)三个位置。当该电门处于"测试"位时,所有信号指示灯都应该点亮;当电门置于"明亮"位时,指示灯亮度最大;当电门置于"暗亮"位时,指示灯亮度较低。总之,该电门不但可以检查全部指示灯的电源和电路的完整性,而且还可以在驾驶舱亮度突变的情况下,快

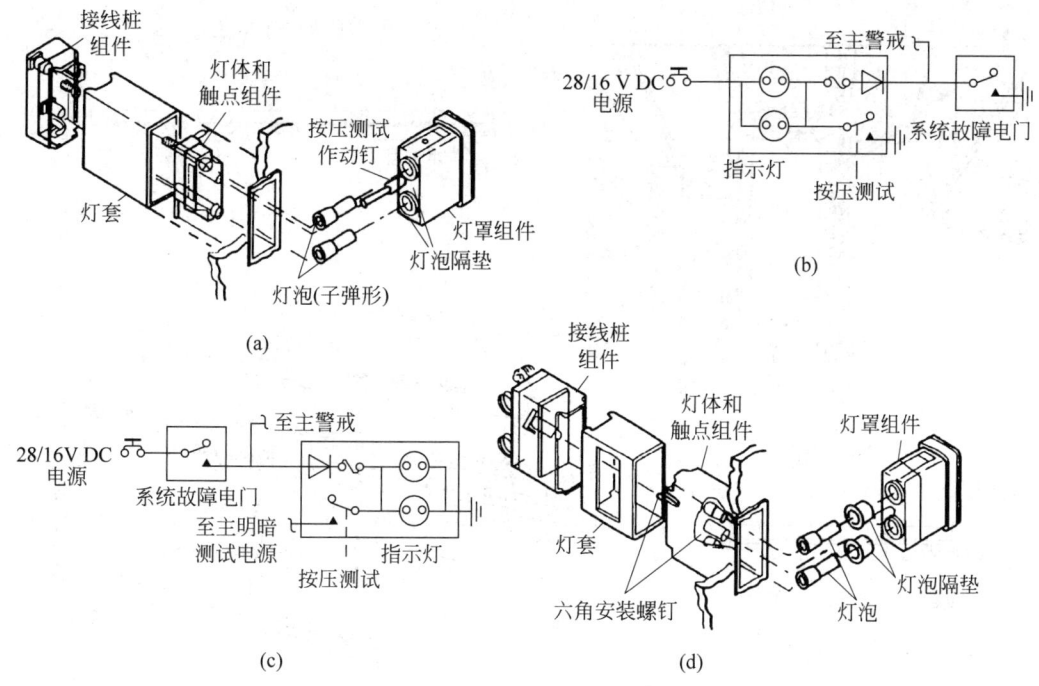

图 2.1-12 信号指示灯示意图
(a) 带十字安装螺钉的指示灯图例; (b) 接地型指示灯; (c) 电源型指示灯; (d) 带六角安装螺钉的指示灯图例

速改变指示灯的亮度,确保驾驶员能够看到清晰的指示。

5) 备用照明

为了确保驾驶舱重要飞行仪表和指示信息的照明,重要仪表和指示的照明电源同时来自于主电源汇流条和应急电源汇流条,当飞机主电源失效时,由应急电源汇流条供电的照明灯仍然能够点亮。提供备用照明的照明灯有顶灯、备用罗盘照明灯和主仪表板照明灯等。备用照明有时也称为应急照明。

2. 客舱灯光

客舱灯光为客舱、厕所、厨房和乘务员工作区域提供灯光照明。客舱灯光包括普通照明、局部照明和旅客告示牌,其中局部照明包括登机照明、阅读照明、厕所照明和厨房照明等。

1) 普通照明和局部照明

普通照明由安装在整个客舱顶部的天花板和侧板里的日光灯提供,安装在天花板里的白炽灯提供比较黯淡柔和的夜间照明。图 2.1-13 为典型的天花板日光灯和夜灯示意图。

日光灯照明由控制电门、镇流器(包括保险丝)和日光灯管等三个部分组成。现代飞机上的日光灯采用电子镇流器,可以为旅客提供亮度可调的灯光。图 2.1-14 为典型的天花板日光灯和夜灯电路原理示意图。日光灯的控制电门有"明亮"(BRT)、"中亮"(MED)、"暗亮"(DIM)、"夜间"(NIGHT)和"关"(OFF)五个位置,当电门处于前三个位置时,115V AC 通过继电器送到镇流器,而且在"中亮"和"暗亮"位各有一个离散的电气接地信号送到镇流器,镇流器的内部逻辑电路利用这两个输入信号调节日光灯的亮度水平。当电门处于"夜间"位置时,28V AC 送到夜灯,仅提供黯淡柔和的白炽灯光照明,利于旅客夜间休息。

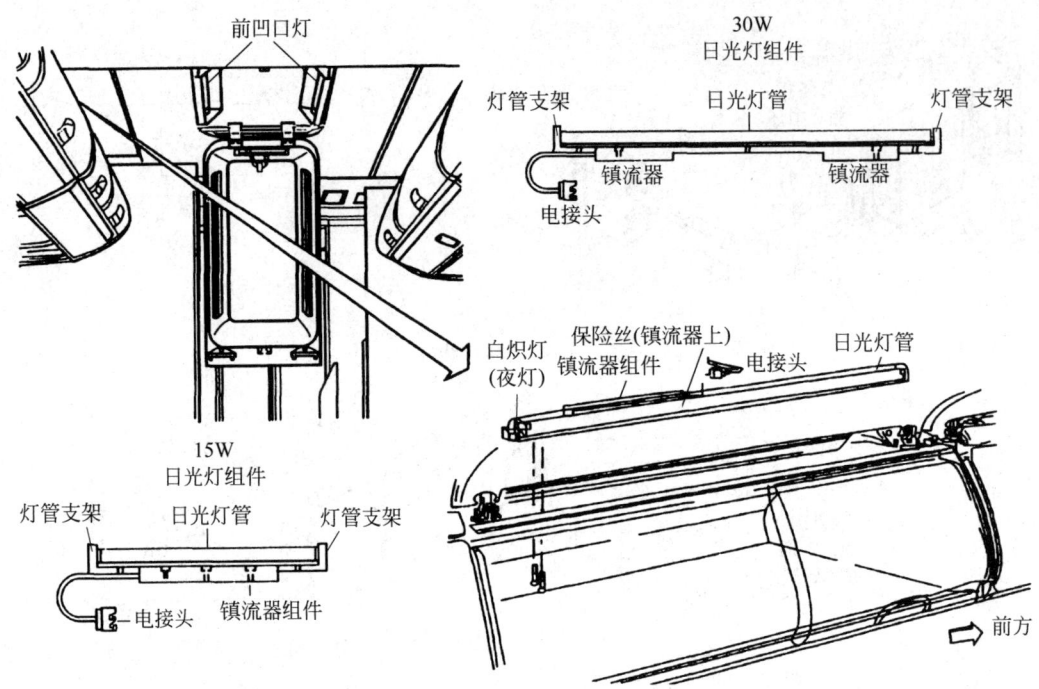

图 2.1-13 天花板日光灯和夜灯示意图

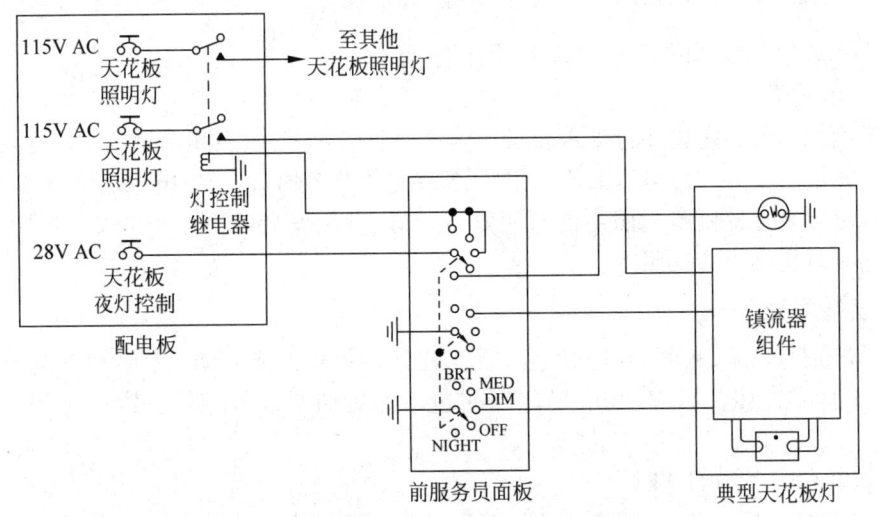

图 2.1-14 天花板日光灯和夜灯电路原理图

阅读照明包括旅客阅读灯和乘务员阅读灯,它们分别安装在旅客和乘务员头顶上。灯的类型是一样的,均是白炽灯泡或 LED 灯,且均有反射镜。它们的控制电门有的安装在灯泡的附近,有的安装在座椅把手侧面。典型的旅客阅读灯如图 2.1-15 所示。

厕所照明由天花板上的日光灯和镜子附近的镜前灯等组成。典型的照明灯如图 2.1-16 所示。

2) 旅客告示牌和旅客呼叫灯

旅客告示牌安装在旅客头顶上和厕所里,它们分布在整个客舱里,每个旅客都可以清楚

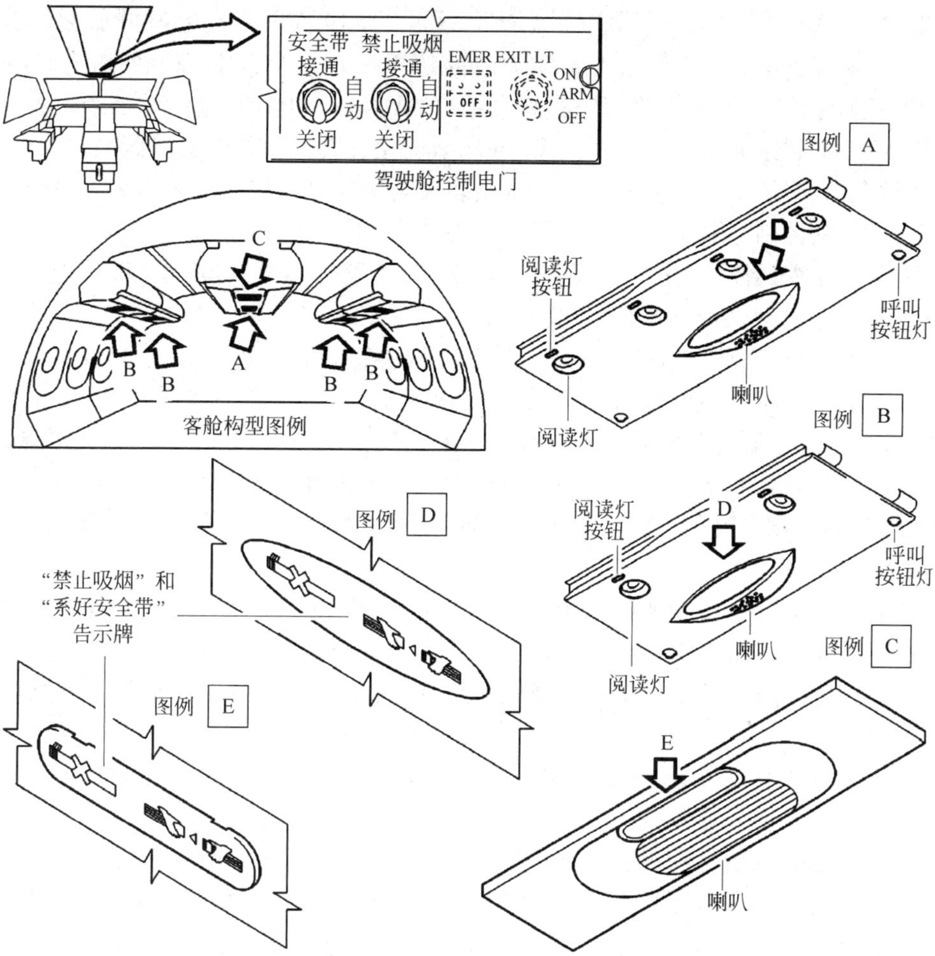

图 2.1-15 阅读灯、旅客告示牌和客舱呼叫灯示意图

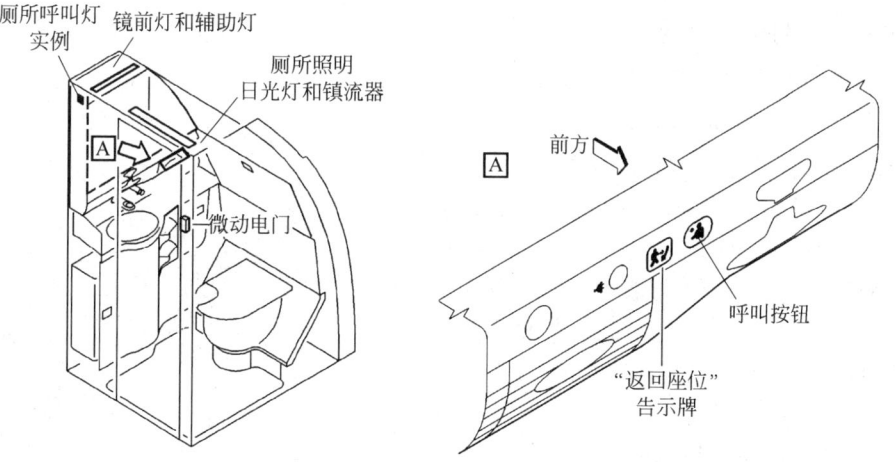

图 2.1-16 厕所照明、旅客告示牌和厕所呼叫灯示意图

地看到旅客告示牌的指示。旅客告示牌包括"禁止吸烟"(NO SMOKING)、"系好安全带"(FASTEN SEAT BELT)、"返回座位"(RETURN TO SEAT)和旅客呼叫服务员指示灯等。前三种旅客告示牌的工作方式由驾驶舱控制面板上的两个三位电门控制,其中"系好安全带"和"返回座位"共用一个电门,"禁止吸烟"单独用一个电门。电门的三个位置分别是"自动"(AUTO)、"接通"(ON)和"关闭"(OFF)。无论在哪个座位都能看到前两个告示牌。"返回座位"(RETURN TO SEAT)告示牌安装在厕所内。典型的客舱和厕所内的旅客告示牌以及它们的控制分别如图 2.1-15 和图 2.1-16 所示。

当三种告示牌的控制电门均在"接通"或"关闭"位置时,它们均分别点亮或熄灭。当电门处于"自动"位置时,告示牌自动点亮或熄灭。告示牌的工作原理如下:①当起落架舱门打开时,控制电路使三种告示牌均点亮;②当座舱高度达到 10000ft 时,座舱高度电门通过控制电路使三种告示牌均点亮;③当座舱高度达到 14000ft 时,氧气系统开始向旅客供应氧气,供氧系统通过控制电路使得三种告示牌均点亮。另外,当襟翼指示控制系统探测到襟翼"不在收上"位时,也给"系好安全带"告示牌控制电路发送信号,告示牌也点亮。任何时候当告示牌点亮时,控制电路还给通信系统的谐音控制系统发送信号,以便同时发出谐音音响,进一步引起旅客的注意。

"厕所有人"(TOILET OCCUPIED)、"厕所无人"(TOILET VACANT)也属于旅客告示牌的一部分,这类告示牌一般位于客舱走道上方靠近被指示的厕所附近,它们由厕所门锁栓作动的微动电门(如图 2.1-16 所示)控制,用于向旅客和乘务员指示厕所的使用状况。

呼叫服务员指示灯指示来自于不同人(旅客、乘务员和飞行员)和不同区域(客舱和厕所)的呼叫。为了区别不同的呼叫来源,指示灯的颜色各不相同。

旅客呼叫是指客舱里和厕所里的旅客在需要乘务员帮助时呼叫乘务员,它由安装在每个乘务员站位的旅客呼叫灯和厕所呼叫灯组成,这两种灯分别由每个旅客服务组件上或每个厕所里的呼叫电门控制。当旅客按压了位于头顶面板上或座椅扶手上的"呼叫按钮"灯时,该呼叫按钮灯点亮,同时,相应乘务员站位处的"旅客呼叫灯"点亮。当厕所里的旅客按压了附近的呼叫电门时,客舱乘务员站位的旅客呼叫灯和相应厕所门顶部的呼叫灯同时点亮。当有旅客呼叫乘务员时,旅客广播系统同时发出旅客呼叫谐音。客舱和厕所内的旅客呼叫按钮和指示分别如图 2.1-15 和图 2.1-16 所示。

3. 货舱灯光和勤务灯光

货舱照明和勤务区域照明包括前、后和散装货舱(如有散装货舱的话)照明以及前轮舱照明、主轮舱照明、空调舱照明、电气/电子设备舱照明等,这些照明灯光是为地面服务人员和地勤人员设置的,灯光的控制由各舱内位于舱门附近的电门控制,而轮舱照明也可在驾驶舱的前顶板上进行控制。有些舱内照明如货舱照明,在货舱门关好后,即使电门置于"ON"位,灯也不亮。货舱照明和勤务区域灯光位置示意图如图 2.1-17 所示。

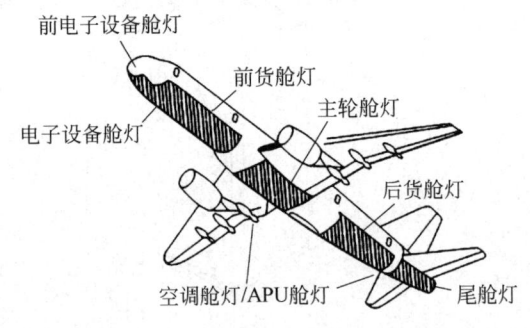

图 2.1-17 货舱灯和勤务灯示意图

2.1.4 机外灯光

机外灯光是指装在飞机外部用于飞机标识和帮助机组人员飞行的灯光,是飞机在夜间或复杂气象条件下飞行和准备时必不可少的指示和照明设备。它们主要包括航行灯、防撞灯(信标灯)、着陆灯、滑行灯、转弯灯、探冰灯、航徽灯等。作为航行灯和防撞灯的辅助灯光,现代飞机大多数还装备有频闪灯,有些飞机还加装了起飞灯。典型的机外灯光照射示意图如图 2.1-18 所示。

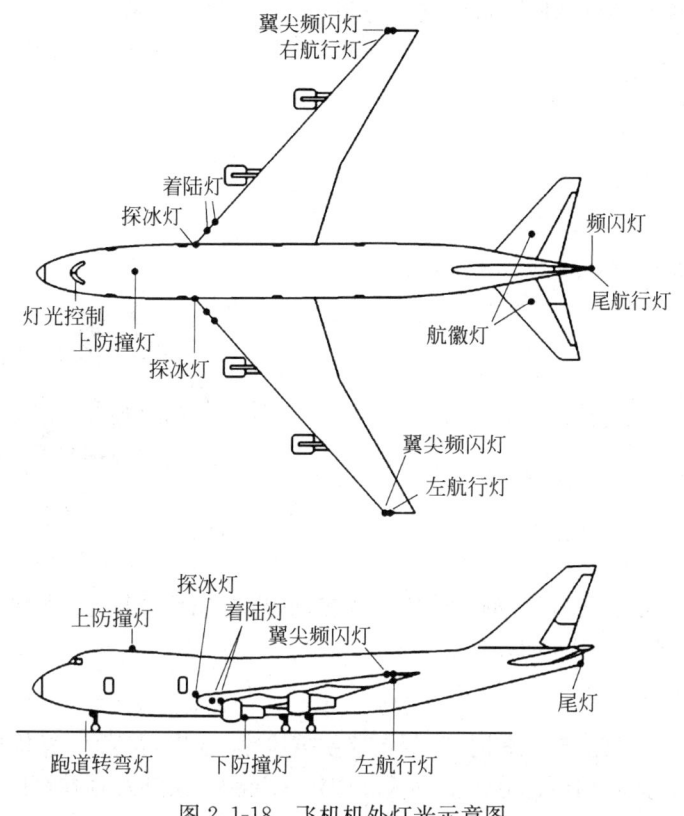

图 2.1-18 飞机机外灯光示意图

对机外灯光的共同要求是:①足够的发光强度和高的发光效率;②可靠的作用范围;③适当的色度。

在上述几种外部灯光中,功率最大的是着陆灯和起飞灯,通常可以达到 600W;功率最小的是转弯灯,一般在 150W 左右;滑行灯介于两者之间,一般在 400W 左右。功率越大的灯泡,其使用的时间越短。防撞灯和频闪灯一般选用高压气体放电灯。

1. 航行灯、防撞灯和频闪灯

航行灯与防撞灯和频闪灯(如果选装的话)相互配合,用于显示飞机的轮廓、辨识飞机的位置和运动方向,以防飞行器之间的相互碰撞或飞行器撞上建筑物等障碍物。

航行灯也称为位置灯,航行灯的颜色色度按国际照明委员会(CIE)规定的三色坐标系统表示,以便与星光和地面灯光相区别。一般两翼尖和飞机尾部各有一个航行灯,分别为左红、右绿、尾白,见图 2.1-19。每个航行灯由光源、反射器和滤光罩组成。航行灯多采用功率为数十瓦的航空白炽灯泡作为光源。为提高航行灯的工作可靠性和增大航行灯的作用距离,常采用几只灯泡装在一个灯具内的航行灯。

防撞灯和频闪灯俗称"闪光灯",闪光的目的是为了及时引起注意和警觉,见图 2.1-20。早期的飞机一般没有频闪灯,但随着现代电子技术的发展和广泛应用,现代飞机大都加装了频闪灯。防撞灯和频闪灯的主要区别在颜色和安装位置上。前者为红色,安装在机身的上部和下部;后者为白色,安装在机翼的翼尖前缘和机尾等处。闪光灯实现闪光的方法有:电机旋转式、气体脉冲放电式和晶体管开关式等三种。早期的防撞灯多采用电机旋转式,现代飞机的闪光灯多采用气体脉冲放电式。近年来,LED灯也逐渐应用于飞机的航行灯和防撞灯上。

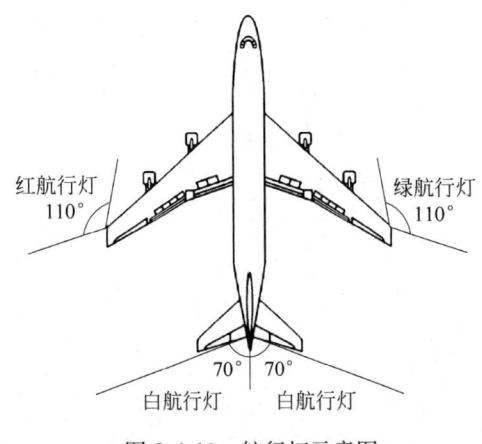

图 2.1-19　航行灯示意图

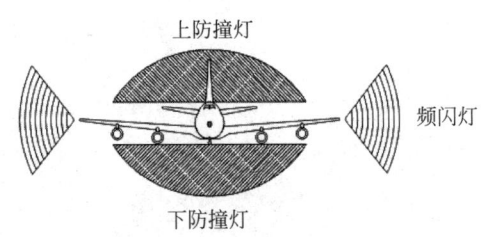

图 2.1-20　防撞灯和频闪灯示意图

不管是白天还是夜间,在移动飞机或试车之前,最好先打开红色防撞灯和频闪灯,以引起周围其他飞机、车辆和人员的注意。

2. 着陆灯和探冰灯

着陆灯是在夜间或能见度差时,为保证飞机安全起飞和着陆而照亮机场跑道的机上灯光装置。着陆灯按照结构可以分为活动式和固定式两种。活动式着陆灯由固定部分和活动部分组成。固定部分包括壳体、电动机和减速器;活动部分包括灯丝和锥形整流罩。使用时,可以根据需要进行收放。

现代大中型飞机都装有固定式或活动式着陆灯,或者两者都有,以保证有足够的光强和可靠性。目前的着陆灯大都采用新型光源,其发光强度为数十万烛光,要求短时使用。根据不同的机型,对着陆灯的光束会聚性(光束角)、照射距离、照射宽度等都有专门的要求。着陆灯光照范围如图 2.1-21 所示。

探冰灯又称为"机翼检查灯"或"机翼和发动机扫描灯",是用来照亮飞机机翼前缘和发动机进气道等最容易结冰部位的机上灯光装置,如图 2.1-21 所示。探冰灯一般装于大、中型飞机上,供机组人员目视检查机翼前缘和发动机进气道等部位的结冰情况,以便采取相应措施。探冰灯一般装在机翼与机身连接处之前的前部机身两侧,光束被预先设定在要求的角度。在某些后置发动机飞机上,探冰灯安装在机翼后缘的机身两侧。

3. 滑行灯、转弯灯和航徽灯

滑行灯用于飞机滑行时照亮飞机正前方。有些（例如空中客车系列）飞机的滑行灯里有两组灯丝，功率较低的那一组称为滑行灯，在滑行时使用；功率较高的另一组灯丝称为起飞灯，在起飞时使用，与着陆灯一齐照亮跑道，如图 2.1-22 所示。

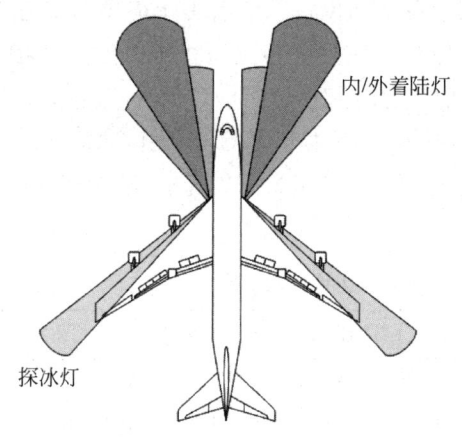

图 2.1-21　着陆灯和探冰灯示意图

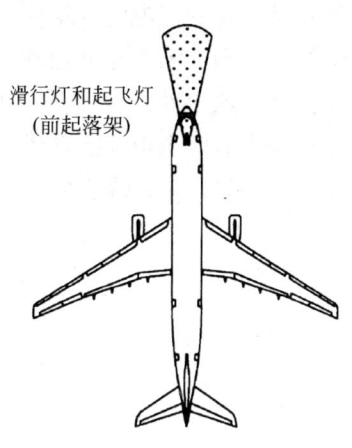

图 2.1-22　滑行灯和起飞灯示意图

转弯灯也称为跑道转弯灯，在夜间滑行或牵引时用于照亮飞机侧前方的区域。在能见度较差的气象条件下，当飞机移动时，转弯灯能使机组或机务人员看清转弯标志、滑行道和跑道边缘。转弯灯主要由光源和棱镜玻璃罩盖等组成，其灯光水平扩散角比较大，是着陆灯的数倍，但光强比着陆灯弱，一般仅为几万烛光。这样才能满足飞机滑行时有较宽视野和较长滑行照明时间的要求，如图 2.1-23 所示。

航徽灯也叫标志灯，其作用是照亮垂直安定面两侧的航徽。航徽灯通常安装在左、右水平安定面靠近前缘的上表面处，如图 2.1-18 所示。航徽灯是一个用户选装项目，并不是所有飞机都安装有航徽灯。

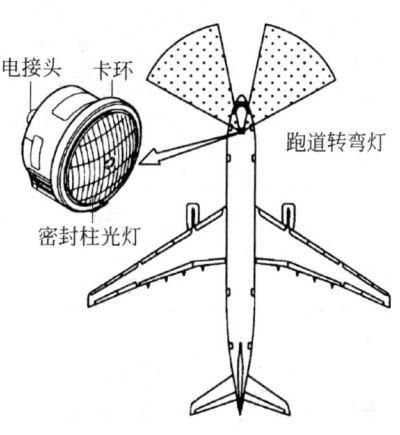

图 2.1-23　跑道转弯灯示意图

2.1.5 应急灯光

应急灯光的作用是在紧急情况下为旅客和乘务员提供应急照明和撤离指示。应急灯光包括客舱内部应急照明、应急撤离通道照明、头顶应急出口指示和应急出口外部照明等。各类应急灯的安装位置大致如下：客舱内部应急照明灯布置于天花板上或行李架附近，应急撤离通道照明灯沿着走道铺设，应急出口指示牌固定于走道与出口交界处的天花板上，应急出口外部照明灯安装在每个应急出口外部的机身上。

因应急灯光与机上人员的安全直接有关，对其有下列特殊要求：①应急灯光独立于机上正常的照明系统，通常使用自备充电电池供电；②具有规定的亮度、照度、颜色和照明时间；③主电源失效或接通应急电门时，应急灯点亮。应急电门应安装在有关人员易接近处，并有防止偶然误动作的措施。

应急撤离通道照明灯有传统型、荧光条（发光条）型两种。传统型采用块状分立式的高亮度灯泡或LED作为发光光源，LED型应急灯比白炽灯泡持续时间更长，其照明电源为应急灯光系统自备的充电电池组件。在一架飞机上，在不同位置安装有多个应急照明电池组件，如B757飞机装有9个应急照明电池组件，一般至少在每个客舱门和应急舱门附近都装有应急照明电池组件，负责向每个舱门和附近通道应急灯和出口指示灯供电，应急撤离通道照明组件至少有两个电池组件供电，提高了应急照明的可靠性。B757飞机应急灯安装位置见图2.1-24，每个应急照明电池组件供电的应急照明灯如表2.1-2所示，其中STA为站位号。

表2.1-2　B757飞机每个应急照明电池组件供电范围

应急照明电池组件编号	应急照明灯、应急出口指示、应急出口位置、通道指示组件等编号（见图2.1-24）
M730	L26、L27、L30、L629、M10764、L1065(STA 470R)、L1065(STA 420L)
M731	L25、L31、L630、L707、M10764、L1065(STA 530L)、L1065(STA 650L)
M732	L37、L41、L631、M10253、M10764
M733	L35、L43、L632、L706、M10763、L1065(STA 590R)、L1065(STA 830L)
M734	L50、L639、M10680、M10765、L1065(STA 1130R)
M735	L47、L52、L640、M10762、L1065(STA 1190L)、L1065(STA 1240R)、L1065(STA 1470L)
M736	L57、L60、L637、M10765、L1065(STA 590R)、L1065(STA 830L)
M737	L56、L62、L638、M10255、M10765、L1065(STA 1585L)
M738	L49、L807、M10762、M10763、L1065(STA 950L)、L1065(STA 890R)、L1065(STA 1010R)、L1065(STA 1070L)

荧光条型采用连续长条形独立的荧光条作为发光光源，一般用来指示撤离通道，它不需要任何电源，但必须在每天的始发航班前完成荧光条发光能量的初始补充（光照）。

当驾驶舱里的应急灯总电门处于"自动"（或"预备"）位，且飞机失去了正常照明电源时，全部应急灯光自动转由自备电池供电并点亮，此时，客舱内部的应急照明灯、应急撤离通道照明灯（荧光型除外）、头顶应急出口指示牌和应急出口外部照明灯等均由自备充电电池供电，自动为旅客照亮撤离路线、"出口"标志和应急出口外部区域，协助乘务员组织旅客按顺序以最快的速度沿着最近的应急出口撤离飞机。机内自备充电电池的放电时间应大于15min，安全撤离工作必须在此时间内完成。当应急灯总电门处于"接通"位时，全部应急灯光由人工强制转由自备电池供电点亮，其工作与"自动"方式类似。应急照明电池组件的工作原理参考本书1.5.4节。

除了上述应急灯光之外，滑梯内部还配备有应急滑梯灯。当滑梯在"预位"状态下，乘务员打开舱门时，滑梯放出，滑梯灯点亮，这样可使旅客迅速撤离飞机并不致摔伤。

第2章 灯光和氧气系统

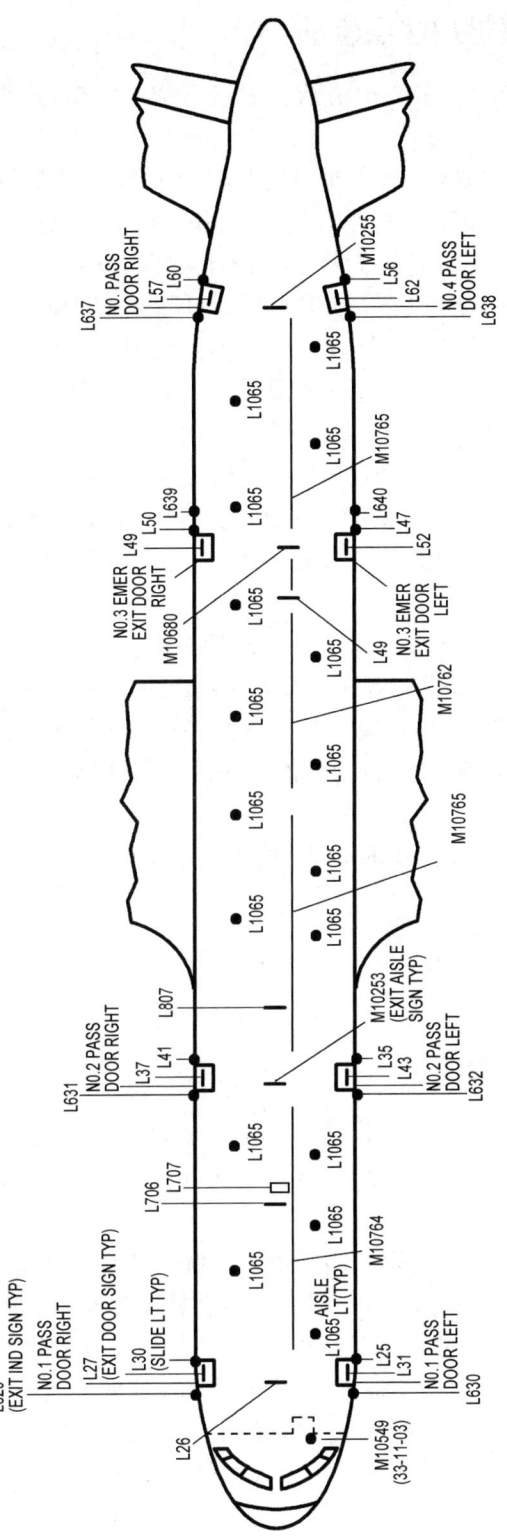

图 2.1-24 B757 飞机应急灯安装位置

2.1.6　灯光系统维护注意事项

灯光系统的日常维护工作主要是清洁和更换灯泡，在进行维护时，应遵守下列注意事项。

（1）要做好外部灯光的清洁。尤其是在夏天，在飞机起飞和着陆时，蚊子和飞虫等昆虫会迎面撞在着陆灯、滑行灯和转弯灯等灯泡上，从而影响灯泡的正常照明。因此需要及时清洁，同时做清洁工作也有利于检查发现灯泡是否损伤、灯丝是否烧坏等故障。

（2）在地面给大功率的外部照明灯光通电时，灯丝通电的时间要尽可能短，因为当飞机静止不动时，没有迎面气流给灯泡冷却，容易烧坏灯丝或缩短灯丝的使用寿命。

（3）对于安装了荧光条应急撤离通道照明灯的飞机，由于客舱灯光照明对于荧光条的能量补充起着至关重要的作用，因此，应保持客舱照明灯光的正常。

（4）对于安装了荧光条应急撤离通道照明灯的飞机，在每天第一个航班之前，应按照相应机型和荧光条制造厂家现行有效的维护手册，完成荧光条发光能量的每日初始补充。

（5）注意检查驾驶舱的备用灯泡存放盒，存放盒应保持有足够的备用灯泡，用于飞机在外站需要时更换。

（6）HID防撞灯关闭5min之内，禁止用手直接触摸防撞灯，否则可能会导致灼伤或电击；不要让HID防撞灯闪光直接对着人的眼睛，高强度的闪光会导致人员暂时性失明；不要用手直接触摸灯泡，指纹可能会模糊灯光，导致灯的照明范围和工作寿命降低。

（7）维护着陆灯和下防撞灯时，必须确保灯的接线头封严良好，以防止火花放电，导致燃油蒸气爆炸。

（8）维护滑行灯的时候，必须仔细安装所有起落架安全销，防止因起落架突然作动而引发安全事故。

2.2　氧气系统

2.2.1　氧气系统概述

大气（以体积计算）是由21%的氧气、78%的氮气及1%的其他气体组成。在这些气体中，氧气最为重要。当飞机高度增加时，由于空气稀薄及空气压力下降，使维持生命需要的氧气量也随之下降。

现代飞机不管其巡航高度是多少，座舱增压系统必须维持座舱高度在8000～15000ft（2500～4500m）之间。在这种情况下，不需要使用供氧设备也能使旅客和机组人员有一个较舒适的环境。在飞行中当座舱增压系统失效时，飞机应快速下降到这个安全高度。在这一过程中，必须有一套氧气系统来确保机组、乘务员和旅客的生命安全。

氧气系统分为机组氧气系统、旅客氧气系统和手提式氧气瓶三大部分。驾驶舱机组人员根据需要随时可以使用氧气，而旅客和乘务人员只能在座舱增压系统失效、氧气面罩自动脱落时或人工超控时才允许使用氧气。手提式氧气瓶主要用于急救和特殊需要的旅客。

目前大多数飞机都安装有两套独立的氧气系统，即在驾驶舱供给机组人员的压力供氧系统和在客舱供给旅客和乘务员的化学氧气发生器供氧系统。有些大型客机（如B747-400

等)的机组和旅客都采用高压氧气瓶通过管路供给氧气。

2.2.2 机组氧气系统

1. 机组氧气系统的组成

如图 2.2-1 所示,机组氧气系统主要由高压氧气瓶、氧气瓶组件、压力调节器、压力表、稀释供氧调节器及面罩等组成。

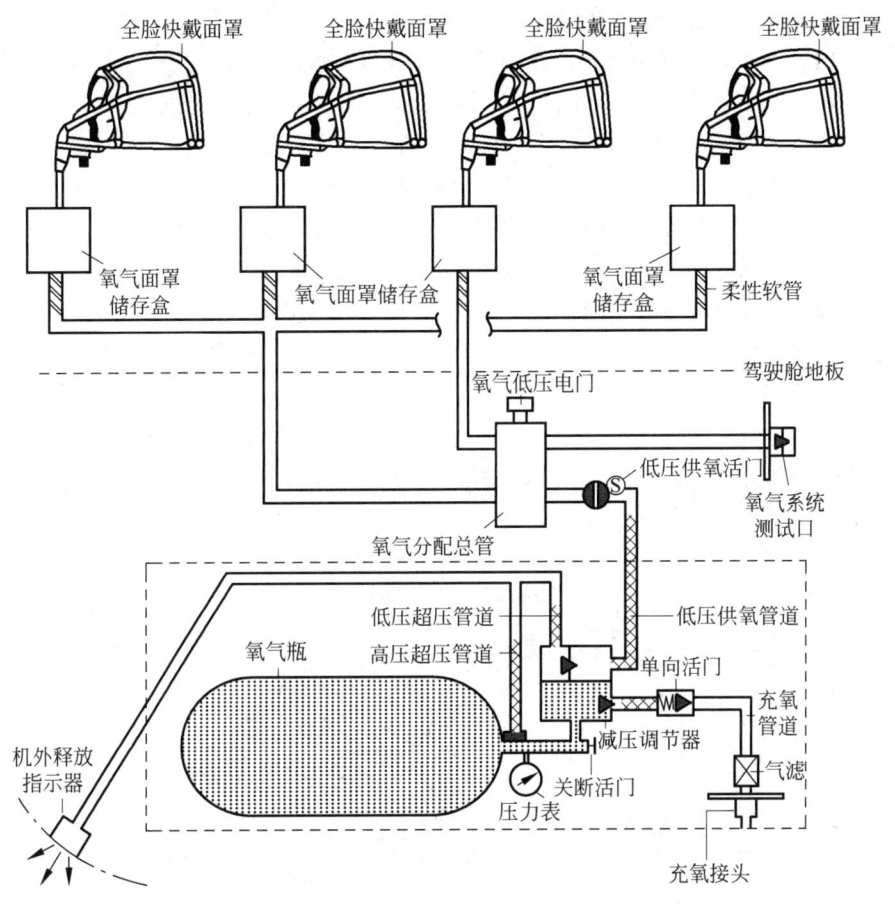

图 2.2-1 机组氧气系统

储存在氧气瓶里的高压氧气通过人工关断活门、减压调压器、低压供氧活门、分配总管和软管输送至机组氧气面罩组件。高压氧气瓶头部连接的附件除了关断活门和减压调节器之外,还有显示氧气瓶瓶体压力的机械式氧气压力表和超压安全释放装置等。超压安全释放装置通常包括高压易裂释压盘和供氧释压活门。高压易裂释压盘感受氧气瓶的压力,供氧释压活门感受调节器下游的供氧压力。

当高压氧气瓶的压力超过允许值(一般为 17236750～19132793Pa,即 2500～2775psig (磅/平方英寸,表压)的范围内)时,高压易裂释压盘裂开,氧气通过高压释放管道排到机外,释放指示器被吹掉。当减压调节器失效,供氧压力超过允许值(一般为 751522～1199678Pa,即 109～174psig 的范围内)时,供氧释压活门打开,氧气通过低压释放管道排到机外,同样把释放指示器吹掉。

氧气的灌充接口是充氧面板上的充氧接头,灌充管路通过充氧气滤和单向活门连接到减压调节器的高压端。

2. 机组氧气系统的主要部件

1) 氧气瓶

氧气瓶分高压和低压两种。高压氧气瓶的瓶体涂成绿色,瓶子的容积有大有小,瓶体最大压力为 2000psig,但通常只灌充到 1800~1850psig。有的瓶体上贴有白色 1in 大小的"航空人员呼吸用氧"(AVIATORS BREATHING OXYGEN)的字样。在早期的飞机上,瓶体的材料都是热处理合金的。从 20 世纪 90 年代以来,随着复合材料技术日趋发展成熟,用复合材料制作的氧气瓶开始在民用飞机上使用。如 B777 飞机机组的氧气瓶和 A330 飞机机组的氧气瓶和旅客氧气瓶等,都是采用复合材料制成的。

低压氧气瓶的瓶体涂成淡黄色,瓶子的容积也有大有小,瓶体最大压力为 450psig,但通常只灌充到 400~425psig。瓶体的材料既有不锈钢的,也有热处理低合金钢的。不锈钢氧气瓶上采用焊接在瓶体上的窄条不锈钢带加强,使之不易损坏。低合金钢氧气瓶没有加强带,但经过热处理后就不易破损了。氧气瓶是一个光滑体,上面标有"抗振裂"(NONSHATIERABLE)的字样。

2) 氧气面罩组件

氧气面罩组件如图 2.2-2(a)所示,安装于储存盒中的氧气面罩组件如图 2.2-2(b)所示。

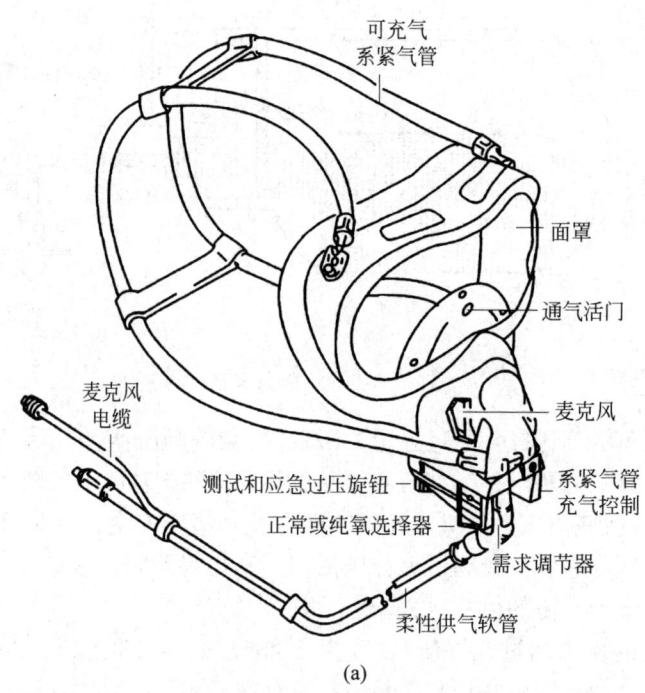

图 2.2-2 氧气面罩组件及储存盒
(a)氧气面罩组件;(b)氧气面罩组件储存盒

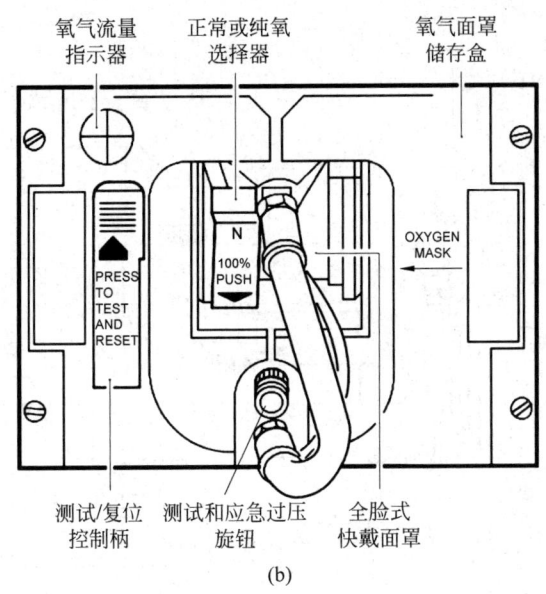

图 2.2-2 （续）

面罩上的主要控制机构包括测试和应急过压旋钮、正常或纯氧选择器、面罩系紧气管控制板等。当机组人员从氧气面罩储存盒中取出氧气面罩时，就人工按压了面罩系紧气管控制板，系紧气管在氧气压力的作用下充气膨胀，直径和刚度均增大，方便使用者将系紧气管定位在头上，面罩罩在口鼻上。当松开系紧气管控制板后，系紧气管卸压，面罩紧紧地保持在使用者的脸上，整个过程可以用单手在5s之内完成。

3）稀释供氧调节器

为了延长氧气供给持续时间，可采用稀释供氧调节器。图2.2-3所示为氧气面罩组件上的稀释供氧调节器简图。

稀释供氧调节器的作用原理是：当正常或纯氧选择器在"正常"位时，使用者呼吸的是空气和氧气的混合气，外来空气量由空气和氧气混合真空膜盒调节，在大约35000ft（约10500m）高度以下，随着高度的上升，膜盒逐渐向关闭位置运动，空气所占的比例逐渐下降，至约35000ft高度时完全供应纯氧。

在这种供氧方式下，使用者必须利用自己的吸力将空气和氧气混合气吸入体内。当吸气时，与控制活门相连的膜片克服控制活门弹簧的弹力向下运动，此举降低了主活门上腔的气压，主活门膜片向上运动，打开低压氧气通往面罩的通路。当呼气时，与控制活门相连的膜片向上运动，使主活门上腔气压上升，则主活门膜片向下运动，将低压氧气通往面罩的通路关断。

纯氧供氧工作模式是：当正常或纯氧选择器在"纯氧"位时，正常或纯氧选择器向右运动，将外来空气入口堵住，无论飞机在任何高度，使用者均呼吸纯氧。在这种供氧方式下，使用者也必须利用自己的吸力将氧气吸入体内，其控制活门和主活门的工作原理与稀释供氧时相同。因此，这种供氧方式也称为没有过压的纯氧供氧。

自动过压供氧模式：当正常或纯氧选择器在"纯氧"位，且高度达到约30000ft（约9000m）时，在过压真空膜盒的作用下，主活门上腔的压力开始下降，主活门开始打开，提供

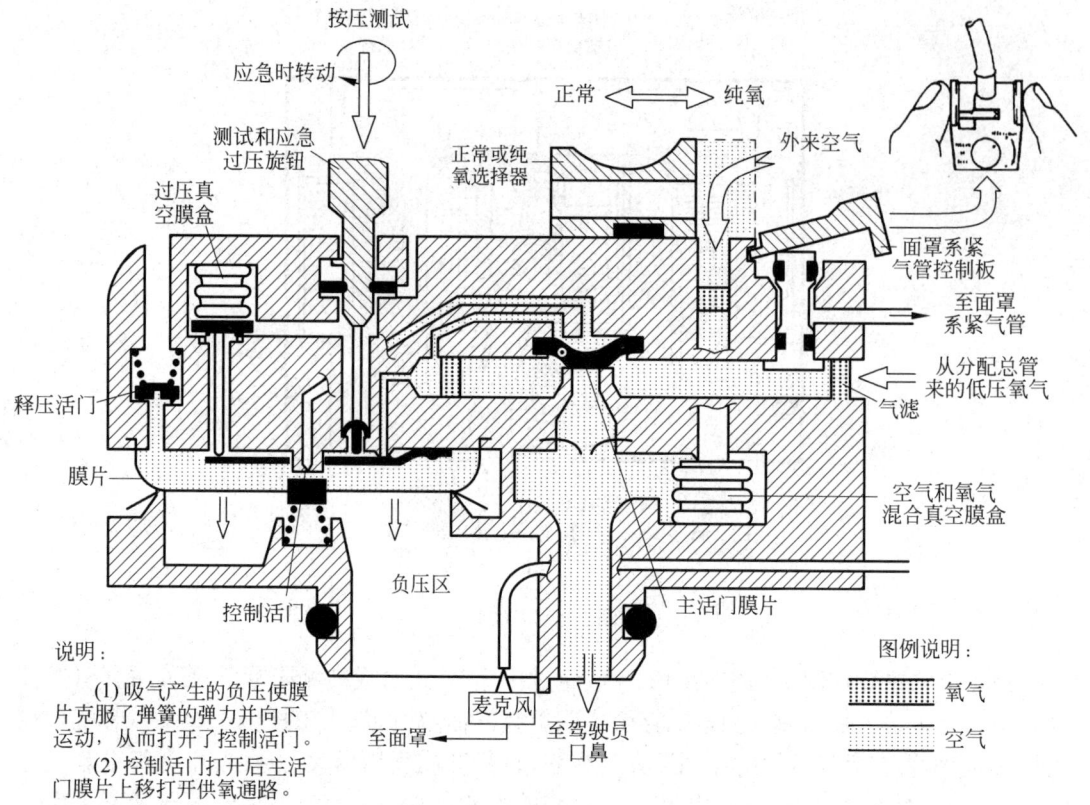

图 2.2-3 稀释供氧调节器简图

正压力氧气,即过压供氧。不管使用者是什么脸形,如果在飞行过程中座舱失去增压,自动过压供氧能够保证所需的最低氧气压力。

过压纯氧供氧模式:当使用者旋转测试和应急过压旋钮,且正常或纯氧选择器在"纯氧"位时,一方面正常或纯氧选择器向右运动,将外来空气入口堵住;另一方面,主活门上腔的压力下降,膜片保持在一定的开度。因此,在这种过压供氧方式下,使用者将呼吸到连续的、具有一定压力的氧气。当驾驶舱里有烟雾或有有害气体时,需要用过压供氧模式。这种供氧方式也称为应急供氧。

另一种典型的稀释供氧调节器如图 2.2-4 所示,这种稀释供氧调节器与氧气面罩是分开的。

当供氧开关在"打开"(ON)位时,氧气通过减压阀进入供氧调节器。当使用者吸氧时,吸气膜盒使吸气活门打开,氧气流入氧气面罩。

当氧气选择开关放在"正常"(NORMAL)位时,驾驶舱的空气与氧气混合,用氧的多少与飞机高度有关,由膜盒来敏感海拔高度的变化,当飞机的飞行高度升高时,空气进口被高度膜盒逐步关小,混合的空气减少。当飞行高度达到 34000ft 时,空气被关断,完全供应纯氧。

如遇到空气中有烟雾等情况,可将氧气选择开关置"100%"位,供给 100% 氧气。应急情况时,将应急供氧开关置"ON"位,实现持续供氧。

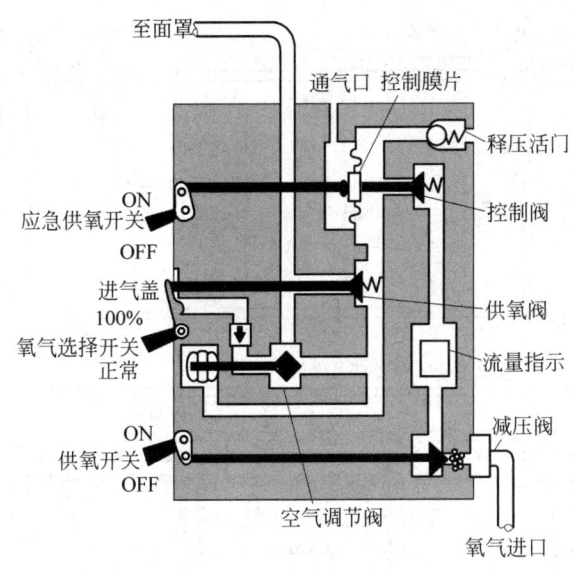

图 2.2-4　稀释供氧调节器

2.2.3　旅客氧气系统

旅客氧气系统有两种主要形式：一种是气体式（用高压氧气瓶供氧）氧气系统，与机组氧气系统相似；另一种是化学氧气发生器供氧系统。

1. 气体式旅客氧气系统

气体式（用高压氧气瓶供氧）氧气系统与机组氧气系统相似，但对于旅客氧气系统来说，因为部分客舱所在的机身段处于发动机爆裂危险区之内，当发动机的压气机和涡轮等高速旋转部件由于机械故障爆裂飞出，并击穿增压座舱的蒙皮而导致增压座舱失密时，飞出的部件也可能把分布于客舱内部的低压供氧管道一齐击穿或打断，因此必须在氧气分配系统的设计上加以预防。一般在发动机爆裂危险区之内，将低压供氧总管分为天花板上方和地板下方两根分开和独立控制的供氧管道，并增加了相应的传感、保护和控制部件，以提高氧气分配系统的可靠性，如图 2.2-5 所示。

氧气储存在多个氧气瓶组件里，每个氧气瓶组件包括瓶体、瓶体头组件，氧气的灌充接口为充氧面板上的充氧接头，灌充管路上连接有充氧气滤、单向活门和热补偿器等。

氧气分配系统的主要部件包括两个系统关断活门、两个主分配活门、地板下方供氧管道及上升管道关断活门、天花板上方供氧管道及下降管道关断活门、两个单向活门、压差电门、放气/通气口和测试口等。将高压氧气降低为低压氧气的部件是瓶体头组件上的减压调节器，它起减压器和调节器的双重作用。旅客氧气系统的工作情况如下：

正常情况下，两个系统关断活门处于关闭状态，低压供氧管道里不处于增压状态。当增压座舱气压高度超过 14000ft（约 4300m），或机组接通了驾驶舱控制面板上的旅客供氧电门时，两个系统关断活门打开，向低压供氧管道供氧，两个主分配活门打开，旅客用力拉动氧气面罩释放绳，把面罩套在口鼻处，就可以开始呼吸氧气。

如果天花板上方的供氧管道破裂，氧气通过破裂处漏掉时，其氧气压力降低，一方面使

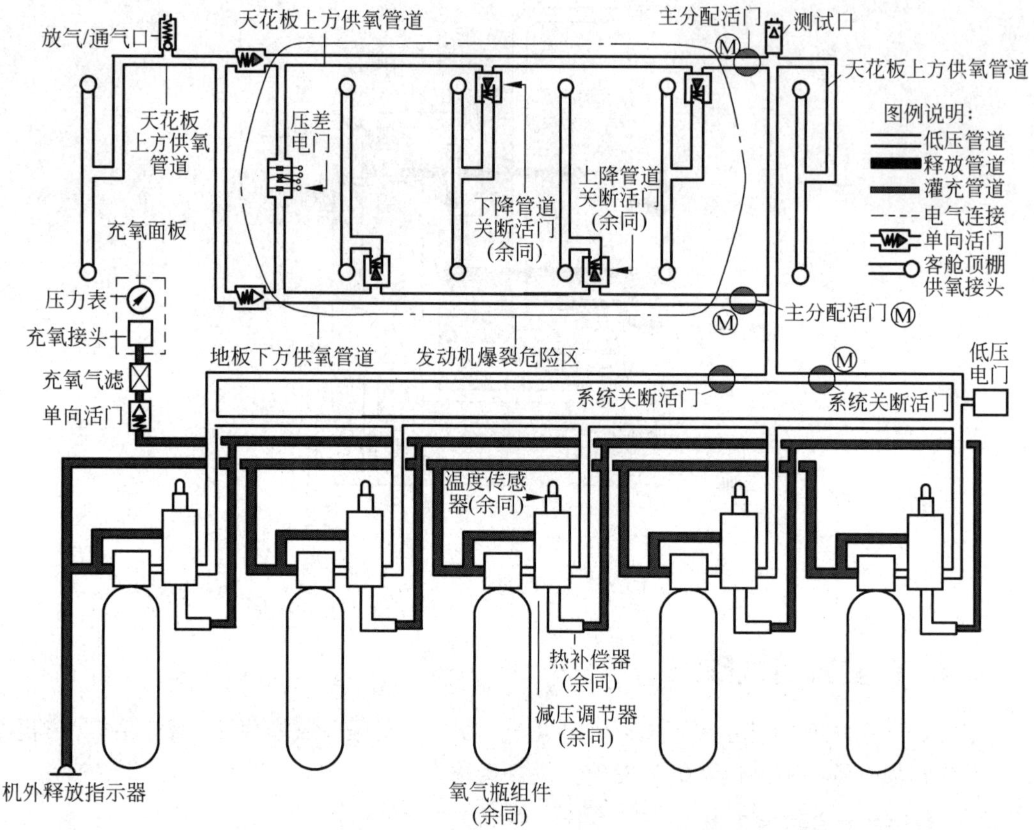

图 2.2-5 气体式旅客氧气系统

得天花板上方供氧管道的单向活门向右运动关断；另一方面，连接于天花板上方和地板下方供氧管道之间的压差电门的上部触点感受到两根管道之间的压差，发出一个 $P_c<P_f$（P_c 为天花板上方供氧管道压力，P_f 为地板下方供氧管道压力）的电信号至天花板上方供氧管道的主分配活门，使活门关闭。此时，地板下方供氧管道继续为发动机爆裂危险区的旅客提供呼吸用氧。当地板下方供氧管道破裂时，供氧工作原理相同，改为天花板上方的供氧管道向旅客供氧。

放气/通气口用于当低压氧气系统增压时，或者当低压供氧管路上游的活门不能完全密封且管道里的气压达到一定值时打开几秒钟，排出管道里原有的气体或积聚的气体。热补偿器也称为温度补偿器，由一段管道和一个表面积很大、热惯性很高的内部部件组成，且两者之间的热耦合性良好，用于防止地面充氧时氧气瓶的温度上升到危险范围。测试口用于在飞机的高级别定检或航线的排故中氧气系统测试时的管道连接。

在某些旅客氧气系统中，减压器仅起减压作用，系统关断活门起低压氧气活门和压力调节器的双重作用。因此，在这样的系统中，减压器至系统关断活门之间的管道是中压管道，系统关断活门之后的管路才是低压管道。

还有一些旅客氧气系统，每个氧气瓶设有各自独立的减压调节器，所有氧气瓶的高压氧气出口并联在一起，两个连续流量控制组件同时调节输出到氧气分配系统的压力和流量。两个流量控制组件中一个是电控气动的，另一个是完全气动的。旅客氧气的分配由两根并联的供氧管道沿着天花板上方的机身两侧将氧气输送给每个旅客的氧气组件。显然,这样的旅客氧气系统比考虑了发动机爆裂危险区影响的系统要简单得多。

目前,B787飞机的旅客氧气系统直接采用储存在旅客服务面板内的小型铝制高压氧气瓶提供氧气,储存压力为3000psig。

2. 化学式旅客氧气系统

目前多数飞机的旅客和乘务人员采用化学氧气发生器供氧系统,这个系统实际上是由若干个独立的供氧组件构成。每个供氧组件主要由一个氧气发生器、管路和面罩等组成。

1) 化学制氧原理

民用航空器上的化学式氧气系统的核心部件是化学氧气发生器。化学氧气发生器产生氧气的机理是氯酸盐产氧剂(又称氯酸盐"氧烛")在加热到一定温度的条件下,分解成氯化物和氧气。氯酸盐"氧烛"以氯酸盐为主体,以可燃性材料(如金属粉末)作为燃料,并添加少量的催化剂和除氯剂,经机械混合加压成型,制成混合药柱,然后在特制的产氧器中,用电或明火引燃后,燃烧时就产生了氧气。由于此种燃烧现象能沿柱体轴向等面积逐层燃烧,与蜡烛的燃烧很相似,故取名为"氧烛"。能为氯酸盐氧烛的分解提供热量,作为燃料使用的可燃性材料有铝、硼、镁、锰、硅、钛和铁等(相应的产物分别为 Al_2O_3、B_2O_3、MgO、MnO_2、SiO_2、TiO_2 和 FeO)。现代民用航空器上使用的化学氧气发生器以氯酸钠为产氧剂,以铁作为可燃性材料。燃烧过程的化学反应式为

$$NaClO_3 + Fe \longrightarrow NaCl + FeO + O_2 \uparrow$$

2) 氧气的产生

图 2.2-6 为基本的氧气发生器简图。氧气发生器的芯子是由氯酸钠和铁粉等物质混合制成的,俗称"氧烛"。在温度 400°F 以下是惰性的,只有当温度达到 478°F 时,氯酸钠才释放出其重量的 45% 的气态氧,而分解所需热量由铁粉供给。

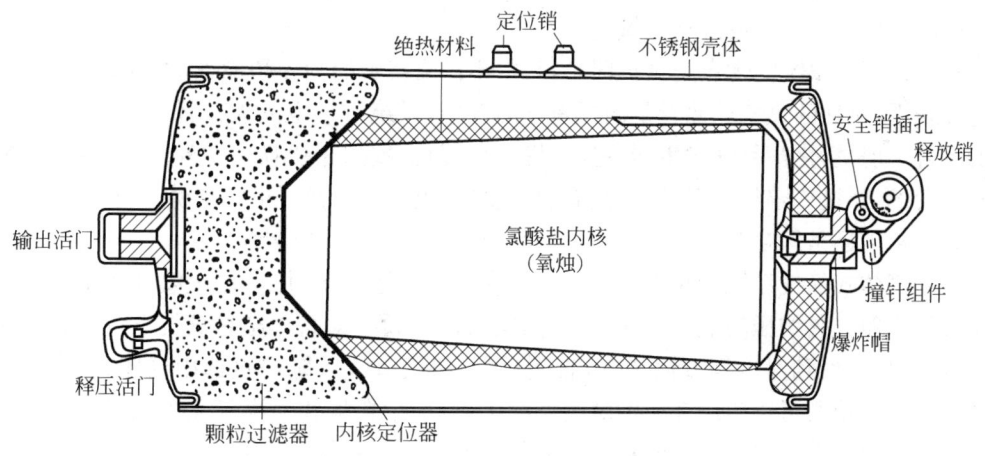

图 2.2-6 氯酸盐氧烛装置

在实际使用中,当飞机增压系统失效,座舱高度达到 14000ft 时氧气面罩自动落下,如图 2.2-7 所示,使用者拉动面罩可使电爆式激发装置点燃氧烛;或者通过控制驾驶舱的氧气电门也可以人工超控点燃氧烛。当氧烛启燃后,供氧量以预定的速度进行,供氧时间为 12min(或 22min)。正常供氧压力为 10psig,当氧气压力达到 50psig 时,氧气释放活门放掉氧气。

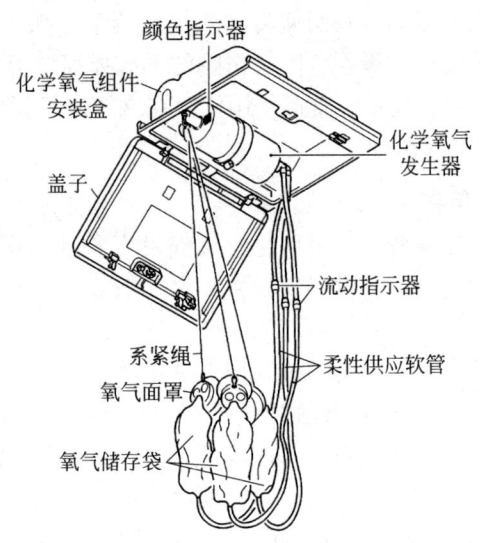

图 2.2-7 化学氧气组件

因反应过程产生大量的热,使不锈钢壳体的温度上升,氧气发生器表面温度可以达到 450°F(232℃),为了防止不锈钢壳体的温度过高,需要由绝热层对氧烛进行适当的隔热防护。氧气发生器一旦启动了化学反应,只有在氯酸钠全部参与了反应之后才会停止。氧气流过过滤器中的介质之后,有害的气体和杂质被过滤掉,氧气得到了净化。最后,氧气通过输出活门和软管直接送到旅客的氧气面罩。

3) 两种氧气系统的比较

气体式氧气系统的优点是氧气储存量大,供氧时间长,可以重复使用。但由于气体式氧气系统是高压系统,容易出现管道和部件漏气的问题,因此,需要经常检查系统压力,并根据执行的航班任务的不同按需补充氧气。

化学式氧气系统的优点是维护简单,日常不需要特别的勤务和检查,供氧安全可靠;在同样容积下,氧烛的氧气存储量是高压氧气的 3 倍,系统重量也大大减轻,适用于使用频率低的场合。但是,化学氧气发生器一旦引爆使用,就需要整个更换。此外,化学氧气发生器是有寿命的,经过一定年限后,即使没有引爆使用,也需要更换。也就是说,不管氧气发生器是装在飞机上还是保存在仓库里,一旦寿命期限到,就必须加以更换。

由于气体式氧气系统和化学式氧气系统存在着上述差异,加上机组氧气系统不一定仅限于飞机座舱失去增压功能之后才使用,其实际使用频率远高于旅客氧气系统,因此,从可靠性、经济性和后勤保障等方面考虑,直到目前,机组氧气系统一直选用气体式氧气系统。气体式氧气系统既可以应用在机组氧气系统中,也应用在那些为满足飞机航线运营和机场高度方面的要求而需要携带和储存大量氧气的飞机旅客氧气系统中。

2.2.4 便携式氧气瓶

在座舱增压的飞机上,手提式氧气设备主要用于急救和一些特殊要求的人员。在没有座舱增压的某些小型飞机上一般不装设氧气系统,只在适当的位置配备若干个手提式氧气设备,以供乘客和机组人员使用。手提式氧气设备如图 2.2-8 所示。

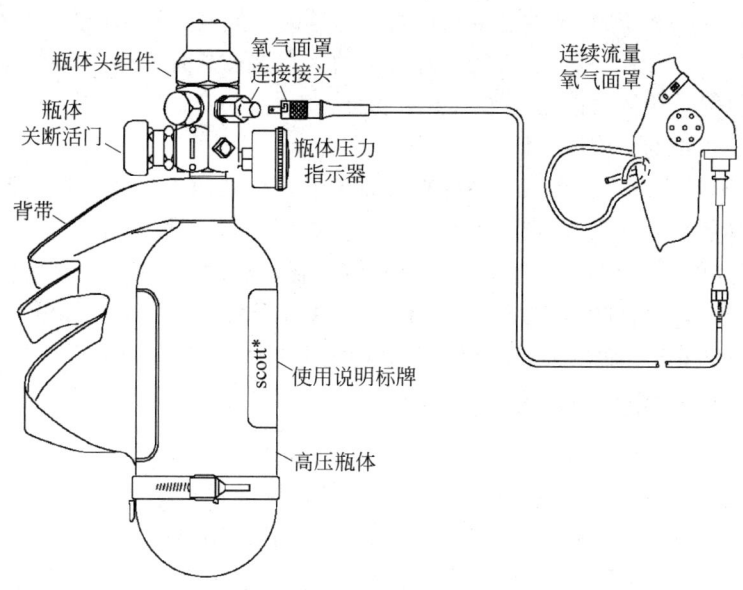

图 2.2-8 手提式氧气设备

手提式氧气设备结构比较简单,包括一个重量很轻的合金钢氧气瓶,一个流量控制/减压两用组合活门和一个压力表,一个带软管的呼吸面罩。氧气瓶充灌的氧气压力通常为1800psi,其容量一般为120L。

手提式氧气设备型号不同,至少有两种流动速率,即正常流动速率和高流动速率。某些设备有三种流动速率可供选择,即正常、高速和应急的流动速率,分别为每分钟 2L、4L 和10L,一个 120L 的氧气瓶可分别持续使用 60min、30min 和 12min。

2.2.5 氧气系统的指示和警告

1. 化学式氧气系统的指示

化学式氧气系统的指示是指化学氧气发生器启用状况的显示。气体式氧气系统的指示包括氧气系统压力指示和旅客氧气接通指示等,其警告包括低压警告和机外过压(超压)释放指示等。

每个氧气发生器上都有一个指示氧气发生器使用状况的热敏指示器,用于判定氧气发生器是否已经启用了,其正常颜色为橙黄色,当其启用之后,所产生的热量使橙黄色变为黑色。有的指示器是一个带形指示条,环绕在氧气发生器的不锈钢圆筒上;而有的指示器则是一个圆形指示器,位于释放销附近。图 2.2-7 所示的是圆形启用指示器(图上的颜色指示器)。

2. 压力指示

每个氧气瓶上各有一个机械式氧气压力表指示瓶体的实时氧气压力。由于气体的压力随温度的变化而变化,而且旅客氧气系统中往往有多个氧气瓶,每个瓶体的温度又有可能存在差别,因此,机械式压力表的指示不能作为氧气实际灌充量的唯一依据。为此,在旅客氧气系统中,通常在每个氧气瓶瓶体头上各安装了一个温度传感器和压力传感器,分别感受每个瓶体的实际温度和压力,全部温度与压力信号同时送到气量计算控制器,控制器经过温度校正和计算之后,再给出氧气系统的实际压力值。在这种装有气量计算控制器的系统里,驾驶舱指示的氧气系统压力值已经考虑了温度对压力的影响,是校正后的压力值,而充氧面板上指示的是非校正的平均压力值。

然而,并不是所有的旅客氧气系统都安装了上述提及的气量计算控制器。对于大部分没有这种控制器的氧气系统,在维护和勤务过程中,可以参考相应机型现行有效的飞机维护手册,根据瓶体的压力和温度(环境温度或瓶体温度,或者两者的算术平均值),查阅氧气瓶压力温度校正表,以得到实际的氧气压力值。例如,当氧气瓶灌充到 1700psi 时,如果外界温度为 37℃,按照氧气瓶压力温度校正表进行校正之后,其实际压力只有约 1585psi。

3. 低压警告和机外过压释放指示

通常在氧气调节器(即减压调节器)的出口装有低压电门,当感受到氧气管路上的氧气压力低于规定值时,低压电门接通并发出"调节器低压"的警告信号。

机组氧气系统和气体式旅客氧气系统均装有机外过压释放指示器,正常情况下指示器为绿色,当氧气瓶的高压氧气或调节器出口氧气超压时,绿色指示器被释放的氧气吹掉。在地面检查中,如果发现绿色指示器不见了,就要对系统做进一步的检查,以确定真正的原因。

2.2.6 氧气系统的维护与保养

在对氧气系统进行维护和勤务过程中,地面维护人员必须严格遵照相关机型现行有效的飞机维护手册(AMM)或相关厂家现行有效的部件维护手册(CMM)里的所有警告、注意事项和操作步骤工作。任何背离相关工作规定和要求的侥幸心理都可能导致飞机和设备的损坏、人员的伤亡和财产的损失等灾难性后果。这里介绍的维护注意事项仅仅是概括性的,在实际维护工作中,应以相关 AMM 和 CMM 的具体内容为准。

1. 化学式氧气系统的维护注意事项

化学式氧气系统和气体式氧气系统在维护工作方面也存在着明显的差异。在对化学式氧气系统进行维护时,要注意以下几方面:①在维护之前给相关的氧气发生器装上安全销,防止在维护过程中氧气发生器误触发;②在维护之后不要忘记把安全销从每个氧气发生器上拆下来,否则,当旅客在紧急情况下需要使用氧气时,氧气发生器不能触发,如图 2.2-6 所示;③万一氧气发生器被误触发而引爆了,不要用手接触氧气发生器,以免烫伤;④注意检查化学氧气发生器启用指示器的颜色,如果其颜色已经变成黑色,就要立即更换。

2. 气体式氧气系统的维护注意事项

氧气是一种危险气体,加上气体式氧气系统大多数是高压系统,因此,在维护和勤务过程中,应遵守下面的维护注意事项。特别需要指出的是,氧气应远离电源、火源、易燃材料、易爆材料和碳水化合物等可能导致爆炸或燃烧的危险源。当氧气与诸如滑油和润滑脂等碳水化合物接触时,氧气会快速将它们氧化,生成对碰撞特别敏感的易爆氧化物。因此,在对气体式氧气系统进行维护和勤务过程中,绝对禁止使用粘有油类物品的工具、设备、衣服、鞋帽、毛巾和手套等。高压气体式氧气系统的部件和管路时刻处于高压状态,须特别小心谨慎。

1) 高压氧气瓶的安全注意事项

高压氧气瓶是一个压力容器,维护时应注意以下几点。

(1) 检查氧气种类

飞机上使用的呼吸用气态氧气是一种不含水分、至少为 92.5% 纯度的特殊氧气。其他种类的氧气,如医院用或焊接用的氧气也可能是纯氧,但它们通常含有水分,在很高的高度上使用时,可能冻结和阻塞氧气系统的管路。所以,在灌充氧气前,要确认氧气瓶外面漆层是否为深绿色,并标有"航空呼吸用氧"字样。

(2) 灌充高压氧气时,要确认氧气瓶型号所对应的灌充活门,按规定压力和程序进行灌充;气态氧气是危险的,必须正确操作。它容易引起易燃物品猛烈燃烧,甚至爆炸。当周围有火焰、电弧或任何其他火源时,不应打开氧气活门或氧气瓶。不能在机库灌充氧气。

(3) 压力/温度检查

在氧气系统灌充之后,要按规定时间进行压力和温度记录,并对照给出的压力/温度曲线判断压力是否正常。如果读数比压力/温度曲线偏低,说明存在漏泄,要进行泄漏检查;在每次更换附件、管路等工作后,必须对系统进行压力/温度和泄漏检查。

2) 氧气系统维护注意事项

(1) 确保氧气瓶上的人工关断活门关断之后,再拧松氧气系统的接头。

(2) 确保飞机正确接地之后,再给氧气系统灌充氧气。

(3) 在飞机工作区域 5m 范围内,停止一切地面维护工作。

(4) 停止对燃油和液压系统的一切加油和修理工作,停止使用诸如清洁液和防冰液等易燃材料的一切程序,确保没有人在接上和断开地面电源接头。

(5) 确保工作区域干净,没有尘埃和松散物品。

(6) 清洁氧气系统部件时,只能使用批准的程序和材料。

(7) 确保工作区域内没有碳水化合物(燃油、滑油、液压油、润滑脂等)。

(8) 确保在氧气灌充设备半径 15m 的范围内没有火源(电火花、明火、烟雾等)。

(9) 确保工作区域内没有易燃材料(油漆、稀释剂、清洁溶剂、粉尘等)。

(10) 确保工作人员的手、衣服鞋帽、设备和工具均清洁,没有碳水化合物。

(11) 如果可能的话,工作人员在接触氧气系统部件时,应戴上不起毛的棉手套。

(12) 确保工作区域空气流通良好。

(13) 当氧气系统处于增压状态时,不要拧松或拧紧部件和管路接头。

(14) 为防止温度的突然上升,打开氧气瓶上的人工关断活门时速度要缓慢。

(15) 不要用大力关闭氧气瓶上的人工关断活门,用手拧紧即可。

(16) 如果在测试中使用了氮气,应使用氧气清洗整个系统。

第3章 防火系统

3.1 概述

无论在飞行中还是在地面上,火灾对飞机来说都是最危险的威胁之一。在早期的飞机上,由于驾驶员可以从驾驶舱观察到飞机的大部分区域,因此火警和烟雾的探测比较容易。但在现代大型飞机上,驾驶员不可能从驾驶舱观察到飞机的大部分区域,因此需要火警和烟雾探测系统,以帮助驾驶员在出现火灾危险的早期就采取措施。不论飞机大小都应配备火警探测和灭火系统,以保证飞机的安全。

3.1.1 防火系统的功用和组成

防火系统分为火警探测系统和灭火系统两大部分。

火警探测系统是对发动机和机体潜在的着火区域的火警温度、过热温度、烟雾浓度和高压热空气泄漏等状况进行监控,一旦监控数据达到警告值,就发出目视和声响警告,并且指出火情的具体部位。

灭火系统则是根据火警警告部位,由驾驶员(或自动)控制启动灭火系统,迅速有效地实施灭火。

飞机"火区"部位的划分是由飞机制造厂根据适航相关规定设置的,不同类型的飞机,"火区"划分也有差异。即使相同的"火区"划分,其具体的防火系统配置也各有不同。就大多数飞机而言,防火系统的组成如图 3.1-1 所示。主要有以下几个部分:

(1) 发动机过热、火警探测和灭火系统;
(2) APU 火警探测和灭火系统;
(3) 货舱和厕所烟雾探测系统和灭火系统;
(4) 主轮舱火警/过热探测系统;
(5) 机翼和机身管道泄漏过热探测系统;
(6) 电子设备舱烟雾探测系统。

当上述部位有火情时,就需要实施灭火。飞机上的灭火设施包括手提式灭火瓶和固定式灭火瓶。手提式灭火瓶主要用于驾驶舱、客舱和厨房的灭火,固定式灭火瓶主要用于发动机、APU、货舱和厕所的灭火。

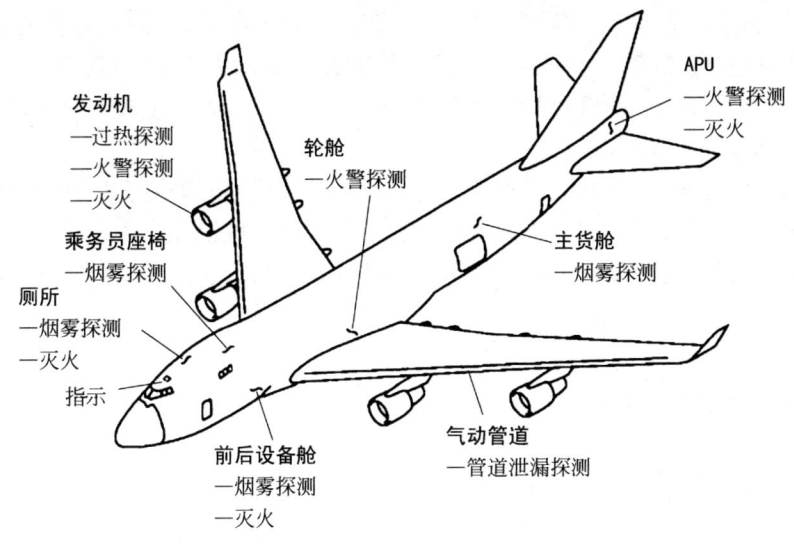

图 3.1-1 飞机防火系统的组成

3.1.2 警告信息的描述

火警警告包括中央警告和局部警告。中央警告为红色的主警告灯和连续强烈的警铃,局部警告包括防火控制板上的红色警告灯,也包括 ECAM 或 EICAS 上的信息。

一旦火情发生,火警探测系统立即向驾驶员发出警告:处于明显位置的两个红色主警告灯亮,并伴有连续强烈的火警警铃,以催促驾驶员立即查看处置。红色的主警告灯和连续强烈的警铃警告称为主警告,电路原理图如图 3.1-2 所示。主警告只告诉驾驶员有火警(或重要警告)出现,但不能指出具体的火警(或故障)部位。

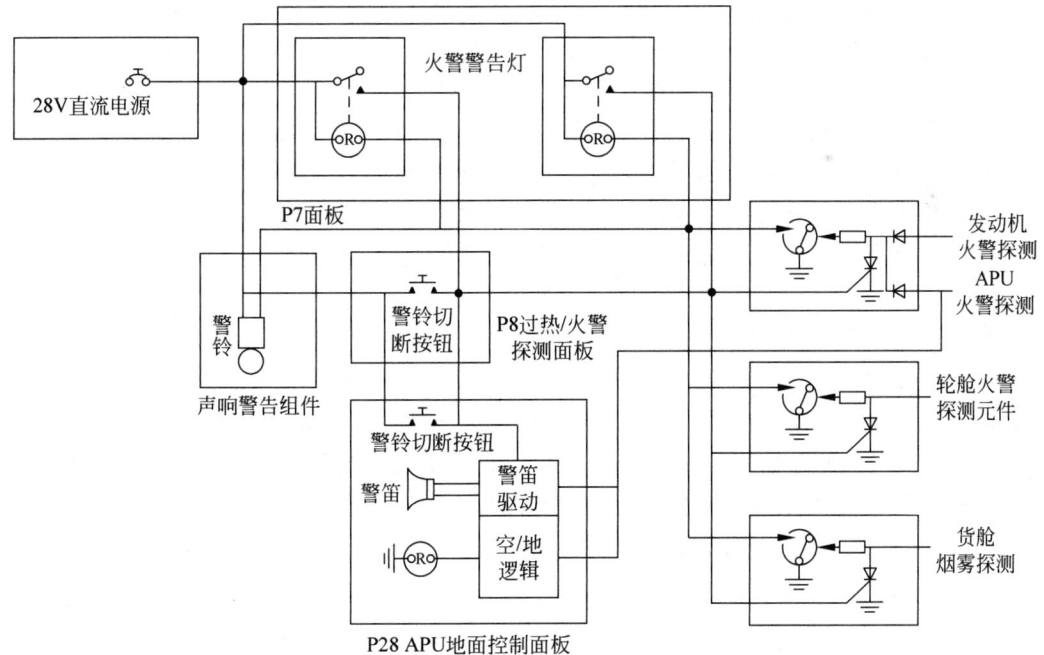

图 3.1-2 防火系统的主警告电路原理图

获知主警告信息后,驾驶员需要通过查看 ECAM 或 EICAS 上的文字警告信息(如"L ENG FIRE",即左发火警等),或通过查看防火控制板上的火警指示,以确定具体的火警部位,还可以通过查看警告灯牌以及其他相关指示进一步复核这些信息的一致性,通过鉴别确认警告和警告部位的准确无误。

当判明具体的火警部位后,为了避免主警告灯和连续强烈的警铃干扰驾驶员的工作,应将主警告取消,可以通过按压主警告灯或按压火警警铃切断按钮等方法取消主警告。

当取消主警告后,驾驶员应按照 ECAM 或 EICAS 上的文字信息,或者飞行操作手册或维护手册规定的灭火程序实施灭火。

3.2 火警探测系统

3.2.1 火警探测系统的组成

火警探测系统通常由火警探测器、火警监控组件和火警信号装置三部分组成。

1. 火警探测器

飞机上的火警探测器是将表征火警条件的物理量转换为另一种物理量的器件。火警探测器主要通过温度、光和烟雾来探测火警,一般用温度和光敏感探测器监测发动机、APU、主轮舱的火警和热空气管道的过热,用烟雾探测器监测货舱、电子设备舱和厕所的火警。

飞机上常用的火警探测器按其探测范围可以分为几大类:

(1)单元型火警探测器,主要包括热敏开关式火警探测器、热电偶式火警探测器,安装在最有可能发生火警的部位;

(2)连续型火警探测器,主要分为电阻型火警探测器、电容型火警探测器和气体型火警探测器,连续型火警探测器又称为感温环线,用于探测范围较大的火区;

(3)烟雾型火警探测器,主要包括一氧化碳探测器、光电式烟雾探测器、离子型烟雾探测器;

(4)光敏型火警探测器,利用感光元件来探测火焰燃烧时辐射的红外光和紫外光,其响应速度快于感烟和感温探测器,特别适用于突然起火而无烟雾的易燃易爆场所。

烟雾探测器和光敏型探测器都安装在一个相对独立的空间,且尽可能覆盖整个防火区域。这几种类型的火警探测器通常是单独使用,前两种也可以相互配合,用于某些发动机的过热探测。

影响火警探测器反应时间的因素主要包括火情规模、蔓延速度、燃料类型、与探测器的距离等。如发动机火警探测器对平均温度 1100℃、6in 直径火焰的平均反应时间小于 5s。火警探测器通常在壳体上标注有表示报警温度的数字,安装时需要特别注意。

大多数火警探测系统都是双系统,即在某个位置的火警探测系统中有两个完全独立的探测器和控制电路,只有在两个探测器同时探测到火警时才触发火警警告,防止由于各种原因导致的虚假火警警告。当测试到一个探测器出现故障时,允许另一个探测器直接触发火警警告。

2. 火警监控组件

火警监控组件的功能是监控火警探测器的参数变化,并输出报警信号。早期飞机的监控组件大都是简单的继电器装置,后来发展到电子式或插件板式装置;现代飞机的火警监控组件越来越多地采用微处理器,以更准确地鉴别和判断火情,并能监控探测系统的故障,从而进一步提高探测系统的准确性和可靠性。火警监控组件位于电子设备舱。

3. 火警信号装置

火警信号装置是将监控组件的输出信号转换为目视和声响警告信息,包括主警告(红色主警告灯和火警铃)和火警控制板上或ECAM或EICAS上的文字警告信息。这些警告信息指明具体的火警部位,以便飞行人员采取有效的灭火程序。

3.2.2 火警探测原理

1. 单元型火警探测器

飞机上采用较多的单元型火警探测器是热敏开关式火警探测器和热电偶式火警探测器。

1) 热敏开关式火警探测器

热敏电门是一种双金属热敏性开关,当温度达到某值时,靠双金属片的变形使触点闭合(或断开)。早期的飞机多采用裸露的双金属片,由于易受尘土污染,其可靠性较差。目前使用的热敏电门多采用壳体封装,并具有反应快速的特点。一种常开型热敏开关外形如图3.2-1(a)所示。

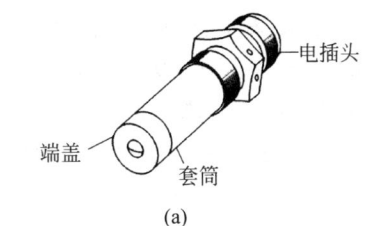

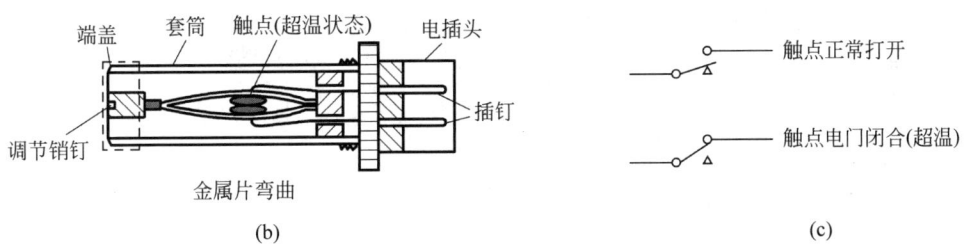

图3.2-1 热敏开关式火警探测器

热敏开关的内部构造和电路符号如图3.2-1(b)、(c)所示。对于常开型热敏电门来说,当温度正常时,其触点处于打开状态;当温度升高到一定值时,金属片膨胀,使触点闭合,发出报警信号。调节螺钉用来调节报警温度。这种火警传感器一般用于发动机火警和管道过热探测系统中。在实际应用中一般采用多个传感器并联(常开型),以覆盖较大的区域,并提高工作的可靠性。热敏开关式火警探测系统由警告灯、亮度调节电路、测试电门、一个或多个热敏开关组成,常开型热敏开关采用并联连接,并与警告灯串联,由电源系统直流汇流条供电。如图 3.2-2 所示为常开型热敏开关火警探测系统原理图。

当温度升高超过规定的数值时,某个热敏开关闭合,接通警告灯电路,则警告灯亮,对应的警铃响,指示出火警或过热状态。测试电门用来检查警告灯和供电电路是否正常,当接通测试电门时,警告灯亮,警铃响,表明热敏开关式火警探测系统工作正常。亮度调节电路用于调节警告灯的亮度。

这种火警探测系统的优点是结构简单,工作可靠,在小型通航飞机上使用较多。

2) 热电偶式火警探测器

热电偶元件是由两种不同的金属如铬镍合金和康铜接合(不能焊接)而成。其中一个接合端点置于可能着火的部位,感受高温,称为热端;另一接合端点置于仅感受周围环境温度的地方,称为冷端。着火时热端温度上升很快,而冷端温度基本不变,则在热端与冷端之间产生温差电势。检测这个电势的大小即可用于火警报警。

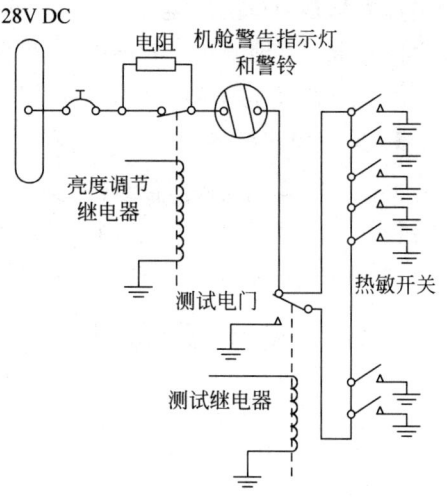

图 3.2-2　热敏开关火警探测系统原理图

图 3.2-3 所示为热电偶火警探测系统的一种电路。为了得到较大的温差电势,将 5 个热电偶串联起来安装在着火区域(根据着火区域大小的不同而数量不等)作为热电偶的热端,而另一个热电偶(参考热电偶)安装在温度相对稳定的非着火区域,作为热电偶冷端。当着火时,热端温度急剧上升(即温升速率大),热端与冷端之间存在温度差,热电偶就会产生一个温差电势,当若干个热端元件串联起来产生的总电势足够大时,电路中的电流就可以使敏感继电器闭合,从而使辅助继电器工作,控制触点接通火警警告电路。

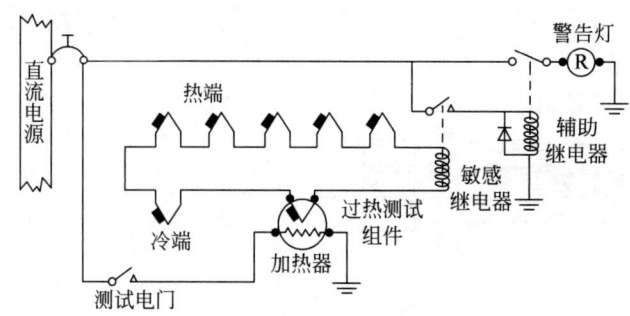

图 3.2-3　热电偶火警探测系统电路

为了测试热电偶火警探测电路的完好性,可以接通测试电门,使加热器给热电偶的冷端加热,这时热电偶原来的冷端就变成了实际的热端,而原来的热端作为冷端。如果警告灯亮,则表明探测系统工作正常。热电偶式火警探测系统通常用于活塞式发动机的火警探测。

2. 连续型火警探测器

当探测较大区域的火情时,为了避免使用大量的单元型探测器,现代飞机通常都使用连续型火警探测器。连续型火警探测器比单元型更能对防火区域形成完整的覆盖,例如对发动机和 APU 的火警、轮舱火警/过热等火情的探测,可以将连续型火警探测器采用特殊连接件连成一体,形成闭合回路,所以连续型火警探测器也称为感温环线。

根据感温环线的构成和工作原理,可以将其分为电阻型感温环线、电容型感温环线和气体型感温环线三种。

1) 电阻型感温环线

(1) 电阻型感温环线的组成及特性

图 3.2-4 所示为电阻型感温环线元件。电阻型感温环线是一种同轴感温线,敏感元件的构造是在铬镍铁耐热耐腐蚀的合金管外壳内装有细小颗粒的硅混合物(silicon compound)或共晶盐(eutectic salt)隔离材料,并在绝缘材料中嵌有一根镍铬导线(称为芬沃尔环线)或两根导线(称为基德环线)。在基德环线内两根导线中的一根线的两端与管壁相接并通过固定卡环接地。电阻型感温环线的填充材料不同,其感温特性也不相同。

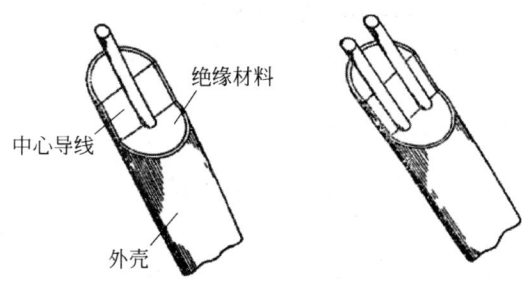

图 3.2-4 电阻型感温环线元件

硅混合物绝缘材料具有负温度系数,其电阻-温度特性曲线如图 3.2-5 所示,在大气温度 t_1 时,芯内导线对地具有高电阻。传感器被加热时,绝缘材料的电阻降低。当温度达到警报点 t_2 时,硅混合物的阻值降至预设值 1kΩ。

另一种填充材料共晶盐是一种可在特定温度熔化的盐化合物,如图 3.2-6 所示。共晶盐在常温下为结晶体,电阻很大;当温度上升到特定温度时熔化成溶液状态,此时阻值降低,达到报警点。当温度下降时,盐化合物将重新凝固,阻值上升。

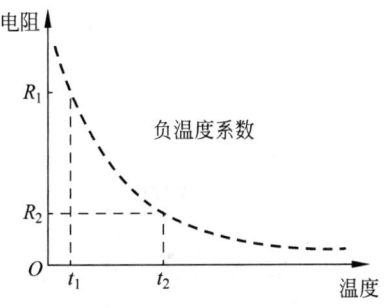

图 3.2-5 硅混合物绝缘材料负温度系数特性曲线

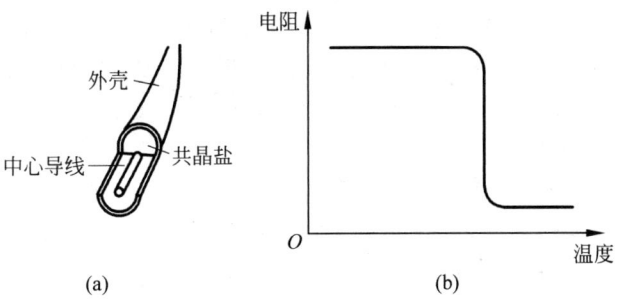

图 3.2-6 共晶盐绝缘材料的温度特性曲线

(2) 电阻型感温环线探测系统的工作原理

由电阻型感温环线组成的探测系统如图 3.2-7 所示，在正常温度时，芯内导线对地具有高电阻，传感器中没有电流流动。在过热或火警情况下，填充材料阻值降低，电路中有电流流动，火警控制组件敏感这个电流信号，其内部继电器工作，使火警信号装置报警。通过驾驶舱内的测试电门，可以使芯内导线接地，模拟过热或着火情况，完成系统的测试。

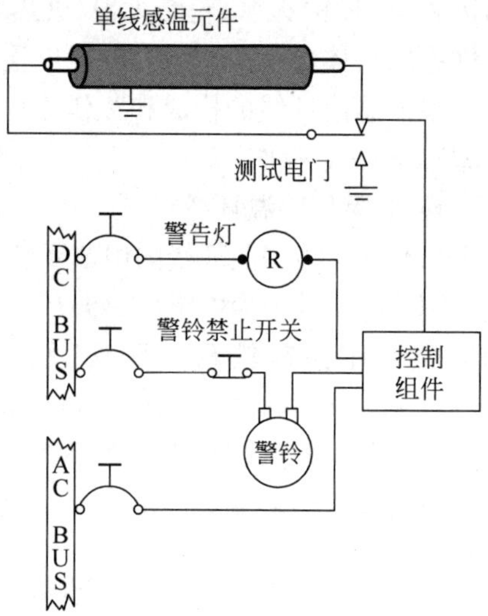

电阻型感温环线探测系统结构简单，探测范围大，但这种探测元件在结构受损时容易产生虚假信号。这种系统常用于发动机火警探测和引气超温探测，更适合于热气泄漏探测，包括大翼前缘、轮舱和地板下区域的热气管道泄漏探测。

2) 电容型感温环线

电容型感温环线由若干段感温元件连接而成。

图 3.2-7　电阻型感温环线探测系统

每个感温元件的外管为不锈钢，内装一根中心电极（导线），外管与中心电极间的电介质是对温度敏感的填充材料，构成圆筒形电容器。

电容型感温环线通以半波交流电，感温环线可以充电和存储电能，其存储的电荷随温度的升高而增大，即电容值随周围温度的升高而增大。当达到警告温度时，电容值增大到某一数值，其充电或放电电流的大小达到报警值，并驱动警告信号装置报警。电容型感温环线的详细工作原理与电阻型相似，这里不再赘述。

电容感温环线的优点是当筒形电容的某处出现短路时，不会产生虚假信号；缺点是必须用变压器提供交流电。

3) 气体型感温环线

(1) 气体型感温环线的构造

气体型感温环线有多种结构，图 3.2-8(a) 所示为 Systron Donner 型探测器的结构，这是现代飞机上常用的一种气体型火警探测器。它主要由感温管和压力膜片电门组成。感温管的壳体是不锈钢细管，管内充满了氦气，在管子中心有一根金属氢化物中心导线，该导线具有在低温吸入而在高温放出氢气的特点。不锈钢管的直径为 1.6mm，长度可由用户自定，最长为 12m。

图 3.2-8(b) 为气体型感温环线的压力-温度特性示意图。当探测区域出现大范围过热时，由于温度的持续上升，使得管内的氦气压力达到报警压力；当探测区域出现小范围火警时，在感温环线的局部，温度将急剧上升，这时金属氢化物中心导线受热释放出大量氢气，使管内的压力急剧上升，从而达到报警压力。

(2) 气体型感温环线探测系统的工作原理

气体型感温环线探测系统的工作原理如图 3.2-9 所示。感温管的一端封闭，另一端连接在膜盒上，膜盒带动两个微动电门：一个是监控电门，用于监控感温管是否漏气；另一个微动电门在火警或过热情况下，接通火警警铃和火警灯。下面分析几种情况下的工作原理。

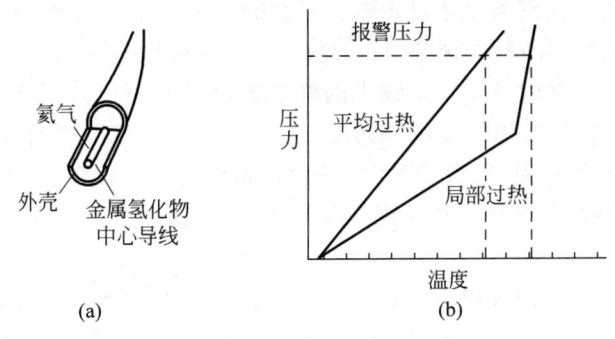

图 3.2-8 气体型感温环线的结构和特性曲线

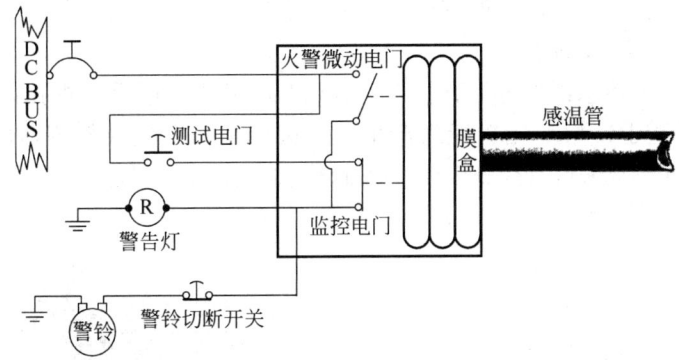

图 3.2-9 气体型感温环线火警探测器原理图

① 正常情况

当没有火警或过热时,充满氦气的感温管内存在着一定的压力,这个压力使监控电门闭合,这时若按下测试电门,则警铃响,警告灯亮,表示火警探测器正常。如果感温管中的气体有泄漏,则管内压力降低,监控电门打开,这时按下测试电门时警铃不响,警告灯也不亮,说明系统有漏气故障。

② 平均过热

气体型感温环线常用于发动机的过热和火警探测,当发动机出现过热时,往往范围较大,这时由于温度上升而使管内的氦气压力增大,膜盒膨胀而使微动电门接通,发出报警信号。

③ 局部过热

当发动机着火时,往往在局部小范围内温度急剧上升,金属氢化物受热释放出大量氢气,使管内气体压力迅速上升,达到警告值时报警。

④ 复位

当过热和火警消失后,感温管温度降低,氢气被金属氢化物吸收,感温管内部的压力降低,则微动电门自动复位(断开)。

3. 光敏型火警探测器

光敏型火警探测器不是敏感温度,而是感受火焰发出的光线。这种火警探测器比连续型感温环线的安装和维护简单,一般用于小型通航飞机的发动机或发动机吊架的火警探测。

使用时应根据发动机尺寸的大小选择光敏探测器的安装数量。例如,美国西科斯基生产的 S76 和 S92 型直升机的发动机火警探测系统就采用了这种探测器。

碳氢化合物燃料燃烧时产生特定频带的红外线(IR)和紫外线(UV),光敏传感器的基本原理就是探测红外线或紫外线的强度。飞机发动机的燃油燃烧的一个特性是产生 $4.4\mu m$ 的高能级红外线辐射,称为 CO_2 尖峰辐射,如图 3.2-10 所示。IR 探测器用于检测这一特定频带,以降低误报警率。尖峰辐射是由燃料燃烧产生的 CO_2 分子释放的能量引起的。

使用光敏探测器时,需要研究探测器对火的反应速度、探测器安装点的环境温度的影响、引起误警报的原因等,例如探测器如何区分火焰与其他光源。在探测范围内的其他光源的低能级辐射也会引起探测器的误报警,包括闪电、电弧焊、X 射线、太阳光线和热表面等。为了减小误报警,提高可靠性,一般在光敏传感器上安装有光学过滤器,光学过滤器只允许通过波长为 $4.2\sim 4.7\mu m$ 的光。

一种典型的光敏传感器的外形直径为 1in,长 3in,外壳一端是可视孔,另一端是电气插头。当探测器探测到 $4.4\mu m$ 辐射能时产生一个火警信号。光敏传感器的锥形视觉图如图 3.2-11 所示,100% 代表最大探测距离。随着燃烧地点角度的增加,传感器的敏感度降低。

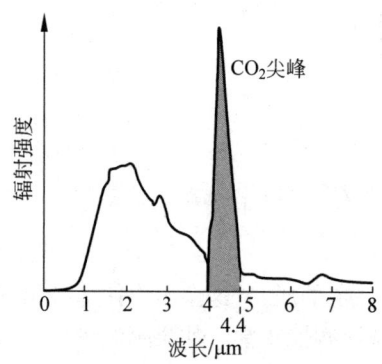

图 3.2-10　CO_2 尖峰辐射

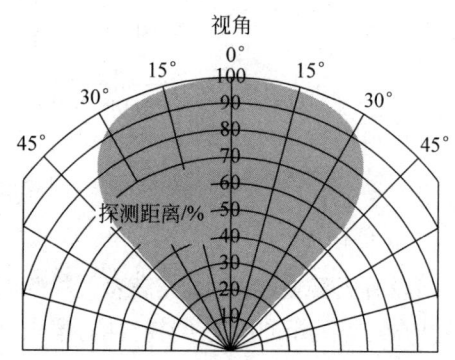

图 3.2-11　光敏传感器锥型视觉图

4. 烟雾探测器

飞机的货舱、电子设备舱及厕所等处都装有烟雾探测系统。烟雾探测系统用来监测货舱等处是否有表征着火征兆的烟雾存在,不同的部位所配备的烟雾探测器也不同。根据不同的探测原理,常见的烟雾探测器类型有一氧化碳探测器、光电式烟雾探测器、离子型烟雾探测器和目测烟雾探测器等。

1) 一氧化碳探测器

一氧化碳探测器用来探测空气中一氧化碳气体的浓度,常用于驾驶舱和客舱的火警探测。在正常时,空气中不含一氧化碳,只有在着火或有烟雾时才会出现一氧化碳。一氧化碳的探测主要有两种方法。

(1) 黄色硅胶指示管

它是一种可更换的指示管,管内装有黄色硅胶(复合钼硅酸盐化合物,并用硫酸钯作催化剂)。当空气中含有一氧化碳时,管内黄色硅胶变为绿色,绿色的深浅与一氧化碳浓度成正比。

(2) 棕黄色纽扣状指示盘

它正常时为棕黄色，遇到一氧化碳后变为深灰色再变为黑色，其颜色变化的时间与一氧化碳的浓度有关。

2) 光电式烟雾探测器

光电式烟雾探测器广泛用于货舱和电子设备舱，它是利用烟雾对光的折射（及吸收）原理制成的。光电式烟雾探测器主要有两种形式：一种是折射式，如图3.2-12所示；一种是比较式，如图3.2-13所示。

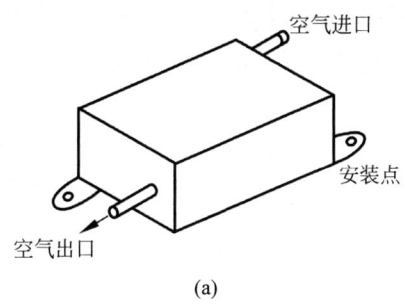

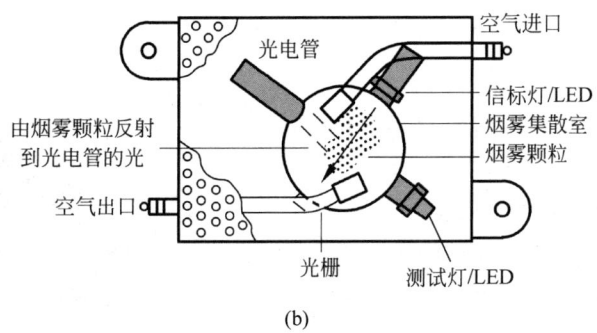

图3.2-12 折射式光电烟雾探测器

(1) 折射式光电烟雾探测器

折射式光电烟雾探测器装在一个密封容器中。密封容器内有一个烟雾集散室，集散室由空气进口管采集舱内空气，再通过一个空气出口管排出，如图3.2-12(a)所示。在烟雾集散室内部装有一个光敏电阻（或称光电管），与光敏电阻的正交方位（或90°）装有一个信标投射灯，与光敏电阻相对的位置装有一个测试灯，用来进行烟雾探测器的测试，如图3.2-12(b)所示。

在系统通电后，烟雾探测器自动工作。由风扇将采样空气通过空气进口管不断送入到烟雾集散室。探测器的信标灯由于系统接通电源而点亮。正常时，信标灯的光束按照光的直线传播原理经过采样空气照射到对面，而照射不到光敏电阻，这时光敏电阻的电阻值大；当有烟雾微粒存在时，由于微粒的折射作用使光线照射到光敏电阻上，使光敏电阻的阻值减少，当达到预定警告值时，监控组件输出信号报警。

早期的光电烟雾探测器使用的光源是低压白炽灯，但由于白炽灯寿命短而降低了探测器的整体可靠性。现代飞机的烟雾探测器大多使用LED作为光源。为了提高灵敏度，有些烟雾探测器还采用激光作为光源。

测试时,只要接通测试电门,使测试灯点亮,光束直接照射到对面的光敏电阻上,使光敏电阻值减小,就能发出报警信号。

(2) 比较式光电烟雾探测器

比较式光电烟雾探测器有两个光敏元件,分别安装在两个集气室内:一个集气室不与着火区相通,是封闭的,里面没有烟雾,作为参考光敏元件;另一个集气室与着火区相通,并由风扇将着火区的空气引入到该集气室。当没有烟雾时,两个光敏元件的电阻值相同,没有警告信号输出。当有烟雾存在时,测量集气室的光敏元件被烟雾遮住了光线,使电阻值升高,当达到预定警告值时,差动放大器输出信号报警,如图 3.2-13 所示。

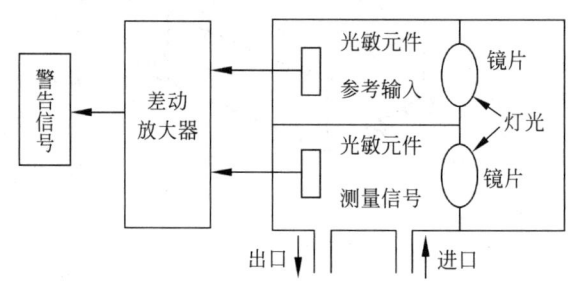

图 3.2-13　比较式光电烟雾探测器原理图

3) 离子型烟雾探测器

离子型烟雾探测器一般用于厕所的烟雾探测,它安装在每个厕所的天花板上。图 3.2-14 所示为离子型烟雾探测器的原理图。

离子型烟雾探测器采用少量的放射性材料,当两极加上电压后使探测器室内的空气电离,这样就会有一定的电流流过探测器。当含有烟雾的空气通过探测器时,烟雾的微小粒子附着在离子上,使离子浓度降低,则通过探测器的电流下降,当电流下降到预定警告值时,发出声光报警。

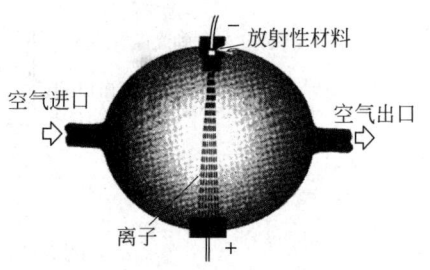

图 3.2-14　离子型烟雾探测器原理图

4) 目测烟雾探测器

早期飞机的驾驶舱内装有一个烟雾观察筒,可以观察到非增压货舱是否有烟雾存在。安装时利用文氏管将货舱的空气引入到观察筒,飞行中需要观察时打开指示灯,如果有烟雾存在,则光线的散射会使灯点亮;没有烟雾时就看不到光亮,这样通过灯的亮暗就可以判断出烟雾是否存在。

3.2.3　飞机火警探测系统举例

1. 发动机火警探测系统

发动机火警探测系统采用双环路连续型火警探测器系统,一般使用电阻型感温环线或气体型感温环线探测器。在每个发动机的不同位置安装有多组双环路探测器,不同型号的发动机,其探测器安装的位置也有所不同。图 3.2-15 所示为 A320 飞机发动机上的火警探测器分布图。一般是在靠近附件齿轮箱附近设置 1 组或 2 组双环探测器,探测由于 IDG 或液压泵的失效和滑油或燃油的泄漏引起的火警;在核心发动机周围安装 1 组或 2 组双环路探测器,主要用于探测热空气的泄漏;在发动机顶部靠近吊架防火墙外侧安装一组双环路探测器,主要用于探测引气管路的泄漏。

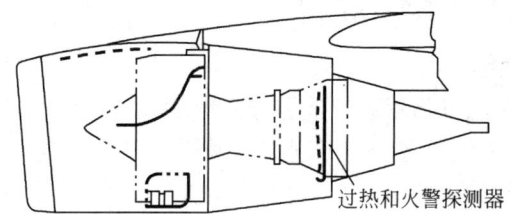

图 3.2-15 发动机火警探测器分布示意图

需要说明的是,发动机每个部位设置的两个探测器环路并排安装在待探测部位,两个探测器环路固定在同一个支撑架上,但两个探测器本身在电气上没有关联,它们的输出信号送入到火警探测器组件(fire detector unit,FDU)后再进行逻辑判断,以确定是否有火警或过热产生,其原理示意图如图 3.2-16 所示。

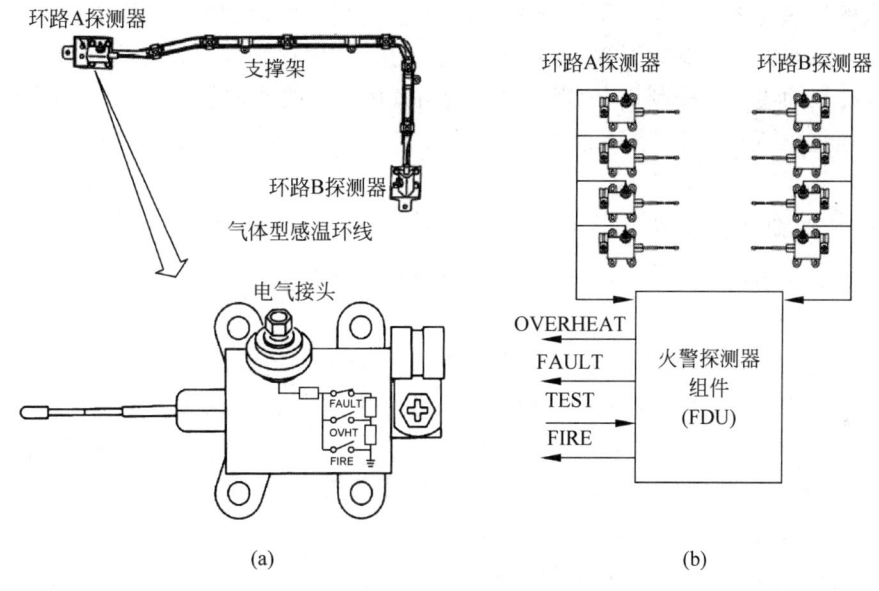

图 3.2-16 双环路火警探测器示意图

当双环路火警探测器探测出火警或过热信号后,FDU 才发出火警报警信号,在驾驶舱产生局部警告信号和中央警告信号。中央警告有红色的主警告灯和连续强烈的警铃,局部警告主要是防火控制板上的红色警告灯,并在 ECAM 或 EICAS 上显示火警信息。当仅有一路发出火警或过热信号时,系统在确定另一路失效并隔离的情况下,发出报警信号,以避免产生假信号。

2. APU 火警探测系统

APU 火警探测系统与发动机火警探测系统基本相同,一般采用单环路探测器(有的机型采用双环路探测器）系统,但探测器的数目和位置有所不同。为了保证驾驶舱无人时APU出现的火警能被及时扑灭,除了在驾驶舱设置有与发动机火警一样的警告信号外,在前轮或主轮舱处还设置有 APU 火警警告系统,包括一个红色警告灯和警告铃声,用于提醒地面维护人员采取紧急措施。当没有驾驶员或地面维护人员的控制时,APU 出现火警后可以自动停车,在某些飞机上还可以自动灭火。

3. 轮舱火警探测系统

在没有单独安装刹车温度指示系统或警告系统的飞机上需要设置轮舱火警探测系统,但某些机型如 B747-400 飞机既有刹车温度指示系统或警告系统,也有轮舱火警探测系统。当有过热刹车的机轮收起到轮舱时,为了防止轮胎受热爆炸,轮舱火警或过热探测系统告诫飞行机组人员采取措施,在飞行中出现报警时一般采用放下起落架的办法来降温或灭火。

轮舱火警探测系统一般采用单环路连续型火警探测器系统,在每个被监测的轮舱内有连续型的单个探测器。当任意一个单独的探测器探测到过热时,在 ECAM 或 EICAS 上和驾驶舱内的控制面板上都有相应的局部警告和中央警告。

4. 气动管道泄漏过热探测系统

为了监测飞机引气管道的热空气泄漏,沿着气动管道都要安装过热探测器。常用的有两种类型的过热探测器:单元型热敏电门式过热探测器和连续型电阻感温环线,可使用单环路或双环路布置。当探测器探测到气动管道过热时,由火警控制器输出报警信号。局部警告出现在气动或空调控制板上,当发动机的引气按钮上的琥珀色故障灯亮时,驾驶员应按下该按钮停止引气;在 ECAM 或 EICAS 上的中央警告也会给出更详细的信息和纠正措施。

5. 货舱烟雾探测系统

货舱烟雾探测系统的要求由货舱的类型决定,所有货舱和行李舱分为 A、B、C、D 和 E 五个等级。

A 类货舱是行李舱或保管舱,不需要火警探测和灭火系统,因为飞行人员可以看到和进入该类型的货舱;B 类货舱是在飞行中可以进入的、通风的下层或上层货舱,需要火警探测系统,可以人工灭火,所以不需要自动灭火;C 类货舱是飞行中不能进入的、通风的下层或上层货舱,需要火警探测系统和自动灭火系统;D 类货舱是小体积的下层货舱,不需要火警探测和灭火系统,因为这个货舱是不通风的,当氧气被消耗后火自动熄灭;E 类货舱是货机货舱,需要火警探测系统,但不需要灭火系统,因为在飞行期间可以进入或停止货舱通风以灭火。

货舱的烟雾探测系统采用双环路布局,由几个烟雾探测器、一个控制组件和货舱火警控制板组成。在货舱烟雾探测系统中,每个货舱中烟雾探测器的数量由货舱的尺寸决定,通常在前货舱有两个探测器,后货舱有三四个探测器,如图 3.2-17 所示。

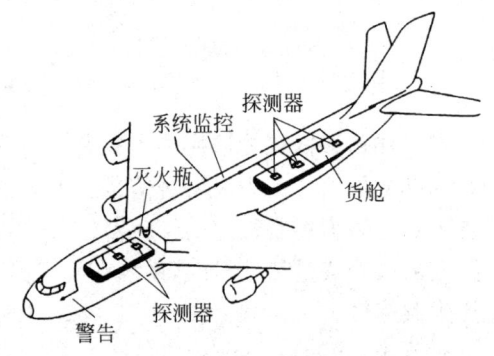

图 3.2-17 货舱烟雾探测系统图

6. 厕所烟雾探测系统

厕所需要烟雾探测系统,用于当废弃物燃烧或者设备超温时,触发警告通知机组人员并开始自动灭火。在厕所顶部天花板上有一个烟雾探测器,当烟雾探测器探测到烟雾时,警告灯亮,警铃响。中央警告位于乘务长和乘务员位置,同时在 ECAM 或 EICAS 上也有警告信息。

7. 电子舱烟雾探测系统

电子舱烟雾探测系统不是必需的,但能帮助机组人员快速判断烟雾源。电子舱烟雾探测系统的烟雾探测器通常安装在设备冷却管道出口,烟雾探测器收集出口空气,当触发警告时,驾驶舱中电气面板上的烟雾灯变为琥珀色,并在 ECAM 或 EICAS 上显示警告消息。

3.2.4 火警探测系统的检查与维护

对飞机火警探测系统的检查要按照工卡规定的程序执行,其维护应按照维护手册或制造厂家的说明书进行。检查和维护中应注意的几个问题列举如下:

(1) 检查火警探测器的螺帽有无松动或保险丝有无断开,松动的螺帽应该重新拧到规定的力矩值。

(2) 火警探测器的尺寸一般都较小,与其他部件之间的间距不大,特别是安装在发动机本体或整流包皮上的感温环线,要经常检查其是否有固定松动、磨损或结构损坏的现象,检查探测器环线的定位和夹紧是否正确,固定不好可能会导致振动而断裂,如图 3.2-18 所示。

(3) 对感温环线来说,制造厂对环线表面的凹痕和弯折的容许值及外形平滑度都有明确的规定,不要企图矫正任何容许的凹痕或弯折,这样做可能使环线产生应力集中而引起损坏,如图 3.2-19 所示。

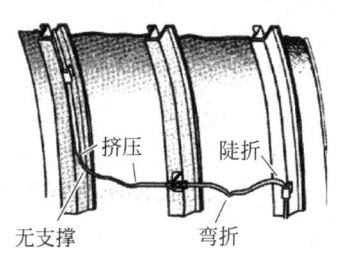

图 3.2-18 感温元件的松动和摩擦

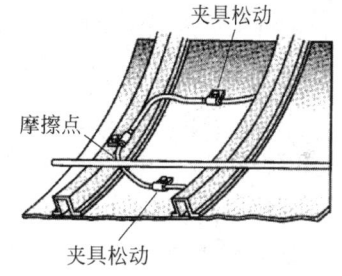

图 3.2-19 感温元件的损伤

(4) 在感温环线上应安装垫圈以防止环线与夹子之间的摩擦,如图 3.2-20 所示。

(5) 热电偶托架腐蚀或损伤后,应及时更换;更换时注意标有"+"号的导线与热电偶探测器上的"+"端应连接正确。

(6) 在修理、更换零件之后和每次飞行前都应按照工卡进行测试,保证系统始终处于良好状态。

(7) 探测器元件应保持在厂家提供的包装袋内,并

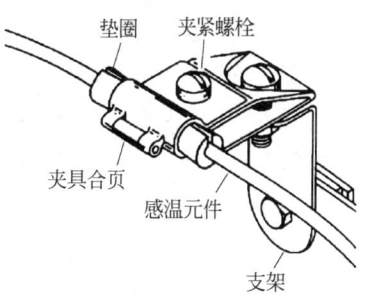

图 3.2-20 感温元件的夹子和垫圈

存放在背光通风处的架子上,以防止潮湿或腐蚀性烟雾。

3.3 飞机灭火系统

3.3.1 火的种类和灭火方法

1. 燃烧三要素

当任何物质在剧烈氧化反应的同时发出光、热、气体和烟雾时,就表明发生了燃烧。燃烧的三个要素是燃料、氧气和热源,如图3.3-1所示。

燃料——在常温或某一高温下,任何物质只要能与氧化合,产生大量的热量,那么这种被消耗掉的物质就称为燃料,例如木材、燃油和铝合金等。

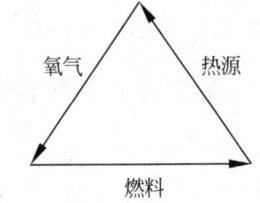

图 3.3-1 燃烧的三要素

氧气——氧气在燃烧过程中是不可缺少的物质,氧气通过氧化过程与另一些物质进行化合。

热源——起始引火。热源将有关物质加热到燃点温度,在此温度下,燃烧可以进行得足够快速而不需要再从外界获得热量。

2. 灭火的基本途径

防火的手段是使燃烧三要素的条件得不到满足,以避免火灾。而灭火则是一旦着火时,迅速而有效地消除或减弱燃烧三要素中的一个或两个条件,使燃烧停止。

灭火通常都要使用灭火剂,各种灭火剂的灭火机理基本相同,主要是从以下三个方面来消除或降低燃烧的三个要素。

(1) 隔离氧气。

(2) 物理冷却。利用物理的方法使燃烧物的温度降低到燃点以下。

(3) 化学冷却。利用灭火剂化学反应生成的物质阻隔热量的传递,使未燃物与已燃物隔离开。

3. 火的种类

根据燃料的不同,火可以划分成不同类型,并以此来决定灭火方法。美国、欧洲和澳大利亚有多种划分方式,典型的划分方法与我国的国家标准 GB/T 4968—2008《火灾分类》的新规定相同,据此火灾可分为六类。

A 类火:指固体物质或有机物的燃烧,如木材、布料、纸、装饰物等。

B 类火:指易燃液体或可熔化的固体物质的燃烧,如石油、滑油、溶剂、油漆、甲醇等。

C 类火:指易燃气体的燃烧,如液化石油气、天然气、煤气、甲烷等。

D 类火:指金属的燃烧,如镁、铝、铜、铁、铝镁合金等。

E 类火:指电气设备的燃烧,如用电设备短路而引起燃烧等。

F 类火:指食用油类的燃烧,如动、植物油脂等。

4. 灭火剂

根据不同的火源特性,常用的灭火剂主要有卤代烃、干粉、惰性冷却气体和水。

1) 卤代烃(氟利昂)灭火剂

卤代烃灭火剂是飞机和地面上广泛使用的灭火剂。其优点是适用于熄灭 A、B、C、E 和 F 类火，低毒，灭火后无残留物。但由于氟利昂会破坏地球表面的臭氧层，从 1994 年开始地面上已不允许使用，但在飞机灭火系统中可以使用，直到有代替物为止。

卤代烃的灭火机理是：卤代烃本身、卤代烃与比如燃油燃烧生成的物质进行化学反应所生成的新物质，都具有阻止热量传递的作用，这种效应称为"化学冷却"或"能量传递中断"。这种阻隔作用相当于将未燃烧的部分燃料与燃烧处隔离开，使灭火更为有效。

在飞机上主要使用两种类型的卤代烃灭火剂：Halon1301 和 Halon1211。Halon1301 的化学名称是三氟溴甲烷($CBrF_3$)，简称 BTM，具有灭火效果好、在常温下无毒、无腐蚀作用的优点，但成本较高。BTM 的沸点大约是 $-60℃$，以加压液态形式储存在强度大的灭火瓶内，多用于固定式灭火瓶中。Halon1211 的化学名称是氯二氟溴甲烷($CBrClF_2$)，简称 BCF，灭火效果很好，在常温下有轻微毒性，灭火后无残留物，沸点大约是 $-4℃$，以加压液态形式储存在灭火瓶内，常用于手提式灭火瓶。

2) 干粉灭火剂

干粉灭火剂采用干燥的化学粉末进行灭火，干粉又分为碳酸氢钠和磷酸铵盐两种灭火剂。碳酸氢钠灭火剂用于扑救 B、C 类火灾；磷酸铵盐灭火剂用于扑救 A、B、C、E 类火灾。干粉灭 D 类火后，有的干粉残留物对铝等金属有腐蚀作用，应注意清除。在实际应用中，干粉特别适用于飞机轮舱刹车片的灭火。

在实际使用中，干粉灭火剂主要用在飞机机库和工厂中，在飞机上只限于货舱使用，不能用于驾驶舱和客舱灭火，否则清除残留物的难度很大。残留物会沉积在透明体和仪表表面，严重影响能见度。干粉灭火剂是非导电体，残留物会使触点和开关工作不正常，因此也不用于电器设备的灭火(E 类火)。

干粉灭火的机理是粉末受热后释放出 CO_2 气体，由于 CO_2 气体比空气重，因此沉积在燃烧物表面，将氧气隔离开，同时也具有分解吸热冷却的作用，可以使火焰迅速熄灭。

3) 惰性冷却气体灭火剂

二氧化碳(CO_2)和氮气(N_2)是两种很有效的惰性冷却气体灭火剂，它适用于灭 A、B、C、E 和 F 类火。

常温下 CO_2 为气态，经加压(700～1000psi)后以液态的形式储存在灭火瓶内。喷射时 CO_2 吸热变为气态，具有降低燃烧物表面温度的冷却作用。释放出的 CO_2 在转化为气态时体积膨胀约 500 倍，可以冲淡燃烧物表面的氧气。CO_2 的密度约为空气的 1.5 倍，可在燃烧物表面形成覆盖，从而起到隔离氧气的作用。CO_2 无毒性，不导电也不污染灭火区，主要用于电气设备的灭火。

使用 CO_2 灭火剂灭火时，必须注意以下几点：一是在封闭的房间中，若人员过多地吸入 CO_2，可能引起窒息和死亡；二是因为 CO_2 灭火剂的释放温度大约为 $-70℃$，因此不能把灭火器对准人喷射，以防造成伤害；三是使用 CO_2 灭火器时必须配备一个非金属的喷管，因为灭火瓶内释放出的 CO_2 在通过金属管时会产生静电，会重新点燃起火，同时若喷管与带电体接触，则由于金属导电而危及使用人员的安全。

氮气(N_2)通过冲淡氧气和隔离氧气的方法灭火。由于液态 N_2 提供的温度更低，并且 N_2 提供的冲淡氧气的容积几乎等于 CO_2 的 2 倍，因此 N_2 作为灭火剂更有效。N_2 的缺点是必须以液态储存,需要特殊的储存和管路设备,设备的特殊性和重量使得只有在大型飞机上才有可能使用N_2灭火剂。

4)水或泡沫水类灭火剂

水或泡沫水类灭火剂只适用于熄灭A类火,水的主要缺点是具有导电性,现代飞机上很少采用。水灭火的机理是具有湿润和冷却作用。

5. 火的种类与相应的灭火剂

火的种类不同,所采用的灭火剂也有所不同,如表3.3-1所示。

表3.3-1　灭火剂种类

火的种类	可采用的灭火剂	禁止使用的灭火剂
A类	卤代烃、干粉、惰性冷却气体、水	
B类	卤代烃、干粉、惰性冷却气体	水
C类	卤代烃、干粉、惰性冷却气体	水
D类	干粉	水、CO_2
E类	卤代烃、干粉、惰性冷却气体	水
F类	卤代烃、干粉、惰性冷却气体	水

6. 飞机上常用的灭火方式

飞机上配有若干手提灭火器,在飞机的各重要部位安装专用的灭火系统。

根据飞机火警部位的不同,需要采用的灭火方式也不同。通常采用的灭火方法有:①自动报警自动灭火;②自动报警人工灭火;③迫降自动灭火;④自动喷射灭火;⑤手提灭火瓶灭火。

3.3.2　手提式灭火器

1. 手提式灭火器的使用

手提式灭火器用于飞机舱内的灭火,当客舱或驾驶舱着火时,机组人员用手提灭火瓶灭火。通常根据需要在飞机的客舱(靠近乘务员座椅处)、驾驶舱、货舱和电子设备舱配备一定数量的手提式灭火器。图3.3-2所示为飞机上的卤代烃灭火器。

手提式灭火器内的卤代烃灭火剂是Halon1211(BCF),气体压力大约为100psi,通过灭火器上的压力表可以检查正确的压力(应位于深色范围内)。平时手提式灭火器安装在托架上,使用时必须通过按压手柄来释放灭火剂,灭火范围可达到4m,大约6s后灭火瓶释放排空。

在飞机上的B或E类货舱的货舱门上也可以找到灭火器。与客舱使用的灭火器相比,货舱的灭火器重量大并备有用于喷嘴的释放软管,为了达到货舱内所有区域,也可以使用货舱延伸管。

不论哪种灭火器都是由不锈钢瓶、灭火剂和喷射组件组成,平时灭火器锁定保险,以防误喷射。使用手提式灭火器时,必须先拉

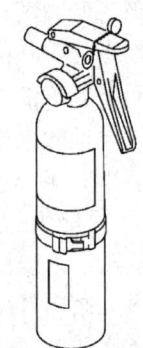

图3.3-2　手提式灭火器

开安全销,对准着火区域后按压释放手柄。货舱使用的手提式灭火器有一个释放软管,拉开安全销后,灭火剂被释放到软管喷嘴,最后按压软管喷嘴上的释放手柄,灭火剂被释放到着火区域。

2. 手提式灭火器的检查

飞机上的手提式灭火器必须定期检查,检查内容主要包括:目视检查灭火器和支撑架有无损坏;检查需要全面检修的日期;检查灭火器是否释放过。

在灭火瓶的标签上都标有有效期和其他附加信息,包括灭火剂类型、使用方法和瓶的重量,灭火瓶到期后必须予以更换。当灭火瓶上的压力指示不正确或安全销安装不正确时,必须将灭火器换下并对其进行维护。

3.3.3 飞机重要区域的灭火系统

1. 灭火系统组成

在飞机的发动机、APU、货舱和厕所都安装有固定灭火系统,所有灭火系统的操作方法和主要部件基本相同。主要部件有灭火瓶、带释放爆管的释放活门、带喷嘴的管子、灭火系统控制和监测电路。

典型的固定式灭火瓶由瓶体、压力表、易熔安全塞(释压活门)、易碎片、释放爆管(爆炸帽)、滤网、电插头和排放活门等组成,如图 3.3-3 所示。

(1) 灭火瓶体

灭火瓶一般采用球型不锈钢容器,瓶内装有用 N_2 加压的液态灭火剂 Halon1301(BTM),在 20℃ 时压力大约是 600psi,用于提供足够的压力以确保完全释放灭火剂。灭火瓶的大小和重量由使用区域的空间来决定,用于货舱的灭火瓶大约是 20kg 或更大,用于发动机上的灭火瓶大约是 10kg,用于 APU 上的灭火瓶大约是 5kg。

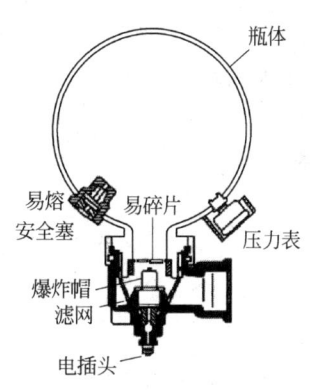

图 3.3-3 固定式灭火瓶

当灭火瓶附近有破裂的引气管道或火警时,灭火瓶内的压力会随温度的升高而增加,为了防止灭火瓶超压而爆炸,所有的灭火瓶都有超压释放功能。当灭火瓶的喷射嘴与热源位于同一舱时,如货舱或在某些飞机的发动机处,释放活门内的易碎片就具有超压释放功能。当灭火瓶内的压力达到大约 1700psi(大约是正常压力的 3 倍)时,易碎片破裂,灭火剂通过喷射嘴释放到货舱或发动机。当灭火瓶与喷射嘴不在同一个舱内时,如 APU 的灭火瓶,瓶体上装有一个超压释放活门,当温度超过安全值时释压活门内的热保险熔化,灭火剂通过机外释放管释放,将覆盖在释放口上的红色指示盘吹落,同时驾驶舱内火警控制板上的琥珀色灭火瓶释放灯点亮。红色指示盘的消失表示灭火瓶发生了热释放。

某些飞机在靠近红色指示盘处还有一个黄色指示盘。当灭火瓶通过喷射嘴释放时,黄色指示盘被活塞推开,封住了灭火剂到机外的通道。当黄色指示盘消失时,表明灭火瓶中的灭火剂已经由于灭火而释放掉,如图 3.3-4 所示。

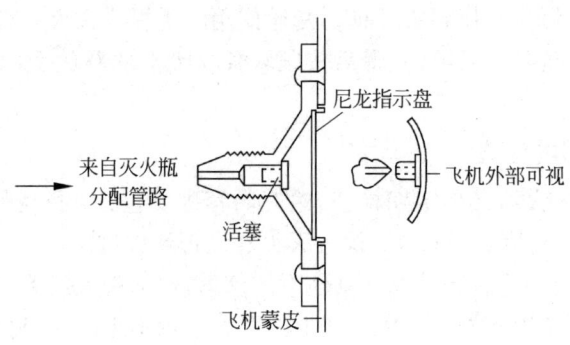

图 3.3-4 灭火瓶释放外部指示

(2) 释放活门

为了使用储存在灭火瓶内的灭火剂,灭火瓶上安装有释放活门及释放活门内的一个电控释放爆管。通常一个灭火瓶上安装有一个释放活门,但为了满足一个灭火瓶给不同区域实施灭火的要求,一个灭火瓶上也可能有 2 个或 3 个释放活门,如图 3.3-5 所示。所有的释放活门都有同样的功能和组件,在释放活门中心有一个装有爆炸帽(内有约 400mg 炸药,属于 C 类爆炸物)的释放爆管。当释放爆管通电爆炸时,释放活门内的易碎片破裂,灭火剂通过破裂的易碎片喷出灭火瓶释放。在释放活门内装有一个滤网,用于挡住破裂的易碎片,以防止灭火剂被堵住。

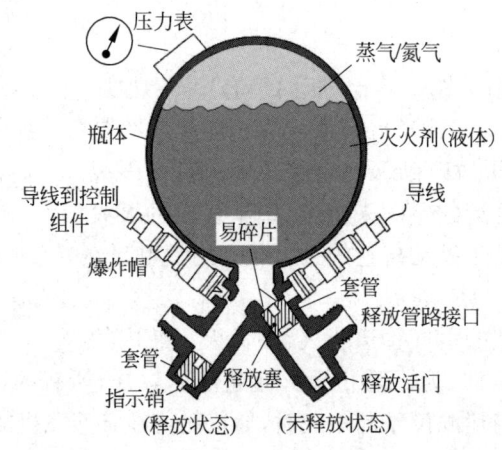

图 3.3-5 有两个释放活门的固定式灭火瓶

为了确保爆炸帽电路供电的可靠性,飞机上都是由与电瓶正端直接相连的热电瓶汇流条供电。因此,当按下灭火按钮或拉起灭火手柄后,若再按下灭火瓶释放按钮或旋转灭火手柄,灭火瓶将释放。只有断开爆炸帽线路上的跳开关,才能防止这种情况的发生。许多灭火瓶释放爆管安装有两个爆炸帽,且每个爆炸帽都设有独立的点火电路和跳开关,以防止由于一个爆炸帽电路断路而导致灭火瓶不能正常释放。

在地面维护时必须断开两个可能安装在不同配电板上的跳开关,以防止引爆爆炸帽。但两个点火电路都有可能出故障,因此所有的灭火系统都有爆炸帽测试电路,用于测试爆炸帽或点火电路是否失效。

2. 发动机灭火

多数发动机采用自动报警人工灭火方式,也有的发动机采用自动报警自动灭火和人工灭火两组装置。发动机灭火系统包括灭火瓶、喷射导管和灭火控制组件。

一般波音系列飞机的发动机灭火系统配置为双喷射交叉灭火方案,也称为"二次作动"系统,这种配置的特点是可以将两个灭火瓶内的灭火剂释放到同一台发动机上,如图3.3-6所示。

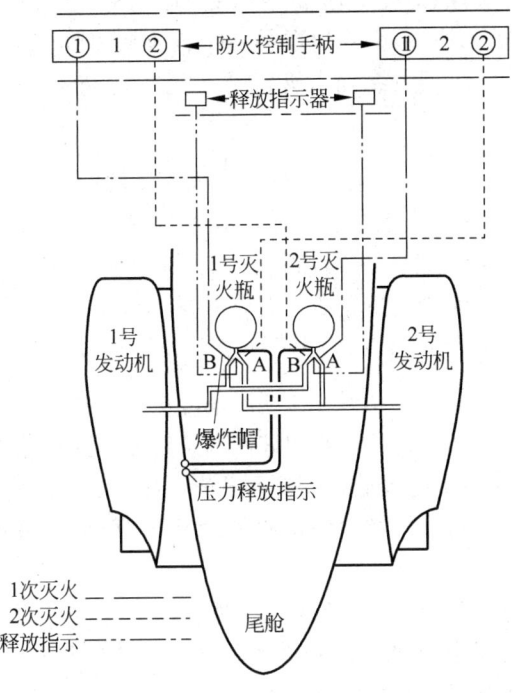

图 3.3-6 波音系列飞机的发动机灭火系统示意图

在波音系列飞机(如 B737、B757、B777)的发动机吊架上可以找到两个并排放置的发动机灭火瓶。这种灭火瓶有两个释放活门,用释放爆管控制其喷射。例如,1号发动机着火时,先用1号灭火瓶灭火,如果火还没有熄灭,再用2号灭火瓶灭火,这样就不需要在每一台发动机上配置两个灭火瓶。但空客系列的飞机如 A320 就不是这样,它的每侧发动机都安装有两个灭火瓶,两侧的灭火系统相互独立。

现代燃气涡轮发动机不管采用灭火按钮还是灭火手柄控制,灭火步骤基本类似,都采取两步操作来实施灭火。

第一步:灭火准备

当机组人员打开安全防护盖,提起灭火手柄(或按压灭火按钮)后,系统将自动完成下列灭火准备工作。

(1) 关闭燃油关断活门,停止向发动机供油;

(2) 关闭发动机引气活门,停止向空调系统供气;

(3) 反推活门抑制,停止反推;

(4) 关闭液压油关断活门;

(5) 断开发电机励磁,并断开发电机向外供电通道(GCR、GCB均跳开);

(6) 灭火电路准备好(由两个爆炸帽的灯亮表示);

(7) 中央警告系统得到一个信号并修改在ECAM或EICAS上的显示。

第二步:实施灭火

当向左(或向右)转动灭火手柄,或者按压灭火瓶释放按钮后,热电瓶汇流条上的28V DC经手柄电门(或按钮)的触点引爆爆炸帽,爆炸帽炸开易碎片,使灭火剂喷射灭火,灭火控制板上的琥珀色灭火瓶释放灯亮。通常一个灭火瓶的释放可以熄灭一台发动机的火警,如果30~60s后火警灯仍未熄灭,必须引爆另一个灭火瓶爆炸帽,再次进行灭火,完成交叉提供灭火剂灭火的全部程序(波音系列飞机)。

3. APU灭火

APU灭火瓶安装在APU防火墙前面的安定面配平舱内,APU灭火在驾驶舱的操作与发动机灭火一样。当飞机在地面上且驾驶舱没有人时,有些飞机的APU还可以自动灭火。APU火警警告后,APU自动关闭,3s后启动自动灭火系统。APU在地面也可以进行人工灭火,地面灭火控制板位于前轮或主轮舱位置。其操作程序是打开灭火手柄,使灭火电路准备好(包括关断APU供油,停止供气、发电等),然后按下释放按钮。

4. 货舱灭火

C类货舱需要灭火系统,当飞机上的烟雾探测系统探测到货舱火警时,在短程和中程飞机上通常有可以向前或向后货舱释放的固定灭火瓶,灭火瓶通过货舱顶部的喷嘴释放。提起灭火手柄(或按压灭火按钮)后,货舱停止通风,关闭通风活门,并停止风扇的运转,将货舱与飞机其他区域隔离,以防止串烟。

远程飞机上一般配置高速释放和低速释放两个灭火瓶系统,灭火系统示意图如图3.3-7所示。当发生火警时,先用高速释放灭火瓶短时间内灭火,但在远程飞机上规定的180min着陆时间内,由于货舱的渗漏,释放出来的灭火剂的浓度随着时间慢慢降低,因此还需要使用第二个低速释放灭火瓶,以补充灭火剂浓度的不足。当按下释放按钮时,高速释放灭火瓶的灭火剂立即释放,第二个低速释放灭火瓶在几分钟后缓慢释放。在第二个灭火瓶的释放管中有一个流量控制活门,通过降低流量以保证大于

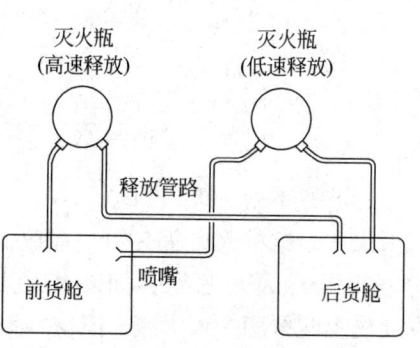

图3.3-7 货舱灭火系统

180min内的灭火剂浓度不降低,补偿由于货舱渗漏而引起的灭火剂浓度的减小,以确保可靠灭火。

5. 厕所灭火

厕所灭火系统是为了扑灭废纸箱里的火而设置的,该系统是完全自动的。在每个厕所里都配有由一个灭火瓶和两个易熔敏感元件组成的灭火瓶组件,一个易熔敏感元件感受废纸箱内的温度,另一个感受洗手盆下的温度。当这些区域的温度超过规定温度值(大约80℃)时,易熔焊料熔化,使得灭火瓶内的灭火剂自动喷射而实施灭火。

若灭火瓶上的压力指示低于绿色范围,则表明厕所灭火瓶已经释放。有的灭火瓶上没

有压力指示,这就需要观察废纸箱处内壁板上的一个带状温度敏感指示盘,当发生火警后,温度指示盘由灰色变为黑色。黑色的温度指示盘表明灭火瓶已释放过,维护时必须把灭火瓶拆下做重量检查,重新充填灭火剂,如图 3.3-8 所示。

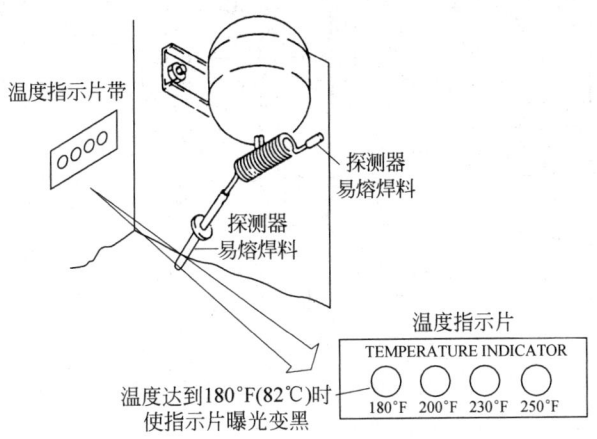

图 3.3-8　厕所灭火系统

如果厕所出现的火警不在废纸箱处,则烟雾探测器报警,需要由乘务人员用手提灭火瓶灭火。

3.3.4　灭火系统的维护

灭火系统的维护工作,主要包括如下项目:
(1) 灭火瓶的检查和灌充;
(2) 爆炸帽和排放活门的拆卸与安装;
(3) 喷射管路渗漏和电气导线连续性测试等。
更详细、更具体的检查要求和方法,需要按照维护手册或制造厂家的说明书进行。

1. 灭火瓶的维护

定期检查灭火瓶的压力,以确定灭火瓶的压力是否在制造厂所规定的最小极限压力和最大极限压力之间。所有灭火瓶上都有压力电门,当灭火瓶的压力减小到正常压力的 50% 以下时,驾驶舱控制板上的灭火瓶低压灯亮。每次飞行前,都要在驾驶舱内查看防火控制板上的琥珀色灭火瓶释放灯是否点亮。有些灭火瓶上有压力计,但在检查灭火瓶内的压力时必须考虑到灭火瓶内的压力是随温度变化的,因此需要根据图 3.3-9 所示的温度压力图表来确定灭火瓶内的压力是否正常。通过按压灭火瓶上的压力电门或使用一个六角扳手旋转灭火瓶上的压力电门,使驾驶舱火警控制面板的灭火瓶释放灯亮,可以检查灭火瓶的压力检测指示电路是否正常。

灭火瓶需要定期检查其重量(大部分在 C 检中检查),称重时应拆下灭火瓶上的释放活门,如称得的灭火瓶重量与标签上相同,则说明灭火瓶没有泄漏;如果实际重量与标签上的重量不同,则说明灭火瓶已经释放(热释放或灭火释放)或泄漏,需要填充灭火剂。当周围环境温度变化时,灭火瓶的压力也会变化,但要符合图 3.3-9 所示的温度-压力曲线。如果压力不在曲线极限值内,该灭火瓶就需要更换。

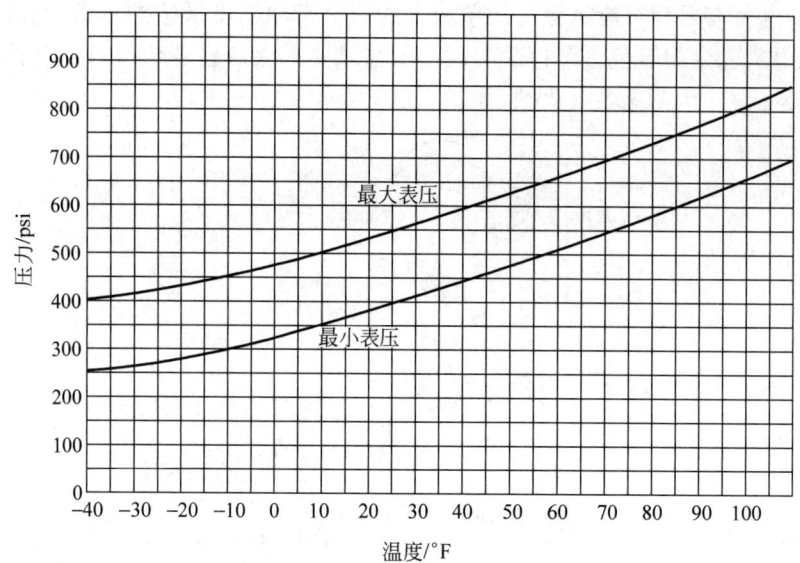

图 3.3-9 灭火瓶温度-压力关系曲线

灭火瓶内的易碎片非常薄,大的震动和撞击都有可能使其破裂,导致灭火剂的不正常释放,因此在拆卸释放活门和搬动灭火瓶时必须非常小心。灭火瓶释放爆管内的爆炸帽都有使用寿命,应当严格按照使用寿命时限的要求及时更换到期的爆炸帽。灭火瓶体上的日期为释放爆管的安装日期,释放爆管安装在灭火瓶上的使用期限大约是 6 年,而释放爆管上的日期是释放爆管的制造日期,释放爆管的最大储存期和使用期限大约是 10 年。

释放爆管内的爆炸帽由于静电产生的火花可能产生意外爆炸,会使维护人员受到伤害,因此只有取得处理 C 类爆炸物执照的维护人员才能处理释放爆管。在维护时,当把释放活门从瓶上拆下或把灭火瓶从飞机上移开之前,都必须拆除释放爆管。拆除释放爆管的正确方法是在驾驶舱断开爆炸帽的跳开关,拧下电源插头,戴上合适的静电防护帽,用手慢慢拆下,最后要使用合格的容器储存和运输释放爆管。更换爆炸帽和释放活门必须小心,要严格按照维护手册的程序进行。不论何种原因拆下爆炸帽后,都不能错装,否则可能会造成触点接触不良。

2. 灭火瓶爆炸帽导线连续性检查

爆炸帽电路的连续性检查在驾驶舱的防火控制板上进行,这也是每次飞行前规定的必检项目。爆炸帽测试可以与火警测试使用同一个测试按钮,也可以使用一个独立的爆炸帽测试板。在这两种情况下,按住测试按钮,若测试灯亮则表明测试合格,测试灯不亮就表明爆炸帽线路断路。为了防止爆炸帽被误引爆,测试电流是非常微弱的,爆炸帽测试灯也是由测试电流点亮的,因此在更换测试灯灯泡时必须非常小心,一定要采用同型号灯泡,不同的灯泡有可能导致引爆爆炸帽。

3. 灭火后的处理

灭火后,必须依据手册尽快清洁残留物,以防止造成腐蚀和污染。

第4章

防冰和排雨系统

4.1 结冰的形式及其危害

4.1.1 飞机结冰的危害

当飞机在大气中飞行时,只要遇到高湿度和负温(或低温)两个条件,就可能结冰、结霜或起雾等。结冰对飞机性能及效率的影响是多方面的,有时甚至是灾难性的。结冰会降低飞机的飞行性能,改变飞行特性,增加飞机的重量,限制飞机操纵面的活动范围,大气数据探头结冰会导致仪表误差,还可能会造成发动机外来物损伤、喘振,甚至失效的后果。飞机在冬季运行中很多部位都会形成积雪和结冰,当冰层脱离开结冰部位后,会随着气流吹向飞机的尾翼,造成尾翼前缘损坏。对后置发动机的飞机来说,更容易受到外来物的损坏。霜虽然不会改变机翼的基本空气动力外形,但其粗糙的表面会降低空气流速,使气流在机翼表面过早地分离,造成升力下降。冰或雨水积聚在风挡玻璃上还会影响飞行人员的视线。

螺旋桨的结冰部位一般在桨叶根部,这时即使加大油门,也会使螺旋桨的效率降低。更危险的是桨叶不均匀结冰,会造成螺旋桨的不规则振动,这种振动不仅限于螺旋桨本身,而且还会使发动机固定架因振动而变形损坏。较大动能和质量的冰层从螺旋桨表面脱落后,还可能损坏飞机的蒙皮、座舱玻璃和其他结构部件。

下面以飞机机翼结冰为例,简要分析结冰对飞机性能的影响。

从《空气动力学》及飞机的结构知识可知,飞机在飞行时,应保持飞机机身和机翼及尾翼的外表面是清洁和光滑的,这时在空气气流的作用下,在机翼和尾翼上可以获得很大的升力,如图 4.1-1(a)所示。

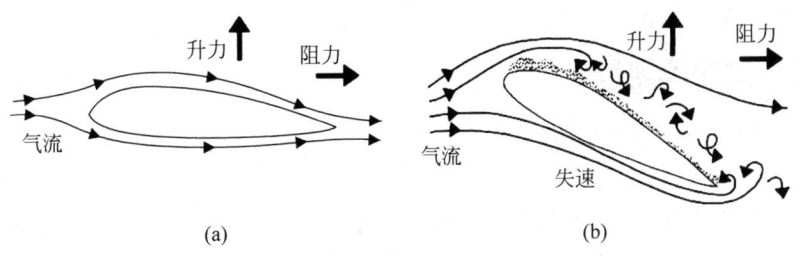

图 4.1-1 结冰对升力的影响

当飞机外表面结冰、积雪或结霜时,会使飞机的气动外形发生变化,飞机升力表面上的黏附物将导致气流分离,造成飞机的阻力增加,升力下降,严重时还引起飞机失速和瞬间的反常上仰,如图4.1-1(b)所示。这样将导致飞机的飞行性能大大下降,特别是在飞机起飞上升时,使得飞行的姿态难以控制,严重时甚至会造成空难。

大量的试验表明,在机翼上表面上每平方厘米有直径为1~2mm的冰冻污染物颗粒(相当于盐颗粒的大小)时,能造成升力减少33%。当然,对不同型号的航空器,上述数据有所不同。但当飞机表面被大量的冰、雪、霜等污染物覆盖的时候,会严重影响飞机的升力和飞行性能。即使没有造成严重事故,也会使飞机的安全性下降。尤其是对于小型航空器来说,更应及时清除飞机表面的污染物。试验证明,航空器越小,黏附的污染物对航空器的升力和飞行性能的影响越严重。

表4.1-1列举了飞机容易受恶劣气象条件影响的可能部位、主要危害和防护措施。飞机上需要防冰的典型部位如图4.1-2所示。

表4.1-1 飞机不同部位结冰的危害及其防冰措施

飞机部位	影响形式	主要危害	防护措施
机翼前缘	冰、雪或霜	破坏机翼剖面形状,增加阻力,降低升力	气热能、机械能或化学防冰*
发动机进气道	冰、雪或霜	影响进气量,损害发动机	气热能防冰
螺旋桨桨叶和桨毂	冰、雪或霜	破坏桨叶平衡,导致抖振,危害机身结构;破坏桨叶剖面形状,增加阻力,降低拉力	电热能或化学防冰*
垂直安定面和水平安定面前缘	冰、雪或霜	破坏机翼剖面形状,增加阻力,降低升力	气热能、机械能或化学防冰*
风挡玻璃	冰、雪、霜或雾	降低风挡玻璃抵抗冲击破坏的强度,降低透明度,影响机组视线	电热能、气热能或化学防冰*
风挡玻璃	雨水		刮水器、厌水涂层或排雨液
探头	冰、雪或霜	造成探头堵塞及探测数据失真	电热能防冰
供水和排放系统管道	冰	造成管道堵塞和爆裂	电热能防冰

注:* 化学除冰法通常仅用于飞机的地面除冰。

在实际使用中,采取了防冰和除冰两种方式:防冰是在探测到结冰条件后接通防冰系统,以防止冰的形成;除冰是在探测到存在结冰后接通除冰系统,通过热气或电热将冰除去。防冰系统多用于涡扇飞机,除冰系统多用于涡桨飞机。现代飞机大多采用热空气和电热防冰两种主要形式。图4.1-2所示为飞机防冰的典型部位。

4.1.2 结冰的机理

大气的主要成分是氮气和氧气,除此以外,还包含有一些水汽和固体、液体的微粒杂质。大气中的水汽并不多,最多时也只占大气的4%。

当大气中的水汽遇冷时,水汽便开始凝结为水,并从空气中析出。析出后飘浮在空中的微小水滴称为雾,附着在固体凝结核上的称为露。水汽开始凝结为水的温度称为露点温度。空气中析出的水滴数量主要取决于水汽的饱和度,也与气压的高低有关。

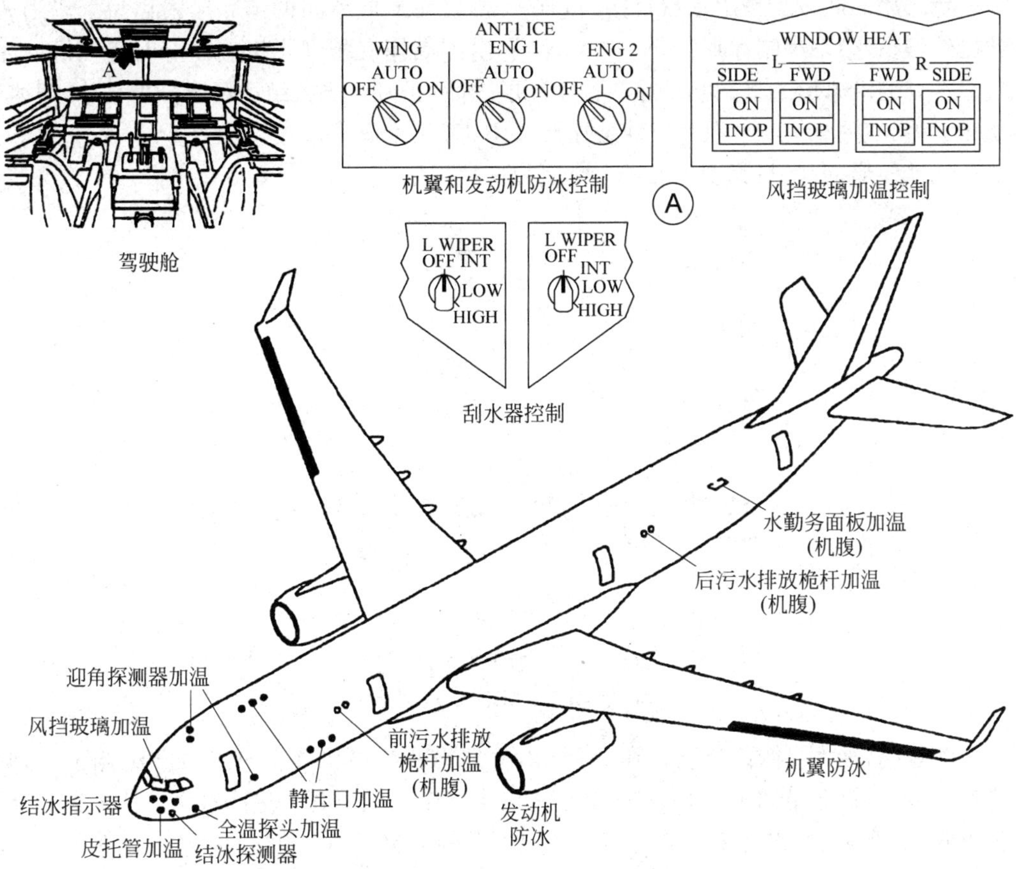

图 4.1-2　飞机防冰排雨系统典型部位

当空气中无数微小的水滴凝聚在一起,或遇到了微粒杂质并附着在它上面时,它们便形成了体积更大的水滴。当水滴进一步降温至冰点并遇到了凝结核时,就可以进一步冻结为冰。而有的水滴虽然温度降至低于冰点,但仍然以液体的形式存在,称之为过冷却水或过冷水。在负温的云层或冰雹云中,含有大量的过冷水滴。过冷水滴一旦遇到凝结核,便立即凝结为冰。水汽在碰到足够冷的凝结核时也可以直接凝华为冰晶,此时可称为霜或雪。

当冰、雪和霜加热至熔点时,便融化为水,或者当热源能够提供足够的热量时,它们也可以直接升华为水汽。水的三种状态转化示意图如图 4.1-3 所示。

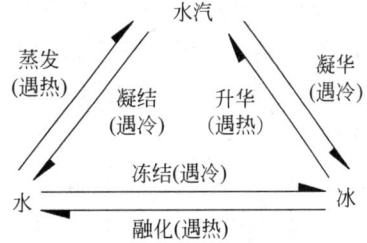

图 4.1-3　水的三态及其转换

4.1.3　飞机结冰及其形式

当飞机在一定高度内飞行时,飞机表面突出的部位如机翼和尾翼的前缘、发动机进气口、螺旋桨、天线、雷达罩、大气数据探头及风挡玻璃等外露的部位便足够冷,很容易成为冰的凝结核。如果此时空气中有过冷水、水和水汽存在,则当它们撞击到飞机上述部位时,就容易冻结为冰或凝华为冰晶。通过冻结由过冷水或水撞击在飞机表面形成冰层的结冰形式称为滴状结冰。通过凝华由水汽直接附着在飞机表面形成冰晶的结冰形式称为凝华结冰。除此之外,还有第三种结冰形式——干结冰,它由冰晶体沉积到飞机表面上而使飞机结冰。飞机上常见的结冰形式是滴状结冰。按照冰层表面的外形,飞机结冰可以分为毛冰、明冰和角状冰三种,如图 4.1-4 所示。三种结冰形式中,角状冰危害最大,因为它不但严重破坏了飞机的气动外形,而且与翼型表面结合牢固,难以脱落。

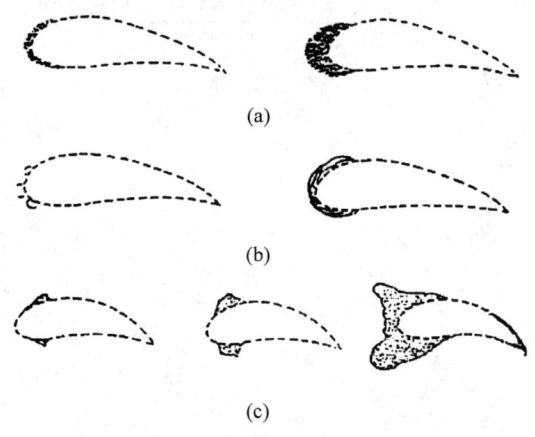

图 4.1-4　典型的结冰形态
(a) 毛冰；(b) 明冰；(c) 角状冰

实践表明,绝大多数结冰发生在 0～-20℃ 之间。当飞机飞行到大气气温低于-40℃ 的高空时,就不再会结冰了,因为在该高度上的大气中已经不存在过冷水滴。从历来的统计数据可知,只有 4% 的结冰发生在温度低于-20℃ 的情况下,有 50% 的结冰发生在大气温度在-8～-12℃ 之间的区域,该区域也是飞机起飞时经历的大气温度。此外,气温对飞机结冰的影响还体现在另一个方面：当飞机从温度低于零度的大气中进入温度高于零度的大气中时,由于机体表面保持较低的温度,因此碰到温度高于零度的水滴时也可能发生结冰。

分析气象条件对结冰的影响因素时,除了要考虑大气环境温度外,还需要考虑飞行动力增温的影响。对于飞行速度在 800km/h 以上的飞机,动力增温可以使机体温度上升 15℃ 以上,使得飞机发生结冰的概率下降,因此结冰事故多发生在飞行速度较慢的阶段和飞机起降的时候。

另外,统计数据表明,飞机结冰与飞行高度之间也存在一定的关系,最容易发生结冰的飞行高度在 10000ft 左右,大约 50% 的结冰现象发生在 5000～13000ft 区间。

4.2　结冰探测器

结冰探测器有多种形式,一般可分为直观式和自动式两大类。

直观式结冰探测器如探冰棒,它一般安装在机头前方、风挡玻璃框架附近容易观察到的地方。当发现结冰后,飞行人员用人工方法直接接通除冰系统进行除冰。典型的直观式结冰信号器如图 4.2-1 所示。除此之外,还有便于机组在飞行中检查机翼和发动机结冰情况的探冰灯,探冰灯的控制和安装位置请参考灯光系统。

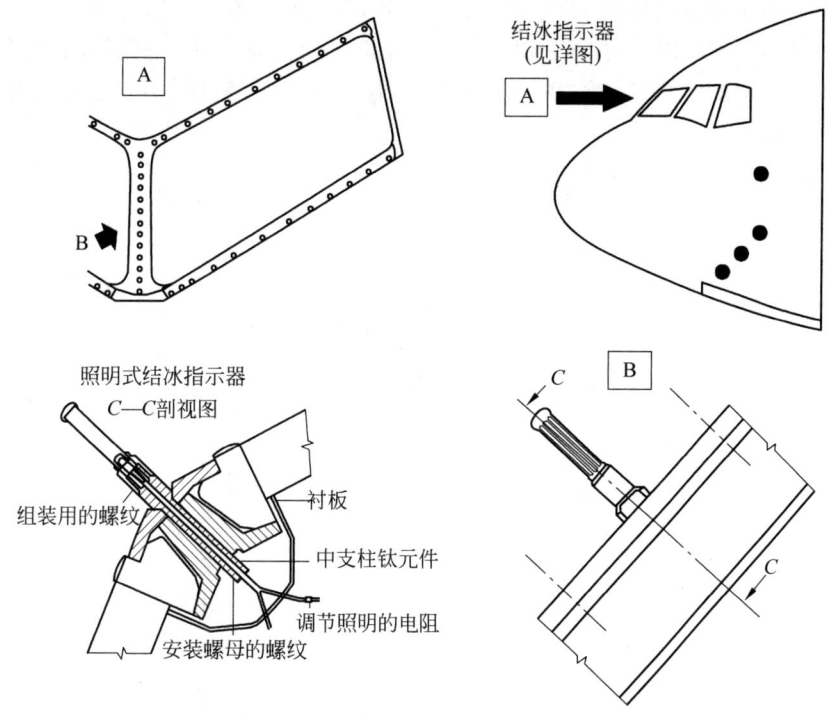

图 4.2-1 典型的直观式结冰信号器

自动结冰信号器如振荡式、压差式结冰信号器,放射性同位素结冰信号器等,当达到结冰灵敏度时,既可向飞行人员发出结冰信号,又能自动接通防冰系统进行除冰。灵敏度指的是结冰信号器能发出结冰信号所需的最小冰层厚度。

4.2.1 电动式结冰探测器

电动式结冰探测器由安装在飞机可能结冰的机身外表面上的小型电力驱动圆柱体、刮板和机身内安装的电动机等组成,如图 4.2-2 所示。

旋转圆柱体由电动机带动旋转,暴露在过冷的可结冰气流中。当旋转圆柱体外表面出现结冰现象时,圆柱体在旋转过程中,会对刮板产生削刮动作,从而导致电动机的阻力矩增加。当电动机的驱动转矩增加到预设的转矩点后,就会输出除冰信号。此外,还可以通过转矩与时间关系曲线的斜率来确定结冰的速率。但电动式结冰探测器不能精确定量地反映结冰的程度,而且带有可动部件,因此其寿命较短,可靠性较低。电动式结冰探测器曾安装于早期的飞机上,如三叉戟飞机等。

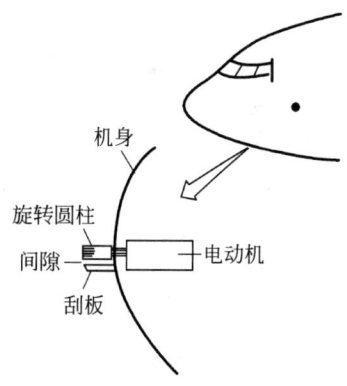

图 4.2-2 电动式结冰探测器

4.2.2 振荡式结冰探测器

振荡式结冰探测器是利用传感元件结冰之后振荡频率发生变化的原理工作的。

振荡式结冰探测器由传感元件、支撑座、安装盘、壳体、电子控制电路和电气接头等组成。其中传感元件和支撑座暴露在机外气流中,安装盘上有螺孔,用螺杆固定在机身蒙皮上。支撑座里有驱动线圈、反馈线圈和加热器。电子控制电路包括印刷电路板和微处理器等。其外形结构如图 4.2-3 所示。

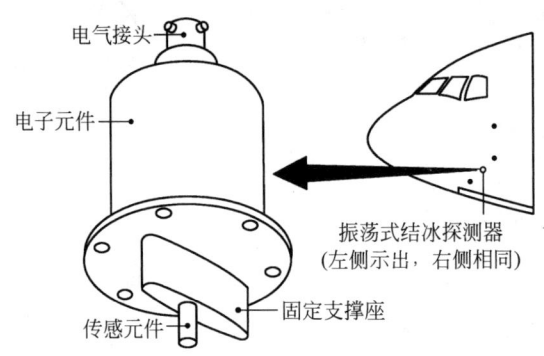

图 4.2-3 振荡式结冰探测器示意图

振荡式结冰探测器的中心部件是超声波轴向振荡探头,该探头在结冰之后,其振荡频率将发生变化,利用这一原理就可以探测到结冰状态的存在。振荡式结冰探测器电路原理如图 4.2-4 所示。

振荡式结冰探测器的探头是一个镍合金管,一半安装在支撑座里,另一半(25.4mm)和支撑座一起暴露在机外气流中。支撑座里有磁偏置磁铁、驱动线圈、反馈线圈和加热器。驱动线圈环绕在镍合金管的下半部。电子控制电路包括磁致伸缩振荡器(MSO)电路、放大器和微处理器等。

振荡式结冰探测器是一个数字式电气装置,其工作电源为 115V/400Hz 交流电。振荡式结冰探测器的探头具有磁致伸缩的特性,它在可变磁场的作用下不断伸出和收缩。可变磁场由磁偏置磁铁和驱动线圈一起产生。在驱动线圈的作用下,镍合金管以超声波轴向振荡,在反馈线圈里感应出电流,并送到放大器,放大器根据反馈线圈的信号不断调整发送到驱动线圈的振荡电压的频率。电路的振荡频率取决于探头的自然共振频率,该频率约为 40kHz。

当外界出现结冰条件时,传感元件开始结冰,根据力学的相关定律,附着在探头上的冰层所增加的质量导致了探头振荡频率的降低,0.5mm 厚的冰层就可以使探头的振荡频率降低约 133Hz。当频率下降至 39867Hz 时,开始给除冰加热器加热。一次加温的持续时间通常为 5~7s,由微处理器计算加热器加温和关断的循环次数,当出现 2 次或以上次数的加热时,微处理器发出 1 级结冰信号,给发动机进气道除冰。如果在短时间内结冰信号频繁产生(≥10 次),则微处理器发出 2 级结冰信号,给机翼除冰。2 级结冰信号的发出说明飞机上的冰层已经很厚。如果一次加温持续时间达到 25s,则说明探测器有故障,加热器电源将被切断,并发出故障信息。

微处理器比较并监控振荡信号的频率,在没有结冰的情况下,其范围应在最大 40150Hz 到最小 39867Hz 之间。如果频率超出此范围,则发出故障信号。除此之外,微处理器还监控结冰加热器信号和结冰信号,当检测到故障时,发出故障信号。

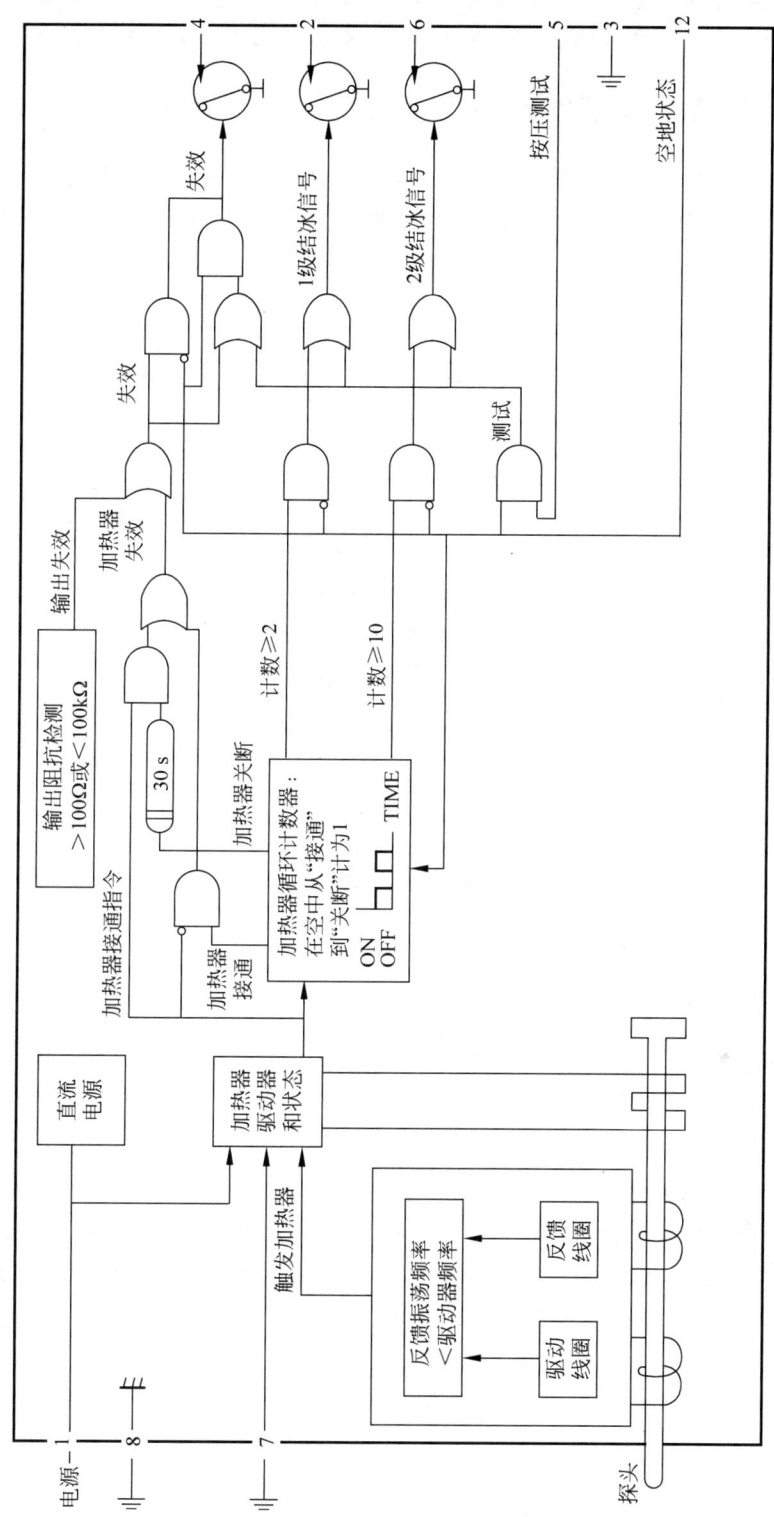

图 4.2-4 振荡式结冰探测器电路原理图

振荡式结冰探测器在现代大中型民航运输机上得到了广泛应用,在波音系列的 B747-400、B777-200 和空中客车系列的 A320、A330 等飞机上,都安装了这种类型的探测器。

4.2.3 压差式结冰探测器

压差式结冰探测器又称为冲压空气式结冰信号器,它利用测量迎面气流的动压(全压)与静压的差值的原理制成。图 4.2-5 所示为一种用于发动机进气道口的结冰探测器。

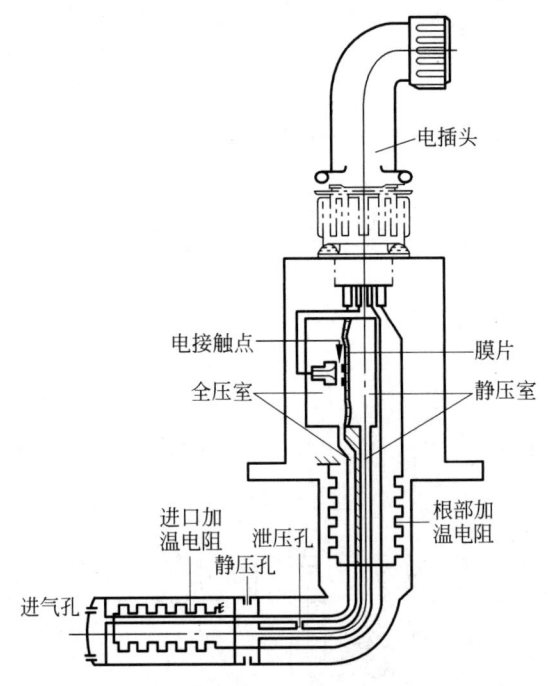

图 4.2-5 压差式结冰探测器示意图

压差式结冰探测器的核心元件是膜片和电接触点。膜片将静压室与全压室隔离开,膜片上装有活动触点,两室之间由泄压孔相通。全压室通过进气孔端面上的小孔接受进气道气流的冲压;而静压室通过探测器侧面的小孔感受空气的静压。该结冰探测器的进口和根部还有两组加温电阻,为探测器本身除冰加温用,探测器通过插头与外电路连接。

冲压空气式结冰探测器安装在发动机进气道内,其头部一端伸向进气道内,进气口对准气流的方向。在发动机不工作,没有冲压气流时,接触点处于闭合状态;当发动机工作时,冲压气流进入全压室,由于全、静压之差使膜片弯曲,触点断开。在飞行中,当发动机进气道出现结冰情况时,结冰探测器端头进气口上的小孔被冰层部分或全部堵塞,这时全压室部分或完全失去冲压气流。当全压室和静压室的压力通过泄压孔达到平衡时,膜片没有外力作用,恢复原状,其上的活动接触点与固定接触点闭合,接通驾驶舱内的结冰信号灯,发出结冰信号,同时接通探测器本身的加温电路。

结冰探测器本身的加温电路接通后,经过一段时间后,融化了结冰探测器头部进气孔的冰层,冲压空气又进入全压室,膜片弯曲又将接触点断开,信号灯熄灭,同时停止探测器本身的加温。这时如果飞机仍然在结冰区,则探测器头部又会结冰,因此将重复上述过程。可见,当飞机飞过较长结冰区域时,结冰信号灯将周期性闪亮,提醒飞行人员对发动机进气道除冰。

4.2.4 放射性同位素结冰探测器

放射性同位素结冰探测器是利用结冰之后从放射源抵达计数器的β粒子(电子)数量减少的原理工作的,如图4.2-6所示。

放射性同位素结冰探测器的核心元件是放射源和计数器,除此之外还有加温元件、屏蔽罩、圆柱体、平板、外壳和电插座等。当安装到飞机上时,探测器的平板与机身齐平,圆柱体延伸到飞行的气流中。

放射性同位素结冰探测器使用的放射性材料为钇($^{90}_{39}Y$)或锶($^{90}_{38}Sr$),它们都放射出β粒子。当延伸到气流中的圆柱体上结冰后,冰层吸收部分β粒子,使β粒子计数器接收到的β粒子数量减少。若冰层厚度达到结冰灵敏度时,经放大器变换后发出结冰信号,并推动执行元件接通本身的加温电路。与压差式结冰探测器一样,飞机飞过较长结冰区域时,结冰信号灯会周

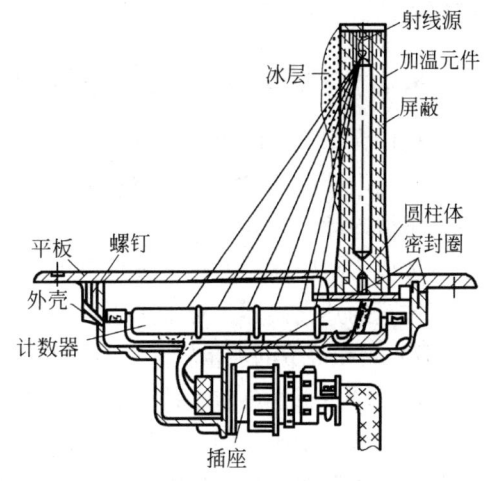

图4.2-6 放射性同位素结冰探测器示意图

期性闪亮。放射性同位素结冰探测器曾安装于空客A310、苏联的安24和国产的运7飞机上。

在维护工作中要充分认识放射性物质的特性,在放射源附近工作是允许的,但长时间接触放射源或操作不当,都会对人体造成损害,因此必须遵守安全技术规范。在使用维护中应特别注意下列几点。

(1) 铅对放射性物质具有屏蔽作用,是封存放射源的合理容器,对探测器进行安装、运输等工作时,必须给探测器套上铅防护罩。

(2) 在近距离对探测器进行校验等工作时,应尽量缩短工作时间,或者在探测器与工作人员之间放置一块1cm厚的有机玻璃作为屏障。

(3) 严禁随意拆下放射源和分解辐射片。

(4) 当探测器到期、损坏或报废时,应送回制造厂或交专门的危险品保管部门,不允许随意乱放或自行销毁带放射源的探测器。

4.3 防冰和除冰

飞机的结冰保护包括两种:除冰和防冰。除冰系统允许冰的形成,对其实施周期性的清除。防冰系统则不允许冰的形成。

飞机上的防冰和除冰方法主要有四种:液体防冰或除冰、气动防冰或除冰、电加热防冰或除冰和机械振动式除冰。上述几种方法都由电气系统控制和操作,同一架飞机上可以安装其中的任何一种除防冰方式,也可以同时采用几种。

飞机的防冰和除冰系统主要用于在飞行中给飞机的机翼、尾翼、发动机进气道、螺旋桨、风挡玻璃、大气数据探头、供水排水管等部件防冰。而在寒冷的气象条件下，在飞机起飞之前，也需要给飞机的机翼和发动机进气道等关键部件除冰，以保证飞机安全起飞，这些措施属于飞机的地面除冰作业。需要注意的是，飞行中的防冰除冰与飞机在地面的除冰作业有着本质上的区别，前者是通过飞机的防冰系统实现的，后者则由地面勤务人员按照规定的程序完成。

4.3.1 机翼和发动机进气道防冰

现代大型飞机的机翼和发动机进气道都是利用发动机的引气进行防冰或除冰，但也有飞机利用电热防冰，如 B787 飞机的机翼，以及早期的飞机或小型飞机也采用电加热元件或气动机械除冰。

现代飞机防冰用的热空气来自于涡扇发动机压气机的引气，活塞式发动机的热空气来源于排气的热交换器。对于采用发动机压气机引气作为热空气源的防冰系统，其优点是可靠，但消耗和浪费的能量较多，会导致发动机耗油量增大。

以发动机引气热防冰系统为例，机翼和发动机进气道防冰的共同之处是：将来自于发动机高压级或中压级的引气经过预冷处理后，通过一个压力调节和关断活门，将经过压力调节和温度控制的热空气分配到机翼和发动机进气道的喷管用于防冰。典型的气热能防冰系统的电气控制、管路布局和防冰原理如图 4.3-1 和图 4.3-2 所示。

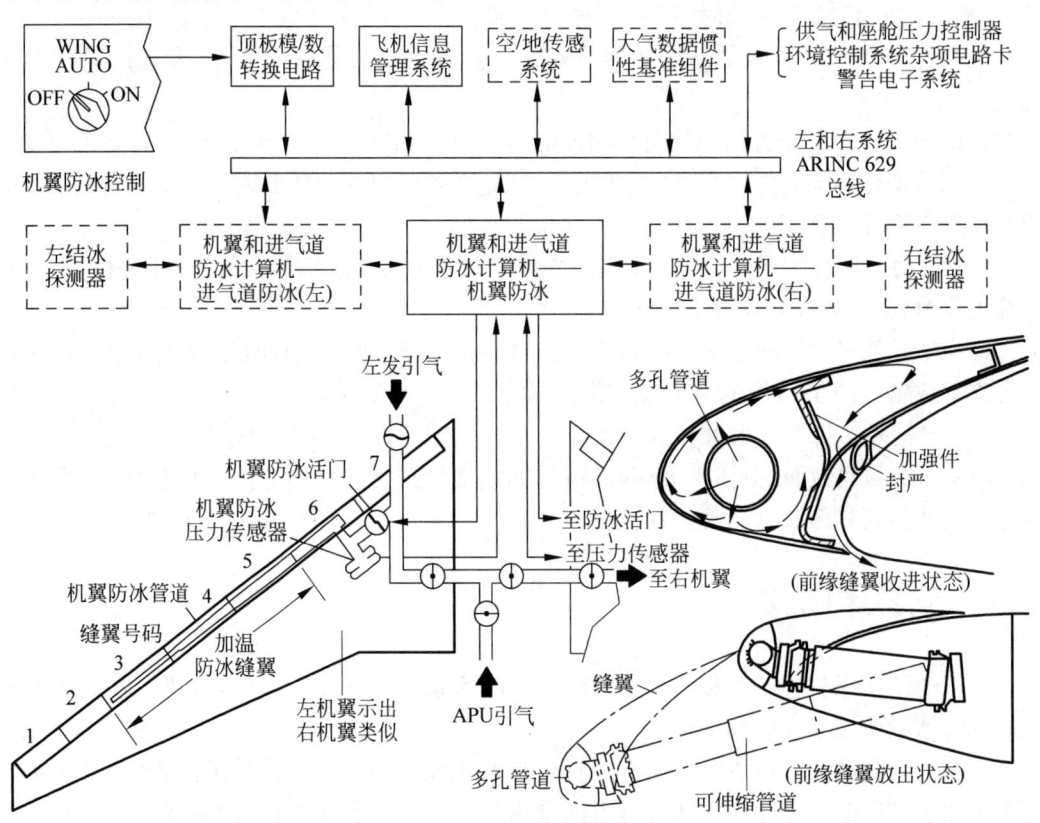

图 4.3-1 机翼防冰系统示意图

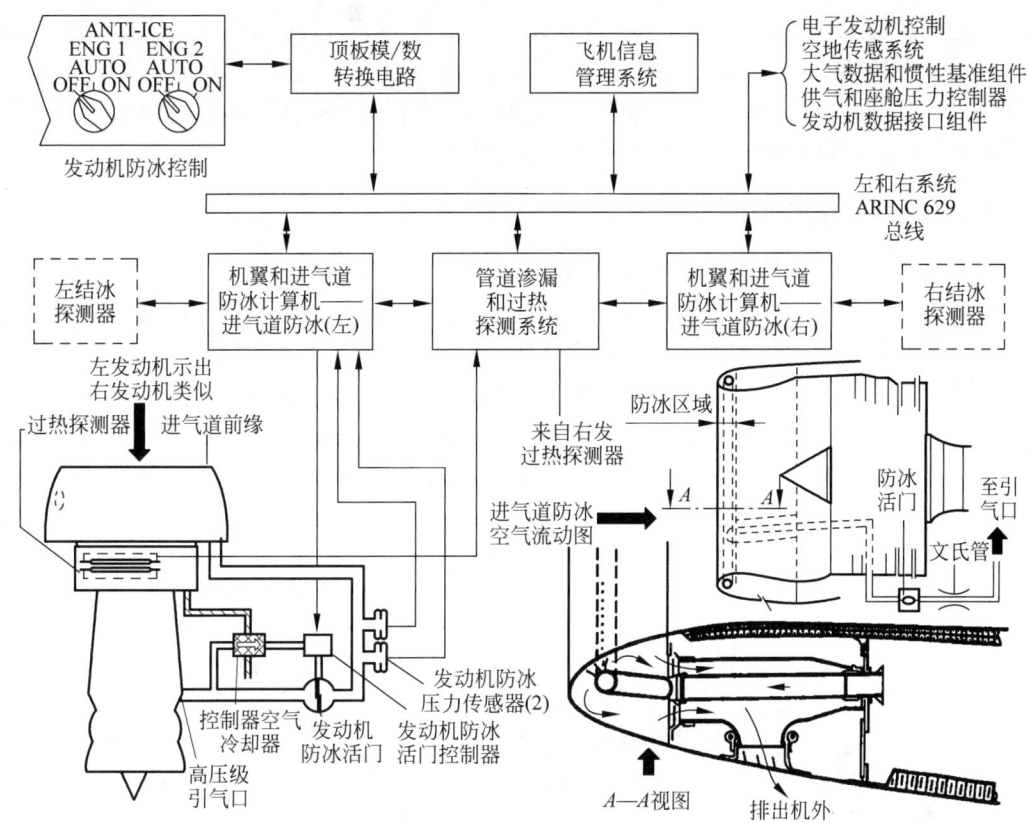

图 4.3-2 发动机进气道防冰系统示意图

1. 机翼防冰

在图 4.3-1 所示的机翼防冰示意图中,驾驶舱顶板上的机翼防冰主电门决定系统的工作方式。当电门在"开"(ON)和"关"(OFF)位时,由机组人员人工控制机翼防冰活门的开关;当电门在"自动"(AUTO)位时,"机翼和进气道防冰计算机"控制机翼防冰活门的开关。当活门打开时,发动机或 APU 的引气进入前缘缝翼内部的防冰管道。防冰管道上布有很多小孔,防冰热空气通过小孔进入前缘缝翼,最后通过后部的出气孔排入机外气流。由于飞机前缘缝翼可以放出和收进,因此,最内侧的缝翼防冰管道除了要与两侧机翼上固定的管道连接处,还各有一段可伸缩的管道将两者连接起来。机翼防冰管道中设置有压力传感器,其敏感的气流压力信号送到计算机,用于机翼防冰系统的控制。

机翼热防冰系统主要用于飞机的空中防冰,有的机型在地面也可以使用,但在地面使用时,由于没有迎面气流降温,要求将气源系统的预冷器电磁活门开到最大,用发动机风扇的冷空气为热空气降温,以防止损坏机翼热防冰管道及其相关附件。

在 B787 飞机上,机翼防冰采用电热加温。每个配备防冰保护的缝翼有 3 个电加热垫,包括外侧、中间和内侧。每个电加热垫都由金属铝防腐涂层加以保护,并用黏合剂与内侧防护层连接。电加热垫和防护组件固定在缝翼上,两者都是航线可更换件 LRU。中间的电加热垫上安装有温度传感器,用于向大翼防冰系统控制组件提供温度反馈信号。

2. 发动机进气道防冰

在图 4.3-2 所示的发动机进气道防冰示意图中,驾驶舱顶板上的发动机进气道防冰主电门决定系统的工作方式。当电门在"开"(ON)和"关"(OFF)位时,由机组人员人工控制防冰活门的开关;当电门在"自动"(AUTO)位时,"机翼和进气道防冰计算机"控制防冰活门的开关。当活门打开时,来自发动机的热空气进入防冰管道。防冰压力传感器的信号送到计算机,用于防冰系统的控制,两个传感器增加了控制裕度。

4.3.2 螺旋桨防冰

螺旋桨多数采用电热能除冰系统。图4.3-3所示为典型的电热能除冰系统示意图。电热能除冰系统主要由驾驶舱控制和指示、定时控制组件以及加温电阻丝和线路等三大部分组成。驾驶舱控制电门用于接通螺旋桨除冰加温电路;指示器包括"螺旋桨除冰"工作指示灯和故障指示灯两大类;定时控制组件里有定时器、接触器、电流互感器、控制逻辑和故障探测器等;加温电阻丝镶嵌在螺旋桨的除冰套里,滑环和电刷将旋转着的桨叶里的电阻丝与加温电源连接起来。为了防止螺旋桨失去平衡,1号和3号、2号和4号桨叶加温电阻丝分别成对串联。

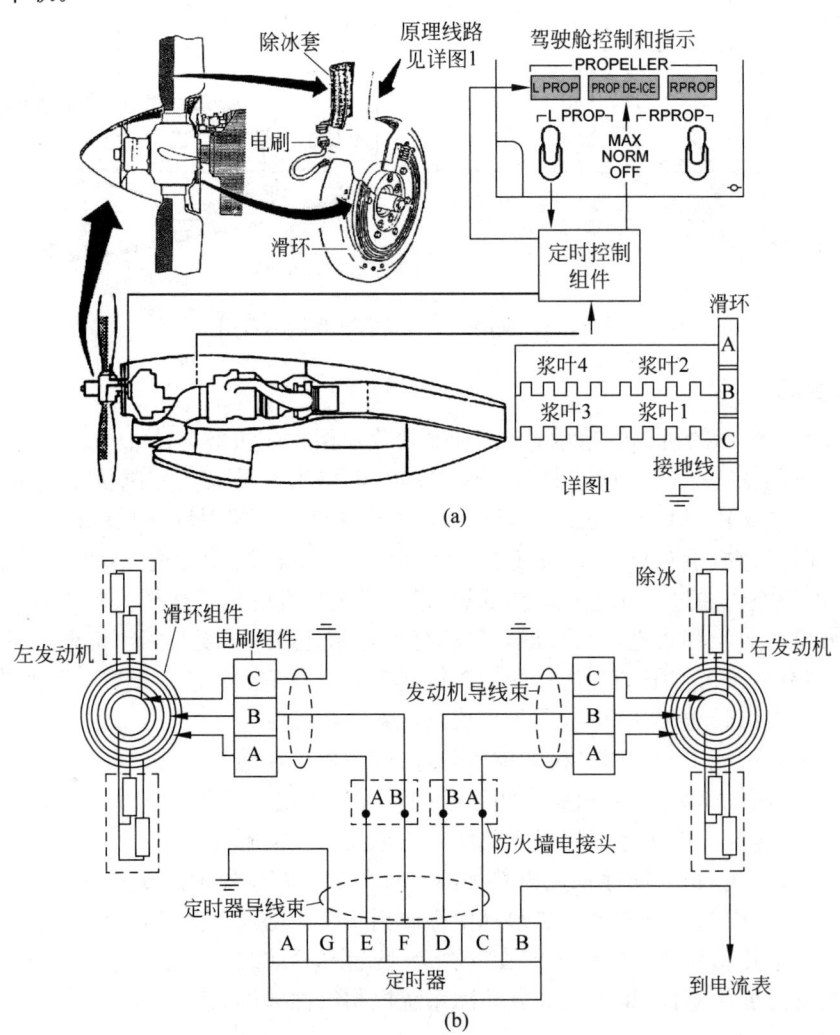

图 4.3-3 螺旋桨电热能除冰示意图
(a)电热能除冰系统原理图;(b)电热能除冰系统电路图

当结冰探测器探测到结冰条件后,机组人工接通螺旋桨除冰电门,飞机电源通过定时控制组件给电阻丝加温。当紧贴螺旋桨表面的冰层融化后,冰层在离心力的作用下脱落,定时控制组件里的接触器断开,加温电源中断。为了使桨叶的除冰效果满足不同气象条件的需要,加温有"正常"和"最大"两种不同的方式。通常一个加温周期为90s,在"正常"方式,前11s加温,后79s断电;在"最大"方式,1号和3号、2号和4号电阻丝分别交替加温90s。当在一个周期内没有任何加温电流或者出现欠流或过流信号时,琥珀色的螺旋桨灯点亮,说明包括加温电阻丝在内的线路出现开路或短路故障。

这种间歇性加温除冰方法的优点是突出的,既可以防止冰层融化后的水流至没有加热的桨叶区域并重新结冰,又可以节省加温电能。但也有明显的缺点,即从螺旋桨脱落的冰块有可能打到机身蒙皮。因此,大多数螺旋桨除冰系统在探测到存在结冰条件后,一般是对整个螺旋桨桨叶前缘全面积和全时段加热,以防止出现结冰。

4.3.3 风挡玻璃的防冰和防雾

在驾驶舱风挡玻璃的防冰防雾方面,利用电子计算机自动控制电热能的方式具有更加方便、实用、准确和可靠等优点,因此现代民用飞机绝大多数采用电热能防冰防雾。风挡采用气热能防冰的飞机已经极为罕见了,若有也只用于侧面偏后的玻璃。

典型的驾驶舱风挡玻璃防冰防雾控制框图如图4.3-4所示。从图中可以看出,驾驶舱内有多块风挡玻璃需要加温,将它们分为左、右两组,分别由左、右两个计算机控制。两个计算机的电源接到两个不同的汇流条上,以防某一电源汇流条失效时,风挡玻璃加温电路全部断电。正前方的风挡玻璃均具有正常和备用的温度传感器,有些玻璃还设置了各自独立的防冰和防雾加温导电膜,以提高风挡玻璃防冰防雾系统的可靠性。

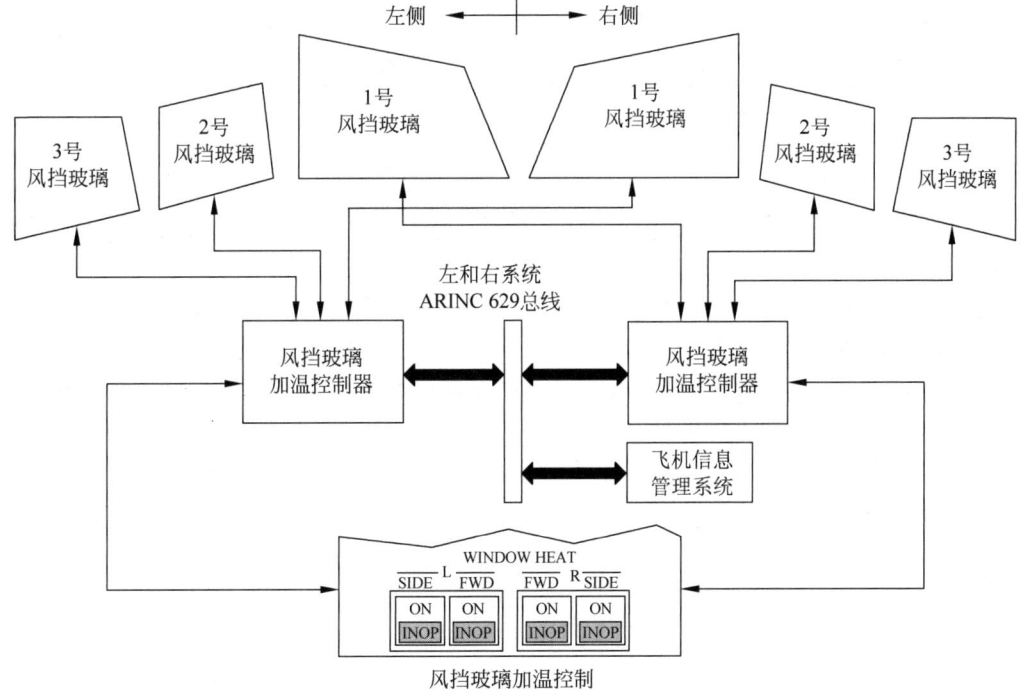

图 4.3-4 风挡玻璃防冰防雾示意图

风挡玻璃电热防冰的加温元件有两种:一种是电阻丝式,细小的加温电阻丝均匀地分布在玻璃内;另一种是导电膜式,透明的加温导电膜均匀地镀在层式风挡玻璃外层的内表面上。当给电阻丝或导电膜通电时,玻璃温度上升,即可达到防冰的目的。两者相比,前者的结构和制作工艺相对简单一些,但加温不太均匀,而且电阻丝对视线有一定影响;后者加温均匀,玻璃的透明度较好,但结构和制作工艺复杂。因此,驾驶舱正前方的两块风挡玻璃普遍使用导电膜式加温元件,以获得较好的透明度。

典型的驾驶舱风挡玻璃防冰防雾电路原理图如图 4.3-5 所示。从图中可以看出:它主要由控制电门和指示灯、风挡加温控制组件以及风挡玻璃三大部分组成。在三者中,风挡加温控制组件是核心。风挡玻璃上有加温元件和两个完全一样的温度传感器,一个为主用,另一个为备用。当主用传感器失效后,人工转接至备用,以延长玻璃的使用寿命。

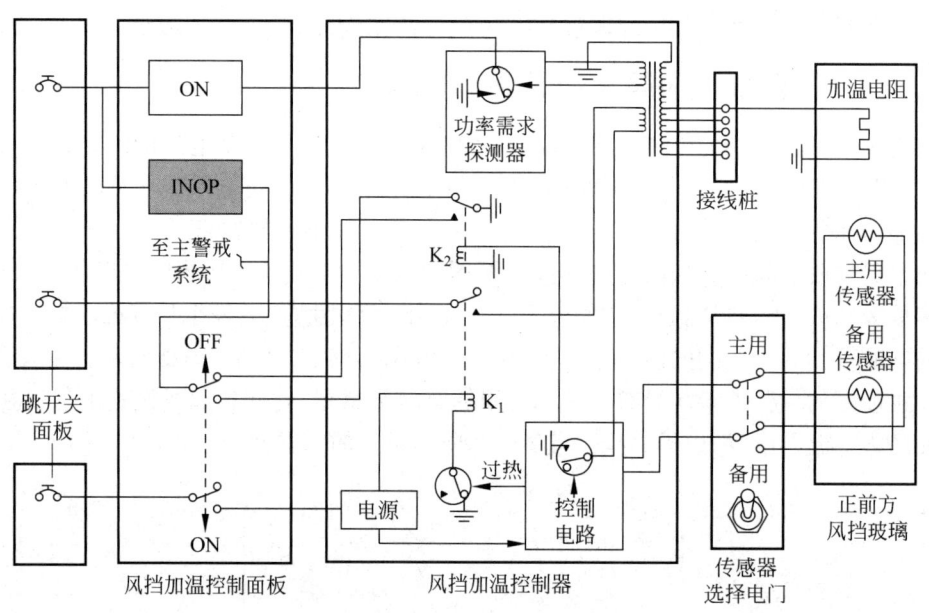

图 4.3-5　风挡玻璃防冰防雾电路原理图

当风挡玻璃的温度低于调定温度值(例如 100°F(37℃))时,风挡玻璃加温控制器里的继电器 K_1 吸合,给风挡玻璃加温,风挡加温控制面板上的"接通"(ON)灯点亮。为了防止对风挡玻璃造成热冲击,加温功率的变化曲线是一个斜坡函数,功率呈逐渐增大的趋势。加温时,继电器 K_2 也吸合,使得"不工作"(INOP)灯熄灭。当玻璃的温度接近目标温度值(例如 110°F(43℃))时,电流逐渐减小,以防止玻璃温度飙升并过热。加温控制器内有玻璃过热保护电路,当玻璃的温度上升到过热温度值(例如 145°F(62℃)),且有加温电流流经玻璃时,控制器切断加温电路,此时,继电器 K_1 和 K_2 均断电释放,"不工作"灯点亮,"接通"灯熄灭。当出现玻璃过热情况后,只需断开并再接通控制电门,就可以将系统复原。当玻璃温度降至低于过热温度后,玻璃又恢复正常加温。

为了防止飞机在地面加温而烧坏玻璃,有些飞机的风挡加温系统在地面加温工作时为低功率方式,空中为正常功率方式,两者的相互转换是自动的。

大部分风挡玻璃内表面的防雾是与外表面的防冰除霜同时进行的,只有少数位于正前方的玻璃具有独立的防雾加温导电膜。当玻璃的外层电热防冰功能失效时,其内层的防雾功能可以作为防冰功能的后备加温方式。对于这种玻璃,电热防雾的导电膜设置在内层玻璃的外表面,而电热防冰的导电膜设置在外层玻璃的内表面。必须指出的是,由于现代民用飞机的空调系统里普遍安装有除水效果显著的高压或低压水分离器,因此座舱里的水汽饱和度很低,从而大大降低了风挡玻璃内表面起雾的可能。

传统的风挡玻璃气热防冰结构具有双层壁式热空气防冰和外表面喷射热气流防冰两种方式。双层壁式热气防冰系统必须对空气进行干燥处理,结构比较复杂;外表面喷射热气流防冰方式是指将热空气向风挡玻璃表面平行喷出,它可与风挡玻璃排雨系统联合使用。

4.3.4 大气数据探头防冰

探头防冰系统为大气数据系统的全压管、静压口、总温传感器、迎角传感器等四种类型的探头提供防冰加温,这些探头内部都装有一体化的防冰加温电阻。对波音飞机来说,静压口不是探头防冰系统的组成部分,因为静压口与机身蒙皮齐平,它们不需要防冰加温。

图 4.3-6 所示为现代大中型飞机典型的探头防冰系统框图。从图中可以看出,探头加温完全由电子计算机控制,采用电热能加温,计算机之间通过数据总线进行数据交换,实现了加温自动化。当满足下列条件时,探头加温电路自动接通:①一台发动机启动成功,探头

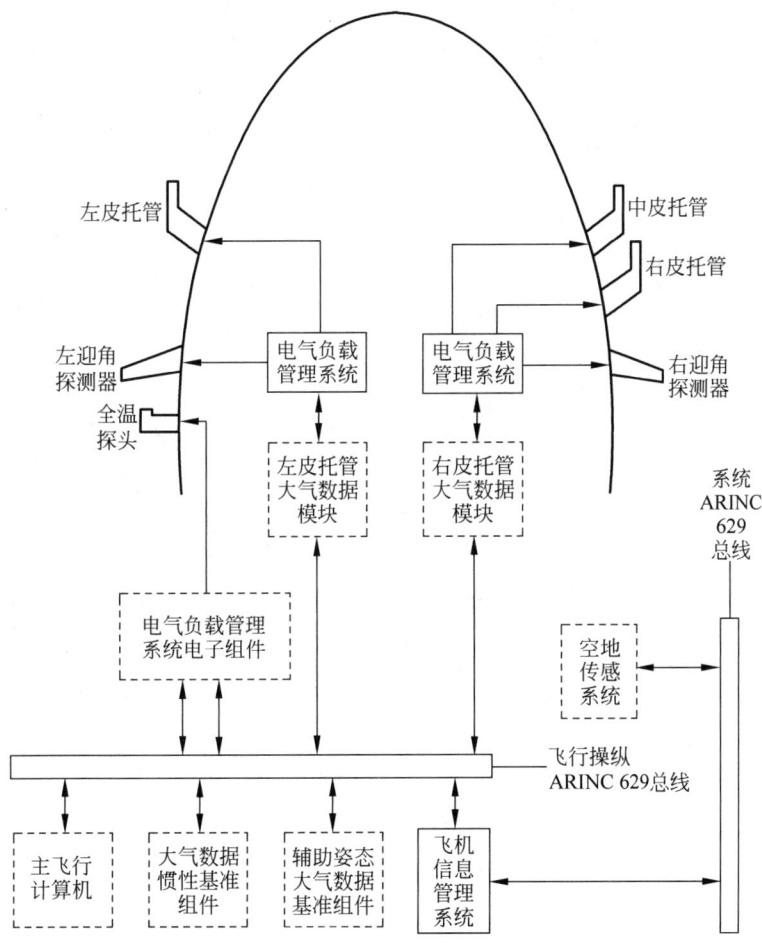

图 4.3-6　大气数据探头防冰系统框图

获得低功率加温;②飞机空速超过 50 节(海里/小时)或飞机在"空中"状态时,探头获得全功率加温。为了在地面能够检查探头防冰系统的完整性,在驾驶舱相关面板上都配备有相应的加温测试设备供机务人员使用。

4.3.5 供水和排放系统的防冰

飞机上有许多供水管道和排放管道都处于容易结冰的区域,因此它们都需要有防冰加温装置。这些部位的防冰通常采用电能加热器。一般在以下这些部件上安装有电加热器:厨房供水管、厕所洗手盆供水管、污水排放管和污水排放桅杆、厕所马桶水箱排放管道和排放活门等。这些加热器在飞行中都是连续加热的,以防止结冰。所用加热器形式有带型加热器、毯型加热器、密封垫式加热器、一体化加热器以及补片式加热器等。为防止加热器过热和节省电能,有的加热器电路中装有恒温器,且当飞机停留在地面时,加热器处于弱加温状态。图 4.3-7 所示为部分典型的加热器示意图。

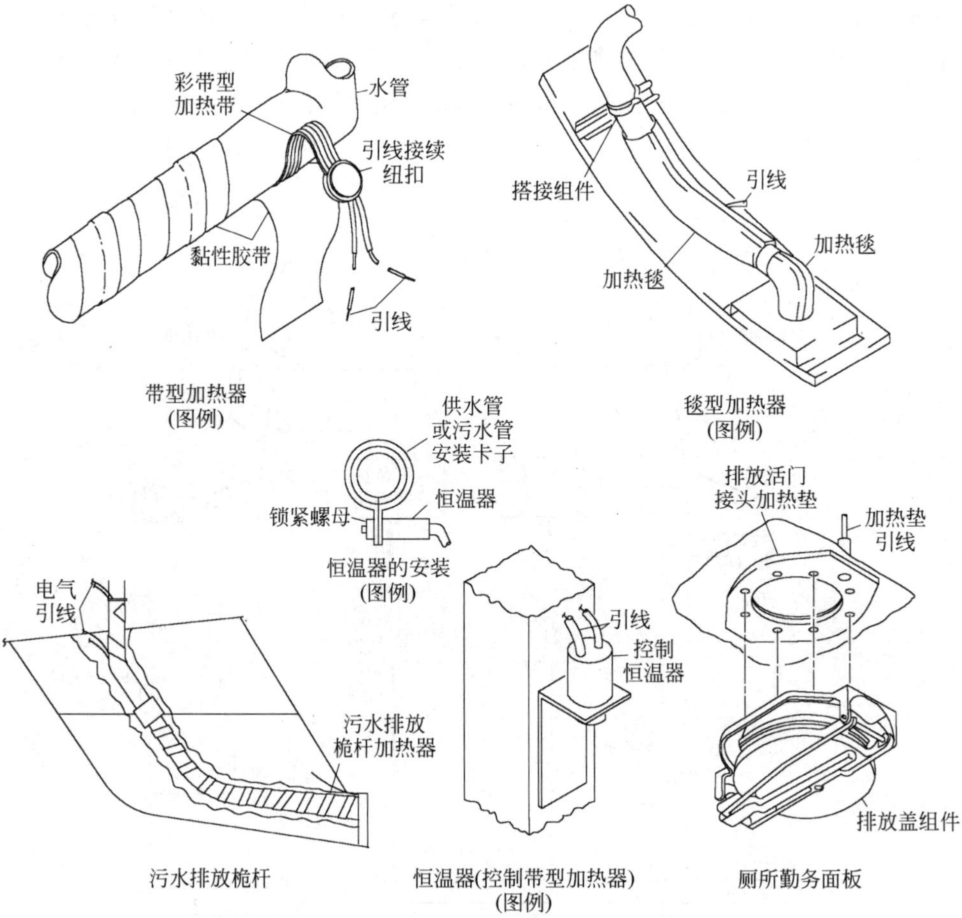

图 4.3-7 部分典型的加热器示意图

4.3.6 机械能除冰系统

所谓机械能除冰系统,就是利用机械能使冰层破碎,然后借助于气流的作用力或高速离心力使破碎的冰层脱落。典型的机械能除冰系统原理框图如图4.3-8所示,它利用压缩空气使橡胶部件周期性地膨胀和收缩,从而使冰层破碎,因此这种系统也称为气动除冰系统。该系统主要由驾驶舱控制和指示、定时控制组件、供气调节和分配系统、防冰套以及监控传感器等五部分组成。驾驶舱控制电门包括供气电门和充气循环电门,指示灯包括防冰套指示灯、定时器警告灯和除冰过热警告灯等;定时控制组件内有定时器、控制逻辑和故障监控器;供气关断活门和调压活门将发动机引气调节在合适的压力范围内;分配活门上有两个电磁活门,分别用于防冰套膨胀供气和收缩引射抽气控制;防冰套分为内侧机翼、外侧机翼、水平尾翼和垂直尾翼等四部分;监控传感器有压力电门和超温电门。

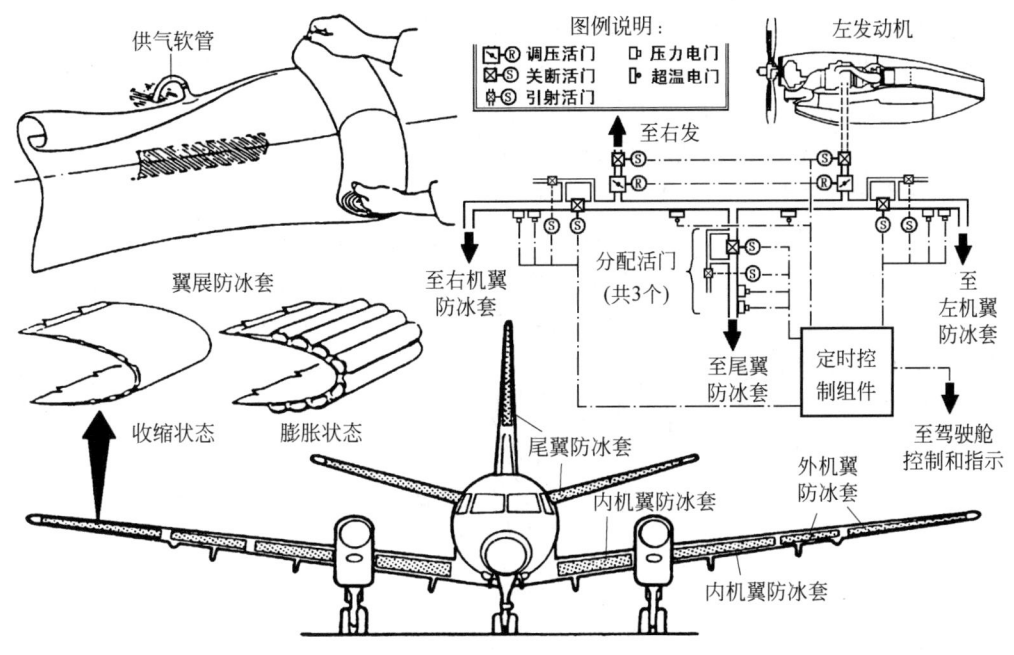

图4.3-8 机械能除冰系统示意图

当接通除冰电门后,经过降温和调压后的发动机引气在定时控制组件的控制下,通过分配活门周期性地供应到各自的防冰套,使防冰套充气膨胀和收缩。防冰套的膨胀收缩使冰层破碎,并在迎面气流的作用下飞走。防冰套膨胀和收缩的周期为120s,顺序依次为:尾翼、外侧机翼和内侧机翼,然后再回到尾翼。为防止防冰套在翼型空气动力的作用下发生自动充气,在防冰套收缩期间,分配活门上的引射活门打开,使防冰套里维持一定的负压。防冰套完全膨胀最多只需3s,维持充气状态6s。防冰套完全膨胀后,压力电门接通,防冰套指示灯点亮。为了使除冰效果满足不同气象条件的需要,防冰套有"单循环"和"连续"两种不同的除冰方式。当防冰套充气过程中压力不足时,压力电门发出信号,驾驶舱的定时器警告灯点亮。当供气温度过热时,超温电门接通,除冰过热警告灯点亮。

这种除冰系统的优点是消耗的能量不大,缺点是飞机的空气动力外形受到一定的影响。它主要用在涡桨飞机或活塞螺旋桨飞机的机翼和尾翼的前缘除冰,例如瑞典生产的SAAB 340飞机、意大利生产的P68飞机上就采用了这种设计。

4.4 风挡排雨系统

当飞机在大风大雨气象条件下飞行时,若只靠风挡刮水器给风挡玻璃排雨,则不足以保持良好的能见度。因此除了风挡刮水器,还必须有另外的排雨措施。风挡玻璃上的永久性厌水涂层和在大雨气象条件下使用的一次性排雨液,就是常用的另外两种排雨手段。

4.4.1 排雨液

1. 排雨液的功用

下大雨时,飞机风挡玻璃表面上便形成了厚度不均的水膜,水膜阻碍了飞行员的视线。排雨液排雨的机理是:它增大了水的表面张力,消除了玻璃上的水膜,使水保持珠状(就像玻璃表面上的水银珠),以加速水珠在刮水刷和气流的共同作用下从玻璃上滑走,使得水珠不能附着在玻璃表面上,从而改善了玻璃的透明度,提高了能见度。

排雨液系统是通过驾驶舱内的两个控制按钮来控制风挡排雨液的使用的。不管按钮按压多长时间,每次都只能喷射适量的排雨液,机组可以多次按压使用,若需再次喷射,必须松开后再次按压。按压操作按钮后,电磁活门打开(0.4s),排雨液在压力的作用下均匀地喷射到风挡玻璃外表面上。来自引气系统的压缩空气对排雨液喷口进行清洗,以防止堵塞。典型的排雨液控制原理如图4.4-1所示。

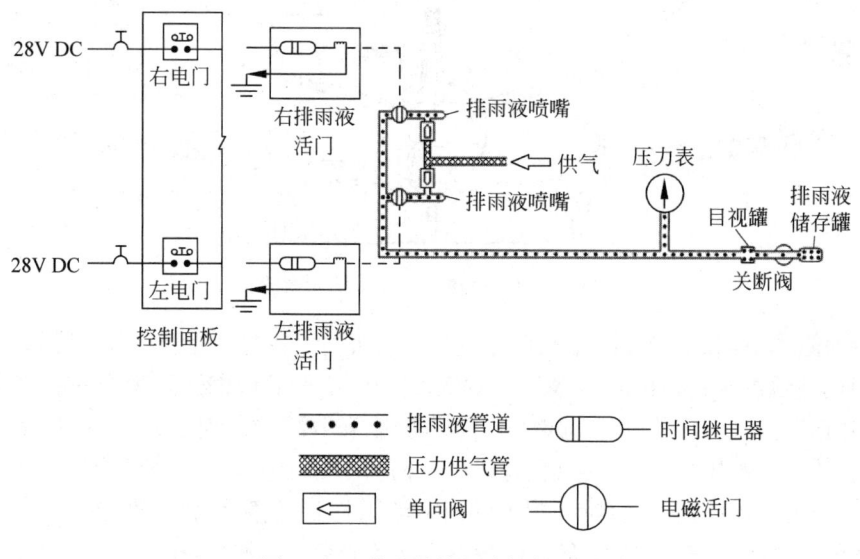

图 4.4-1 典型的排雨液控制原理

2. 维护时的注意事项

排雨液是一种特殊的化学液体,在维护时应特别注意下列几点。

(1) 在进行排雨系统试验时,不下雨时必须不断地往风挡玻璃上浇水,不要让排雨液停留在风挡玻璃和机身蒙皮上。

(2) 排雨液在风挡玻璃和机身蒙皮上凝固之后很难除去,而且排雨液残留物对飞机蒙皮及其附件的防护层有害,因此,应尽快将粘到风挡玻璃或机身蒙皮上的排雨液清洗干净。

(3) 在没有接通引气的情况下进行排雨液操作测试,会导致系统堵塞,因此,测试之前应确保有引气。

(4) 排雨液有挥发性且对皮肤有刺激作用,应尽量避免呼吸其蒸气,若皮肤和眼睛不小心接触到排雨液,应立即用清水清洗干净。

(5) 目前排雨液有Ⅰ型和Ⅲ型两种型号,Ⅰ型有货架寿命和使用寿命限制,Ⅲ型没有寿命限制。

(6) 安装排雨液储存罐时,用手拧紧即可,如果力矩过大,可能会造成连接处渗漏。

4.4.2 厌水涂层

1. 厌水涂层的功用

风挡排雨液是一种化学液体,使用后会对环境造成污染,因此现代飞机上已经很少使用。目前流行的做法是采用厌水涂层,将一种化学涂料涂在风挡玻璃的外表面,形成一层不吸附雨水,并对雨水起很强的排斥作用、使雨水成珠状从玻璃上快速滚落的涂层,这一涂层称为厌水涂层。由于使用方便可靠,厌水涂层已经在波音系列飞机和空客系列飞机上得到广泛应用。厌水涂层不影响风挡玻璃的强度和光学透明度,但是随着使用时间的增长,厌水涂层会逐渐磨损,磨损的速度取决于刮水器的使用、航路情况和风挡玻璃的维护保养状况。典型的厌水涂层如图 4.4-2 所示。

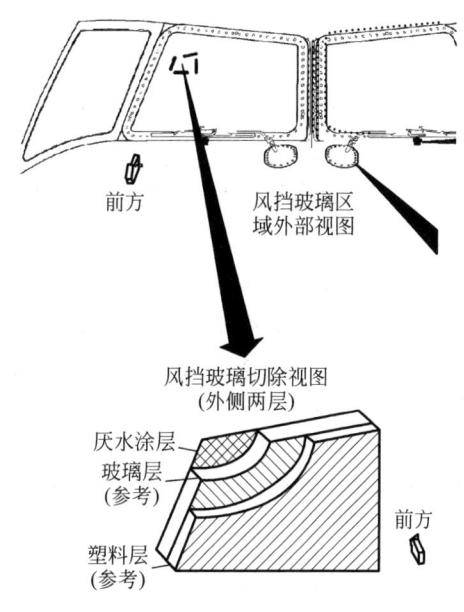

图 4.4-2 厌水涂层示意图

2. 维护注意事项

厌水涂层是一层特殊的化学涂层,在维护时必须遵守相关机型现行有效的飞机维护手册,特别应注意下列几点。

(1) 不要将抛光剂或蜡状物涂在覆盖有厌水涂层的风挡玻璃表面上。

(2) 清洁风挡玻璃时,使用的工具必须是软布或非研磨性砂布,清洁剂必须是50%异丙基酒精与50%去离子水或蒸馏水的混合溶液。

(3) 风挡玻璃上的细小微粒可以用清洁溶液和塑料清洁器清洗。如果使用了塑料清洁器,则必须极其小心,不要让扫落的微粒粘在塑料清洁器上,以免刮伤涂层和玻璃。

(4) 厌水涂层的寿命受雨刷弹力的影响,如果弹力过大,涂层会过快磨损和脱落。

(5) 当厌水涂层磨损到一定程度时,其排水作用便不能令人满意,此时需要给风挡玻璃涂上一层新的厌水涂层。涂厌水涂层时无须拆下玻璃。

(6) 测试风挡刮水器之前,要先将玻璃上的外来物清除干净,再用水浇湿玻璃,确保整个测试过程玻璃都处于湿润状态。

4.4.3 风挡刮水器

风挡刮水器的结构如图 4.4-3 所示。

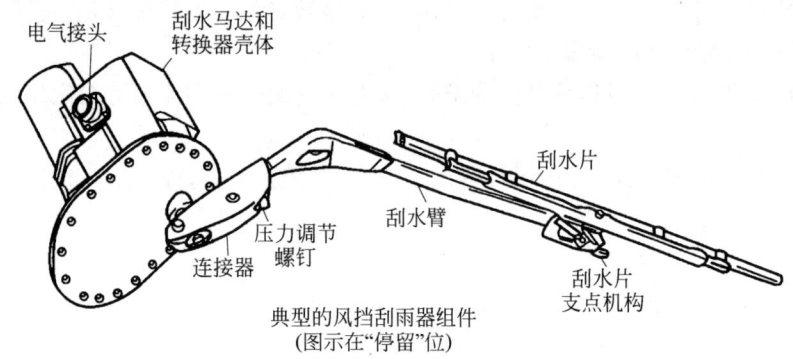

图 4.4-3 风挡刮水器的结构

风挡刮水器的驱动力来自于液压马达或电动机,现代飞机通常采用电动机作为驱动力,通过一个机械转换装置将电动机的旋转变换成刮水器的摆动。刮水器转动速度的调整是通过改变直流串励电动机电枢电路的附加电阻值来实现的。由于厌水涂层具有良好的排水作用,加上风挡玻璃刮水刷的磨损会缩短厌水涂层的使用寿命,因此对于涂有与不涂厌水涂层的两种风挡玻璃,一般在刮水器的转动速度和停靠位置的设计上要加以区别。首先,对于有厌水涂层的风挡玻璃,刮水器电门通常在"LOW"(低速)和"HIGH"(高速)两个速度挡位的基础上,增加一个"INT"(间歇性,约每 7s 1 个循环)挡位,使刮水器的转动速度变化更加柔和,以满足不同雨量的刮水需要,尽量减少对厌水涂层的磨损。其次,对于有厌水涂层的风挡玻璃,通常在刮水器的停靠位置上增加一个提升止动块,将刮水刷提升起来,使其在停靠位置处离开风挡玻璃的厌水涂层并固定住。典型的刮水器原理框图如图 4.4-4 所示。

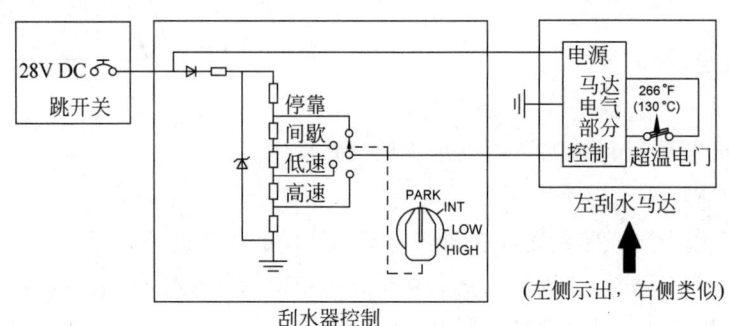

图 4.4-4 风挡刮水器原理框图

4.5 飞机的地面除冰

在结冰和下雪的气象条件下,飞机的机身、机翼、安定面、操纵面、活动封严、铰链、发动机进气道和起落架等暴露在外的区域和部件,都可能有冰、雪、雪水或霜等存在,此时必须根据相应机型的维护工作单、卡或现行有效的飞机维护手册加强检查。当检查到有冰、雪、雪水或霜存在时,应进一步按照要求将它们彻底除去,以确保飞机安全起飞。

当气温接近摄氏零度时,应进行相应检查,尤其是在下列三种情形下:①飞机曾在停机坪上过夜;②短停时间过长,飞机长时间停留在停机坪上;③飞机在有雪水的跑道上降落,或从有雪或雪水的滑行道、停机坪上滑过。

要降低航线维护成本,缩短地面除冰时间,地面维护人员就必须结合自己的经验,掌握当地的天气情况,因地制宜,选择合适的除冰手段。下面的地面除冰维护细则仅供参考。

1. 材料、工具和设备

地面除冰需要的材料为热水、各种类型的化学除冰液和防冻液。除冰液和防冻液通常为冻结温度远低于冰点(0℃,即32°F)的化学溶液,例如甲醇、乙醇、乙二醇、异丙基酒精或它们的混合溶液。热水的温度和重量以及除冰液和防冻液的类型、件号和数量,要结合当地的气象条件和需要除冰部位面积的大小、温度高低和结冰的严重程度,并根据以往的经验准备,作业时应查阅相应机型现行有效的飞机维护手册第12章"勤务"(SERVICING)的相关工作内容。

地面除冰需要的工具和设备为扫帚、柔软的毛刷、除冰移动设备和警告标志等。除冰移动设备最好是具有除冰液加热和喷洒设备的可移动的升降平台车,其高度以除冰作业时可以看清机翼上表面并进行作业为佳。

2. 除冰程序

地面除冰的具体程序,请查阅飞机维护手册第12章"勤务"的相关工作内容。其方法是用热水或者水与化学除冰液或防冻液的混合液经加热后喷洒在需要除冰和防冰的部位上,将冰、雪、雪水和霜彻底清除,并保证有一段防冰保持时间,使飞机可以安全起飞。具体的操作方法可以分为单步骤程序和双步骤程序。单步骤程序将除冰和防冰两个步骤合在一起完成,双步骤程序则将除冰步骤和防冰步骤分开进行,中间间隔时间不得超过3min。双步骤程序的目的是为了尽量少用除冰液。表4.5-1示出典型的单步骤和双步骤除冰程序。

表 4.5-1　飞机地面除冰方法

除冰防冰液	外界空气温度	单步骤程序 除冰和防冰	双步骤程序	
			第一步——除冰	第二步——防冰
Ⅰ型化学溶液*	≥-3℃(27°F)	化学溶液和水的混合液经加热后喷洒,喷口温度至少60℃(140°F),溶液冻结点温度至少低于外界气温10℃(18°F)	水或化学溶液的混合液经加热后喷洒,喷口温度至少60℃(140°F)	化学溶液经加热后喷洒,喷口温度至少60℃(140°F),溶液冻结点温度至少低于外界气温10℃(18°F)
	<-3℃(27°F)		加热后混合液冻结点温度高于外界气温不得超过3℃(5°F)	

续表

除冰防冰液	外界空气温度	化学溶液和水混合液浓度（按化学溶液体积分数＋水体积分数）		
		单步骤程序 除冰和防冰	双步骤程序 第一步——除冰	双步骤程序 第二步——防冰
Ⅱ 或 Ⅳ 型 化学溶液**	≥－3℃（27℉）	50＋50，加热***， Ⅱ型或Ⅳ型	水经加热后喷洒，喷口温度至少 60℃（140℉），或者Ⅰ、Ⅱ或Ⅳ型化学溶液和水的混合液经加热后喷洒	50＋50，Ⅱ型或 Ⅳ型
	＜－3℃（27℉）至 －14℃（7℉）	75＋250，加热***， Ⅱ型或Ⅳ型	合适的Ⅰ型、Ⅱ型或Ⅳ型化学溶液和水的混合液经加热后喷洒，冻结点温度高于实际外界气温不得超过 3℃（5℉）	75＋25，Ⅱ型或 Ⅳ型
	＜－14℃（7℉）至 －25℃（－13℉）	100＋0，加热***， Ⅱ型或Ⅳ型		100＋0，Ⅱ型或 Ⅳ型
	＜－25℃（－13℉）	在－25℃（－13℉）时，只要化学溶液冻结点温度至少低于外界气温 7℃（13℉），而且空气动力外形检查接受标准得到满足，则可以使用Ⅱ或Ⅳ型化学溶液。如果Ⅱ或Ⅳ型不能使用，则应考虑使用Ⅰ型化学溶液		

注：* Ⅰ型称为牛顿流体，具有较低的、仅随温度变化的黏度①，其主要作用是在没有降雪（或雨夹雪）的气象条件下，防止再次结冰。

** Ⅱ型或Ⅳ型称为非牛顿流体，随着吹过溶液本身的气流增大，黏度反而降低，其主要作用是即使在降雪（或雨夹雪）时，也能防止再次结冰。

*** 干净的飞机可以用不经过加热的化学液体。

3. 地面除冰注意事项

（1）不要给下列区域喷洒防冻液：包括发动机、APU 进气道和尾喷口在内的所有进气口和排气口，以及外流活门出口。

（2）对于由雪和雨雪进入发动机进气道而造成的发动机风扇叶片和压气机结冰，必须采用热空气吹过发动机并使其旋转部分自由转动的办法除冰。

（3）由于除冰液会导致腐蚀，在除冰之前，必须给刹车组件套上保护套。

（4）从喷枪喷口喷出的高压除冰液进入某些设备、附件和密封件后，会导致腐蚀、飞行过程中结冰、润滑脂流失或电气线路异常等情况。因此，喷枪出口的高压除冰液不应对准下列设备和附件：齿轮箱的封严、不动的轴承、旋转作动器和万向连接点等设备，以及导线束、邻近传感器和电气接头等电气附件。

（5）不要利用发动机排气进行机身除冰除雪。如果机身上的积雪过厚，应使用软毛扫帚先扫除大部分的积雪。

（6）在准备化学除冰液和防冻液时，应遵守厂家的使用说明。

---

① 黏度也叫黏性系数，为两层液体间一定面积、一定速度梯度时的内摩擦力。

第5章

航空仪表

5.1 航空仪表概述

5.1.1 航空仪表的分类

在大型商业飞机的驾驶舱中可以看到许多仪表,它们用于监视和控制飞机的飞行、发动机以及其他飞机系统。因此,航空仪表分为飞行仪表、发动机仪表和其他飞机系统仪表。

飞行仪表提供的数据,可以帮助飞行员驾驶飞机完成安全经济的飞行。它们位于正、副驾驶员的仪表板上。飞行仪表用于测量飞机的各种运动参数。飞行仪表包括大气数据仪表、姿态仪表、航向仪表和指引仪表。其中大气数据系统仪表有高度表、升降速度表、指示空速表、马赫表、大气静温表和空气总温表等;姿态系统仪表有地平仪、转弯仪和侧滑仪表等;航向仪表有磁罗盘、陀螺罗盘和陀螺磁罗盘等;指引系统仪表有姿态指引仪、水平指引仪等。

发动机仪表位于中央仪表板上,是指发动机工作系统中的各种参数测量仪表。如转速表(螺旋桨转速表,或低压涡轮和高压涡轮转速表)、进气压力表和汽缸头温度表(两表用于活塞式发动机)、扭矩表和排气温度表(两表用于活塞式发动机)、压力比表(或推力表)和排气温度表(两表用于涡轮喷气或涡轮风扇发动机)、燃油压力表(指汽油压力表或煤油压力表)、滑油压力表、滑油温度表、燃油油量表(指汽油油量表或煤油油量表)、燃油流量表、滑油油量表、发动机振动指示器、油门指位表和散热器风门指位表等,其指示信息的含义将在"发动机指示"中讲解。

其他飞机系统仪表是飞机上其他系统或设备中使用的测量仪表的统称。如飞机的增压系统有座舱高度表、压差表、空气流量表、升降速度表和温度表等;飞机的液压系统有各种压力表和液压油油量表等;灭火系统有各种压力表;此外,还有起落架收放位置表、襟翼位置表和飞机电气设备用的电流表、电压表、频率表等。其他飞机系统仪表通常位于驾驶舱的顶板上,将在相应的章节中对其进行描述。

5.1.2 航空仪表的发展历程与布局

航空仪表的发展与科学技术和飞机的发展是分不开的,在飞机刚问世时,因其本身结构简单,飞行高度和速度都很低,机上没有航空仪表。后来,随着飞行时间和飞行距离的增加,才开始安装时钟、航速计和指南针等简陋的仪表设备。飞行员只能在晴朗的白天依靠地图和地标来飞行,第一次世界大战期间,迫于军事上的需要,一些国家大力投资发展航空事业,机上开始安装空速表、高度表、磁罗盘、发动机转速表和滑油压力表等。到了20世纪30年代,为使飞机能在云中或夜间飞行,又增添了升降速度表、转弯侧滑仪、陀螺地平仪和陀螺方向仪等飞行仪表。总之,随着科学技术的发展,航空仪表的发展是紧跟飞机发展而发展的。

从航空仪表在各个历史时期出现的不同结构与形式看,它的发展过程大体分为以下5个阶段。

1. 机械仪表阶段

这个阶段是仪表的初创时期,多数仪表为单个整体直读式结构,也称为直读式仪表。即传感器和指示器组装在一起的单一参数测量仪表。表内敏感元件、信号传送和指示部分均为机械结构,例如,早期的空速表和高度表。

这种表的最大优点是结构简单、工作可靠、成本低廉。它的缺点是灵敏度较低,指示误差较大。随着飞机性能和要求精度的不断提高,机械式仪表早已不能满足航空发展的需要。

2. 电气仪表阶段

从20世纪30年代起,航空仪表已由机械化逐步走向电气化,发展成电气仪表,此时的仪表称为远读式仪表。如远读式磁罗盘、远读式地平仪等。所谓"远读"是指仪表的传感器和指示器没有装在同一个表壳内,它们之间的控制关系是通过电信号的传递实现的,因相距较远,故称为远读式仪表。

用电气传输代替机械传动,可以提高仪表的反应速度、准确度和传输距离。将仪表的指示部分与其他部分分开,使仪表板上的仪表体积大为缩小,改变了因仪表数量增多而出现的仪表板拥挤状况。另外,仪表的敏感元件远离驾驶舱,减少了干扰,提高了敏感元件的测量精度。远读式仪表也存在一些缺点,即整套仪表结构复杂、部件增多、重量增加。

3. 机电式伺服仪表阶段

为了进一步提高仪表的灵敏度和精度,20世纪40年代后出现了能够自动调节的小功率伺服系统仪表,即机电式伺服仪表。伺服系统又称为随动系统,它是一种利用反馈原理来保证输出量与输入量相一致的信号传递装置,对仪表信号,采用伺服系统方式来传送,信号能量得到放大,提高了仪表的指示精度和带负载能力,可以实现一个传感器带动几个指示器,有利于仪表的综合化和自动化。

4. 综合指示仪表阶段

20世纪40年代后,由于飞机性能迅速提高,各种系统设备日益增多,所需指示和监控仪表大量增加,有的飞机上已多达上百种,仪表板和座舱无法安排,驾驶员也目不暇接,眼花缭乱;另外,飞机的飞行速度和机动性能的提高,又使驾驶员观察仪表的时间相对缩短,容易出错,因此把功能相同或相关的仪表指示器有机地组合在一起,形成统一指示的综合仪表,已成为航空仪表发展的必然趋势。例如,综合罗盘指示器、组合地平仪和各种发动机仪表的相互组合等都是一表多用的结构形式。

机电式综合仪表一直使用到20世纪60年代末。图5.1-1所示就是这种仪表的典型代表。其左、右分别为正、副驾驶员的飞行仪表,中间是发动机仪表。

5. 电子综合显示仪表阶段

随着电子技术的飞速发展,从20世纪60年代开始出现电子屏幕显示仪表,逐步在取代

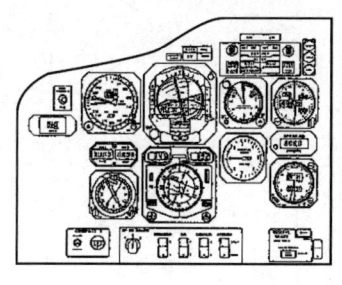 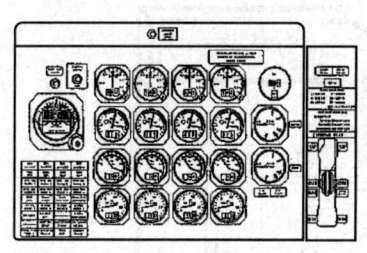 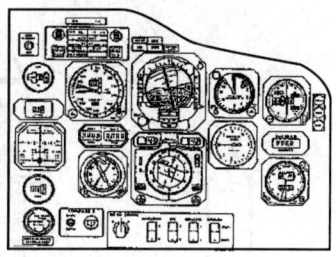

图 5.1-1 典型机电式综合仪表及其布局

指针式机电仪表,使仪表结构进入革新的年代。到 70 年代中期,电子显示仪表又进一步向综合化、数字化、标准化和多功能方向发展,并出现了高度综合又相互补充、交换显示的综合电子显示仪表。驾驶员可以通过控制板对飞机进行控制和安全监督,初步实现了人-机"对话"。驾驶舱仪表、惯性导航系统、大气数据系统、自动飞行系统和飞行管理系统等已成为重要的航空电子设备。

80 年代初期,在一些先进机型的驾驶舱中(以 B757/B767、A310 为代表),主要仪表的显示部分已广泛采用衍射平视仪和彩色多功能显示器,出现了 EFIS(电子飞行仪表系统)和 EICAS(发动机指示和机组警告系统),但是综合程度有限,仍配置有较多的机电仪表和备用仪表。这是电子飞行仪表的第一代产品。

80 年代中后期,以 B747/400、A320 为代表的电子飞行仪表为第二代产品。彩色电子显示系统有了进一步的发展,出现了高度综合的电子飞行仪表系统,其特点是驾驶舱用大屏幕 CRT 显示器显示数据,仅配置很少的备用仪表。

90 年代为第三代电子飞行仪表即平板显示系统。仪表数据显示用液晶显示器(LCD)取代了彩色阴极射线管(CRT),它的显示亮度大并且分辨率高,特别是体积小(无须电子枪,法向长度短)、重量轻、耗电量小等。例如,目前的 B777 客机驾驶舱的主要仪表显示采用的就是彩色液晶显示器。

对于现代大型商业飞机的驾驶舱仪表显示来说,无论采用 CRT,还是采用 LCD,其驾驶舱的布局是基本相同的,如图 5.1-2 所示。

与图 5.1-1 的仪表板相对应,正、副驾驶员的飞行仪表板上有主飞行显示器(PFD)和导航显示器(ND),中间的发动机仪表板上有上、下 EICAS 显示器。然而,在现代屏幕显示的驾驶舱中,仍然保留了陀螺地平仪、气压式高度表、空速表三块指针式备用仪表。由于后文中不再对备用仪表作详细描述,所以,在此给出三块典型的备用仪表的表头图形,如图 5.1-3 所示。

在一些更先进的大型商业飞机上,除具有电子飞行仪表外,已经将备用姿态、备用高度、备用空速、航向罗盘、仪表着陆偏离指示和气压基准设置等指示器集成在一起,称为综合备用飞行显示器(ISFD),如图 5.1-4 所示,用液晶显示器 LCD 作为仪表屏幕。它看上去就像小型的主飞行显示器,在其前面板上有气压基准选择电门、指示窗、高度带、空速带、姿态盘、航向刻度盘和仪表着陆的偏离指示;在地面测试时,可以提供故障代码、故障等级分类。仪表自带测试功能、自备电瓶和充电器,在紧急情况下可以连续供电 150min。故障时,相应指示部分的故障旗出现。

电子显示器容易实现综合显示,故又称为电子综合显示仪。它有如下优点:

(1) 显示灵活多样,可以显示字符、图形、表格等,还可以采用不同的颜色显示;

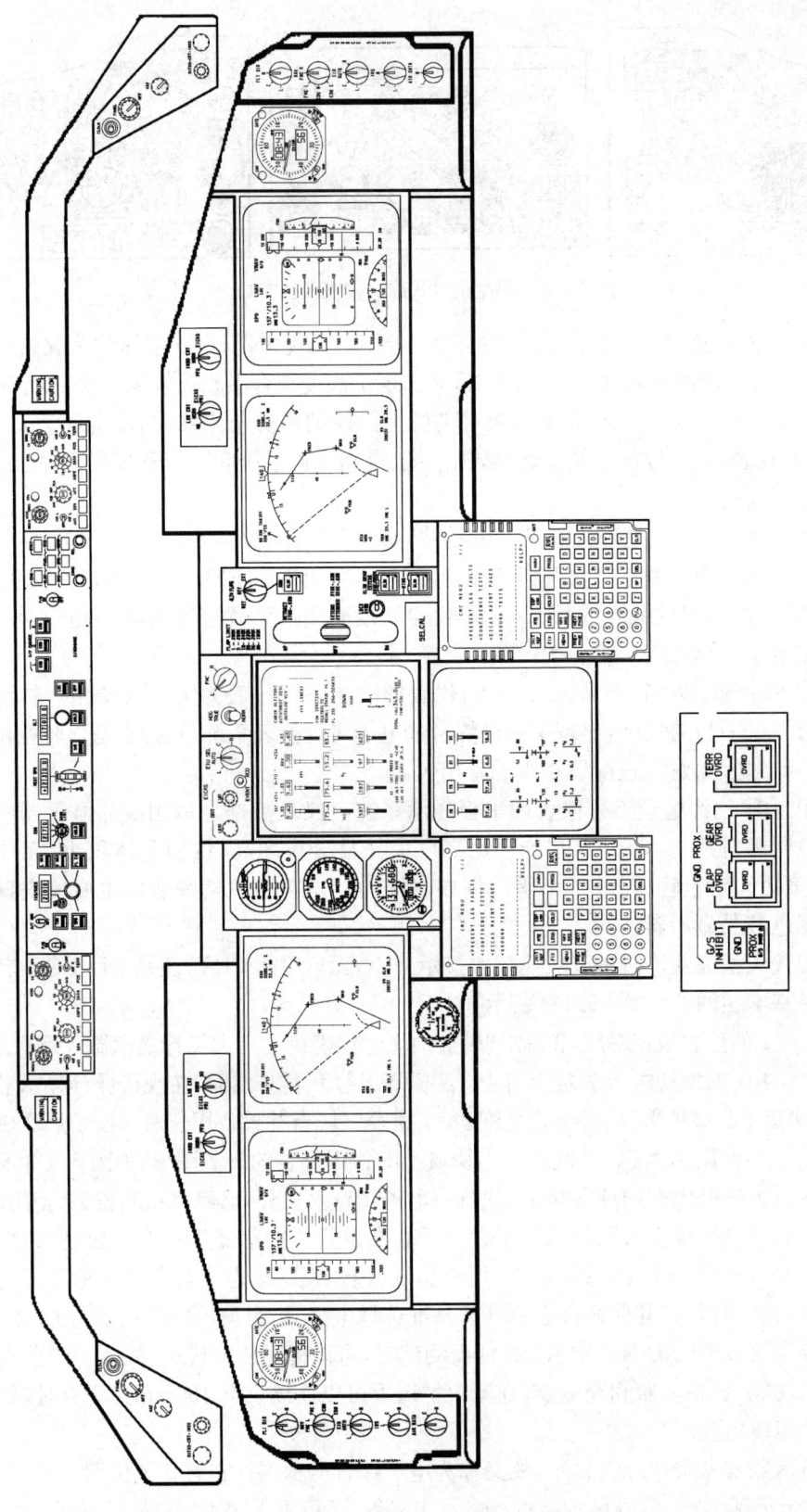

图 5.1-2 典型电子式综合仪表及其布局

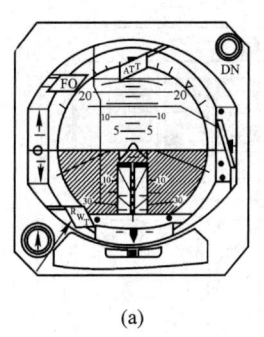 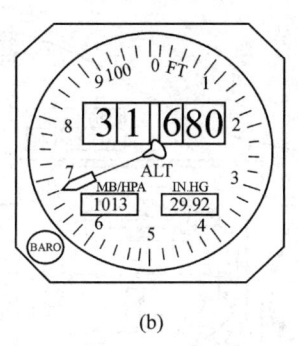 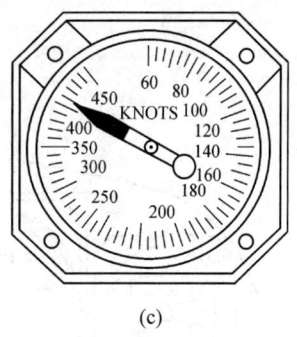

(a) (b) (c)

图 5.1-3 典型的备用仪表

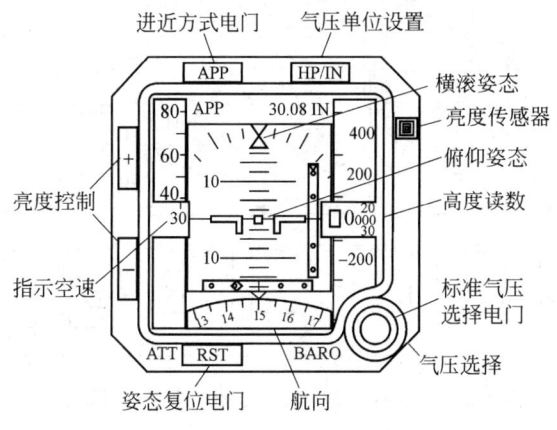

图 5.1-4 综合备用飞行显示器

(2) 容易实现信号的综合显示,减少了仪表数量,使仪表板布局简洁,便于观察;
(3) 电子式显示器的显示精度高;
(4) 采用固态器件,寿命长,可靠性高;
(5) 价格不断下降,性价比高;
(6) 符合机载设备数字化的发展方向。

总之,航空仪表的发展过程是从机械指示发展到电子显示,信号处理单元从纯机械到数字计算机系统,仪表的数量经历了从少到多,又从多到少的发展过程。在某种意义上讲,驾驶舱显示仪表是飞机先进程度的重要标志之一。

5.1.3 航空仪表显示数据的基本 T 型格式

无论分离式仪表显示数据的格式,还是屏幕仪表显示数据的格式都遵循基本 T 型格式。

1. 分离式仪表显示数据的基本 T 型格式

如图 5.1-5 所示,该仪表板是正驾驶员的飞行仪表板,从仪表板上粗黑线框出的形状可以看出,左边的马赫-空速表、中间的姿态指引仪(ADI)、右边的气压式高度表、下边的水平状态指示器(HSI)或称航道罗盘构成了 T 型格式。按照这种格式,主要飞行参数的显示为

空速   姿态   气压高度
航向

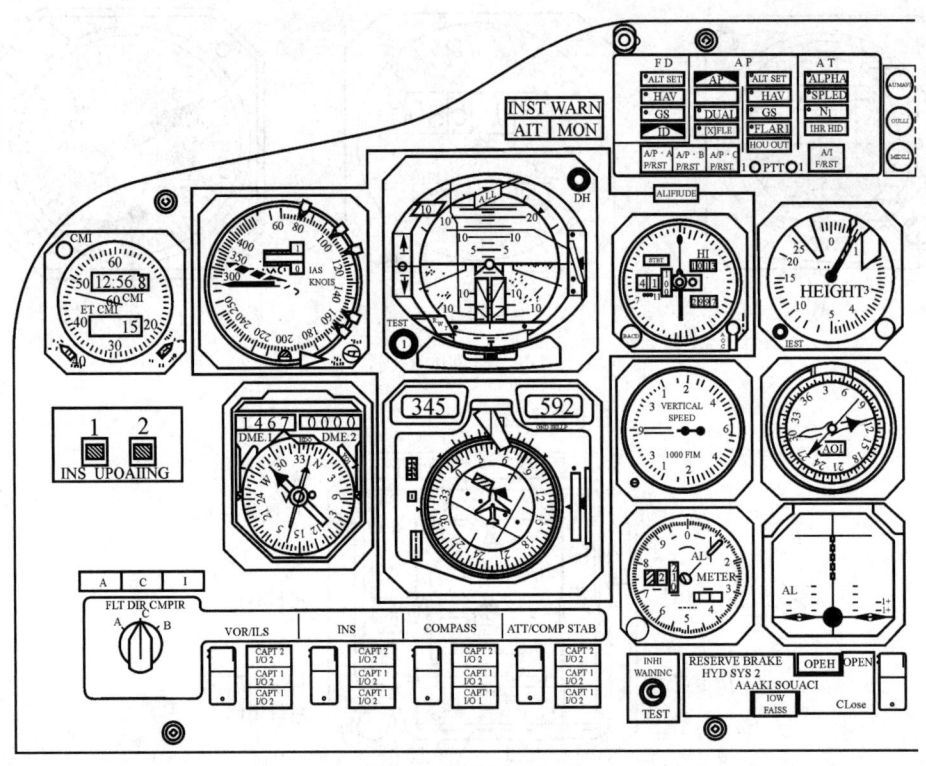

图 5.1-5　分离式仪表显示数据的基本 T 型格式

即使小飞机驾驶舱中的飞行参数也以上述格式显示。这种固定的格式可以为飞行员提供方便。

2. 电子式仪表显示数据的基本 T 型格式

如图 5.1-6 所示，该显示器称为主飞行显示器（PFD）。从显示器上粗黑线框出的形状同样可以看出，左边的空速带、中间的姿态指示球、右边的气压式高度带、下边的航向带也构成 T 型格式。

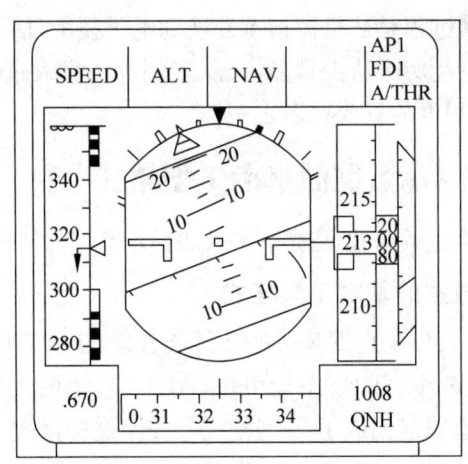

图 5.1-6　电子式仪表显示数据的基本 T 型格式

5.1.4 模拟式/数字式电子仪表的优缺点

在飞机上,老式的空速表是模拟式测量仪表,指针在刻度盘上连续地指示出空速值。驾驶员要想得到空速值就必须根据指针在刻度盘上的位置计算出来,这需要一定的时间。然而,如果飞行员关心空速的变化趋势时,则可以很快地通过指针的摆动方向判断出来。可见,飞行员使用模拟式测量仪表具有获得准确数值慢、获得数值变化趋势快的特点。

现在空速指示在主飞行显示器(PFD)上显示,它是典型的数字式仪表。从图中可以很清楚地看到,此时的空速值是30KNOTS。可以想象,如果数据仅以纯数字的形式显示,那么,对于数据变化趋势的判断同样需要一定的时间。因此,现代航空仪表均采用数字技术,而数据以数字和模拟两种方式显示,如图 5.1-7 所示,这样,飞行员既可以较快地得到准确的数据,又可以较快地获得该数据的变化趋势,这是现代数字式仪表的特点。

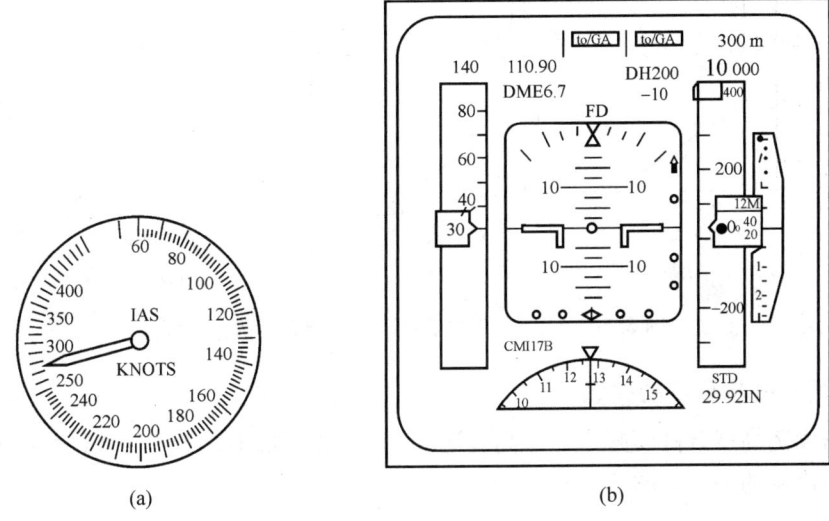

图 5.1-7 典型的模拟式和数字式显示器

5.2 大气数据仪表

飞行高度、速度、马赫数和升降速度等都是重要的飞行参数。各飞行参数之间、各飞行参数与大气参数之间有着密切的联系。测量这些参数,对于准确判定飞行状态、正确操纵飞机,有十分重要的意义。

5.2.1 国际标准大气

飞机一般在对流层和同温层下面飞行。在这个范围内,空气的物理性质——温度、压力、密度等都经常随着季节、时间、地理位置(经、纬度)、高度等的不同而变化。为了确定飞机的飞行性能,必须按同一标准的大气物理性质——温度、压力、密度等进行换算,才能对各种飞机的飞行性能进行相互比较。为了满足飞机仪表标准化的需要,国际民航组织(ICAO)将其正式编入《国际标准 ISO 2533——标准大气》。它的数据与地球北纬 35°~60°

地区（主要是欧洲）的平均大气数据相近。实际上，就是把这些平均数值加以修正而拟定出来的。因此，它与我国的情况有一定差距。

国际标准大气以平均海平面作为零高度。标准海平面大气的参数为：气压 $p_0=1013\text{hPa}$①（760mmHg 或 29.921inHg）；气温 $T_0=15℃$；密度 $\rho_0=1.225\text{kg/m}^3$。

大气的温度、密度、压力与高度存在着如下关系：

1. 气温与高度的关系

升高单位高度气温降低的数值，叫做气温垂直递减率（简称气温直减率），用 β 表示。不同季节、不同地区、不同高度的气温垂直递减率是不一样的，如图 5.2-1(a)所示，其平均值约为 $-0.0065℃/\text{m}$。

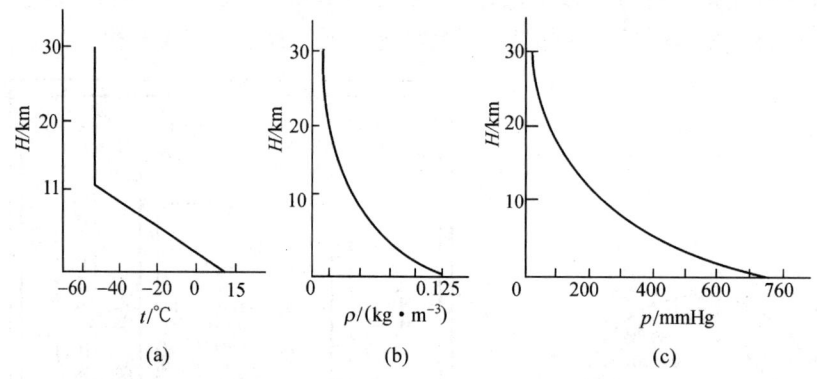

图 5.2-1　大气的温度、密度、压力与高度的关系

2. 大气密度与高度的关系

大气密度随高度升高而减小。即高度升高，大气密度减小；高度降低，大气密度增大。大气密度与高度的关系如图 5.2-1(b)所示。

3. 气压与高度的关系

根据标准大气条件可以推导出气压与高度的关系，如图 5.2-1(c)所示。无论在任何高度上，高度与气压都存在一一对应的关系。如果测出某高度处的气压，就可以计算出该处的标准气压高度。

5.2.2　气压式高度表

1. 飞行高度的种类

飞机的飞行高度是指飞机在空中距某一个基准面的垂直距离。测量高度的基准面不同，得出的飞行高度也不同。飞行中使用的飞行高度大致可分为以下四种，如图 5.2-2 所示。

1）绝对高度

飞机从空中到海平面的垂直距离，称为绝对高度。

---

①　1hPa=0.1kPa。

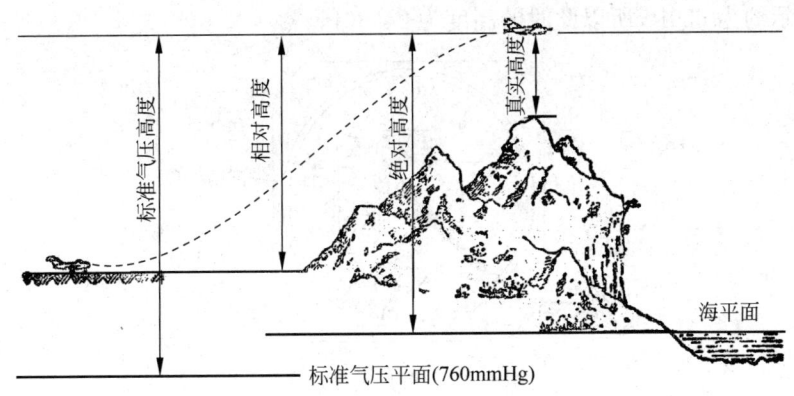

图 5.2-2　飞行高度的种类

2）相对高度

飞机从空中到某一既定机场地面的垂直距离,称为相对高度。

3）真实高度

飞机从空中到正下方的地面目标上顶的垂直距离,称为真实高度。

4）标准气压高度

飞机从空中到标准气压平面(即大气压力等于 760mmHg 的气压面)的垂直距离,称为"标准气压高度"。标准气压高度是国际上通用的高度,飞机在加入航线时使用的高度。它主要是为了防止同一空域、同一航线上的飞机在同一气压面上飞行时两机发生相撞。

2. 气压式高度表

1）测量原理和指示

根据标准大气中静压与高度的对应关系,测量气压的大小,就可以表示飞行高度的高低。

如图 5.2-3 所示,气压式高度表的感受部分是一个真空膜盒。作用在真空膜盒上的气压为零时,真空膜盒处于自然状态。受大气压力作用后,真空膜盒收缩并产生弹性力。当真空膜盒产生的弹性力与大气作用在真空膜盒上的总压力平衡时,真空膜盒变形的程度一定,指针指出相应的高度。高度改变后,气压也随之改变,弹性力与总压力由平衡又变成不平衡,使真空膜盒变形的程度改变,直到弹性力与总压力再度平衡时,真空膜盒变形到新的位置,指针指示出改变后的高度。

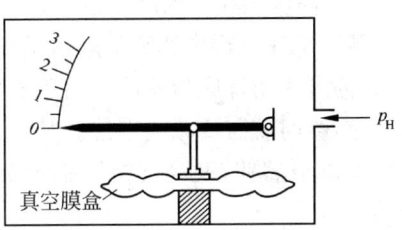

图 5.2-3　气压式高度表基本原理

通过测量气压来表示高度时,选定的基准面不同,测量出的高度也不同。如以标准气压平面为基准面,则仪表指示标准气压高度;如以某一机场的场面气压平面为基准面,则仪表指示的是对该机场的相对高度;如以修正的海平面气压为基准面,则仪表指示绝对高度。气压式高度表实质上是一种特殊的测量大气绝对压力的压力表。

一种典型的气压式高度表如图 5.2-4 所示,其指示刻度盘为均匀刻度,每小格 20ft,高度表的读数是计数器数字读数和表盘读数的组合。例如,高度表上计数器窗口为 24000ft,

高度指针指示约为630ft，所以此时的高度为24630ft。

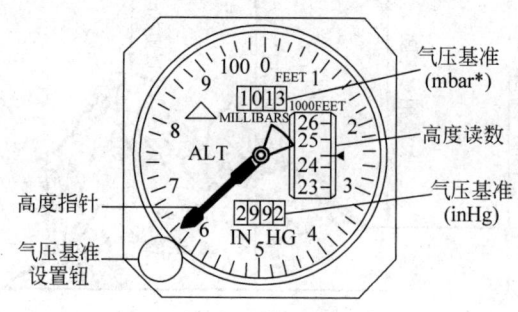

图 5.2-4　气压式高度表

2) 气压式高度表的使用

气压式高度表可以测量飞机的绝对高度、相对高度和标准气压高度，其各种测量的方法分别介绍如下：

(1) 绝对高度的测量

因为绝对高度是以海平面为基准面的高度，所以旋转气压基准设置钮，将气压基准值调整到海平面的气压值，此时，高度表指针指示的数值就是绝对高度。

(2) 相对高度的测量

因为相对高度是以机场为基准面的高度，所以旋转气压基准设置钮，将气压基准值调整到相应机场地面的气压值，此时，高度表指针指示的数值就是飞机相对于该机场的相对高度。

(3) 标准气压高度的测量

因为标准气压高度是以标准气压平面为基准面的高度，所以旋转气压基准设置钮，将气压基准值调整到标准气压值，此时，高度表指针指示的数值就是标准气压高度。

(4) 高度表在机场的零位调整

若飞机在飞行中选定某降落机场为基准面，那么高度表测量的是相对高度。当飞机落地后，高度表指针应指零位。由于机场地面的气压经常变化，有时飞机在地面，高度表不指示零位，这时就需要调整零位。其方法是：先从气象台了解当时该机场的气压，然后旋转气压基准设置钮，使高度指针指示零位。此时气压基准显示的数值就是当时该机场的气压值。

5.2.3　升降速度表

飞机在飞行中高度会发生变化，例如飞机爬升或下降。高度的变化率是单位时间内飞机高度的变化量，也可称为"升降速度""垂直速度"或"升降率"。测量高度变化率的方法很多，这里只讨论通过测量气压变化来反映高度变化率的升降速度表。

1. 基本工作原理

我们知道，飞机高度变化时，气压也随着变化；气压变化的快慢，可以表示飞机高度变化的快慢，即升降速度的大小。因此，只要测量出气压变化的快慢，就能表示飞机的升降速度。其基本工作原理如图 5.2-5 所示。

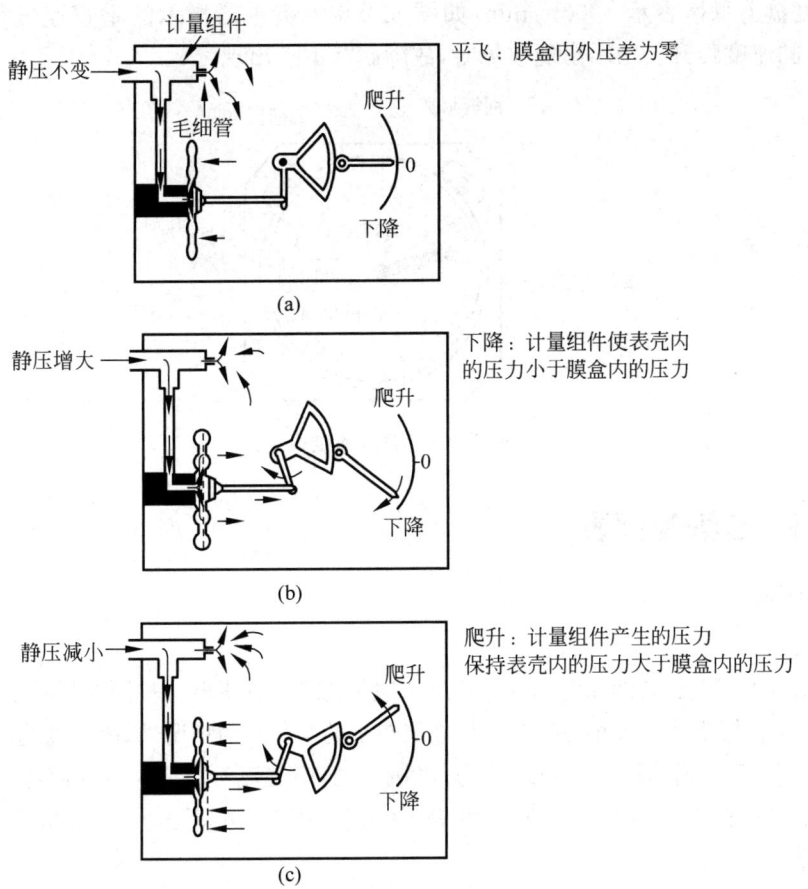

图 5.2-5 升降速度表基本原理

1）平飞

飞机平飞时，静压稳定，表壳内部气压等于飞机外部气压，膜盒内外所受的压力相等，膜盒不膨胀也不收缩，指针指零，表示飞机平飞。

2）下降

飞机由平飞转入下降时，飞机外部静压不断增大，空气同时向膜盒和表壳中流动。由于计量组件的阻流作用，表壳内部气压小于飞机外部气压，膜盒内外形成压力差。在此压力差作用下，膜盒膨胀，通过传送机构使指针向下指示，表示飞机下降。

3）爬升

飞机由下降转入爬升时，随着飞行高度不断升高，飞机外部静压不断减小，膜盒和表壳中的空气同时向外流动。由于膜盒跟外部有直通的导管连接，对空气流动的阻碍作用很小，而计量组件阻碍向外流动的气流，因此，表壳内部气压要比飞机外部气压减小得慢一些，从而大于飞机外部气压。于是，在膜盒内外形成压力差。在此压力差作用下，膜盒收缩，通过传动机构使指针向上指示，表示飞机爬升。

2. 升降速度表指示器

升降速度表的指针指"0"表示飞机在平飞，表的指针指"0"以上表示爬升，"0"以下表示下降。刻度盘上每格表示 1000ft/min，如图 5.2-6 中指示器指示的垂直速度表示飞机以 250ft/min 的速度爬升。指示出现故障时，故障旗"OFF"出现。

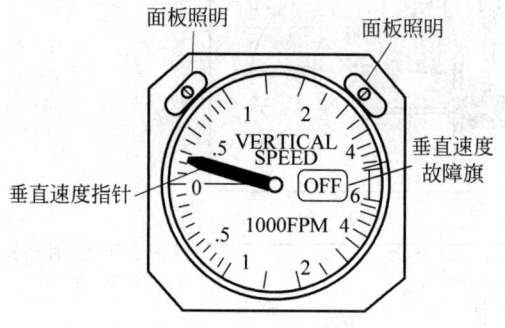

图 5.2-6　升降速度表

5.2.4　马赫-空速表

1. 空速表

1）概述

飞机相对于空气运动的速度称为空速。空速是指飞机在纵轴对称面内相对于气流的运动速度。驾驶员根据空速的大小可判断作用在飞机上的空气动力情况，以便正确地操纵飞机。

飞机在空气中飞行，可以相对地认为，飞机不动，空气流过飞机。空气流过飞机的速度，其大小等于飞机在空气中飞行的速度，即等于空速。因此，测量空速，也就是测量空气流过飞机的速度。

2）空速的测量与影响因素

（1）与飞行速度有关的大气数据参数

各种大气数据参数与空速之间的关系如图 5.2-7 所示。

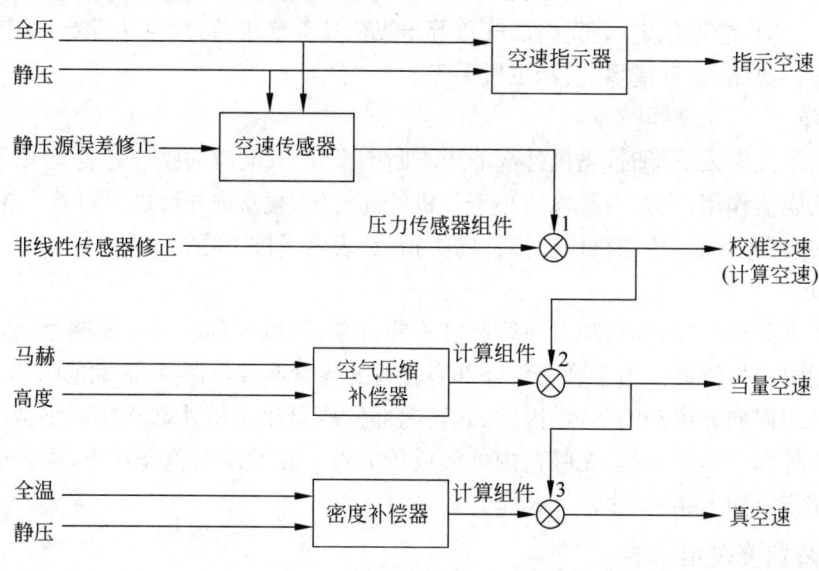

图 5.2-7　大气数据参数与空速的关系

① 全压 p_t

全压是空气作用到相对运动的物体表面单位面积的总压力,它是静压与动压之和。

② 静压 p_s

静压是飞机周围大气的压力,它是空气作用在相对静止的物体表面上单位面积的力。

③ 动压 p_d

动压指理想的不可压缩的气流到达驻点时,作用在单位面积上的力。全压与静压之差等于动压。

④ 指示空速 IAS

在海平面标准大气条件下,利用动压与空速的关系得到的空速称为指示空速,它未经任何补偿,也称为表速。

⑤ 校准空速 CAS

对指示空速进行静压源误差修正而得到的空速称为校准空速,也称为计算空速。

⑥ 当量空速 EAS

对校准空速进行空气压缩性修正而得到的空速称为当量空速。

⑦ 真空速 TAS

对当量空速进行空气密度修正而得到的空速称为真空速,它是飞机相对于空气运动的真实速度。

⑧ 静压源误差修正 SSEC

全/静压、迎角探头处不可避免的有空气扰动、安装误差,它修正因气流流过飞机引起的静压误差。

⑨ 空气压缩补偿

它修正速度和高度变化引起的皮托管内空气压缩性函数的变化。

⑩ 空气密度补偿

它修正温度和高度变化时引起的空气密度的变化。

(2) 空速与全/静压的关系

当气流相对于飞机运动时,在正对气流运动方向的飞机表面上,气流完全受阻,速度降低到零。在此条件下,气流分子的规律运动全部转化为分子的热运动,与此相应,气流的动能全部转化为压力能和内能,因而空气的温度升高,压力增大,这个压力叫做全受阻压力。

全压与静压之差,叫做动压。即

$$p_d = p_t - p_H$$

式中,p_d——H 高度上的动压;

p_t——H 高度上的全压;

p_H——H 高度上的静压。

动压与空速之间有什么关系呢?如果不考虑空气压缩性,气流流至全压口完全受阻,压力升高。若空气的密度和温度基本不变,即空气未被压缩,则

$$p_d = \frac{1}{2}\rho v^2$$

事实上,空气是可以压缩的。空气被压缩时,空气的密度和温度都要升高。因此,气流

流至全压口时压力升高的同时,空气密度和温度都要升高。在考虑到空气的压缩性时,动压与静压的关系不能用上述简单公式表达,而有它自己的规律。在高速飞行时,考虑空气的压缩性尤为必要。

(3) 测量指示空速

① 指示空速表的功用

指示空速 v_i 实质是反映动压的大小,即反映作用在飞机上空气动力的大小,所以指示空速是操纵飞机、保证飞行安全的重要参数。

飞机的升力 Y 为

$$Y = C_Y S p_d$$

式中,S——翼展面积。

C_Y——升力系数,取决于飞机结构参数及攻角的大小。在小于临界迎角范围内,迎角越大,升力系数也越大。

当 S、C_Y 一定时,无论飞机在什么高度上飞行,驾驶员只要保持一定的动压 p_d,所需的指示空速值是不变的,这样就可以保证飞机的升力大于重力而不致使飞机失速。

② 气动式指示空速的基本工作原理

气动式指示空速表根据空速与动压的关系,利用开口膜盒测量动压,从而得到指示空速。

在飞机上,空速管用来感受飞机飞行时气流产生的动压和大气的静压,它分别通过管路与指示空速表上的全、静压接头相连。空速表内有一个开口膜盒,其内部通全压;外部,即表壳内通静压,膜盒内外的压力差就是动压。在动压的作用下膜盒收缩或膨胀,经过传送机构带动指针指示,指针的角位移即可反映动压的大小。在静压和气温一定的条件下,动压的大小完全取决于空速,因此指针的角位移可以表示空速的大小,如图 5.2-8 所示。

如果飞机周围的大气参数不符合海平面标准大气条件,虽然空速不变,但因静压、气温改变,动压也要改变。因此,仪表的指示就不等于真实的空速,所以,用真空速和指示空速加以区别。

在海平面标准大气条件下,指示空速与真空速相等,而在其他高度上都不相等。

(4) 测量真空速

空气与物体之间相对运动的真实流速,即飞机相对空气运动的真实速度叫真空速。这里简单介绍通过感受动压、静压测量真空速的基本原理。

在标准大气条件下,静压的大小可以反映气温的高低,因此,真空速与气温的关系可以用真空速与静压的关系表示。可见,只要感受动压和静压,就可以达到测量真空速的目的。

表内的两个测量部件为真空膜盒(高度膜盒)和开口膜盒(空速膜盒),如图 5.2-9 所示。开口膜盒通过测量全/静压的压差获得空速;真空膜盒使用静压测量出高度。静压随高度变化,同时影响高度、空速膜盒两个测量组件。真空膜盒的位移,不仅反映了静压对真空速的影响,也反映了气温对真空速的影响。两个膜盒的位形变通过传动机构就可以由指针在刻度盘上指示出真空速。

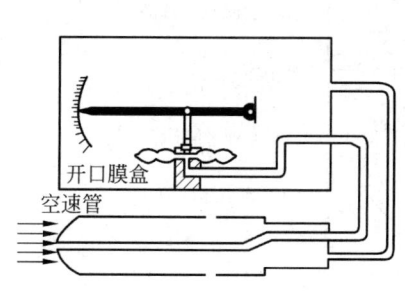
图 5.2-8 指示空速表原理图

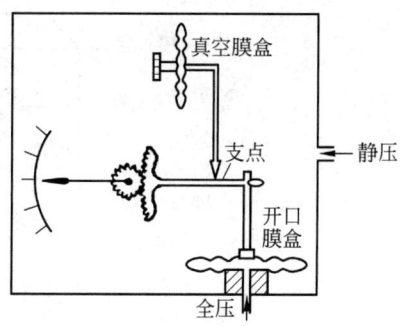
图 5.2-9 通过感受动压、静压测量真空速

这种表结构简单,但没有感温元件,因此有温度误差。

2. 马赫数表

1) 马赫数表的功用

马赫数 (Ma),即飞机所在高度的真空速 (v) 和当地音速 (a) 之比 $\left(Ma=\dfrac{v}{a}\right)$。

当飞机接近音速飞行时,某些部位可能产生局部激波,阻力急剧增加,将会导致飞机的稳定性和操纵性能变坏,甚至产生激波失速。为防止激波失速,必须测量马赫数。

2) 测量马赫数的原理

气动式马赫数表的测量原理和基本结构与真空速表基本相同。

马赫表的两个测量部件为空速膜盒和高度膜盒。空速膜盒通过测量全/静压的压差获得空速;高度膜盒使用静压测量出高度。马赫数的测量则采用这两套测量部件测量参数的比值得出。

因为,$Ma=\dfrac{v}{a}$,速度可用全/静压差 (p_t-p_s) 表示,空速膜盒可以测量出压差值。音速是不能直接测量的,从前面空气动力学的内容可知,音速在一定的范围内是随高度增加线性减少的。因此,可以通过使用高度膜盒测量出静压的大小来反映音速的变化。所以,马赫数的测量就从飞机所在高度的真空速与本地音速的比值变为用全/静压差与静压的比值来表示了。

3. 马赫-空速表的指示

传统飞机的指示空速和超速指示器是组合式仪表,即马赫-空速表。马赫-空速表上的白色指针代表指示空速(IAS),红、白相间指针指示超速状况下的最大操作速度、最大操作马赫数(VMO/MMO)。

电动式马赫-空速表如图 5.2-10 所示。对飞机的超速状况可发出警告。马赫空速警告系统在飞机出现超速状况时,提供视频和音频警告。白色的指针指示出校准空速(CAS),红/白指针指示由马赫-空速警告计算机计算出的速度极限值。马赫-空速表上的窗口还用数字形式指示出计算空速和马赫数,当马赫空速警告计算机出现故障时,窗口内显示 VMO 和 MACH 故障旗。

电子飞行仪表显示的空速位于主飞行显示器空速带上,马赫数则位于空速带的底部。如图 5.2-11 所示为 B747-400 飞机的大气数据计算机输出的计算空速和马赫数。

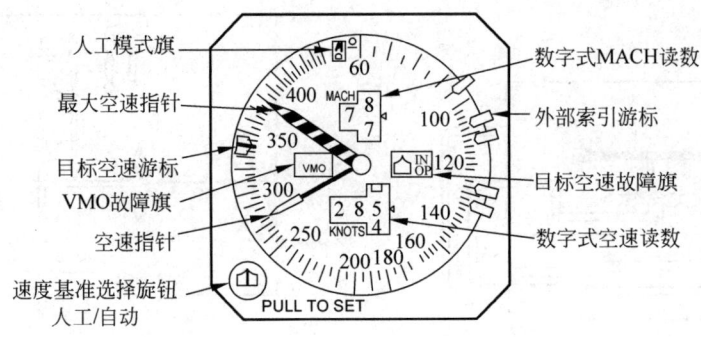

图 5.2-10 电动马赫-空速表的显示

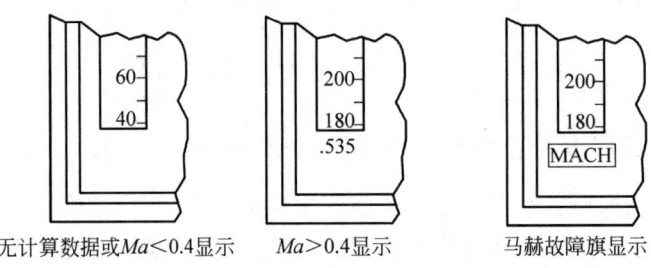

图 5.2-11 电子飞行仪表显示的空速和马赫数

5.2.5 温度指示器

在所有飞机上都有大气温度指示器,如图 5.2-12 所示。在老式飞机上大气温度显示在模拟指示器或数字式指示器上,而现代飞机上一般显示在 EICAS/ECAM 的下显示器上。

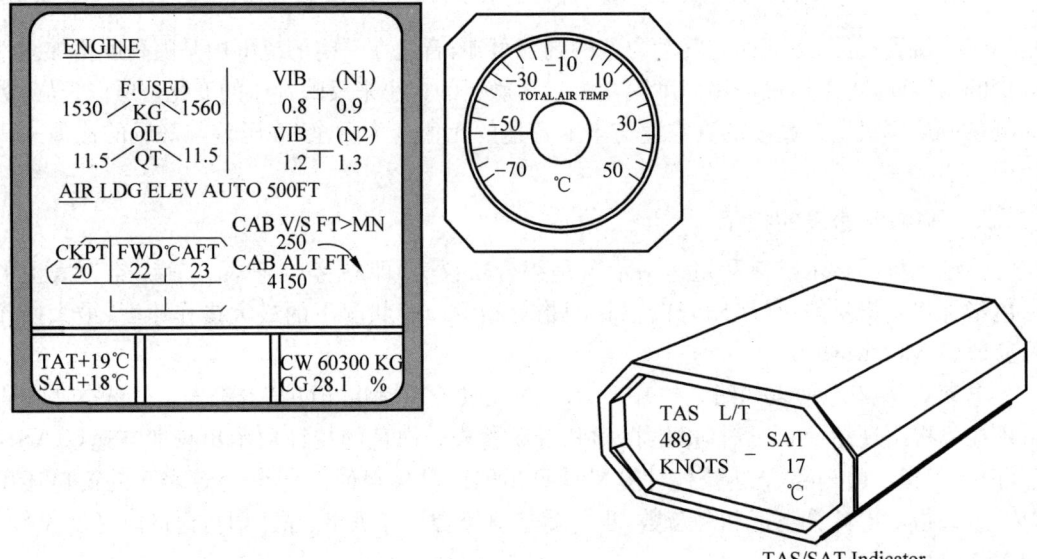

图 5.2-12 大气温度指示器

在指示器上显示两个大气温度值，一个是大气静温(SAT)，指的是围绕在飞机周围不受干扰的大气温度；另一个是大气全温(TAT)，在飞机飞行期间，由于气流冲压的作用，将其动能转化成温度的上升，这一温度也称为动温，因此，TAT高于SAT，它可以通过全温探头直接测量得到。

全温探头装在机身外部没有气流扰动的蒙皮上，其对称轴与飞机纵轴平行，如图5.2-13所示。全温探头是一个金属管腔。感温元件感受腔内的气流温度。空气从前口进入，从后口及周围几个出口流出。气流在探测元件附近处于全受阻状态。感温电阻的电阻值与全受阻温度相对应。该电阻值经电路转换，输出与全受阻温度相对应的电压值。全温探头测量的是大气静温与动温之和。

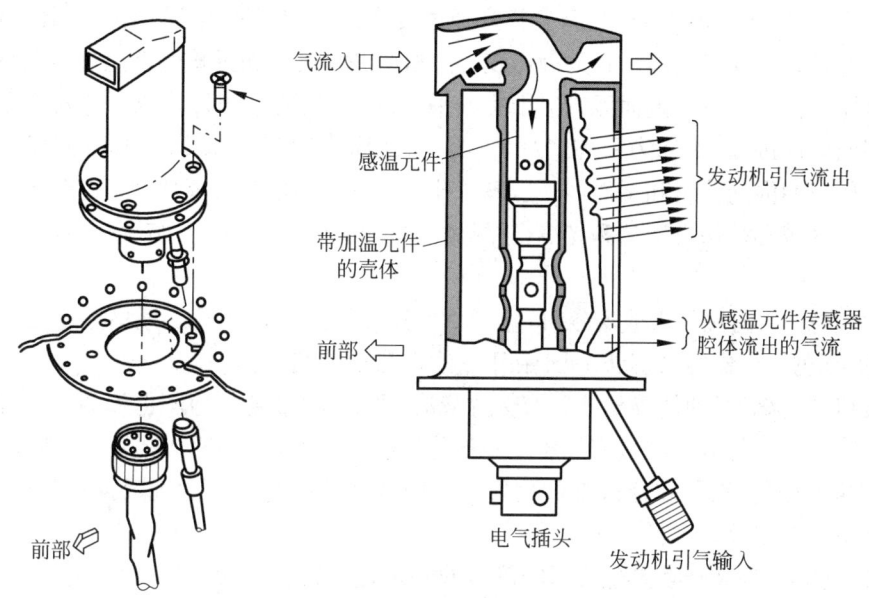

图 5.2-13　全温探头

在高空飞行时，空气中的水分由于低温可能结冰堵塞全温探头的进气孔或排气孔，因此，全温探头内设置了由加温电阻组成的防冰加温元件。在飞行期间，加热元件不会影响测量的温度值；但飞机停留在地面时，由于没有气流流动，如果不关闭加热元件，就会影响温度的测量。

在地面或飞行速度较低时，可以利用小流量的发动机引气在全温探头腔体内形成的负压，使进入腔体的气流顺畅流动，同时还能将加温元件的热量带出，确保全温测量值的准确。

全温探头测量到的TAT可以直接用于发动机推力计算。SAT不能通过直接测量得到，它是由大气数据计算机计算出来的。简而言之，SAT等于TAT减去冲压引起的动温。

注意：无论在地面对加温电路进行测试，还是拆卸时都要注意探头的温度。拆卸时，拔掉探头的电插头，断开发动机引气，警告维修人员不要触摸热探头以免被烫伤。

5.3 全/静压系统

全/静压系统用来收集气流的全压和静压,并把它们输送给需要全压、静压的仪表及有关设备。全/静压系统是否能准确、迅速地收集并输送全/静压,直接影响全/静压系统仪表指示的准确性。高度表、空速表、升降速度表和马赫数表等都是基于测量全压、静压而工作的仪表,因此我们有必要学习全/静压系统的相关知识。

5.3.1 静压系统

我们知道,气压式高度表、空速表和升降速度表都需要获得静压,才能输出正确数值。这些仪表通过管路连接到静压孔。静压孔穿过机身蒙皮使飞机外部的静压进入到机内静压管路。静压孔位于机身前侧面无气流干扰的平滑处,此处便于测量静压。它安装在机身蒙皮上稍稍向内凹进,因此称为平齐式静压孔。在孔周围喷有一圈红漆,其下面标有注意事项。要求保持圈内的清洁和平滑,并且,静压孔上的小孔不能变形或堵塞,如图5.3-1所示。

静压孔区域必须保持清洁和光滑,这样做的目的是防止出现干扰气流,从而得到正确的指示。

必须注意:在清洗飞机或退漆时,应该用专用盖子堵住静压孔。该堵盖应使用鲜艳的颜色,例如红色。这样容易辨认,便于在下一次航班前将堵盖摘下。

在飞机飞行期间,即使静压孔区域保持清洁、平滑,测量到的静压也不会完全等于飞机外的静压。这种测量静压与真实静压之差被称为静压源误差(SSE),它取决于机身的外形、飞机的空速和迎角、襟翼和起落架的位置。静压源误差的校正由大气数据计算机来完成。对此将在下一节描述。

另外,还有一种飞行姿态也会影响静压的测量,这就是飞机侧滑。在侧滑期间,由于冲压气流的影响,则机身左侧静压高于正常静压;相反,右侧的静压低于正常静压。为了补偿这一影响,在机身两侧都开一个静压孔,并使它们连通。这样就补偿了由于飞机侧滑带来的影响。两端的静压孔通过一个三通连在一起,将静压提供给仪表,如图5.3-2所示。

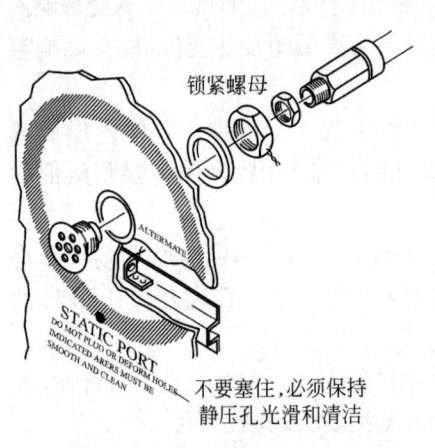

图 5.3-1 平齐式静压孔

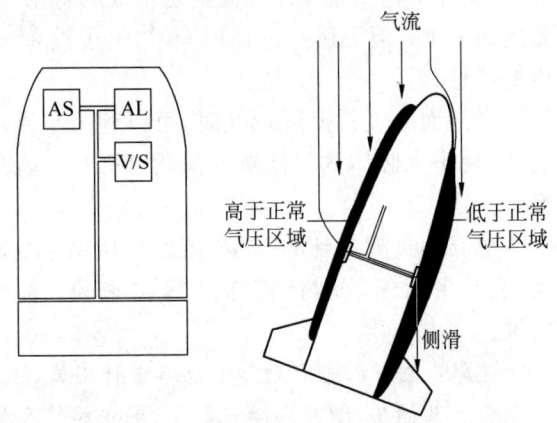

图 5.3-2 静压系统与静压孔的开口位置

5.3.2 全压系统

全压系统应用于空速表中。全压等于动压与静压之和,它通过全压管测得。全压管将测得的全压加到空速表。

在大型飞机上,全压管通常位于机身的前部。所有的全压管在前端都有一个开孔收集气流的全压。

注意:全压管的前端应保持良好的条件,不能影响气流的流动。

在管子内有一个挡板,它的作用是防止水或外来物进入全压管路。在管子的最低点有一个排泄孔,可以将水和灰尘颗粒排到外面。全压孔必须保持畅通,只有这样才能保证仪表给出正确的指示,如图 5.3-3 所示。

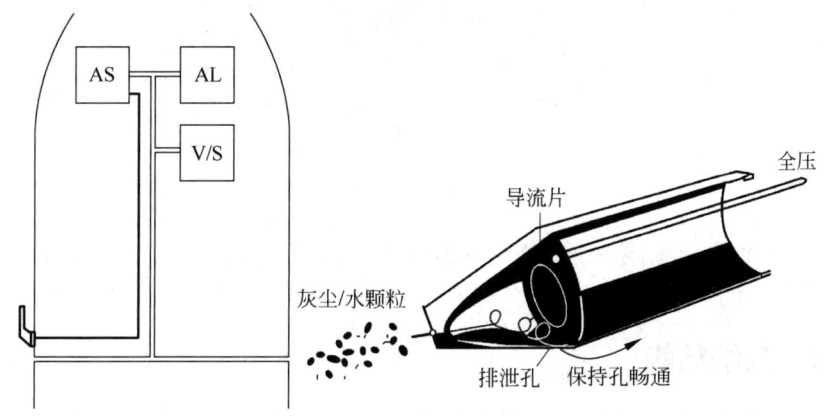

图 5.3-3 全压系统与全压管

电加温探头可以防止飞机在飞行期间结冰引起全压管堵塞。注意:如果飞机在地面上接通加热开关,会对管子加温,并且温度很高,触摸时可导致严重烫伤。如果飞机长时间停在地面,必须用专用护盖罩上全压管,以防止水和其他外来物进入。护盖上带有明显标志,以此警告机械员或驾驶员在下次飞行前必须摘掉护盖。

在某些类型的飞机上,全压管上也有静压孔。这种类型的管子称为全/静压管,如图 5.3-4 所示。

全/静压管一般包括全压、静压和加温等部分。有一支架保持探头离机身蒙皮几英寸,来减小气流的干扰。每个探头上有三类孔:一个孔朝前感受全压,两组孔在侧面感受静压,全压部分用来收集气流的全压。全压孔位于全/静压管的头部正对气流方向。全压经全压室、全压接头和全压导管进入大气数据仪表或系统。全压室下部有排水孔,全压室中凝结的水可由排水孔或排水系统漏掉。

静压部分用来收集气流的静压。静压孔位于全/静压管周围没有紊流的地方。静压经静压室、静压接头和静压导管进入仪表。全/静压管是流线型的管子,表面十分光滑,其目的是减弱它对气流的扰动,以便准确地收集静压。

一个底座包括电气和气压接头,加温器连接到底座上的两个绝缘的插钉上。在底座上的双定位销帮助探头安装时定位。密封垫用于提供座舱压力密封,它安装在探头安装凸缘与飞机机体之间。

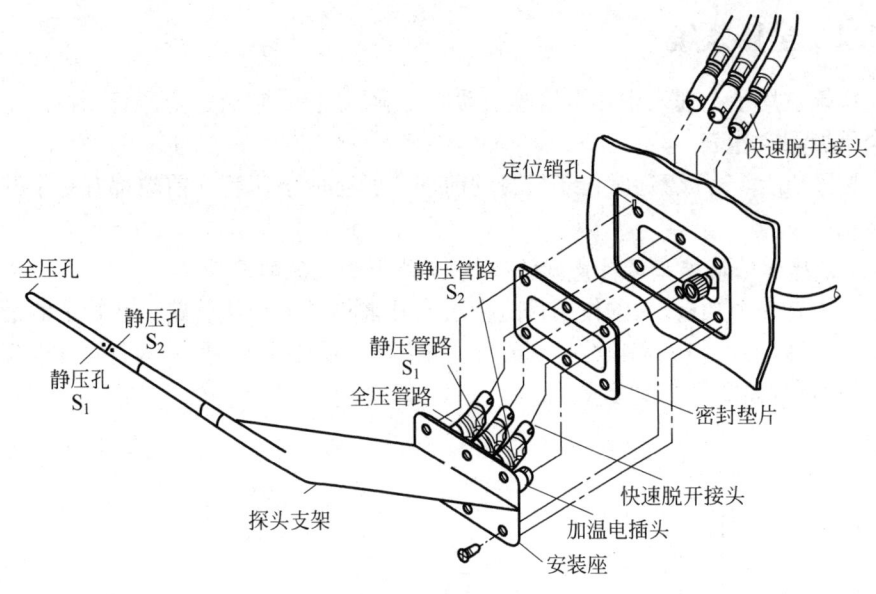

图 5.3-4 全/静压管

为了准确地收集静压,避免全/静压管前端及后部支架对静压孔处压力的影响,静压孔至全/静压管前端的距离大致应等于全/静压管直径的 3 倍,至后部支架也应有一定的距离。

5.3.3 系统结构

全/静压系统的结构随飞机的发展而发展,其管路系统从简单到复杂。然而,随着电子技术的发展,复杂的全/静压管路系统又被电缆取代,从这一意义上说,该系统又从复杂逐渐变为简单。

下面我们从老式小型飞机的简单系统开始讨论全/静压系统的结构。通常,小飞机只有一套气压式高度表、升降速度表和空速表。气压式高度表和升降速度表需要静压;空速表既需要静压,也需要全压。对于老式大型的飞机来说,飞机操纵需要正、副两位驾驶员,因此必须为副驾驶员也提供一套仪表系统。并且,该仪表系统应该由完全独立的全压和静压系统提供,如图 5.3-5(a)的左侧所示。

为了遵守仪表飞行规则(IFR),使正驾驶员在其仪表系统出现故障时方便、快捷地使用副驾驶的静压系统,于是在两套系统之间安装了转换开关,如图 5.3-5(a)的左下部所示。转换开关结构如图 5.3-5(b)所示。

现代飞机的飞行高度高、飞行速度快,因此,需要在飞机上加装马赫表、真空速表和温度指示器。在典型的飞机上,利用大气数据计算机(ADC)计算上述数据,随着电子技术的发展,大气数据计算机的可靠性不断提高,并且,现在电子屏幕显示仪表也已经替代了所有气动式仪表。全/静压信号、温度传感器感受的大气全温、迎角探测器探测到的角度都可以直接输入到 ADC,经过 ADC 的处理和计算,将输出数据以电信号的形式经电缆输出到相应的电子屏幕显示仪表和系统。这样用电缆取代了许多全/静压管路,从而使飞机的重量减轻、维护方便、造价降低。

然而,可以想象,一旦飞机上的电源失效,那么,这种类型飞机的仪表显示将全部消失。

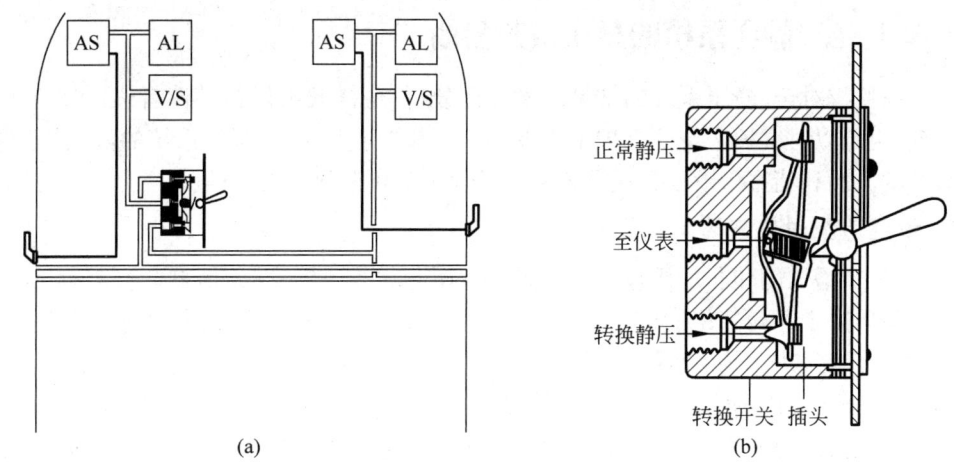

图 5.3-5 老式大型飞机全/静压系统及转换开关结构

为了解决这一问题,在飞机上必须加装备用仪表,它必须有独立的全/静压孔、独立的全/静压管路。这就是所有现代飞机都保留着备用仪表的原因。从图 5.3-6 中可以看到,该结构中只有一套全/静压管路,其他全/静压传感器均为先进的传感器,它可以将压力、温度等非电量信号直接转换成电信号提供给大气数据计算机。

现代典型飞机上安装有三套 ADC。机长可以选择不同的数据源为左 PFD 和 ND 提供显示数据。通常机长使用 1 号 ADC 作为正常的数据源,3 号 ADC 作为备用数据源。

副驾驶员同样也可以选择不同的数据源为右 PFD 和 ND 提供显示数据。通常副驾驶员使用 2 号 ADC 作为正常的数据源,3 号 ADC 作为备用数据源,如图 5.3-6 所示。

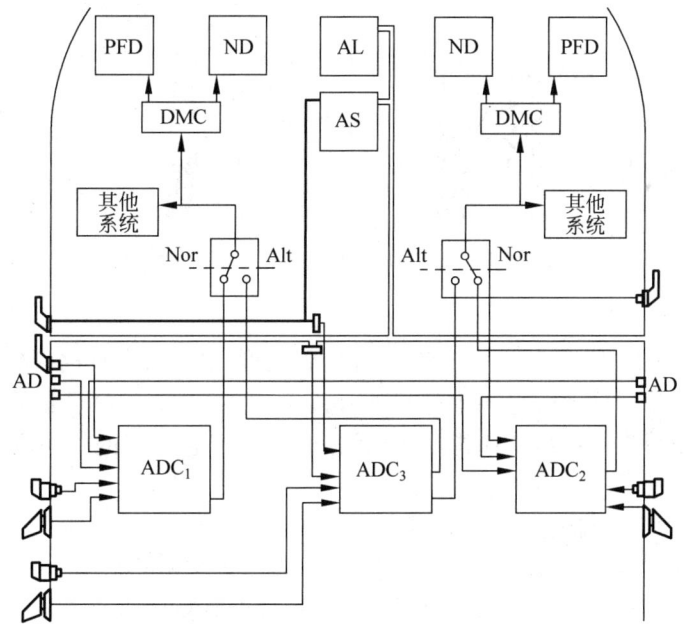

图 5.3-6 现代飞机的全/静压系统结构

5.3.4 全/静压系统的基本故障分析

下面我们将对全/静压系统的常见故障进行分析,这样既可以帮助读者进一步理解全/静压系统,也可以对维护人员的维护工作提供一个基本思路。全/静压系统的常见故障主要包括管路的泄漏和堵塞。下面首先分析管路的泄漏对仪表显示的影响。

1. 管路泄漏对仪表显示的影响

在飞机上,增压舱和非增压舱内都可能有全压管和静压管穿过,因此,管路泄漏造成什么样的后果取决于泄漏部位的位置和尺寸。以下的讨论以管路裂洞较大为前提条件。

1)静压管在非增压舱泄漏

如图 5.3-7 中的①所示。在飞行期间,静压管在非增压舱泄漏,此时,在破口处由于文氏管静效应气流流速稍快,静压管内的静压比正常压力稍小一些,因此,高度表的高度指示将略有增加;由于全压不受影响,则动压稍有增加,所以,空速指示也比正常的值稍高一些;升降速度表在管路泄漏的瞬间,指针跳动一下之后,指示正确数值。

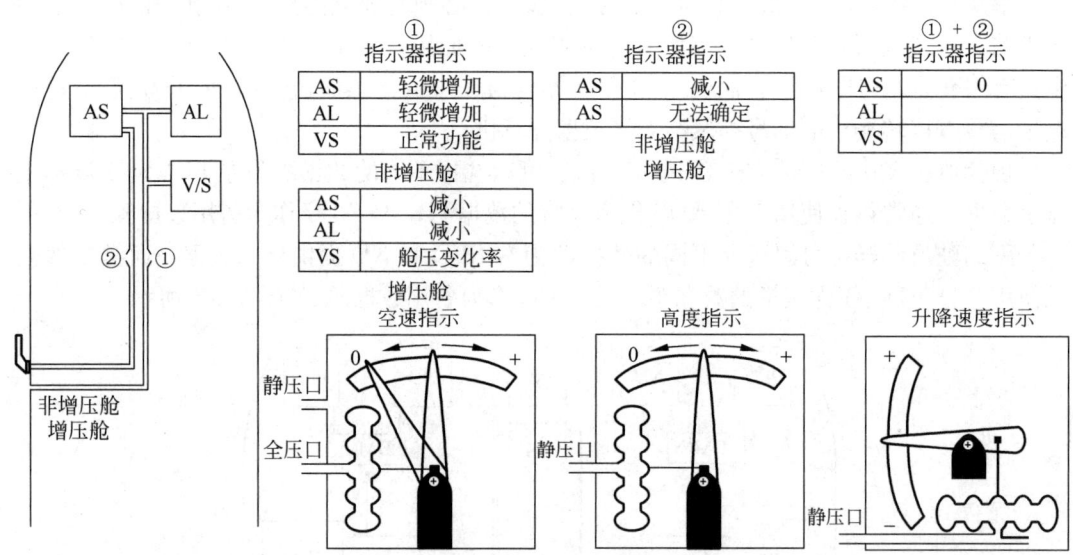

图 5.3-7 全/静压管泄漏对仪表显示的影响

2)静压管在增压舱泄漏

如图 5.3-7 中的①所示。在飞行期间,静压管在增压舱泄漏,此时,增压舱的压力从破口处压入,从而使静压管内的静压比正常压力高,因此,高度表的高度指示减小;由于全压不受影响,则动压减小,所以,空速指示比正常值小;升降速度表的指示取决于增压舱的压力变化率。

3)全压管在非增压舱或增压舱泄漏

全压管泄漏仅影响空速表的指示,高度表和升降速度表不受影响。

如图 5.3-7 中的②所示。当全压管在非增压舱发生泄漏时,全压与静压几乎相等,空速表上的空速指示减小;而在增压舱泄漏时,很难确定空速表如何指示,因为无法确定全压管破裂时,全压管内的压力与增压舱内的压力哪个大。

4) 全压管和静压管同时泄漏

如图 5.3-7 中的①+②所示。当静压和全压管路同时发生泄漏时,由于全压和静压趋于相同,所以空速表指示为零。高度表和升降速度表的显示与前面的分析结果相同,此处不再详述。

2. 管路堵塞对仪表显示的影响

在飞机飞行期间,由于高空有水汽,并且温度低,所以在全压孔和静压孔处容易结冰,或由于外来物的进入,所以在全/静压孔处可能会造成堵塞。下面进行详细讨论。

1) 静压管堵塞

如图 5.3-8 所示,当静压孔被冰或外来物堵塞时,静压保持恒定,仪表指示将发生如下现象。

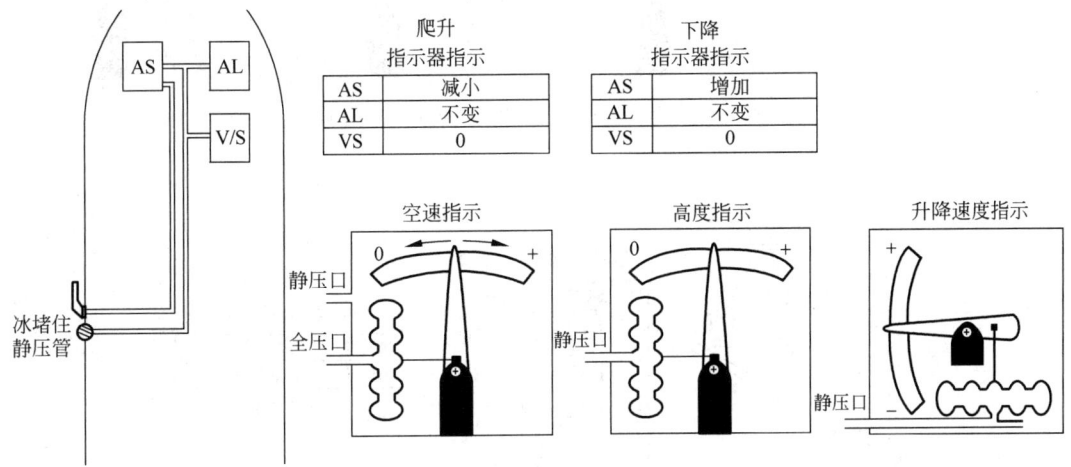

图 5.3-8 静压管堵塞对仪表指示的影响

当飞机以一定速度爬升时,全压逐渐减小,使动压减小,空速指示减小;高度表指示不变;升降速度表指示为零。

当飞机以一定速度下降时,全压逐渐增大,使动压增加,空速指示增大;高度表指示不变;升降速度表指示为零。

2) 全压管完全堵塞

如图 5.3-9 所示,当空速管完全堵塞时,全压不变,空速表受到影响。高度表和升降速度表指示正常。

当飞机保持一定速度爬升时,静压减少,动压增大,结果使空速指示增大,可能指到超速区。

当飞机巡航或保持一定高度飞行时,静压不变,此时,空速表指针冻结不动。即使发动机改变推力使飞机加速或减速飞行时,空速表的指针仍然不动。

当飞机以一定速度下降时,静压增加,动压减小,空速指示减小,可能指到失速区。

3) 全压孔堵塞,排泄孔畅通

如图 5.3-10 所示,当全压孔堵塞,但全压管上的排泄孔畅通时,全压管内的压力减小到静压值,从而使动压为零,因此,空速表指示为零。

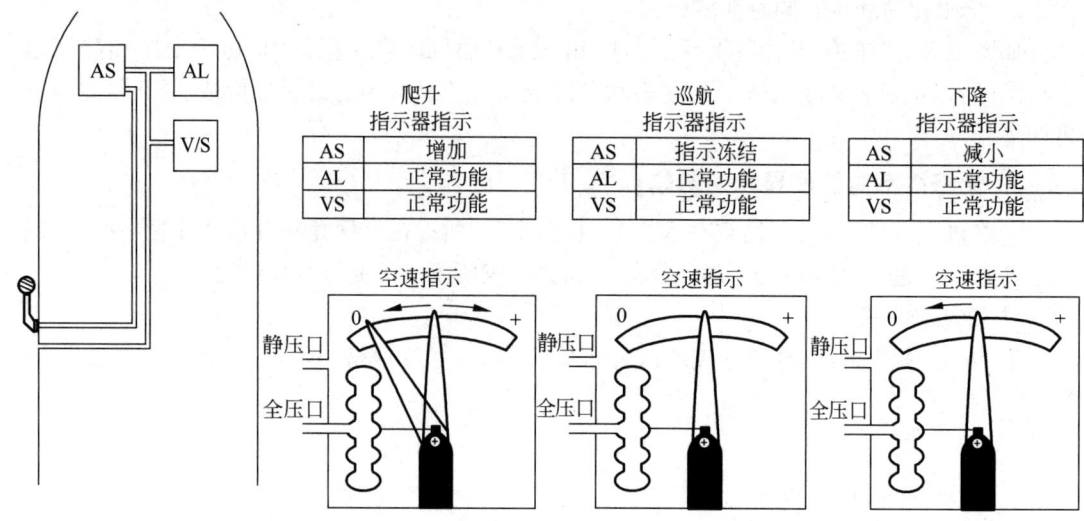

图 5.3-9　全压管完全堵塞对仪表指示的影响

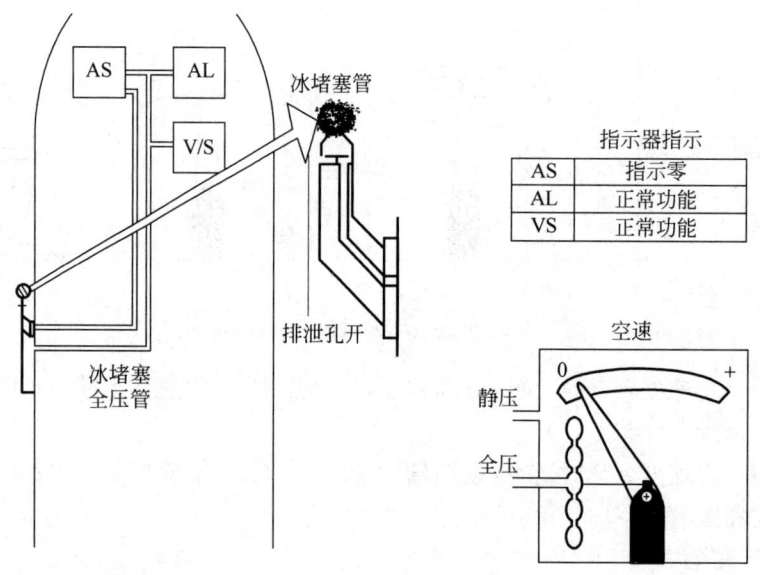

图 5.3-10　全压孔堵塞、排泄孔畅通对仪表指示的影响

5.3.5　全/静压系统的排水接头

由于空中有水汽,且外界温度低,因此,在全压和静压管内会积聚水分或结冰。然而,管路中的水分会影响仪表的测量值,因此,在全/静压管路中设有许多放水口,它们用于排除积聚在全压和静压管内的水分。排水接头有不同的形式:浮子式、螺纹管接头式、哨形,如图 5.3-11 所示。它们安装在全压或静压管的最低处。在 B747-400 飞机上,静压管路放水口有 16 个,全压管路放水口有 15 个。

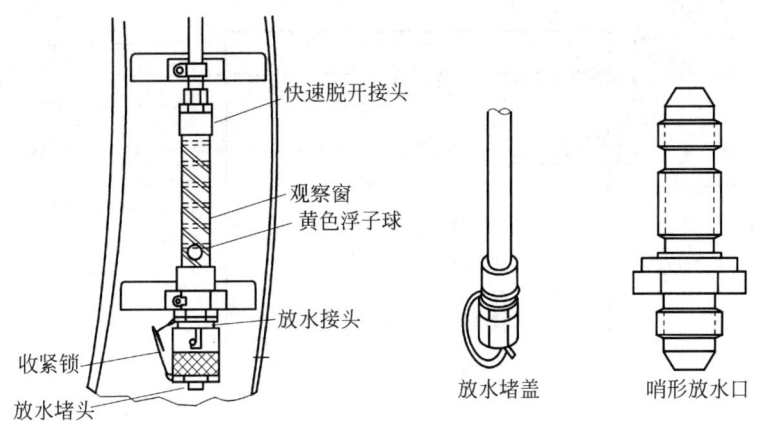

图 5.3-11 排水接头

5.4 大气数据计算机

大气数据信息即气流的全压、静压和大气全温。大气数据计算机通过对大气数据的计算输出气压高度、高度变化率、指示空速、真空速、马赫数、大气全温和静温等参数到相应的仪表和飞机系统,例如,自动飞行控制系统、导航系统、发动机及其指示系统等。在大型商业飞机上,大气数据系统是非常重要的系统,在典型飞机上一般安装三套。

大气数据系统由传感器、大气数据计算机及大气数据仪表等组成。传感器主要有全/静压(p_t、p_s)传感器、总温(T_t)传感器,另外,为了准确地解算出各种数据,还需迎角传感器。大气数据计算机除对上述数据进行处理和计算外,还要对静压源误差进行校正(SSEC)。大气数据仪表在前文已经讨论,因此,本节不再详述。

从飞机的发展历程来看,大气数据计算机有三种类型,第一种类型是模拟式大气数据计算机(ADC),它为机电式伺服仪表提供信号;第二种类型是数字式大气数据计算机(DADC),它用于现代飞机上,其输出数据通过数据总线传送到各数字仪表;第三种类型是混合式大气数据计算机,它实际上属于一种现代数字式计算机,既可以输出数字数据,也可以输出模拟信号,因此,可以取代模拟式大气数据计算机。

5.4.1 模拟式大气数据计算机

模拟式大气数据计算机由高度组件、空速组件和马赫数组件三部分组成。它们对全压、静压及大气全温进行处理,并将计算出的模拟信号输出到相应的仪表和其他设备,如图 5.4-1 所示。

高度组件将静压转换为模拟气压高度和升降速度信号。空速组件计算出全压与静压之差,即动压,并将其转换为校准空速。高度组件和空速组件的输出加到马赫数组件,在该组件中计算出马赫数。如果将大气全温也输入到马赫组件,则它还输出真空速(TAS)和大气静温(SAT)。

另外,大气数据计算机还对静压源误差进行校正(SSEC)。SSE 主要取决于马赫数、静压孔的位置、机型、迎角、襟翼位置和起落架的位置。静压源误差校正与马赫数和迎角的关系曲线如图 5.4-2 所示。

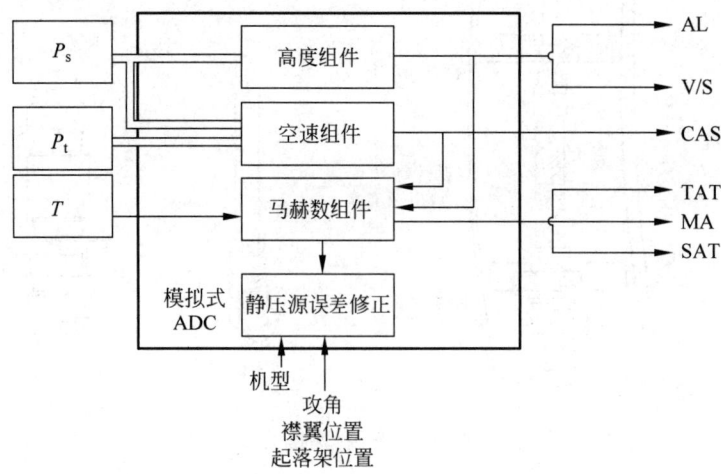

图 5.4-1 模拟式大气数据计算机的工作过程

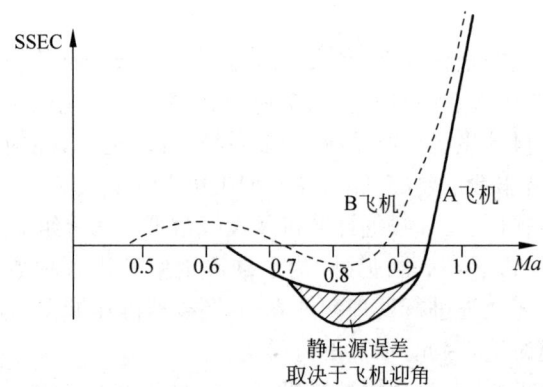

图 5.4-2 静压源误差修正与马赫数和迎角的关系曲线

5.4.2 数字式大气数据计算机

数字式大气数据计算机,简称 DADC,多用于现代飞机。它们也接收全/静压信号和全温信号。然而,在 DADC 中使用的传感器与模拟式的不同,其采用同种类型的传感器敏感全压和静压信号。因此,在介绍 DADC 之前,首先对其使用的压力传感器进行简单的描述。

另外,由于迎角(α)和侧滑角(β)是大气数据系统中产生静压源误差的因素之一,所以,大气数据计算机还要接收角度传感器的信号,因此有必要对角度传感器进行介绍。由于前面已经对全温传感器作了相应的描述,所以此处不再重复。

1. 传感器

1) 压阻式传感器

它是利用晶体的压阻效应制成的,所以,也称为压电晶体敏感元件。

如图 5.4-3 所示,晶体膜片将传感器分为两个气室,右气室充以标准压力,左气室敏感外界实际压力。膜片两侧的电阻构成图中所示的电桥。当外界实际压力与标准压力相等时,电桥达到平衡输出为零;当外界实际压力与标准压力不相等时,膜片发生弯曲,因此,膜片的一边受压缩应力,另一边受拉伸应力,造成膜片两边的电阻不相等,使电桥不平衡,则电桥输出一定的电压,并且,这一电压随膜片的弯曲程度而改变。该电压再经过模/数(A/D)转换器将随压力变化的电压信号转换为数字信号。

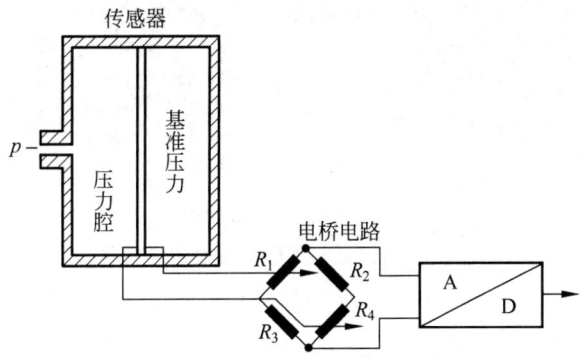

图 5.4-3　压阻式传感器原理图

2) 压频式传感器

现在多数飞机的数字式大气数据计算机采用压频式传感器,其基本原理如图 5.4-4 所示。振荡膜片将传感器分成两个气室,一个是标准气室,一个是实际压力气室。激励器安装在中心体上,当它加电后使膜片在两个气室之间产生振荡,当标准气室的压力与实际气室的压力相等时,膜片以其固有频率振荡;然而,当标准气室的压力与实际气室的压力不相等时,膜片的振荡频率将随实际压力的变化而变化。膜片振荡频率拾取器也安装在中心体上,它将敏感到的实际压力转换为频率的变化输出到转换器,转换器将频率变化转换为数字信号输出。因此压频式传感器又叫频率式传感器。

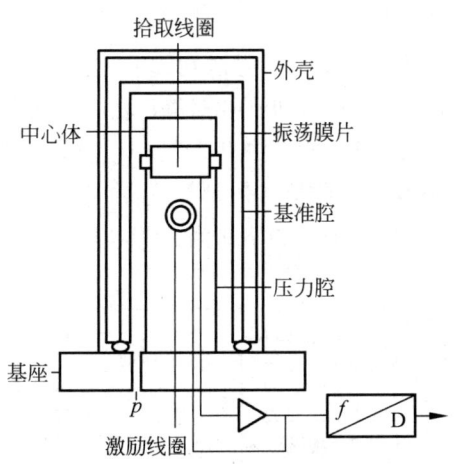

图 5.4-4　压频式传感器的原理

3) 角度传感器

在现代高速飞行的飞机上,迎角、侧滑角已愈来愈受到人们的重视,在 DADC 中,对它们产生的静压源误差必须加以校正。

为测量迎角(α)和侧滑角(β),通常将传感器设计成能伸出到飞机外的气流中,但安装处应无扰动气流。常用的传感器形式如图 5.4-5 所示,图中,左侧为锥形,右侧为翼形。

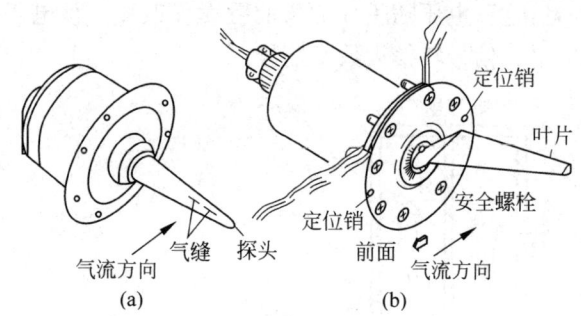

图 5.4-5 锥形和翼形气流角度传感器
(a) 锥形探头；(b) 翼形探头

翼形传感器即旋转风标式传感器,由于风标预先经过静力平衡,具有对称的剖面形状,故在飞行中它始终停留在使其本身的对称面与气流速度平行的方向上。所以,当传感器相对飞机的纵轴平行安装时,风标旋转的角度就是飞机迎角的值,传感器将这一角度值变换为相应的电信号输出。

锥形传感器是差动式传感器。它的探测部分主要是一个圆锥形管,在管子对称面上开有一条缝隙,以接收迎面来的气流。当气流不在缝隙所在的对称面上时,传感器便输出一个角度信号。

当安装为迎角传感器时,锥形管的中性面在飞机横轴和纵轴平面内,且圆锥的轴线与飞机的横轴平行。当锥形管的中性面在飞机的横轴和纵轴平面内,且圆锥的轴线与飞机的纵轴平行时,则为侧滑角传感器。

2. 数字式大气数据计算机

如图 5.4-6 所示,传感器输出的数字信号送到数字计算机内进行处理和运算,并在规定时间内对数据实时进行刷新。数字计算机还要对静压源误差等数据进行校正。为了校正静压源误差,通常 DADC 从设备的程序插钉中获取机型信息；从传感器中获取迎角和襟翼、起落架的位置信息。然后,将其计算数据传送到各仪表,通过数据总线传输到其他设备。通常设备与设备之间传递数字信号所采用的格式为 ARINC 429 格式。

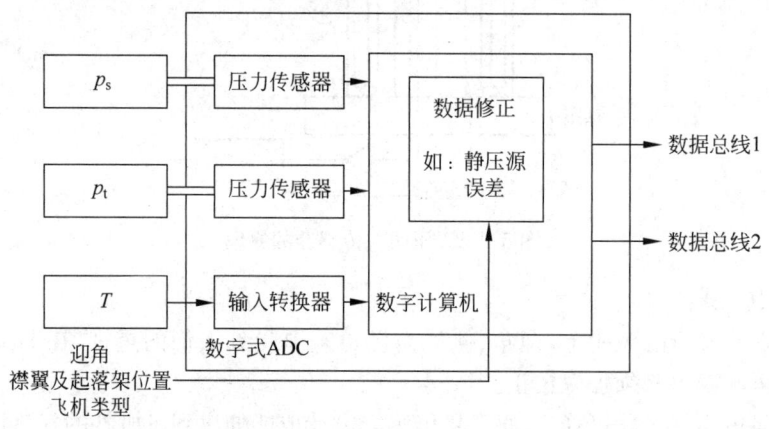

图 5.4-6 数字式大气数据计算机框图

5.4.3 混合式大气数据计算机

混合式大气数据计算机可以用于替代模拟式大气数据计算机,其原理框图如图 5.4-7 所示。

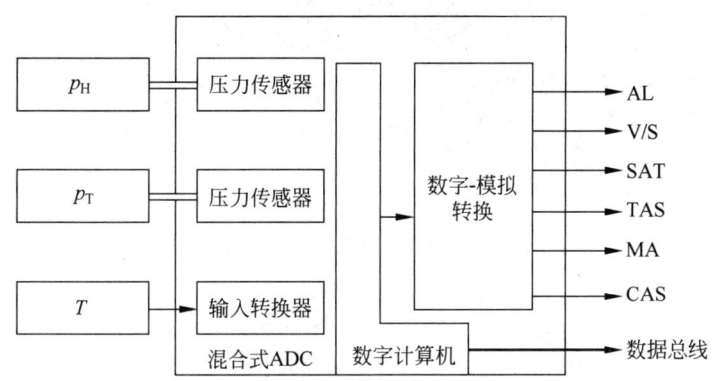

图 5.4-7　混合式大气数据计算机框图

从表面上看,混合式 ADC 与模拟式 ADC 的输入和输出信号类型基本相同。但从内部看,混合型 ADC 与 DADC 完全相同,它采用的也是数字计算机,数字数据输出同样采用数据总线,唯一不同的是,混合式 ADC 的模拟输出信号是通过数/模转换器转换后得到的,当然,在作这种转换之前,必须对所有的数字数据误差进行校正。

5.5　飞行数据记录器

1. 概述

按照航空法的规定,在大型商业飞机上必须安装飞行数据记录器(FDR)。它记录重要的飞行数据以备在飞机发生意外后进行事故分析。

最早的飞行数据记录器只能记录时间、航向、高度、空速、垂直加速度和键控信号 6 个参数,这些数据允许与来自空中交通管制和话音记录器的数据同步。

随着航空事业的发展,对飞机发生事故后的评判与鉴定需要更多的数据,例如,发动机参数、飞行控制参数和各系统的状态等。因此,现代机载飞行数据记录器能记录几百个参数。除了记录上述 6 个参数外,还要记录很多附加参数,例如,发动机参数、襟翼位置、横滚角、俯仰角、纵轴和横轴的加速度、飞行控制舵面的位置、无线电导航信息、自动驾驶仪的工作情况、大气温度、电源系统的参数和驾驶舱警告等。

现代飞行数据记录器有两种类型,一种是磁带式飞行数据记录器,另一种称为固态飞行数据记录器,其外形如图 5.5-1 所示。目前飞机多选用后者。

磁带式 FDR 的磁带传动机构装在一个防坠毁耐热的盒子中,盒子由两半装有绝热层和玻璃钢衬里的淬火钢装甲壳组成,两半结合部有密封垫和护圈。

数字式 FDR 采用固态存储器,例如 CMOS EPROM,它取消了磁带传动机构,内部没有活动部分。

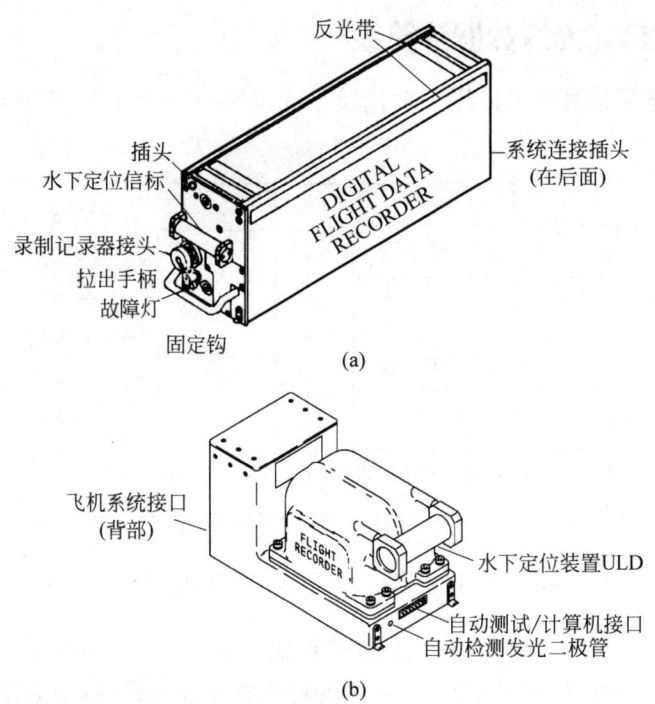

图 5.5-1 飞行数据记录器
(a)磁带式飞行数据记录器；(b)固态飞行数据记录器

2. 飞行数据记录系统

1) 基本功能

无论是磁带式的记录器还是固态记录器,都能记录飞机最近 25h 的数据,并且,先前记录的数据总是由新数据刷新。FDR 安装于飞机的尾部,通常,在飞机坠落时,这一区域不会受到严重的损坏。所有 FDR 的外壳都喷成国际标准警告色——橘红色,这样,一旦发生坠机事件,搜寻人员可以很方便地找到它。为了使记录器上的信息在较为恶劣的环境下不丢失,记录器必须具有抗震动、耐火烧(温度在 1000℃ 以上)、耐海水和各种液体浸泡的能力。

所有 FDR 都有水下定位信标,当飞机坠落在大海中时,用于水下定位,其外形和结构图如图 5.5-2 所示。

水下定位信标机的电源是干电池,一般选用锂电池,当飞机坠入大海后也能独立工作。在维护水下定位信标时应注意以下事项:按规定时间检查和更换水下定位装置的电池,并应在干净的维修车间内进行更换。每次检查和更换电池时,都应注意 O 形密封圈是否老化、变形,表面是否光洁,以防漏水或电池受潮。除规定的标签外,不允许把任何其他的标签贴在水下定位信标的壳体上。更换电池时,避免将电池极性装错,否则将损

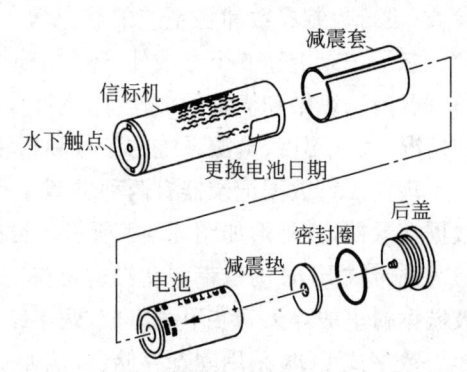

图 5.5-2 水下定位信标的外形和结构图

坏水下定位装置。避免将油泥、沙子、纤维等弄入装配螺纹中，以免影响密封盖压紧 O 形密封垫圈。

当水下定位信标坠入海后，信标机的电源自动接通，启动晶体振荡电路，产生 37.5kHz 的声呐信号，该信号可以被水下话筒收到，从而确定声源的方位和距离，便可顺利地找到飞行记录器。水下定位装置在水下的辐射范围是 1.8～3.0km，水深可达 3000m 以下，声呐信号可保持发射 30 天。

2) 飞行数据记录系统基本工作过程

如图 5.5-3 所示，飞行数据记录器在飞机飞行开始时自动工作，飞机落地后自动停止。典型的自动开关信号是发动机燃油压力和空速信号。在驾驶舱内有一个测试开关，地面人员利用它可以对飞行数据记录器的工作状态进行测试。在现代飞机上，这种测试可以在 CMC 上完成。

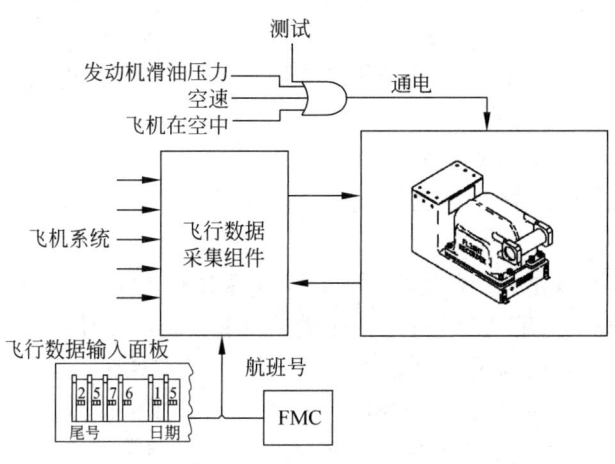

图 5.5-3 飞行数据记录系统框图

所有来自飞机系统的信号首先加到飞行数据获得组件。该组件将信号组合在一起，以一定的数据格式输出到飞行数据记录器，记录器将其记录在磁带或 CMOS EPROM 存储器上，同时，FDR 还对所记录的数据进行监测。

另外，FDR 还能存储飞机号和飞行日期。它既可以由飞行管理计算机提供，也可以在飞行数据控制板上输入。图 5.5-3 给出了飞行数据控制板，驾驶员通过它可以手动输入数据。

5.6 陀螺

我们知道，飞行仪表参数的显示遵循基本 T 型格式，其中空速和气压高度表属于大气数据仪表，而飞机的姿态和航向指示器由陀螺提供信号，它们属于陀螺仪表。在飞机上主要使用的机械式陀螺有垂直陀螺、方位陀螺和速率陀螺。

垂直陀螺(VG)为姿态指示器(ADI)提供信号，在指示器上显示出飞机的俯仰和倾斜姿态。

方位陀螺(DG)为水平状态指示器(HSI)和无线电磁指示器(RMI)提供航向基准信号。

速率陀螺用于转弯速率的指示。

在现代飞机的显示屏上,也可以找到相同类型的指示。飞机的俯仰和倾斜姿态在 PFD 上显示,航向在 ND 上显示,另外,为了保持基本 T 型格式,航向还在 PFD 的下部显示。这些信号由激光陀螺提供。由于激光陀螺完成的功能与机械陀螺基本相同,所以本节只介绍机械陀螺的基本原理。

1. 陀螺原理及其基本特性

能够绕定点轴作高速旋转的物体称为陀螺。例如"地转子",当它不转动时和普通物体一样,如图 5.6-1(a)所示。当它高速旋转起来以后,就有一个明显的特征:能稳定地直立在地面不会倒下,这就是陀螺的稳定性,如图 5.6-1(b)所示。

陀螺的稳定性取决于以下三个因素,如图 5.6-2(a)所示:

第一,转子应具有一定的质量,且其质量围绕旋转轴均匀分布;

第二,转子应具有一定的旋转速度;

第三,转轴与转子质量中心之间应具有一定的距离。

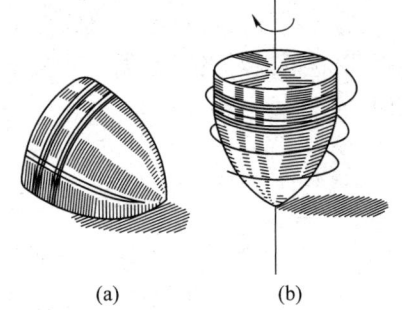

图 5.6-1 地转子

实际上,地球本身就是一个典型陀螺。它围绕着太阳运行了数百万年,而其旋转轴方向没有显著改变。地球的稳定性来自于它巨大的质量和很长的直径。但是,作为飞机设备,必须尽可能的小而轻。因此,为了达到足够的稳定性,飞机陀螺必须要以非常高的速度旋转,才能满足稳定性的要求,在飞机上,陀螺的转速高达 22000r/min。

当外力沿轴向作用于陀螺或作用于陀螺的重心时,它将沿着力的方向运动,其陀螺轴的方向并不改变。这就是陀螺的稳定性,如图 5.6-2(b)所示。

当外力试图使陀螺轴发生倾斜时,陀螺轴并不沿外力的方向倒下,而是按转子的转向沿偏转 90°的方向倒下。这就是陀螺的进动性,如图 5.6-2(c)所示。

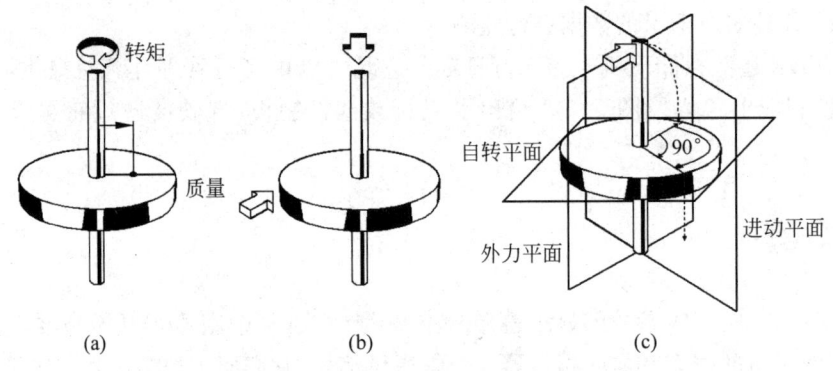

图 5.6-2 陀螺的稳定性和进动性

从图中可以看出,当垂直于陀螺轴向的外力作用于陀螺轴上时,旋转的转子将这一外力的方向改变,从而使陀螺沿偏转陀螺轴向 90°的方向倒下。此处,由于转子是顺时针方向旋转的,所以,陀螺轴也顺时针转过 90°。

2. 陀螺的种类及应用

陀螺的种类较多,通常按其功能划分,有垂直陀螺、方位陀螺和速率陀螺。

垂直陀螺、方位陀螺都是三自由度陀螺,由转子、内框和外框组成,具有两个万向支架,且能够绕三个互相垂直的轴旋转,如图 5.6-3 所示。它们分别提供飞机的姿态和航向。

当陀螺轴(x)始终保持与地表面垂直时,这样的陀螺称为垂直陀螺,它用于地平仪、姿态指示器中,其外框轴的安装应该与机身纵轴平行。当飞机水平飞行时,陀螺轴(x)垂直于地表面,与外框轴成 90°,因此,飞机符号在指示器的水平线。

当飞机机头向上或向下运动时,陀螺轴(x)仍保持垂直于地表面,而外框轴随机身作俯仰运动,于是飞机参考符号向上或向下运动,从而在显示器上指示出飞机的俯仰姿态。

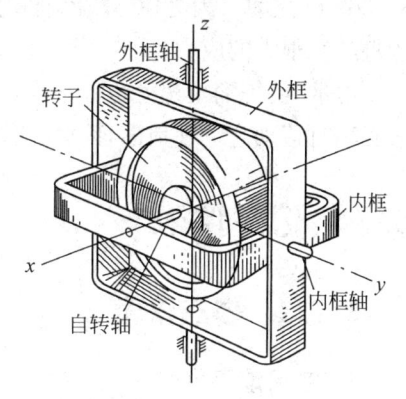

图 5.6-3 三自由度陀螺

当陀螺轴(x)始终保持与地表面平行时,这样的陀螺称为方位陀螺,它用于航向指示器、水平状态指示器中,其航向刻度盘与外框固定。航向标线与陀螺轴固定,当飞机转弯时,航向标线不动,刻度盘转动,这样就可以读出飞机航向的变化。

速率陀螺有转子和内框,且只有一个万向支架,然而,该支架的运动还要受到弹簧限制,所以它属于二自由度陀螺,如图 5.6-4 所示。

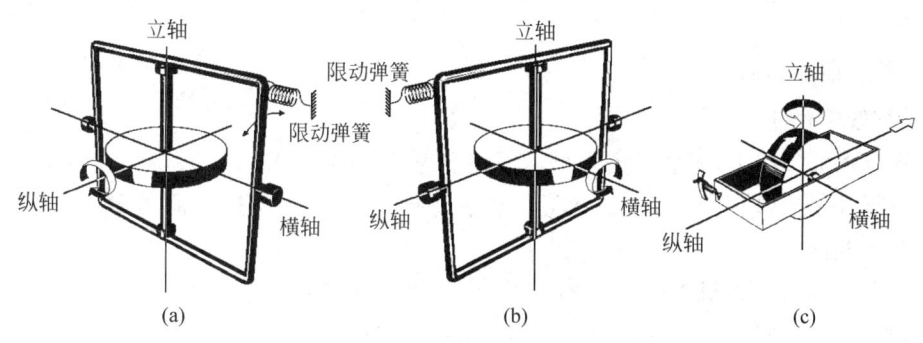

图 5.6-4 二自由度陀螺
(a)横滚速率陀螺;(b)俯仰速率陀螺;(c)航向速率陀螺

速率陀螺用来测量飞机绕其敏感轴旋转的速率。当飞机绕其敏感轴旋转时,陀螺将产生进动,它使万向支架的运动反抗弹簧力的作用。

速率陀螺用其敏感的轴的名称来命名。横滚速率陀螺的转子轴是垂直旋转轴,且万向支架的轴承固定在横轴上。当飞机绕横滚轴运动时,陀螺将产生一个与弹簧力相反的进动。

俯仰速率陀螺万向支架的轴承固定在纵轴上,偏航速率陀螺的旋转轴平行于横轴。俯仰速率陀螺与横滚速率陀螺一样,它们仅作为自动飞行系统的传感器,没有指示仪表。但航向速率陀螺的输出信号在许多飞机上都有指示器,它们是偏航速率和转弯速率指示器。

3. 陀螺的维护

陀螺是一种非常精密的机械组件,对其必须非常精心地维护,从而防止任何敏感部件的损坏。在拆卸和安装陀螺时,应该严格按照维修程序施工。

最重要的是:决不允许在陀螺以中等速度旋转时移动。陀螺中速运行的时间为断电3~20min之间。因为,在这段时间中,陀螺的稳定性降低,陀螺转子开始摇摆,此时,在轴承上将产生很大的应力。

通常,要等到陀螺完全停下来,才能移动。如果不可能等待很长时间,那么就在陀螺高速旋转时移动它。在地面移动飞机时,必须遵循同样的注意事项。

5.7 陀螺仪表

5.7.1 姿态仪表

1. 备用地平仪

前文已经提到,垂直陀螺可以作为飞机姿态指示的基准,它也称为地平仪。

垂直陀螺安装在小型飞机的姿态指示器中,在大型飞机上它用作备用地平仪,如图5.7-1所示。地平仪是四个最重要的指示器之一,所以,它必须在各种情况下都能正常工作。因此,备用地平仪的垂直陀螺由飞机电瓶供电。

在电源接通之后,为了使陀螺快速直立,可以拉动快速直立手柄,此时,万向支架被锁定,并且稳定在正常位置。

注意:在锁定万向支架时,请确认陀螺处于全速旋转或完全停止状态,否则,可能损坏陀螺。

2. 姿态指示系统

1) 姿态指示器

在大型商业飞机上,主要的姿态指示都在姿态指示器(ADI)上;在屏幕显示的飞机上,则在主飞行显示器(PFD)上显示。ADI上的姿态指示来自垂直陀螺,而PFD上的姿态则来自惯性基准组件。

ADI是一个复杂的机电式指示器,在其中央有姿态指示、飞行指引指令杆。由于显示这两个信息,所以,它被命名为姿态指示器(ADI),如图5.7-2所示。

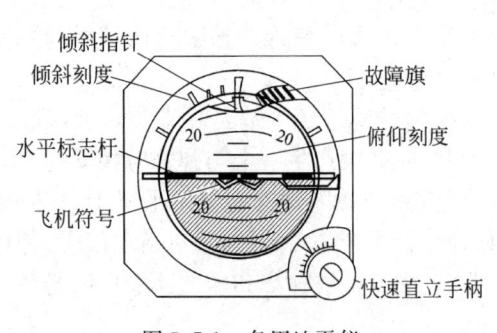

图5.7-1 备用地平仪

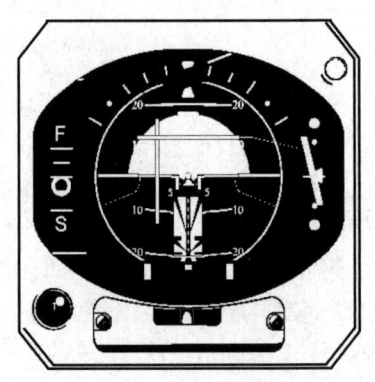

图5.7-2 姿态指示器(ADI)

从图中看到,典型的 ADI 除了姿态指示以外,还有许多其他的指示。在 ADI 的中央是固定的飞机符号。俯仰和横滚飞行指引指令杆由自动飞行系统控制,下滑指针、无线电高度、DH 灯等与导航系统相关的显示信息,我们将在后续教材中介绍。

2) 姿态系统的结构

姿态系统的结构如图 5.7-3 所示。姿态指示器上的信号由位于电子舱的垂直陀螺提供。该信号来自垂直陀螺万向支架上的同步器,它将俯仰和横滚角转换为电信号。当陀螺以正常速度工作时,有效的陀螺信号传送到 ADI。所有信号的传送采用独立线路,为了在示意图中较容易地识别,所以使用单线图。

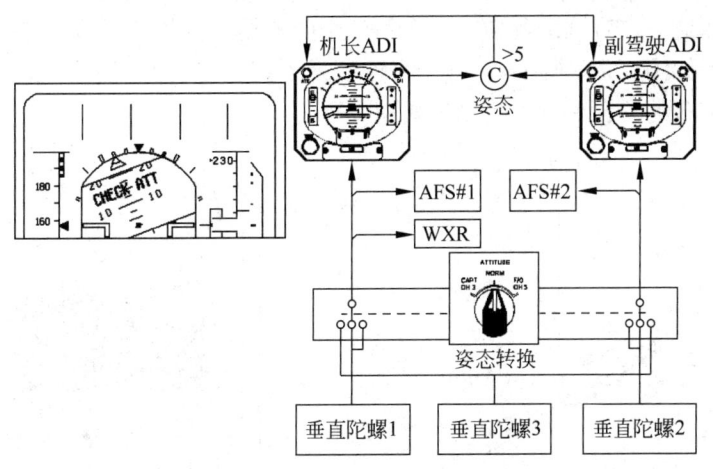

图 5.7-3 姿态系统的结构

正、副驾驶员都有自己独立的姿态指示器,因此,需要两套独立的垂直陀螺。如果两个陀螺之中的一个出现故障,则第三套备用垂直陀螺工作,提供姿态指示。备用垂直陀螺既可以转换到正驾驶员的 ADI,也可以转换到副驾驶员的 ADI。

姿态信息不仅用于 ADI 显示,而且还提供给其他系统。例如,自动飞行系统和气象雷达系统。通常,上述其他系统所需要的姿态信息由机长的垂直陀螺提供。如果飞机上安装第二套自动驾驶仪,那么,它所需要的信息由副驾驶的垂直陀螺提供。

基于安全性的考虑,姿态基准系统还有一个姿态比较功能。利用直接来自指示信号源的信号,比较两个指示器指示出的姿态信息。如果两个俯仰或横滚指示器之差大于 5°,则通过仪表警告系统触发警告。在安装有主飞行显示器(PFD)的飞机上,在两台 PFD 的顶端显示:"CHECK ATT"。在上述情况下,为了在两个不同的姿态指示中找出正确的一个,则需要接通 3 号垂直陀螺或备用地平仪进行确认。

5.7.2 航向仪表

1. 航向定义

航向(如图 5.7-4 所示)是飞机导航所需要的基本参数之一,它显示在直读式磁罗盘和远读式磁罗盘上。

航向:飞机纵轴方向(即航标线)与北极方向之间的夹角。

真航向:以地理北极(TN,也叫真北)为基准,顺时针旋转到飞机纵轴所围成的角度。

磁航向：以磁北(MN)为基准，顺时针旋转到飞机纵轴所围成的角度。

实际上，磁极的位置是随时间漂移的，但所有导航设备和跑道方向以及航图上的信息都是以磁航向为基准的。所以，磁北基准必须每隔几年更新一次。

2. 直读式磁罗盘

直读式磁罗盘除了灯以外没有电气部分，它用于读出磁航向。

在商用飞机上，它作为备用磁罗盘。因为航向指示是基本 T 型格式中的一部分，因此，在所有电源失效时，也应该在其上读出磁航向。

备用磁罗盘通常位于驾驶舱内，前风挡玻璃上部的中央位置。这样，正、副驾驶员都可以看到它，而且，这一位置远离其他电气设备产生的磁场，磁罗盘所受影响较小。

备用磁罗盘如图 5.7-5 所示，它有一个玻璃外罩，其窗口的中央位置有一条垂线，称为航标线。它在旋转的罗盘刻度上指示出航向。

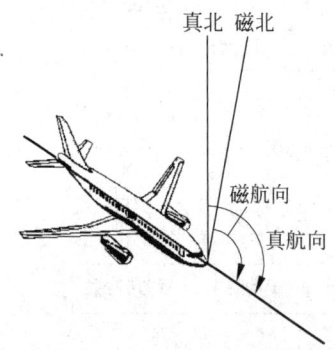

图 5.7-4 真航向与磁航向

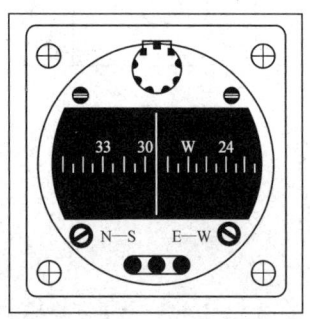

图 5.7-5 直读式磁罗盘

表内的永久磁铁转动磁罗盘的刻度对准磁场方向。利用仪表中充满的液体对磁罗盘刻度的运动产生阻尼作用。

磁罗盘仅能利用水平磁力线测量航向。从图 5.7-6 中可以看到，仅靠近赤道处的磁力线是水平的。在其他区域，磁力线向地球表面倾斜，这一倾斜角称为磁倾角。磁力线倾斜的结果表明，磁力线的水平分量越靠近两极减小越多。因此，在靠近极地区域，磁罗盘已经指示不出航向。此时必须使用方位陀螺或惯性基准系统来提供航向信息。

另外，磁罗盘刻度盘是由一个轴尖支撑的永久磁铁带动旋转，因此，在飞机加速、减速和转弯时，磁罗盘的航向指示都会产生误差。只有飞机在赤道上水平匀速飞行时，磁罗盘给出的航向才是准确的。

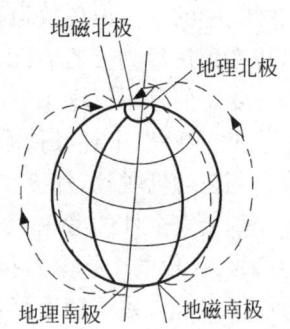

图 5.7-6 地球磁场

3. 陀螺罗盘

利用方位陀螺可以消除直读磁罗盘带来的问题。

磁罗盘具有自动定向的特性，但稳定性差；陀螺罗盘有很好的稳定性，但不能自动定向。将磁罗盘和陀螺罗盘结合在一起构成陀螺磁罗盘，它由磁传感器、方位陀螺、指示器、比较器等组成。

1）磁传感器

磁传感器有一个铁芯,在铁芯上绕有三个敏感线圈。它的强度和方向取决于磁场的方向。当磁场强度改变时,敏感线圈中将感应出电压。在磁传感器工作时,首先在激励线圈上加入交流电,在交流电的作用下,铁芯频繁地饱和。饱和的铁芯磁阻很大,就像空气一样,所以,磁力线可以旁通三个线圈。当铁芯不饱和时,铁芯磁阻很小,因此磁力线沿铁芯流过。于是,在敏感线圈上感应出电流,该电流与磁场的方向成比例。可见,磁传感器就像一个交变的磁场开关,铁芯饱和时,不允许磁力线流过;铁芯不饱和时,允许磁力线流过,就像一个阀门,因此也称其为磁流阀。其工作原理如图 5.7-7 所示。

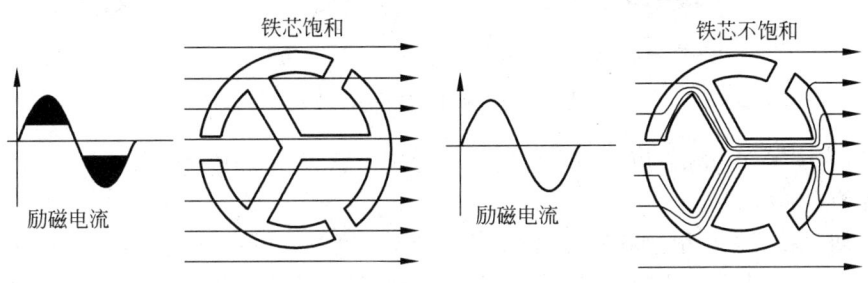

图 5.7-7　磁传感器的工作原理

2）陀螺罗盘系统

磁传感器自动测量磁场的方向。磁场的方向与指示器上显示的航向进行比较,其偏差通过力矩马达调节方位陀螺方向。马达转矩使陀螺产生进动,以每分钟 2°的最大调整量改变方位陀螺方向。可见,在这一系统中,将磁罗盘与陀螺的特点结合在一起,为飞机提供磁航向,如图 5.7-8 所示。

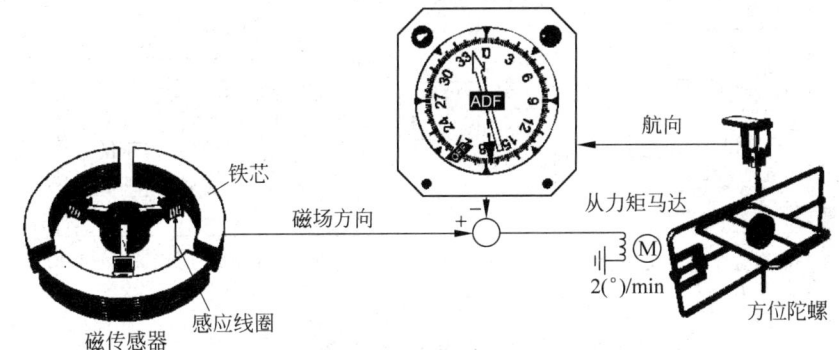

图 5.7-8　陀螺罗盘系统

另外,为了使磁传感器受到的干扰小,通常将其安装在远离飞机磁场的部位,例如飞机机翼、机翼前沿或垂尾。

5.8　警告系统

5.8.1　高度警告

塔台指挥飞机飞行在不同的飞行层面,飞机必须在塔台空中交通管制员指定的高度上飞行,以防止在空中相撞。

机载高度警告系统可以探测到飞机是否偏离了指定的高度,它将来自大气数据计算机的真实高度与塔台指挥指定的飞行高度进行比较。指定的高度由飞行员在方式控制板上选定,一旦比较结果超出规定的范围,将发出视觉和音响信号警告驾驶员,如图 5.8-1 所示。

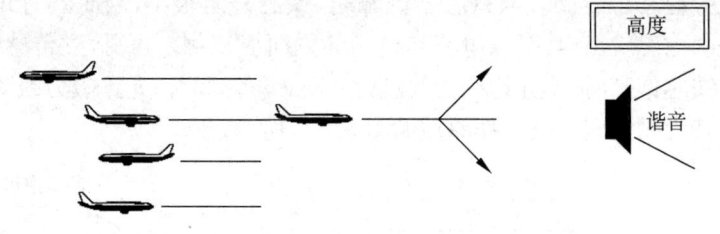

图 5.8-1　高度警告基本功能

通常,高度警告系统集成在自动驾驶系统或中央警告系统中,然而,也有具有独立计算机的高度警告系统。

在自动驾驶仪处于衔接状态时,正常情况下,飞机应保持在方式控制板(MCP)上预选的高度上飞行,当出现小干扰量使飞行俯仰姿态改变时,飞机系统靠自身的纵向稳定性就可以修正到正确的姿态,但会产生一定的高度偏差。因此,高度稳定系统必须有测量飞行高度的传感器、高度给定装置和高度偏差计算装置。测量飞行高度的传感器一般可以采用大气数据计算机;高度给定装置是方式控制板(MCP)上的高度选择旋钮,预选高度在显示窗内显示;高度偏差计算装置采用高度警告计算机。如图 5.8-2 所示为高度警告系统框图和高度给定装置示意图。

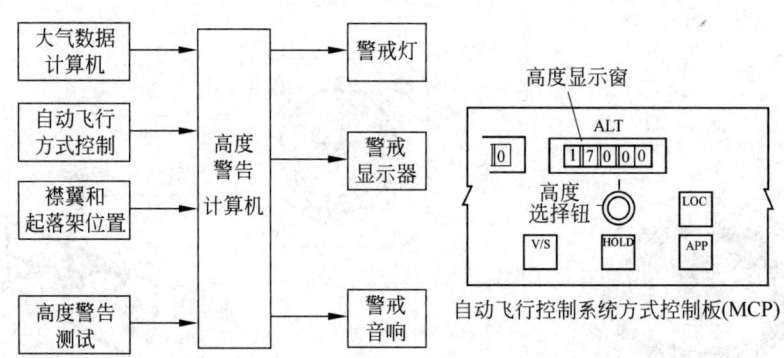

图 5.8-2　高度警告系统框图和高度给定装置

当飞机偏离预选高度大于 300ft 时,典型的高度警告系统将警告驾驶员。这种方式称为偏离方式。警告由驾驶舱内短促的喇叭声和闪烁的高度警告灯组成。在屏幕显示的飞机上,没有高度警告灯,那么,取而代之的是 PFD 的高度指示闪烁。如果飞机返回到正确的位置上,高度警告灯熄灭。在某些系统中,偏离预选高度大于 900ft 时,高度警告灯也熄灭,如图 5.8-3 所示。其详细工作过程如下:

(1) 若飞机飞离预选高度在 300～900ft 之间,则发出警戒(ALERT)信号,警示驾驶员飞机已偏离当前方式控制板上的预选高度;

(2) 若飞机飞向预选高度在 900～300ft 之间,则发出提醒(ADVISE)信号,提醒飞行员

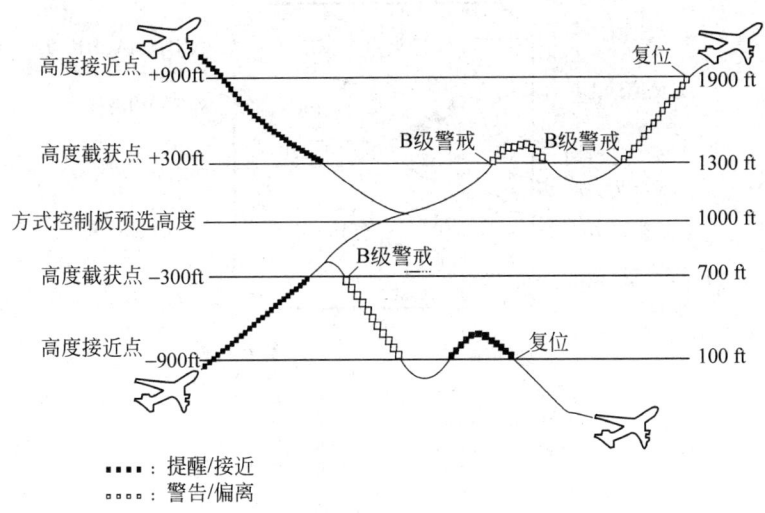

图 5.8-3 高度警告系统操作

已接近当前方式控制板上的预选高度;

(3) 若飞机飞离预选高度在 900ft 以上,系统不发出任何警告,表明飞机已向新的选定高度飞行。

在飞机爬升或下降之前,驾驶员必须先向空中交通管制员请求新的飞行高度,然后调节高度选择旋钮设定新高度值。在选择高度期间,警告被禁止,因此,只要飞行员按照正确的程序操作,高度偏差警告就不会出现。

另外,在飞机进近着陆时,高度警告也被禁止,这样可以防止干扰驾驶员的工作。

在人工飞行期间,飞机接近预选高度时,典型的高度警告系统也给出警告,这样可以提醒驾驶员收杆使飞机飞达正确的高度;而自动飞行时,将没有警告信息。因为自动驾驶仪会自动驾驶飞机到达预定高度。

在进近模式时,当飞机飞达预选高度之前大约 900ft 时,高度警告被触发。高度警告是短促的喇叭声和稳定的灯亮信号。当飞机实际高度与预选高度之差小于 300ft 时,警告停止。

5.8.2 超速警告

前面已经讲到,马赫-空速指示器显示出实际空速和速度限制。在分离式仪表上,速度限制用红/白相间的 VMO/MMO 指针指示在马赫-空速指示器上。在屏幕显示的飞机上,速度限制在 PFD 的空速带上用红黑相间区域表示,如图 5.8-4 所示。

在马赫-空速表上,除速度限制指示外,白色指针代表校准空速(CAS),在马赫-空速表的窗口中还用数字形式显示出校准空速和马赫数。如果马赫-空速警告计算机出现故障,则窗口内显示 VMO 和 MACH 故障旗。

在 PDF 上,速度带读数框内的数字表示当前空速值。当飞机超速时该数字变红色,并且,在波音 EICAS 显示器的警告区显示红色超速"OVER SPEED"警告信息。另外,还伴有音响警告,且红色的主警告灯亮。图 5.8-4 中画出了不同飞行阶段波音飞机速度带上的最大操作速度 VMO 的显示标记。

超速警告系统的框图如图 5.8-5 所示。中央大气数据计算机(CADC)的输入信号来自

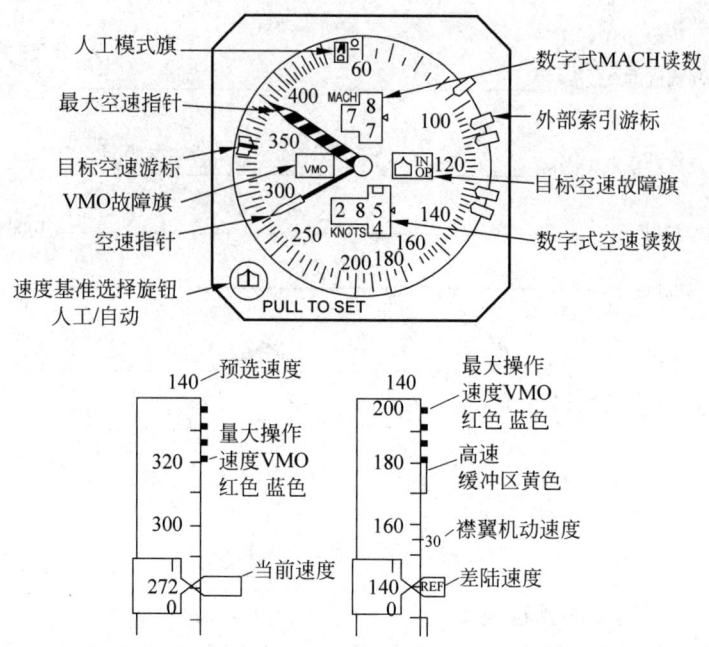

图 5.8-4 马赫-空速指示器和 PFD 上的超速显示

全/静压系统的全压值、静压值、全温探头的温度信号。大气数据计算机(ADC)计算出所需的指示空速(IAS)、校准空速(CAS)、马赫数(MACH)等大气数据参数，发送到马赫-空速警告计算机和指示器。马赫-空速指示器内部设有最大操作马赫数、最大操作速度探测装置。当探测到超速状况时，系统提供目视和音响警告。

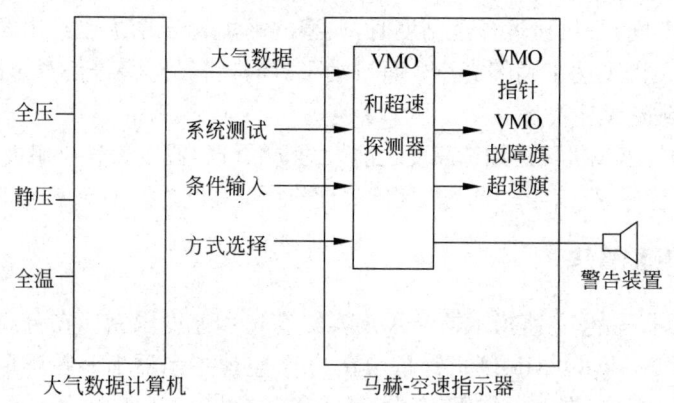

图 5.8-5 马赫-空速警告系统的组成

所有喷气式飞机都有独立的音响超速警告。因为飞机超速飞行是非常危险的，会造成飞机结构的损坏。另外，高速飞行时产生的激波也会对飞机造成伤害，并使飞行的安全性下降。音响超速警告扬声器既可以由主警告系统触发，也可以由分离系统触发。只要空速大于 VMO 或 MMO，超速警告都将发生。通过中央维护计算机或测试按钮可以对超速警告进行测试。

5.8.3 失速警告

飞机之所以能够在空中飞行，是因为机翼上产生了足够的升力。而升力的大小取决于机翼的翼剖面、飞行速度和飞机迎角。要想使飞机的速度减少,而又要保持恒定的升力,就必须增加迎角,或者通过伸出襟翼、缝翼来改变机翼的翼剖面。

当飞机达到最大迎角时,气流不可能流过飞机机翼的上表面,而产生气流分离。如果迎角再继续增大,则气流分离严重,飞机出现失速现象。失速是非常危险的,因为此时升力急剧地下降。如果飞机不在足够的高度上飞行将难以恢复,从而导致飞机坠毁。因此,在发生失速之前,必须尽可能早地警告驾驶员。这就是失速警告系统的任务。

典型的失速警告系统由输入部件、两部失速警告计算机、警告显示组件、警告灯和抖杆马达组成。其中输入部件包括迎角传感器、襟翼位置传感器、大气数据计算机、发动机指示系统的高低压轴转速信号、空地信号和失速警告的测试组件,如图 5.8-6 所示。

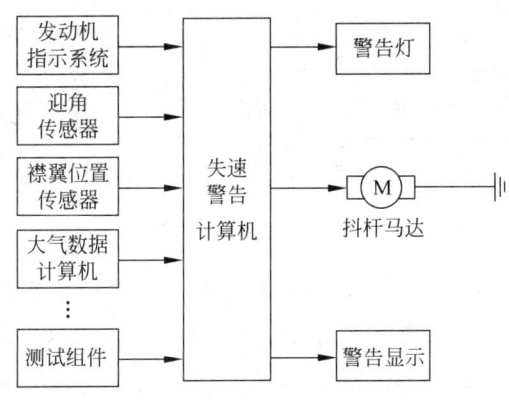

图 5.8-6 失速警告系统框图

(1)迎角传感器

迎角传感器又称为气流角度传感器或失速警告传感器。它安装在机身两侧、驾驶员侧窗下,用于测量飞机攻角。两侧的传感器可以互换,空中需要加温以免结冰。

(2)襟翼位置传感器

它安装在大翼后缘两个外侧襟翼导轨之间,传送后缘襟翼位置信号。

(3)大气数据计算机

ADC 用于迎角、计算空速、马赫数、VMO/MMO 的计算。

(4)失速抖杆作动器(参见图 5.8-7)

由失速警告计算机监控飞机在接近低速或大迎角阈值时,失速抖杆器由 28V 直流马达作动操纵杆抖动。抖杆器安装在正副驾驶的驾驶杆上,安装位置有的在驾驶员地板上部的操纵杆上,多数飞机都装在地板下部的操纵杆上。

(5)失速警告计算机(参见图 5.8-7)

无论是独立安装的失速警告计算机(SWC),还是警告电子组件(WEU),它们的功能相近。在不同的飞行状况下,失速警告计算机作动抖杆器,向飞行员发出警告。

(6)失速警告测试组件(参见图 5.8-7)

它用于起始系统测试。在装有中央维护计算机(CMC)的飞机上,可以从控制显示组件起始测试。另外也可以在计算机的前面板上使用测试电门测试。

失速警告系统将飞机特定的最大迎角与实际的飞机迎角进行比较。最大迎角取决于襟翼和缝翼的位置,该位置也必须进行计算。这一计算可以在独立的计算机完成,也可以在主

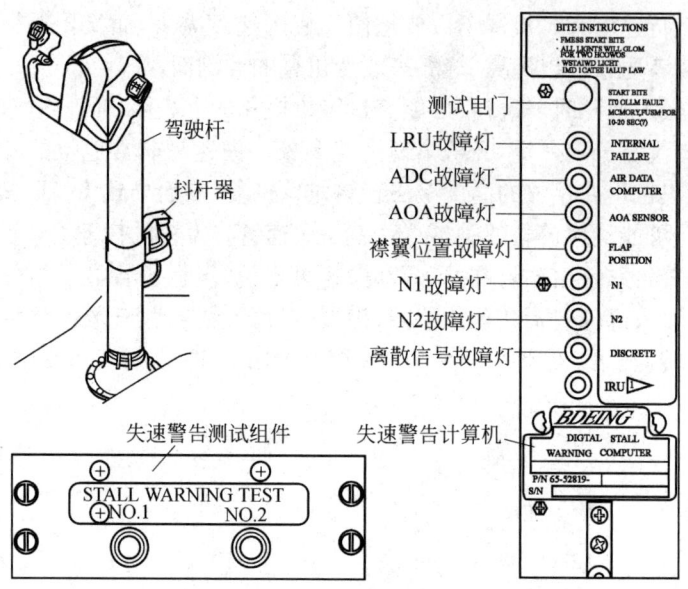

图 5.8-7 典型的失速警告系统部件

警告系统或自动油门系统中完成。通常飞机上有两个独立计算系统,这样可以提供足够余度。当飞机到达临界迎角时,系统将驱动抖杆马达工作,使之产生抖动来模拟真正失速时产生的效应。

在某些飞机上,还安装有驾驶杆推力器。当探测到失速时,它将自动推动控制杆向前以减少飞机的迎角。

在现代飞机上装备有电子飞行仪表系统,主飞行显示器的左侧是空速带,失速警告计算机的输出信号发送到机载显示管理计算机(或 EICAS/EFIS 接口组件 EIU),信号处理后送往主飞行显示(PFD),有的飞机在主飞行显示器的姿态指示器上显示俯仰极限,在速度带上显示最大操作速度(VMO)和最小操作速度(或抖杆速度),见图 5.8-8。空速带上用醒目的红色表示不同飞行阶段时的抖杆速度,用琥珀色表示最小机动速度(或称缓冲速度)。俯仰极限参数可用于限制起飞时机身的仰角。

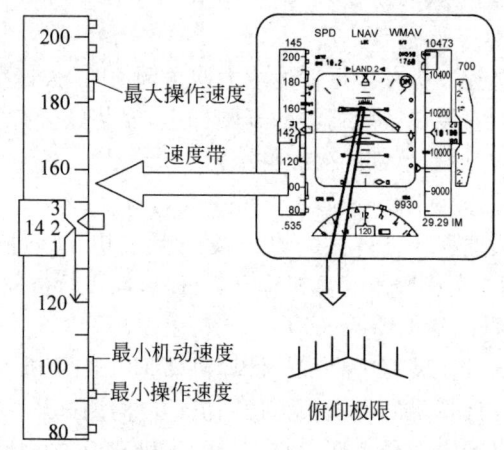

图 5.8-8 失速警告在主飞行显示器速度带上的显示

除了速度带上的显示外,接近失速时,抖杆马达作动抖杆器使升降舵扭力管和驾驶杆抖动,在主 EICAS 或 ECAM 上出现红色的失速信息,警告喇叭发出语音"STALL STALL"警告声,红色的主警告灯被点亮。

5.9 电子飞行仪表系统

5.9.1 概述

随着航空器技术的发展和需要,基于大规模集成电路和微处理机的高度发展,在现代飞机驾驶舱仪表板的设计上采用了数字式电子显示技术,并将飞行、导航等大量信息进行了综合显示,设计成"综合电子仪表系统"。

综合电子仪表系统主要由电子飞行仪表系统(EFIS)和电子中央飞机监控系统(ECAM)或发动机指示机组警告系统(EICAS)组成。在驾驶舱仪表板上主要由6个显示组件完成,其中包括两个主飞行显示(PFD)、两个导航显示(ND)和两个 ECAM 或 EICAS 显示器,如图 5.9-1 所示。它们的显示由多个余度的计算机来驱动。机组可以通过相应的控制面板来控制它们的显示与转换。

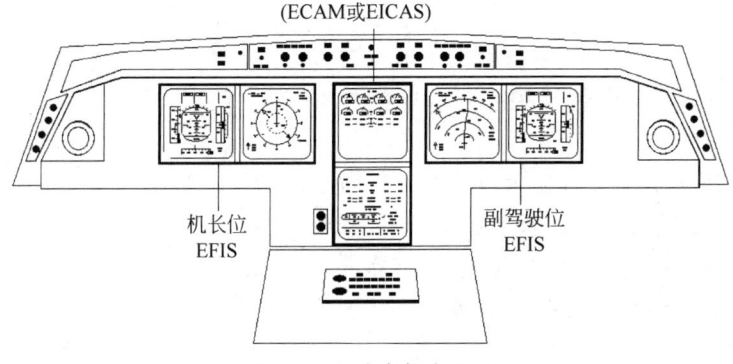

图 5.9-1 综合仪表显示

电子飞行仪表系统是综合电子仪表系统的子系统,它是一种综合的彩色电子显示系统,完全取代了独立式的机电式地平仪、航道罗盘、电动高度表、马赫空数表和其他机电式仪表等,提供最重要的飞行信息。EFIS 系统所显示的信息十分广泛,其主要显示内容如下(参见图 5.9-2):

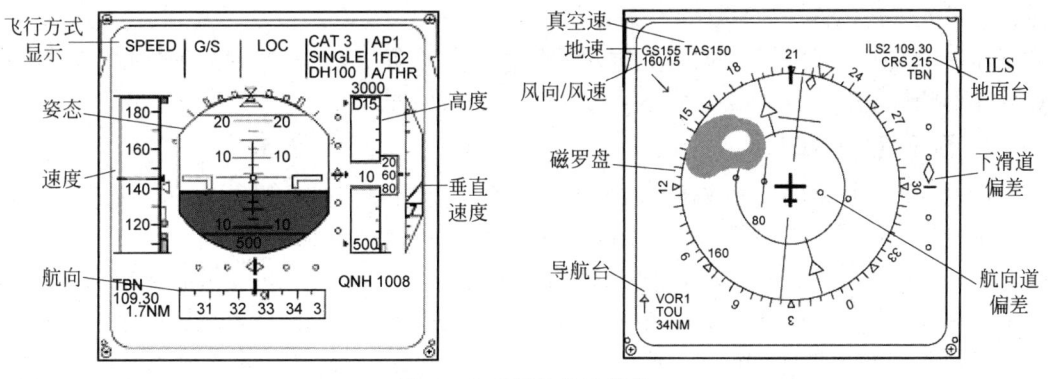

图 5.9-2 EFIS 显示信息

(1) 主要飞行参数,如飞机的姿态、高度信息、速度信息、A/P 和 A/T 的衔接状态及工作方式,甚至重要的警告信息等;

(2) 主要的导航信息,如各种导航参数和飞行计划等;

(3) 系统的故障信息。

驾驶员通过 EFIS 的显示信息,能实时地对相应飞机系统的工作状态进行全过程监控。机务人员利用电子飞行仪表系统,可进行故障分析和隔离。

5.9.2 EFIS 的基本组成

该系统的基本部分有:显示组件(DU)、显示计算机和相应的控制面板。不同型号的飞机,由于所选装电子飞行仪表系统的厂家不同,部件的名称也不尽相同。在空中客车飞机上,每个显示管理计算机(DMC)包含两种显示处理功能模块,它们负责驱动 EFIS 和 ECAM 的显示。而波音飞机也有相应的计算机来完成,如 B737/757 称为符号发生器,新一代 B737 称为显示电子组件(DEU),B747 称为 EFIS/EICAS 接口组件(EIU),B777 的此功能组件安装在飞机信息管理系统(AIMS)柜中,称为核心处理组件/图像产生器(CPM/GG),但它们的基本功能都相同。在现代的大型飞机上,所有 EFIS 和 EICAS 或 ECAM 功能都由一个计算机来完成。

图 5.9-3 示出了 EFIS 的基本组成,它由 4 个显示器、3 个显示管理计算机(符号发生器)(有些飞机只选装两套)、两个选择控制板和转换控制面板及光传感器组成。

其中,显示器包括主飞行显示(PFD)和导航显示(ND),每个驾驶员前仪表板都装有 PFD 和 ND 两个显示器。在较早期的飞机上,显示器分别称为电子姿态指示仪(EADI)和电子水平状态指示仪(EHSI)。

左、右显示管理计算机分别提供正、副驾驶员 PFD 和 ND 显示信息,中显示管理计算机处于热备份状态。各个计算机之间由数据总线交联,进行数据比较监控,当某一个计算机失效时,通过控制板人工选择备用计算机,以确保系统的正

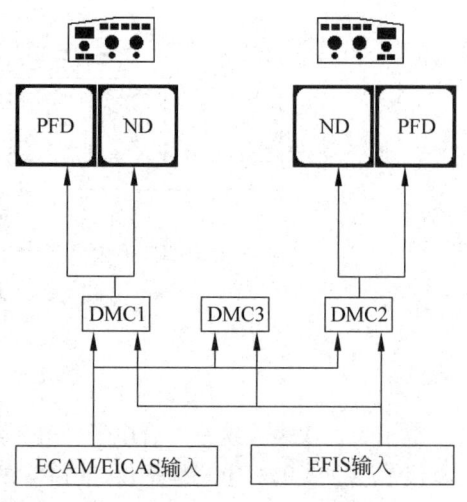

图 5.9-3 EFIS 系统组成

常工作。如果某个显示器出故障时,显示的信息可自动或由人工转换到另一个显示器工作,以确保那些重要的飞行数据不因某一部件出现故障而丢失。

1. 显示管理计算机

显示管理计算机的主要作用是收集各种模拟、离散和数字输入信号,经处理后输到显示器产生符号显示,并进行系统监控、电源控制以及系统所有工作的协调控制。

三个相同的计算机为各显示器提供显示。正常时,左显示计算机提供机长的信息显示,右显示计算机提供副驾驶的显示,中显示计算机作为备份功能。当左或右显示计算机故障,通过选择控制继电器的工作来控制中显示计算机的输出。当显示计算机故障时,在波音飞机上相应的显示器显示空白;空客飞机即显示白色交叉线。

2. 显示组件

显示组件外观如图 5.9-4 所示,显示计算机将接收数据转换成显示格式,在显示器上显示飞行参数。显示器输出监控信号到显示计算机,实现显示器的保护。

EFIS 有 4 个相同可互换的显示器,两个外侧显示器显示主要飞行参数,称为主飞行显示,而两个内侧显示器显示航路信息,称为导航显示,它们甚至与 EICAS 或 ECAM 的显示器都可以互换。在早期的飞机上,显示飞机姿态的显示器叫电子姿态指示仪,显示航路信息的显示器叫电子水平状态指示仪。每个显示器的底部边缘都装有一个光传感器,用于亮度控制。显示器可采用阴极射线管(CRT)或液晶(LCD)显示。

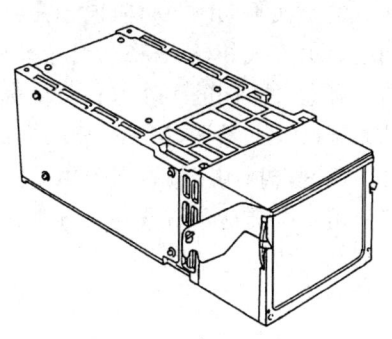

图 5.9-4 显示组件外观图

CRT 显示器内部设有温度监控电路,如果温度超温,显示将被关断,当自动冷却后,显示又恢复正常;同样,LCD 显示器内部也有电源供应和背景灯的温度探测器,当探测的温度分别达到 95℃ 和 110℃ 时,会自动切断气象及地形图像和显示器的显示。当这种情况出现,需要拆下相应的显示器,并清洁冷却滤网,即可恢复正常工作。

3. EFIS 控制面板

机长和副驾驶处分别装有 EFIS 控制面板,可以独立操作。它们提供系统工作方式和显示方式的控制以及显示器亮度的调节。机型不同,所安装的 EFIS 控制面板型号略有不同,但基本功能是相同的。每个 EFIS 控制板在板面结构上可分为主飞行控制和导航控制两个部分,如图 5.9-5 所示。

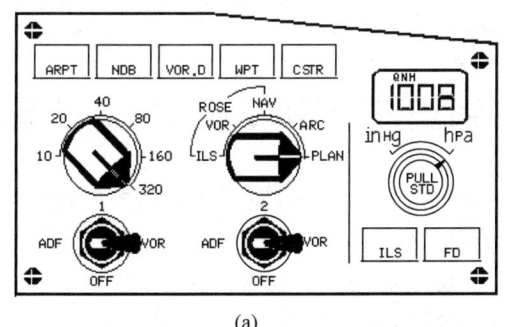 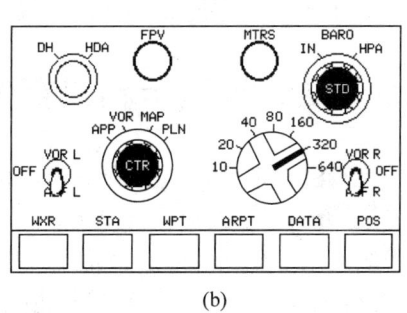

(a) (b)

图 5.9-5 空客飞机和波音飞机的 EFIS 控制板
(a) 空客飞机 EFIS 控制板;(b) 波音飞机 EFIS 控制板

1) 主飞行控制部分

其主要功能是用来改变高度计算的气压基准值。有两种不同气压基准方式选择:英寸水银柱或百帕斯卡。外旋钮可设定英寸水银柱或百帕斯卡,中间旋钮用来调整气压值,内按钮可选择标准大气压。

最小基准选择电门:外圈选择无线电或气压方式,内圈调整无线电/气压决断高度,中间 RST 电门用来复位高度警告。决断高度由飞行员根据要求预先设定。

2)导航控制部分

由于在不同的飞行阶段中需要显示不同的信息,以供飞行需要,在面板上设置了各种不同的显示方式和显示格式,可选择显示各种不同的显示范围,及各种航路数据显示。

有七种不同的工作方式可供选择,它们是全显示或扩展式的全向信标(VOR)、仪表着陆系统(ILS)、地图(MAP)显示方式和一个计划(PLAN)显示方式。

范围选择用于检查气象雷达图像或航路点的距离范围,以海里(mile)为单位,该选择功能只用于扩展显示方式和计划方式,以倍数为增量,可选择 10、20、40、80、160、320mile 等的地图和气象雷达范围。

航图显示功能:在航图显示方式下,当选择任何一个航图电门时,都将在航图显示方式下增加背景数据的显示。如 ADF/VOR 台、导航台、机场、航路点数据等。

ADF/VOR 控制电门用于它们在导航显示器上的显示控制。

4. 亮度控制

亮度控制分为人工和自动控制两种方式,每个显示器都有独立的控制方式。

(1)人工亮度控制:由面板上的亮度控制旋钮来完成,导航显示的人工控制旋钮与主飞行显示的有所不同,它有内、外两个旋钮,外旋钮控制显示器的亮度,内旋钮单独控制气象雷达图像的亮度。

(2)自动控制主要由显示器上的光传感器(BLS)和装在遮光板上的光遥感器(RLS)组成。每个显示器前面的下面底部有个光传感器,它可探测驾驶舱内的亮度变化以自动调节显示器的显示亮度。

(3)光遥感器是自动亮度控制的一个输入源,在遮光板顶部的两边各装有一个相同的光遥感器,它是一个航线可更换件。每个光遥感器装有光敏二极管,以感受驾驶舱外光线强度的变化,输出与之成比例的模拟信号,并直接送到与之相连接的显示器,而光传感器所用的+24V 和-5V 直流电源由显示器或 EFIS 控制面板提供。

5.10 发动机指示和机组警告系统与电子中央飞机监控系统

在飞行过程中,驾驶员必须知道飞机各系统的异常状态,以便了解问题的严重程度,及时采取适当的措施,确保飞行安全。当飞机回到地面后,维护人员能根据机组反映的故障情况及系统的故障现象进行检查、测试、排故,以保证航班的正常和飞机的安全。

为此,现代飞机上装备有"发动机指示和机组警告系统"(EICAS)(波音飞机),空客飞机叫做"电子中央飞机监控系统"(ECAM)。不同型号的飞机,其系统的基本组成略有不同,但功能是一样的。主要明显的区别是系统的构型、显示器的种类、显示控制方法及显示格式有所不同,计算机可采用两套或三套,而显示器可用 CRT 或 LCD。

5.10.1 EICAS 的组成

EICAS 基本上由中央警告计算机、显示组件、相关控制面板和警告提醒部件组成。

现以双通道系统为例说明其组成,如图 5.10-1 所示。

一个典型的 EICAS 系统的主要组成为:两个 EICAS 计算机、两个显示器、两块控制面板(即显示选择板和维护面板)、EICAS 继电器、取消/再显示电门,以及正、副驾驶员主告诫

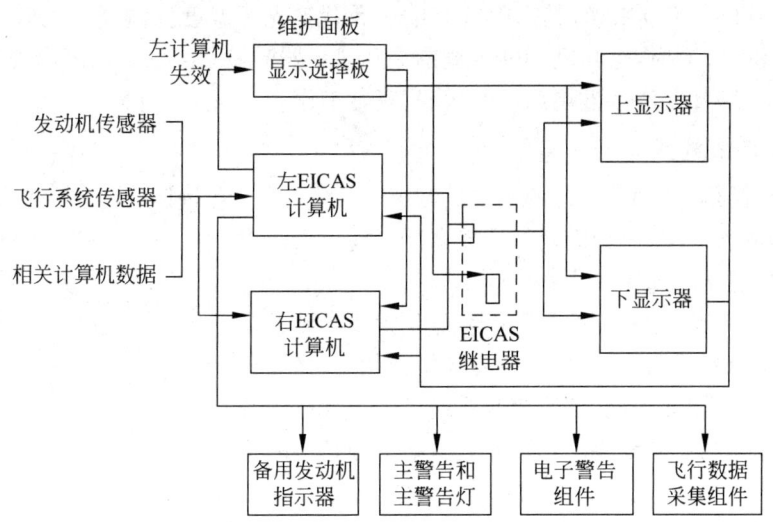

图 5.10-1　EICAS 系统的组成

灯及音响警告部件。它们协同完成 EICAS 的各项功能。此系统正常工作时，由左 EICAS 计算机输出信号去驱动两个显示器，右 EICAS 计算机为热备份状态，一旦左 EICAS 计算机失效，系统自动转换为右 EICAS 计算机驱动显示。

1. EICAS 计算机

EICAS 计算机控制中央警告系统的所有功能，它们同时收集、处理并格式化发动机和飞机系统数据，然后产生警告信息和系统概要显示，并控制警告灯和音响警告。计算机也为维护人员提供维护信息和参考数据，并可对系统本身进行自检。

同一飞机上的所有 EICAS 计算机可以互换。如果该系统只有两台计算机，则定义为左、右计算机，在同一时间内仅一台计算机工作。当控制电门放于自动位置时，正常期间系统自动选择由左计算机控制，右计算机为热备份；如果左计算机故障，系统将自动转到由右计算机控制。当然，也可通过显示选择板人工选择左或右计算机的工作。

对于装有 3 套计算机的系统，左计算机负责上 EICAS 显示器及机长 EFIS 的工作，右计算机控制下 EICAS 显示器和副驾驶的 EFIS 显示，中计算机作为热备份。当任一计算机故障时，会自动转到备份计算机。

2. 显示器

显示器是 EICAS 计算机进行图形显示的装置，它将数字视频信息转换成可见的彩色图形和字符。它由上、下两个显示器组成，上显示器显示发动机主要参数和机组警戒信息，而下显示器显示发动机的次要参数，或显示系统概要、状态信息和维护数据等。

如果上显示器失效，则自动转换到下显示器以紧凑格式显示。由继电器来控制上下显示格式的转换。如果两个显示器同时失效，则可人工控制通过多功能显示方式显示在任一导航显示器上，有的飞机可借助备用发动机指示器和电子警告组件显示重要发动机参数和报警信息。

每个显示器的底部边缘都装有一个光传感器，用于亮度自动控制。

每个显示器的内部有温度监控电路，如果温度超温，显示将被关断，当自动冷却后，显示又恢复正常；对于LCD来说，其内部装有电源和背景光源温度探测器，当其探测的温度分别达到95℃和110℃时，会自动切断光栅图像和显示器的显示。这种情况出现时，需要拆下相应的显示器，冷却并清洁滤网后，即可恢复正常工作。

3. 显示选择面板

显示选择板是EICAS系统的主要控制板，在飞行中或地面上都能为计算机提供所有控制功能，不同的EICAS构型面板的功能有所不同。下面以一种波音飞机的显示选择板为例作简单介绍。

如图5.10-2所示为一种显示选择面板。在下显示器可以显示多系统概要和状态页面，除发动机及状态页外，还可显示电源系统、燃油系统、环境控制系统、液压系统、各种接近门和起落架系统的概要图；为了减少不十分紧迫的信息对驾驶员的干扰，还设置有取消和重显示按钮，按压"取消"按钮取消B级和C级信息；"取消"按钮还具有翻页作用，即在警告信息多于1页时，每按压一次"取消"按钮，就显示下页信息，直到B级和C级信息全部取消为止。按压"再显示"按钮，可重新显示那些被取消但故障仍存在的B级和C级信息。

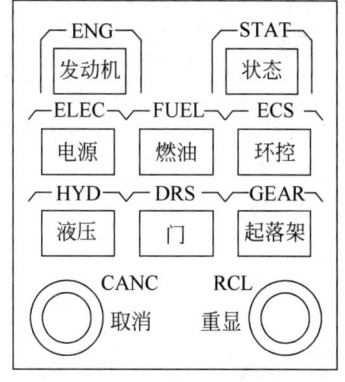

图5.10-2 EICAS显示选择面板

4. 维护面板

维护面板如图5.10-3所示，主要用于向地面维护人员提供飞行后维护和排除故障所需要的数据及信息。它只能在地面工作，由一个空/地继电器控制。

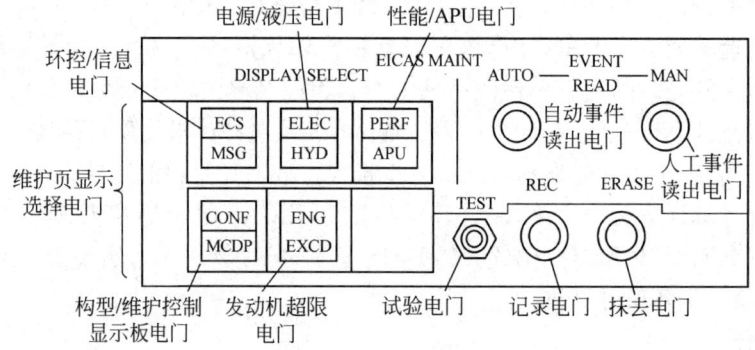

图5.10-3 维护面板

维护面板上有一个测试电门和9个控制电门，其中可选择5种维护页面。这些页面所提供的维护数据和信息可帮助地面维护人员排除故障和检查主要系统的状况。维护面板还可以人工记录数据，阅读已存储的记录，以及抹去在非易失内存(NVM)中存储的自动或人工事件。维护面板上各电门的控制功能如下：

（1）系统显示选择电门：包括环境控制系统/信息、电源/液压、性能/辅助动力装置，按压显示相应的维护页面。

按压环境控制系统/信息电门可显示维护信息，维护信息也叫M级信息，信息区显示实时维护信息和已存储的状态和维护信息。每个页面最多可显示11条信息，如果多于11条信息,再按压此电门来翻页。

(2) 构型/维护控制显示板显示选择电门:构型/维护控制显示板页面显示发动机构型信息、相关部件的件号和状态以及 MCDP 数据等。

(3) 发动机超限显示选择电门:将存储的发动机超限参数的最大值和累计总时间显示出来。

(4) 事件读出电门:分为自动或人工事件读出。首先要选定任一维护页,再按压事件读出电门,将显示为该格式记录的维护数据。按压自动(AUTO)电门则显示 EICAS 自动事件记录的数据;按压人工(MAN)电门则显示原来用事件记录电门(在显示选择板上)或用记录电门(在维护面板上)人工记录的数据。

(5) 记录电门:用于在 NVM 中记录维护数据。只能在地面上记录,当所选定任一维护页的实时页面时,按压 REC 电门才能实时记录。数据的记录要经过显示板的事件记录电门,它们共享一个存储器。最后的记录将冲掉先前的存储数据,只有最后的数据才可以显示出来。

(6) 抹去电门:用于抹去原来存储在 NVM 中的数据。抹去电门的使用方法是:①按压维护面板上的任一系统显示选择电门;②按压"自动事件读出"或"人工事件读出"电门;③按压抹去电门 3s 以上,这样信息就可抹去。抹去发动机超限值时,只需按"ENG EXCD"和按"ERASE"电门即可,不需要按"AUTO"或"MAN"电门。用同样的方法,也可抹去锁定的 EICAS 状态信息。

(7) 试验电门(TEST):当飞机停留在地面上并踩下停留刹车时,按压试验电门可以启动 BITE 自检程序,在两个显示器上出现自检格式,并显示测试结果。但每次只能测试 EICAS 的一个计算机通道,需要转换计算机控制电门来测试另一台计算机。当自检结束后,再按压测试电门即可回到全格式显示。

5. 显示转换面板

显示转换面板用来转换 EICAS 的显示格式,当显示器有故障时,可用备份的显示。有两个相同的机长和副驾驶转换面板,每个面板上的下显示器选择电门有正常、导航和主 EICAS 位,可选择主 EICAS 信息或导航信息在下显示器上显示。当内侧导航显示器选择电门放于 EICAS 位时,也可显示 EICAS 信息,如图 5.10-4 所示。

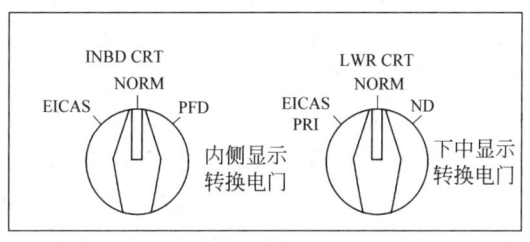

图 5.10-4 显示转换面板

6. 提醒注意获得器

它由主警告灯、主注意灯和相关的音响警告组成,警告灯为红色灯,注意灯为琥珀色灯,此两种灯为一组,分别装在遮光板两侧。当有一警告产生时,主警告灯连续闪亮,并伴有连续的音响警告;当有一注意级别的警告产生时,主注意灯稳亮并产生一声单谐音的音响警告,同时,机组可按压此灯复位相应的警告。

5.10.2 EICAS 的显示

根据系统的功能和使用要求,不管飞机是在空中还是在地面,都应该有各种显示方式,以满足机组飞行和维护工作的需要。该系统设计成多种显示方式,主要有工作方式、状态方式、系统概要方式和维护方式。

1. 飞行前和飞行中的正常显示

EICAS 设计为飞行前检查、飞行中各飞行阶段及飞行后维护都能自动监控和进行数据显示。其自动和人工事件记录,减轻了飞行人员的负担,增加了地面维护的方便性。

1) 接通电源时的显示

飞机停留在地面,当接通电源时,全部发动机参数自动出现,上显示器显示主要发动机参数,下显示器显示次要发动机参数。这种显示方式称为全格式显示。

2) 飞机起飞前的显示

飞行前为了检查飞机系统状况,按压显示选择板上的"状态"电门,上显示器仍显示主要发动机参数,下显示器变为状态页,提供状态信息,以确定飞机放行的准备条件,即显示与最低设备清单相关的内容。

为了监控发动机的启动,按压显示选择板上的"发动机"电门,则返回到上显示器显示主要发动机参数,下显示器显示次要发动机参数,用以监控发动机启动过程。

3) 飞行中的正常显示

在飞行中,EICAS 上显示器显示主要发动机参数和警告信息,以便飞行人员连续监控。为了减轻飞行人员的负担,更有效地监控发动机参数,在正常飞行时,下显示器设计显示空白。

2. 发动机主显示格式

在正常的工作中,当通电时主显示格式在上显示器上显示,如图 5.10-5 所示。飞行员通过监视显示信息的颜色改变来及时了解系统的降级工作情况。不同的机型显示信息的内容略有不同。

主要参数:发动机压力比(EPR)、低压转子的转速(N1)和发动机排气温度(EGT),它们在显示器上都有实际值、目标值和指令值指示,并有数字读出和模拟指针指示,在刻度盘上有最大的限制指示,这些主要参数会全程被监控。

在主要参数的上部指示大气总温、假设温度和推力限制方式。

警告信息区:警告信息按照级别的高低自动依次显示,不同的构型系统有不同的信息种类,显示的区域也不同。主要有红色的 A 级警告信息、琥珀色的 B 级警戒信息和琥珀色的 C 级咨询信息。有些 EICAS 信息区还包含有备忘信息和其他信息。

状态提示符:当出现新的状态信息而不显示状态页时,将在上显示器显示状态提示符。可以有不同的方式指示,如 7 个"V",或"STATUS"。当选择了状态页后,提示符消失。

空中起动包线:显示在警告信息的下面,如果有任何发动机空中停车,当要重新起动时,给出空速限制范围。

环境控制系统参数:在主要参数的下面,显示管道压力、座舱高度及其变化率、座舱压

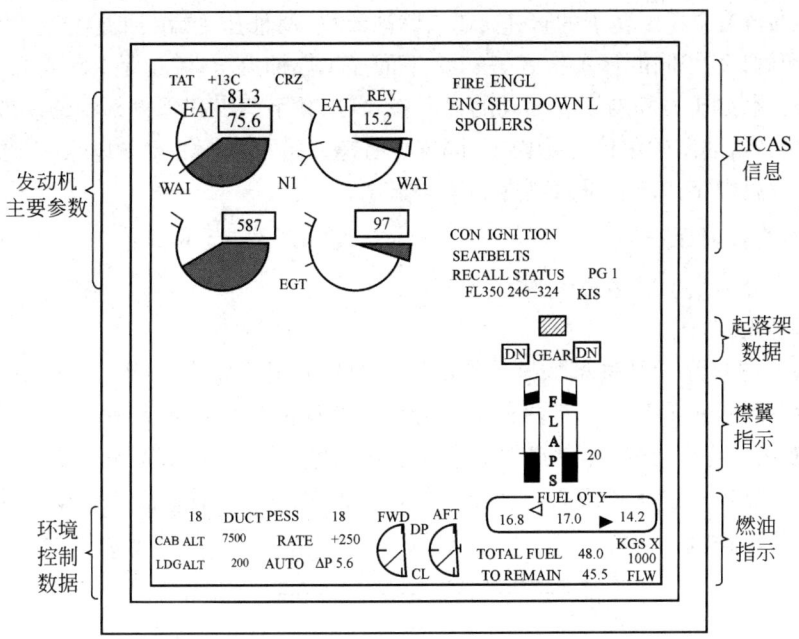

图 5.10-5　EICAS 主显示器

差、着陆高度等参数。

起落架和襟翼位置指示：在显示器的右下角，分别显示起落架和襟翼位置，以不同颜色表示起落架的放下上锁、收上并上锁、收/放中和故障情况，襟翼的正常工作位置、移动状态和故障状态。

燃油数据：显示总燃油量、燃油温度和抛油后最大的剩油量。

3. 发动机次要参数显示

如图 5.10-6 所示，发动机次要参数通常在下显示器上显示，通电时自动显示，或按压显示选择面板上的"发动机"电门显示，如果再按压，其显示为空白。

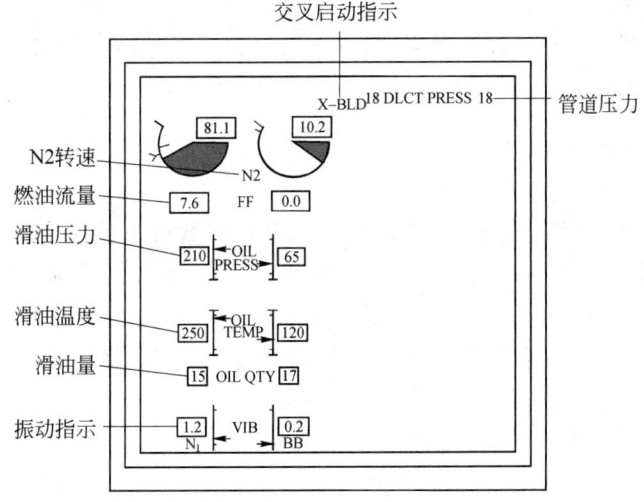

图 5.10-6　发动机次要参数显示

显示的参数有：高压转子的转速(N2)、燃油流量、滑油压力、滑油温度、滑油量、振动系数等。N2 和 N1 有相同的显示格式，在 N2 下面显示燃油流量，单位是 kg(或 lb)/h，但它没有超差指示。滑油压力和温度有相同的显示格式，以数字读出和垂直刻度的模拟指示，在刻度上有限制指示，油温的单位为摄氏度，同样也有超差指示。滑油量只以数字形式读出。发动机振动参数以数字读出和垂直刻度的模拟指示。

4. 紧凑格式显示

紧凑格式分为紧凑全格式和紧凑部分格式。

1) 紧凑全格式

如图 5.10-7 所示为某种型号显示器的紧凑全格式显示。它是指发动机主要参数和次要参数显示在同一显示器上。有两种情况会出现这样的显示：一是一个 EICAS 显示器故障，在显示器出故障前，只要全部次要参数显示在下显示器上，那么不论哪个显示器失效，则正常的显示器将显示紧凑全格式；二是飞机在地面，如果在下显示器选择显示维护页，则上显示器显示全紧凑格式。

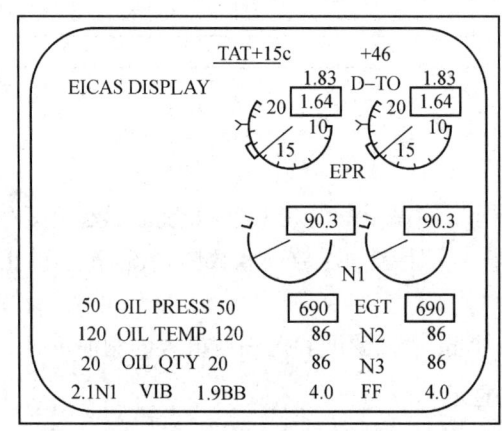

图 5.10-7　紧凑全格式显示

2) 紧凑部分格式

出现条件为：当某台显示器失效后，且某一次要发动机参数(N2、滑油参数、振动系数)出现超限，则超限参数以紧凑部分格式自动显示出来，如图 5.10-8 所示。

5. 发动机超限显示

1) 黄带抑制

发动机工作正常，但在飞机起飞和复飞时，需要短时大推力才能完成这个飞行阶段，此时的发动机参数 N1、EGT、N2 等都将超过正常值。但按 FAA 条例，起飞限时为 5min，即参数在此区域 5min 内，不进行黄、红带监控及超限存储记录；或者选定别的推力方式 20s 内，黄、红带监控及超限存储记录也被抑制，这两种情况，都称为"黄带抑制"。即是说，发动机某些参数的短时超限是允许的，这属于发动机的正常工作。

2) 发动机工作不正常——参数超限

发动机的主要参数 EPR、N1、EGT 是全时显示的，但次要发动机参数正常时不显示。只有当次要发动机参数超限时，才在下显示器上显示相应的超限参数。

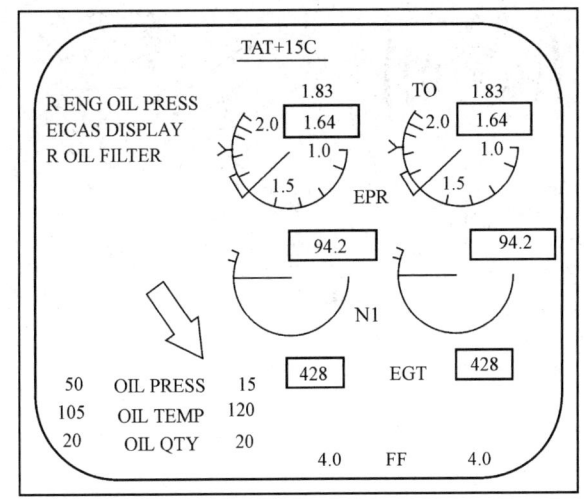

图 5.10-8　紧凑部分格式显示

当发动机工作不正常时,所有超限参数的模拟指标、模拟刻度盘、数字方框和数字等均变为黄色(或红色);同时在数字方框下出现白色最大超限读数,并进行参数超限累计计时和动态最大超限读数刷新。当采取处理措施使超限参数恢复正常后,参数超限计时停止,但数字方框下的白色最大超限读数仍然保留。只有按压显示选择板上的"取消"电门,或面板上专门设置的"最大指示复位"按钮后,白色最大超限读数才能消除,但不能抹掉在非易失存储器中的存储记录。

6. 机组警告信息

机组警告信息主要是为机组人员在飞行过程中设计的,按照其需要采取措施的紧迫程度可分为警告(A 级)、告诫(B 级)和注意(C 级)三个等级,并显示在上显示器上。每页最多可显示 11 条信息,如果多于 11 条,在信息的下面会有页码显示,可用取消/重显电门来翻页。根据功能的不同,有些 EICAS 系统还可显示其他信息,如通信信息和备忘信息等。以白色显示来提醒机组有些系统已在正常工作,没有音响警告和警告灯被点亮。

A 级信息(如图 5.10-9 所示):为红色的警告信息,级别最高,显示在其他信息的前面,当信息出现时会有红色主警告灯亮,并有连续强烈的音响,要求机组人员立即采取措施。最后出现的 A 级信息显示在前面,所有此级别信息都不能用取消电门来删除。可用主警告灯复位电门来复位音响警告和警告灯,但信息会一直存在直至故障现象消失。

B 级信息(如图 5.10-10 所示):为琥珀色警戒信息,跟在 A 级警告信息后面,该信息出现时伴有琥珀色主告诫灯亮,并有柔和断续声响,要求机组人员尽快采取措施。新出现的信息显示在同级别信息的前面,可用取消/重显电门来删除此级别的信息,如果故障仍在,再次按压此电门信息又显示出来。主告诫灯复位电门可复位音响和警戒灯,但不能删除此信息。

C 级信息(如图 5.10-11 所示):为琥珀色注意信息,排在 B 级信息之后,为了和 B 级信息相区别,向右退一格显示。当此类故障出现时,仅有信息显示,没有灯光和声响警告,机组人员可以在适当的时候采取措施。新出现的信息显示在同级别信息的前面,可用取消/重显电门来删除此级别的信息,如果故障仍在,再次按压此电门信息又显示出来。

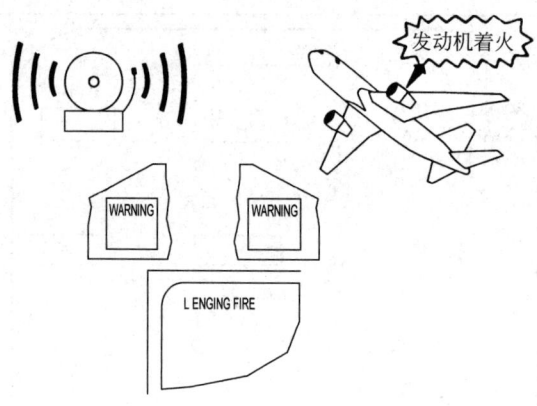

图 5.10-9　A 级警告信息

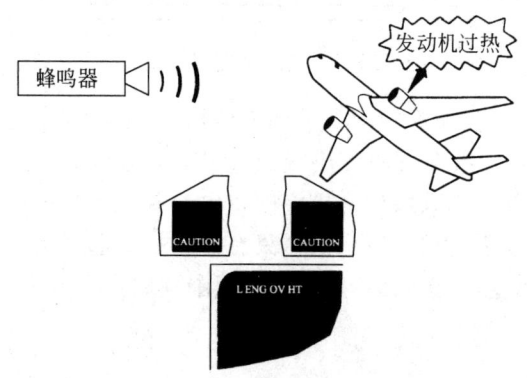

图 5.10-10　B 级告诫信息

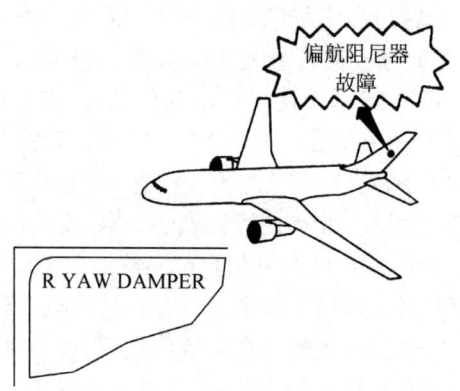

图 5.10-11　C 级注意信息

另外，EICAS 有抑制信息出现的功能，在发动机起动或关车期间，甚至某些重要的飞行阶段，如起飞或着陆，为了不分散驾驶员的注意力，影响飞行安全，对 EICAS 信息、警告灯和音响警告进行抑制，警告信息不被显示出来。当抑制条件不再存在时，信息会自动显示。

7. 状态页显示

状态页主要显示飞机的放行状态和系统数据,如图 5.10-12 所示,需要根据最低设备放行清单(MEL)来确定此状态下的飞机能否放行,显示在下显示器上。如果两台显示器都处于完好状态,状态方式在地面或空中都可以使用。

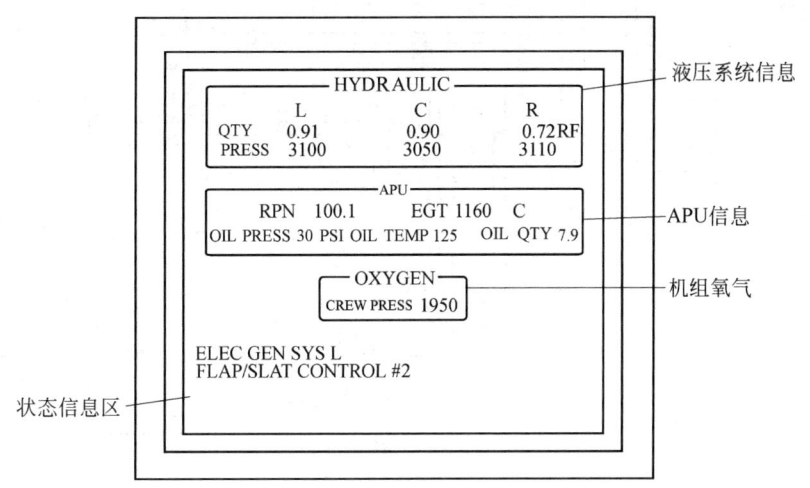

图 5.10-12 状态页显示

按压显示选择面板上的"状态"按钮,来显示状态页。主要信息有:液压系统参数、APU 参数、氧气、飞行控制舵面状态等以及状态信息。在飞行中通常不需要使用状态方式。如果下显示器不在状态页,当某一系统状态发生变化时,会在上显示器上显示状态提示符,只有飞行人员认为需要查看时,按压"状态"电门才显示状态页。如果这种异常状态过一段时间后不再存在,状态提示符也自动消失。

状态信息也叫 S 级信息,当有信息出现时,需要按 MEL 来确定飞机的放行状态。信息显示为白色,最新的信息显示在顶部,每页最多可显示 11 条信息,如果多于 11 条信息,可再次按压"状态"按钮来翻页。

状态信息对维护飞机很重要,所有的信息被送到 CMS 处理。状态信息主要分为锁定的和非锁定的两种。锁定的状态信息被存储在 EICAS 计算机的 NVM 里,它可以是活跃的或非活跃的,当故障被排除后,该信息仍会显示,需要通过特殊的程序来删除此信息,可通过 CDU 或面板上的抹除功能来实现。而非锁定的状态信息不会被 EICAS 计算机存储起来,当故障被排除后,信息会自动消失。

8. 系统页显示

概要显示格式是以图示来显示各飞机系统,是一种动态的实时数据显示,并以各种不同颜色来显示系统构型和状态,系统的这些构型和驾驶舱顶板的布局相似,以使机组容易识别系统的异常情况。

系统和系统概要页主要显示在下显示器上,由人工控制。不同的显示选择面板构型可有不同的系统选择按键,如图 5.10-13 所示,共有 6 个系统按键:电源系统、燃油系统、环境控制系统、液压系统、门和起落架系统,有些面板还有飞行操纵系统选择键。不管在空中还是在地面上,按压显示选择面板上的系统按键,则可显示实时的相应系统数据。如果第二次按压同样的键,则显示消失。

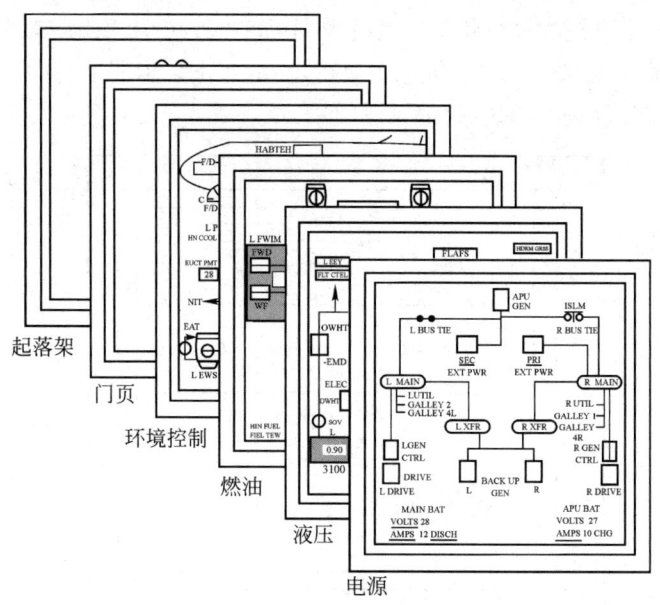

图 5.10-13　概况图显示格式

不同的显示颜色有不同的含义:红色表示警告级别、限制或超限;琥珀色表示警戒级别、限制、超限或故障;品红色表示指令或目标值;蓝色表示预位状态;绿色表示接通状态或流量;灰色表示实际飞机状态;白色表示断开或无效数据。

9. 维护页显示

当飞机回到地面后,维护人员需要查看系统所记录的维护数据和信息,才能及时、有效地排除故障,该系统设置了维护页功能。维护页主要是在下显示器上显示系统的数据,它们也可以被打印出来或通过数据链发送到地面站。根据不同的构型,维护页的格式和数量各有不同,可选装任一种途径进入维护页:维护面板或 CDU 维护页菜单,它们有相同的基本选择功能。

每个系统的维护页显示方式最多有三种:实时显示、人工快照和自动快照显示。实时显示方式显示系统当时的动态数据;人工快照(人工事件)和自动快照(自动事件)方式则显示各自存储在 NVM 中的数据。当按压显示选择面板上的事件记录按钮或维护面板上的事件按钮或 CDU 菜单相应功能键(如果选装 CDU 维护菜单功能的)时,可记录人工快照在 NVM 中。在每个飞行段,每个系统最多可记录 5 幅人工快照。

自动快照有专用的 NVM,当某些系统的参数出现超限时,会自动地产生快照,并存储在 NVM 里,每个系统最多可以记录 5 幅自动快照。

图 5.10-14 所示为 CDU 的维护页菜单,各系统的维护页清单是按 ATA 章节来排列的。在维护页的主菜单里,按压相应的行选键,可删除或记录所有系统的维护页。而在每个系统的维护页上,可选择系统的实时显示、人工记录、人工快照显示、自动快照显示,也可删除或报告系统维护页。

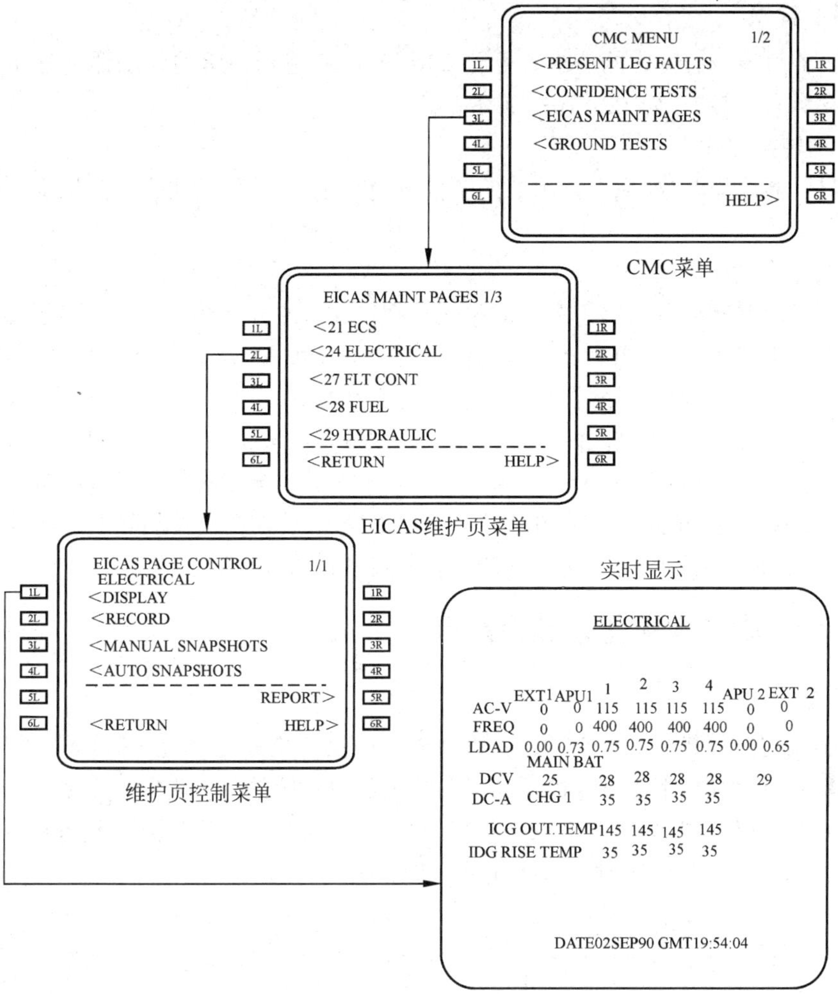

图 5.10-14　维护页菜单

5.10.3　系统的异常显示

1. 显示选择板故障

当显示选择板失效后,则上显示器显示主要发动机参数,下显示器由原来空白转为自动显示次要发动机参数,并且维护面板和取消/再显示按钮也不起作用。

2. 参数数据丢失或无效

某参数数据信道不起作用时,模拟指针消失,数字变为空白,如图 5.10-15 所示。图中 EGT 为无效或丢失,可选用另一台 EICAS 计算机驱动显示;如仍然不变,则应检查输入数据通道。

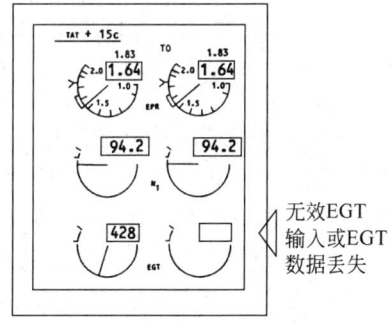

图 5.10-15　参数资料丢失或失效

3. 显示转换

当显示器故障或有特殊的需求时可将 EICAS 信息移到备份的显示器上显示。显示转换分为自动和人工转换,如图 5.10-4 所示。

1) 自动转换方式

当上显示器故障时,如果下显示器的转换电门在正常位,发动机主要参数会自动转到下显示器上显示。

2) 人工转换方式

如果下显示器转换电门置于主 EICAS 位,则发动机主要参数会移到下显示器上显示。

如果上显示器故障,把内侧显示器选择电门放于 EICAS 位,则次要发动机参数会显示在内侧导航显示器上,而下显示器显示发动机主要参数。

如果两 EICAS 显示器都故障,暂时没有 EICAS 参数被显示,当任一显示转换面板上的内侧显示器转换电门置于 EICAS 位,则发动机主要参数会显示在第一个转换的内侧显示器上;如果机长和副驾驶的内侧转换电门都放于 EICAS 位,则在机长的导航显示器上显示发动机主要参数,而在副驾驶的导航显示器上显示发动机次要参数。

5.10.4 电子中央飞机监控系统

1. 概述

在空客飞机上都装有 ECAM 系统,称为电子中央飞机监控系统,其基本功能与其他飞机的 EICAS 系统相似,主要是监控发动机参数及飞机系统的警告指示。主要区别是显示能力和显示格式略有不同,显示的信息也分三个级别,使飞行机组容易意识到各种警告的严重程度。如图 5.10-16 所示为 ECAM 的显示格式。

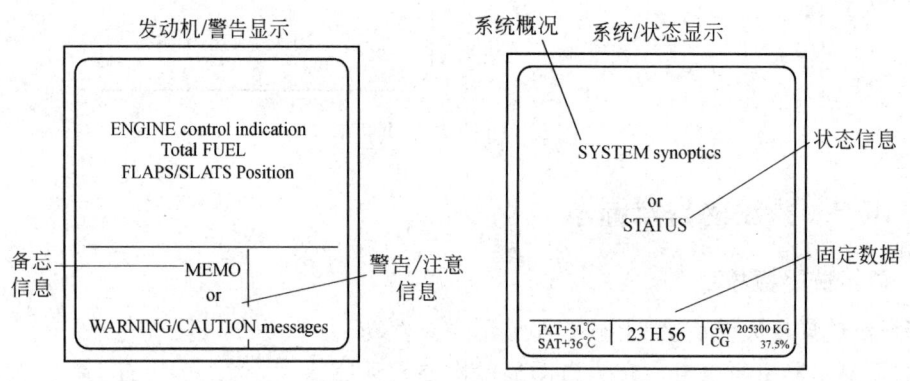

图 5.10-16 ECAM 显示

ECAM 系统主要由 2 个显示器(CRT 或 LCD)、3 个显示管理计算机(DMC)、2 个系统数据集获器(SDAC)、2 个飞行警告计算机(FWC)、1 个 ECAM 控制板、显示转换面板及目视和音响警告系统所组成,如图 5.10-17 所示。

每个 DMC 通过其接口从飞机传感器和计算机直接输入需要显示的数据,同时从两个 SDAC 接收飞机系统参数,从 FWC 接收备忘信息,经处理后送到显示器上显示。正常时,DMC1 负责机长的 EFIS 和上 ECAM 显示,DMC2 负责副驾驶的 EFIS 和下 ECAM 显示,DMC3 作为备份。此外,还有另外一种系统构型,即正常时,DMC1 负责机长的 EFIS 和上、

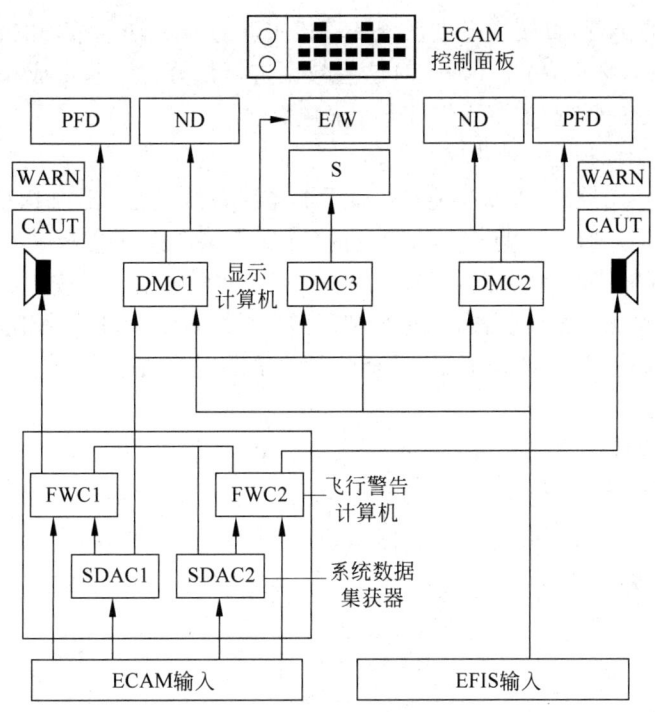

图 5.10-17　ECAM 系统组成原理图

下 ECAM 显示，DMC2 负责副驾驶的 EFIS 显示，DMC3 作为备份。

当系统探测到需要警告的信息时，则通过 DMC 将警告信息在 ECAM 显示器上显示，并触发相应的警告灯点亮和发出音响警告。

每一警告灯是由两个灯组成的，每个灯分别由一个 FWC 控制，当有一个 FWC 故障，不会影响到警告灯的工作。当有任何一个 DMC、一个 FWC 和一个 SDAC 同时故障时，系统仍能正常工作。

2. ECAM 系统的部件

1）显示器

在中央仪表板上有两个相同的显示器，用来显示 ECAM 信息，上显示器称为发动机警告显示器（E/WD），显示发动机和燃油参数、检查单和警告信息，以及襟翼/缝翼位置，下显示器称为系统或状态显示器（SD），显示各系统概况页面、状态信息页面和一些固定参数。

2）显示管理计算机（DMC）

三个 DMC 功能相同，可以互换。其处理 SDACs 的输入数据，产生飞机系统信息并显示在 SD 上；采用 FWCs 来的信号，处理后在 E/WD 的下部显示警告信息；也直接从飞机重要系统中采集数据（如 EPR、EGT 等），处理后显示在 E/WD 的上部。

3）系统数据集获器（SDAC）

两个 SDAC 功能相同，可以互换。它们接收飞机系统的数据，将其数字化后送给 DMC；并将那些对应于琥珀色警告信号的数据进行集中处理，数字化后送到飞行警告计算机，以产生琥珀色的警告。

4）飞行警告计算机（FWC）

两个 FWC 功能相同，也是可以互换的。FWC 监控飞机系统和计算飞行阶段，是

ECAM 系统的核心部分，直接从飞机系统计算机采集对应于红色警告的数据，也接收两个 SDAC 的琥珀色警告数据，每个 FWC 对这些数据进行计算、处理，生成相应的警告信息显示在 E/WD 上，并控制相应的警告灯和产生音响警告。

5）ECAM 控制面板

它提供 ECAM 的控制，主要功能有：显示器亮度调节旋钮；起飞构型检查按键；紧急取消按键，可以取消所有的音响警告和警告信息（红色警告信息除外）；状态页或系统页选择键；取消或再调出警告信息（红色警告除外）电门；"全部"（ALL）按钮，按压并保持可以 1 页/秒的速度逐一调出各系统页面，当选择到所需的系统页面时，松开按钮即停留该显示页。有的面板还有跳开关（C/B）监控页面。如果被监控的跳开关是在打开位，当按压此电门时，页面会显示相应的信息。

ECAM 控制面板如图 5.10-18 所示。

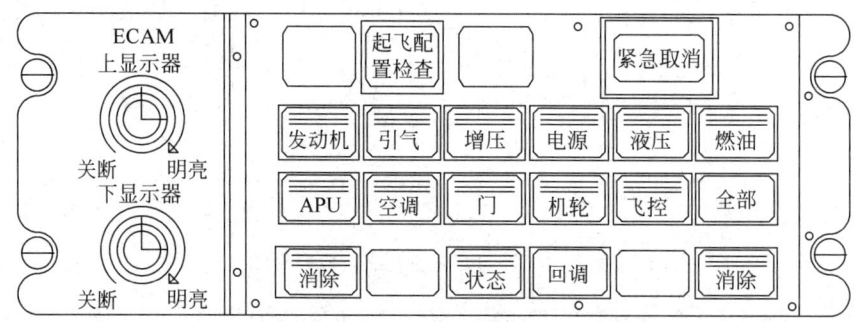

图 5.10-18　ECAM 控制面板

6）目视和音响警告部件

如图 5.10-19 所示，提醒器由主警告灯、主注意灯和相关的音响警告组成。主警告灯是红色的，当其闪亮时会伴有连续的音响警告；主注意灯是稳亮的琥珀色灯，当其被点亮时会伴有单谐音的音响警告；这两个警告灯也有按压复位相应警告的功能。

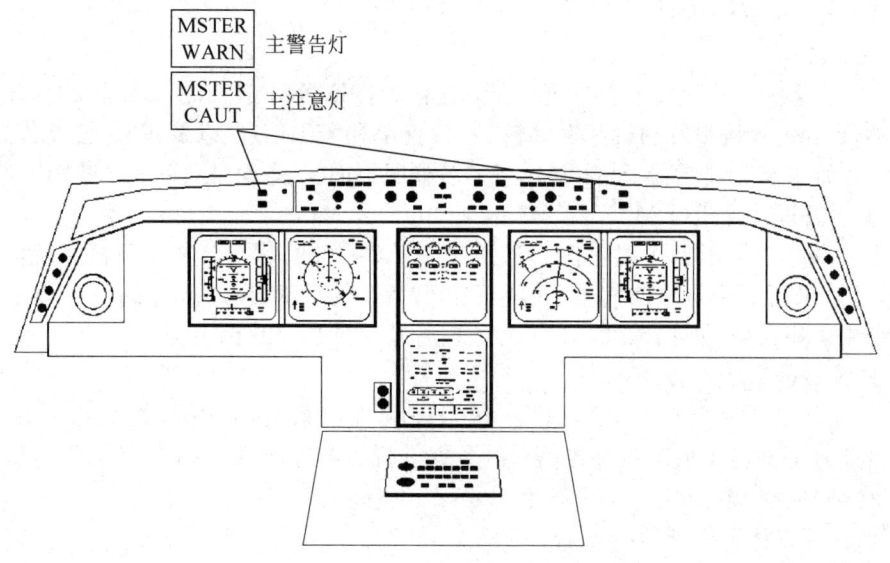

图 5.10-19　主警告灯和主注意灯

7) ECAM 转换面板

DMC 转换旋钮：设有正常位、机长和副驾驶的备份位。通常放在正常位，此时，DMC1 负责机长的 EFIS 显示和上 ECAM 显示，DMC2 负责副驾驶的 EFIS 显示和下 ECAM 显示，DMC3 为热备份。此外，还有一种系统构型是，正常时 DMC1 负责机长的 EFIS 和上、下 ECAM 显示，DMC2 负责副驾驶的 EFIS 显示。当选择机长或副驾驶备份位时，由 DMC3 驱动相应的显示。

ECAM 转换旋钮：设有正常位、机长位和副驾驶位。通常放于正常位，当放于机长或副驾驶位时，可将 ECAM 显示转到机长或副驾驶的导航显示器(ND)上显示(如图 5.10-20 所示)。

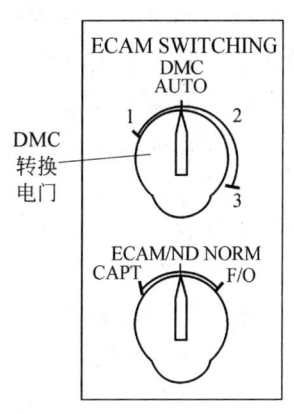

图 5.10-20　ECAM 转换面板

3. ECAM 显示内容

1) 发动机和警告(E/W)显示

发动机和警告(E/W)显示通常连续显示在上 ECAM 显示器上。E/W 显示分为上、下两个区域：上部区域以模拟和(或)数字的形式显示发动机的主要参数、机载燃油量和襟翼/缝翼位置；下部区域显示警告信息和备忘信息，如图 5.10-21 所示。

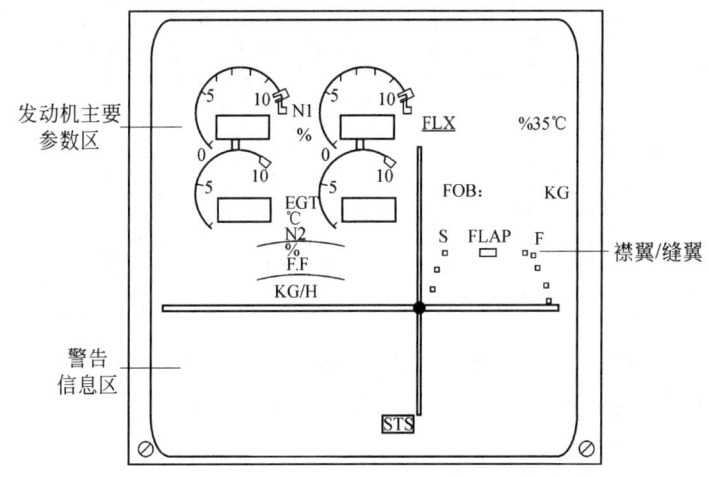

图 5.10-21　E/W 显示格式

警告信息和备忘信息区分为左、右两个区域。备忘信息指的是临时选择的飞机系统或功能信息。左备忘区可显示的信息有：起飞或着陆备忘信息、正常备忘信息、独立或主故障警告信息及相关的执行措施(即检查单)。警告信息的优先权高于备忘信息。正常情况下，警告信息以红色或琥珀色显示，备忘信息或检查单以绿色显示，需采取措施或需执行的工作则以蓝色显示。

右备忘区可显示正常备忘信息和琥珀色次要故障信息。在起飞和着陆期间，为防止分散机组的注意力，不会马上显示警告信息，只显示起飞或着陆抑制信息。

在 E/W 显示器上还会显示状态提示符、咨询警告信息和信息溢出符号。状态提示符"STS"显示表示有状态信息出现，但系统不在状态页。当系统参数超出正常范围时，相应的参数会闪烁,同时会出现闪烁"ADV"。如果警告信息过多,超过左备忘区显示限制,需要以标题形式显示在右备忘区,会显示一个箭头。

2) 系统或状态显示(S 显示)

系统或状态页通常显示在下 ECAM 显示器上。显示页分为上、下两个区域,上部区域显示系统页或状态页,在巡航阶段,自动显示巡航页;而下部区域仍固定显示温度、时间和重量等参数。

(1) 系统页

系统页可人工或自动显示,通过按压 ECAM 控制板上的相应按钮,可以显示系统页;或当某一系统有故障时,会自动地显示。系统页包括:引气页(BLEED)、空调页(COND)、座舱压力页(PRESS)、电源页(ELEC)、飞行控制页(F/CTL)、燃油页(FUEL)、液压页(HYD)、APU 页(APU)、次要发动机参数页(ENG)、门页(DOOR)和轮页(WHEEL)等。图 5.10-22 为飞行操纵系统页面。

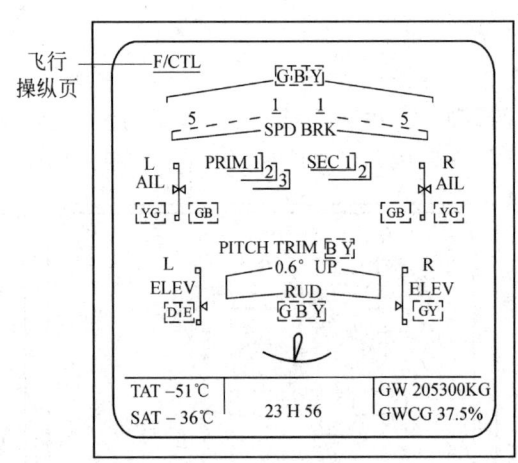

图 5.10-22 飞行操纵系统页面

ECAM 的系统页在显示时,显示方式按优先权排列,其优先次序依次为:

① 人工方式。优先等级最高,只要人工选择按压 ECAM 控制面板上任一个系统页按钮,则立即显示对应的系统页。

② 故障方式。优先等级仅次于人工方式,不论哪个系统,只要出现警告/告诫信息时,则自动显示该系统页。

③ 咨询方式。优先等级低于人工和故障方式,ECAM 监控若干个重要参数,当监控的某个参数超限时,相应的系统页自动显示,发生超限的参数闪亮。

④ 飞行阶段方式。优先等级最低,即当各系统正常,又无人工超控时,则系统显示器按计算出的飞行阶段自动显示相应的系统页。

飞行阶段由飞行警告计算机(FWC)计算完成,一次完整的飞行包括 10 个飞行阶段,如图 5.10-23 所示。在每个飞行阶段,ECAM 都显示相应的系统页。第 1 阶段和第 10 阶段显示舱门/氧气页,第 2、7、8 阶段和第 9 阶段都显示轮子页,第 3、4 阶段和第 5 阶段显示发动机参数页,第 6 阶段显示巡航页。

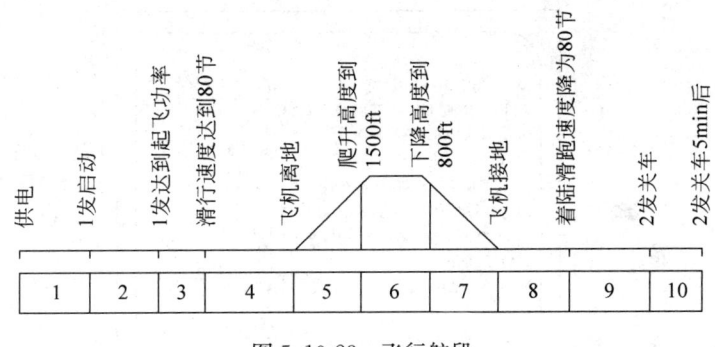

图 5.10-23　飞行航段

(2) 巡航页

当飞机在爬升高度 1500ft 到下降高度为 800ft 之间飞行时,巡航页自动显示在下显示器上。巡航页的上部区域显示飞行中需监控的主要系统参数,如已用燃油、滑油量和振动等发动机参数,着陆机场标高、座舱垂直速度、座舱高度、座舱内外压差和座舱区域温度等座舱压力参数,如图 5.10-24 所示。

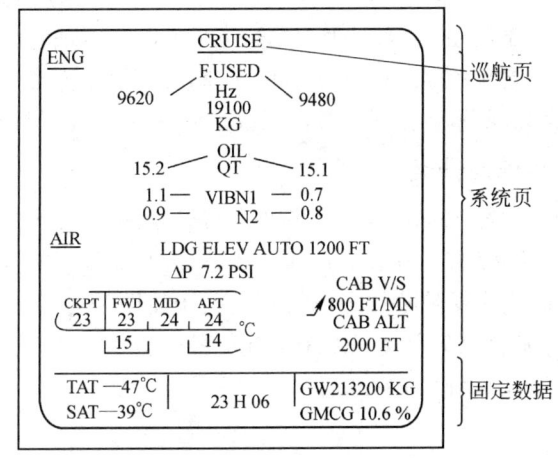

图 5.10-24　巡航页显示

(3) 状态页

状态页主要显示飞机系统的工作状态(如图 5.10-25 所示),表明这些系统有缺陷,但没有触发警告,需要采取维护措施。可人工或自动显示。按压 ECAM 控制板上的"状态"按钮即可调出状态页,或当进近时缝翼放出大于两个单位时,状态页自动显示。

上区左部:显示进近程序和通过清除电门已删除的警告信息。在进近程序中,蓝色文字表示限制参数及可推迟程序,绿色文字表示着陆能力和一些提醒信息。

上区右部:显示不工作系统和维护信息。不工作系统信息表示该系统由于故障或没有接通,所以处于不工作状态。维护信息栏反映出飞机系统故障状态,影响到飞机的放行,需要作维护或根据 MEL 放行。

当 ECAM 未选择状态页,而有新的状态信息出现时,则在上显示器 E/W 页的下端出现白色的"STS"提示信息,表明现在有状态信息出现。

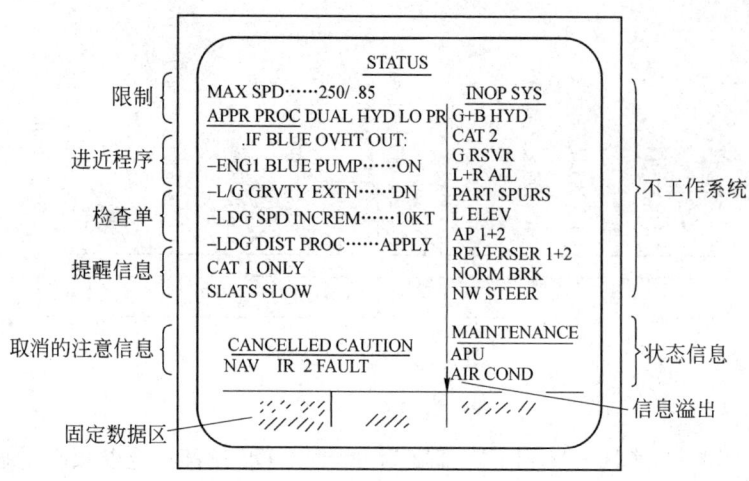

图 5.10-25 状态页显示

（4）固定数据区显示

在下显示器显示的下部区域，这些数据以一定的格式显示，不随系统页的变化而变化。显示的信息有：大气总温和静温，正常显示为绿色，数据无效时为琥珀色；载荷因子，正常显示空白，如果超过限制值，会以琥珀色显示；协调时间，正常显示为绿色，数据无效时为琥珀色；总重和重心参数显示，正常为绿色，数据无效时显示琥珀色，在地面时无计算数据显示为蓝色。

4. ECAM 机组警告信息分类

ECAM 具有显示机组信息的功能。这些警告信息来源于飞行警告计算机（FWC），当 FWC 接收到来自被监控系统的故障信息后，输送信号给 ECAM 系统，用以产生相应的驾驶舱效应，飞行员可以根据这些驾驶舱效应判断飞机系统故障的紧急程度。根据警告信息的重要程度和需要采取措施的紧急程度，ECAM 机组警告分为三个等级：三级警告（最高级别）、二级告诫和一级咨询，如图 5.10-26 所示。

1) 三级警告

三级警告对应于最紧急情况，需要机组人员立即采取纠正措施。出现三级警告时，在 E/W 显示红色警告信息，同时，红色主警告灯闪亮并有重复的谐音或特殊音响警告。

2) 二级告诫

二级告诫对应于重要的不正常情况，需要机组人员立即知道，允许尽快采取纠正措施，但对飞行安全没有直接影响。出现二级告诫时，E/W 显示琥珀色警告信息，同时，琥珀色主告诫灯亮并伴有单谐音响警告。

3) 一级咨询

一级咨询为机组需要监控的一些情况，它主要对应一些可能导致系统功能降级或使余度减少的故障。出现一级咨询时，没有主警告灯和声响，只有琥珀色警告信息显示。

此外，还有一些不会触发机组警告但又需在地面采取维护措施的故障，以状态信息的形式告知机组，状态信息只在状态页的维护信息栏内列出。

5. ECAM 显示的故障信息类型

ECAM 系统显示的故障信息主要用来给机务人员提供排故辅助。这些故障信息可分为

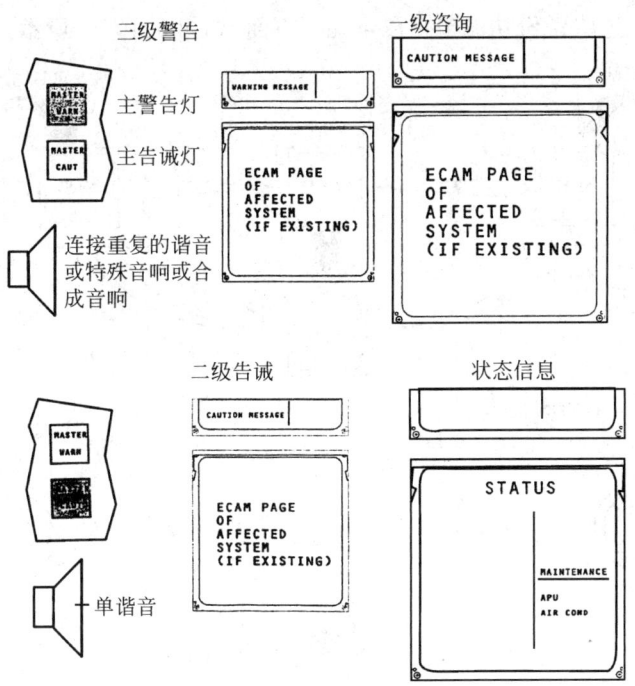

图 5.10-26　ECAM 警告

三种类型：独立故障、主要故障和次要故障，如图 5.10-27 所示。

(1) 独立故障是指系统或设备的某个部件发生故障时，不会影响到其他系统的正常工作。当出现时，根据等级的不同，通常在左备忘信息区会显示相应的红色或琥珀色警告信息。在该系统名称下加下画线来表示。

(2) 主要故障是指系统或设备的某个部件发生故障时，会引起其他系统或设备功能失效。当出现时，根据等级的不同，通常在左备忘信息区会显示相应的红色或琥珀色警告信息。该故障信息加一个方框来表示。

(3) 次要故障是指由于主要故障而引起该设备或系统的功能失效。通常次要故障显示在右备忘信息区，颜色为琥珀色，并在信息的前面加星号表示。

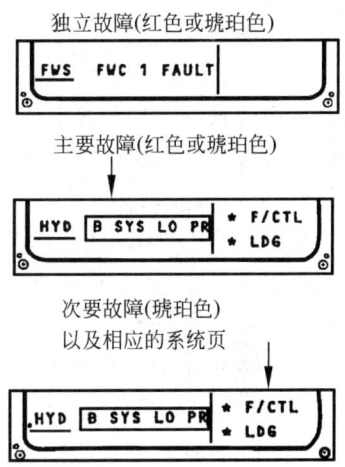

图 5.10-27　ECAM 故障分类

6. ECAM 咨询方式

咨询方式是指当一些受监控重要系统的参数已超出正常值，但仍低于警告的门限值时，相应的系统页会自动显示，且对应的参数会闪烁，同时在上显示器出现咨询"ADV"提示符，以引起机组的注意。如果该系统页不能显示，机组可在 ECAM 控制面板上按压相应的按键（此时该键上的指示灯闪亮），以显示该页信息。咨询方式的出现有可能导致一个故障的产生，使警告升级。

7. ECAM 故障转换功能

ECAM 系统的功能和部件含有备份余度和应急功能，使 ECAM 功能在部分部件失效时仍能得到执行。这些备份功能包括以下几个方面,如图 5.10-28 所示。

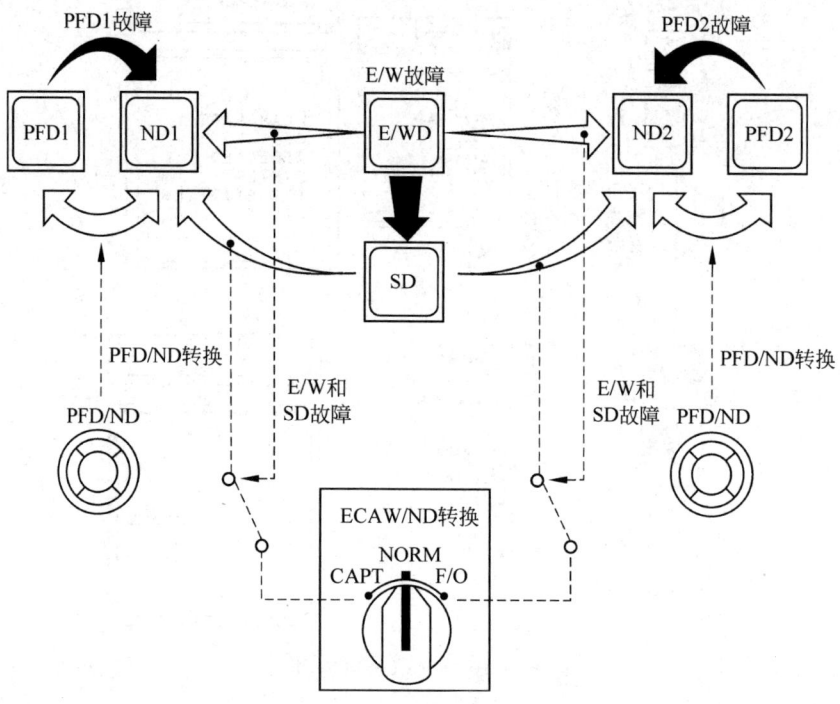

图 5.10-28　故障转换显示

(1) 显示转换:当所有控制电门放于正常位时,如果上 ECAM 显示器故障,其显示的信息会自动转换到下显示器上显示,替代了系统或状态页,但可按压并保持 ECAM 控制面板上的相应按钮,来显示系统或状态页。此时也可通过 ECAM/ND 转换电门,将系统或状态页转到 ND 上显示。

如果两个 ECAM 显示器都故障,所有 ECAM 信息将暂时掉失,但可通过 ECAM/ND 电门将上 ECAM 信息转到 ND 上显示,同样,按压并保持 ECAM 控制面上的相应按钮,来显示系统或状态页。

(2) DMC 转换:如果 DMC1 或 DMC2 故障,相应的显示会暂时掉失,可通过 DMC 转换旋钮转换到 DMC3 工作。

(3) ECAM 控制面板故障:除了紧急取消、清除、所有和状态功能键仍有效外,其余功能键将不起作用。

(4) FWC 故障:一个 FWC 故障,警告系统仍能正常工作。如果两个 FWC 同时故障,则失去所有的警告信息,同时也失去它所控制的所有音响警告和所有警告灯。

(5) SDAC 故障:当仅一个 SDAC 故障时,不会影响到系统的工作。如果两个 SDAC 同时故障,则会失去所有的琥珀色警告。此时仅发动机次要参数页、燃油页和飞行操纵页有效。

8. ECAM 系统测试

ECAM 系统本身有一个完整的监控功能,当探测到故障时,会显示相应的警告信息。在地面,当需要证实故障是否存在或更换部件时,可通过 CMS 系统进行测试,在 MCDU 上有其测试菜单。

第6章 自动飞行系统

6.1 自动飞行系统的组成和基本功能

6.1.1 自动飞行系统的组成

目前几乎所有现代飞机都装有自动飞行系统(AFS)。一个典型的自动飞行控制系统包括：自动驾驶仪(A/P)、飞行指引系统(F/D)、自动油门系统(ATS)、自动配平系统、偏航阻尼系统(Y/D)。另外，现代飞机都装有飞行管理系统(FMS)，该系统的输出信号加到自动飞行控制系统，完成飞机的制导和推力管理。典型的AFS组成如图6.1-1所示。

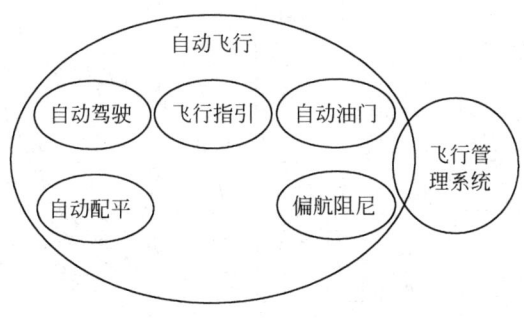

图6.1-1　AFS的组成

6.1.2 自动飞行系统的基本功能

自动驾驶仪——主要通过自动地控制飞机的飞行，减轻驾驶员的工作负担，它还可以在恶劣的气象条件下完成飞机的自动着陆。

飞行指引——主要在 PFD 或 ADI 上显示驾驶指令杆，以指导驾驶员人工驾驶飞机或监控飞机的姿态。

偏航阻尼——在飞机的整个飞行过程中，改善飞机的动态稳定性。

自动配平——在所有飞行阶段，通过自动调整水平安定面，以保持飞机的俯仰稳定性。

自动油门系统——自动控制发动机的输出功率，以减轻驾驶员的工作负担。

其中，自动配平和偏航阻尼结合在一起，称为增稳系统。它改善了飞机的稳定性，提高了飞行安全和旅客乘机的舒适性。

现代飞机还装备有飞行管理系统（FMS），它为飞机完成最佳飞行，进行导航和飞行剖面的计算。FMS的输出信号控制自动飞行控制系统的工作，并对其进行监视。这样，就防止了飞机在不正常条件下的自动飞行。

6.1.3 自动飞行系统的基本结构

典型的自动飞行控制系统包括以下设备：
（1）计算机——用于指令的计算。
（2）控制面板——接受驾驶员的输入指令，它是通向计算机的主接口。
（3）输出设备——计算出的信号加到飞机的飞行控制系统和显示器等子系统。

20世纪60年代，模拟式自动飞行子系统都是分立组件；70年代，电子技术得到了飞速的发展，这为组件的集成化提供了可能性；80年代，数字技术已经进入到了航空电子领域，它使自动飞行组件减少了50%以上。例如，AP/FD计算机集成为一个单独的FCC，如图6.1-2所示。

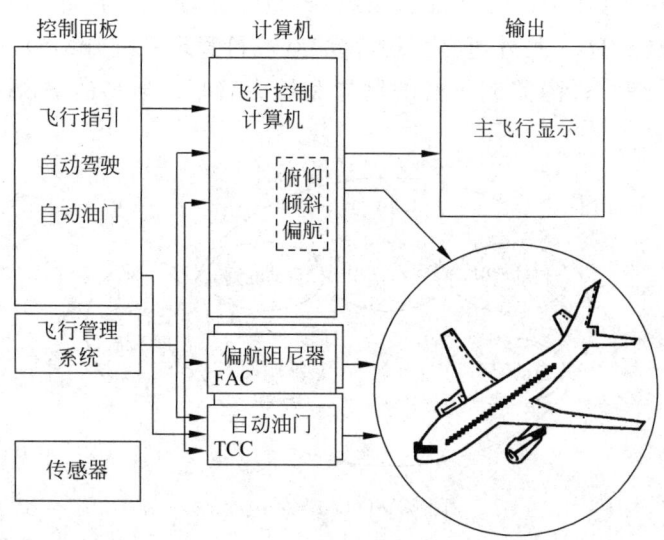

图 6.1-2　20 世纪 80 年代自动飞行控制系统的结构

20世纪90年代以后，自动飞行组件的集成化程度就更高了。由于电子飞行控制系统（EFCS）的出现，使利用电传操纵（FBW）直接控制舵面成为可能。这就是说，AFS只需要将数字信号传给EFCS就可以完成对飞行的控制。现在AFS计算机也称为飞行管理制导和包络计算机（FMGEC）。所有AP和FD的功能由飞行管理系统（FMS）控制。所有的自动油门功能也集成为一个计算机，发动机由全权数字式电子控制系统（FADEC）控制。偏航阻尼和配平功能也集成在一起，并且利用飞行包线保护功能监视AFS的整个工作过程（如图6.1-3所示）。

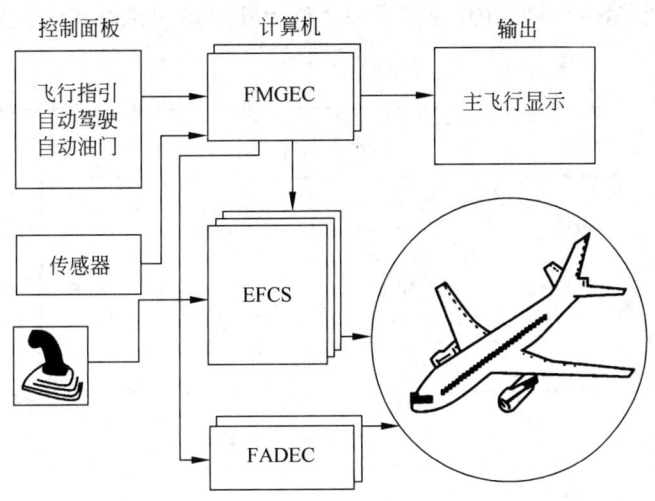

图 6.1-3　20 世纪 90 年代自动飞行控制系统的结构

6.2　自动驾驶仪

6.2.1　自动驾驶仪的功用及其基本组成

当自动驾驶仪(AP)投入工作后,可以实现的主要功能如下:
(1) 自动保持飞机沿三个轴的稳定(姿态角的稳定);
(2) 接收驾驶员的输入指令,替驾驶员操纵飞机以达到希望的俯仰角、航向角或升降速度等;
(3) 接收驾驶员的设定,控制飞机按预定高度、预定航向飞行;
(4) 与飞行管理系统耦合,执行飞行计划,实现按预定飞行轨迹的飞行;
(5) 与仪表着陆系统(ILS)耦合,实现飞机的自动着陆(CAT Ⅰ/Ⅱ/Ⅲ等)。

自动驾驶仪的基本组成部分包括:
(1) 传感器——主要敏感飞机的姿态变化(采用垂直陀螺或 IRU),并将其转换为电信号输入到 AP。
(2) 比较放大器——将基准信号与实测信号进行比较产生误差信号,并将其放大输出到伺服系统。
(3) 伺服系统——接收误差信号,产生使控制舵面运动所需要的力。
(4) 反馈回路——将舵面运动产生的结果通过传感器反馈到比较器再与基准信号进行比较,从而使舵面平滑而准确地运动,不断纠正误差信号。
(5) 控制面板——位于驾驶舱,上面包括各种工作开关和旋钮。驾驶员通过它为 AP 提供各种人工指令。

6.2.2　自动驾驶仪的基本原理

任何自动驾驶仪,尽管其传感器、伺服系统有所不同,但其基本工作过程都是误差敏感、误差纠正和舵面随动的过程,即闭环自动控制过程。因此,自动驾驶仪属于闭环工作系统,它包含两个反馈回路，一个称为内回路，另一个称为外回路，如图 6.2-1 所示。

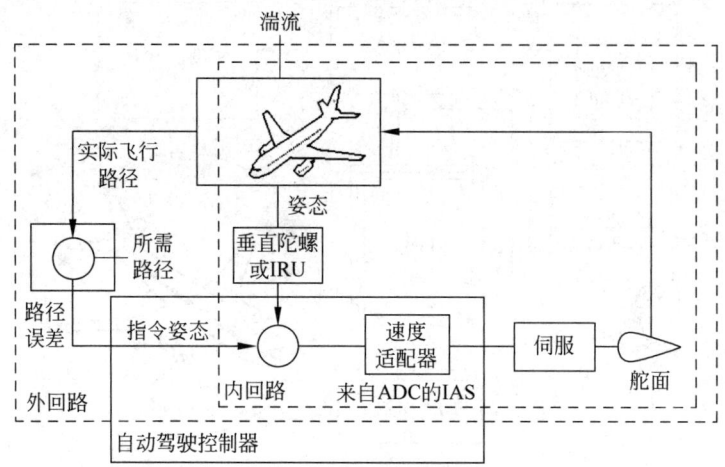

图 6.2-1　自动驾驶仪的内、外回路

1. 自动驾驶仪的内回路

参见图 6.2-1，在内回路中，最重要的部件就是比较器。它将姿态指令和飞机实际姿态进行比较。实际姿态来自飞机的姿态传感器，它可能是垂直陀螺，也可能是惯性基准组件（IRU）。姿态指令来自驾驶员选择的工作模式或外回路。比较器的比较结果被称为姿态误差信号，它用于驱动飞机的飞行控制舵面，以改变飞机的姿态。可见，内回路控制飞机的姿态。

飞行控制舵面的运动由伺服马达来完成。伺服马达通常是液力马达，有些飞机上也使用电动马达或气动马达。

在空速比较高时，要想使飞机姿态作一定的变化，需要的舵面偏转量较小。因此，在内回路中，需要有速度适配电路。

2. 自动驾驶仪的外回路

如图 6.2-1 所示，在外回路中，计算航路与实际飞行航路进行比较，其比较的结果称为航路误差信号，它由自动驾驶仪转换为姿态指令输入到内回路。

例如，利用自动驾驶仪的倾斜通道控制飞机的航向。选择航向（基准值）来自自动驾驶仪控制板，实际航向（实测值）来自罗盘系统，比较器计算出选择航向与实际航向之间的误差，这一误差称为航向误差。该误差作为内回路的指令信号输入，它与实测值比较，从而改变飞机姿态，进而改变飞机飞行的实际航路，使飞机达到选择航向。可见，外回路控制飞机的飞行航路。

信号从外回路进入到内回路必须用姿态限幅器加以限制，以防止飞机危险倾斜和俯仰。基于安全原因和对乘客舒适性的考虑，倾斜姿态限制大约为 30°。在许多飞机上，驾驶员可以通过控制面板上的旋钮将这一限制值调在 5°～25° 之间。同样，俯仰姿态被限制为上仰 25°，下俯 10°，如图 6.2-2 所示。

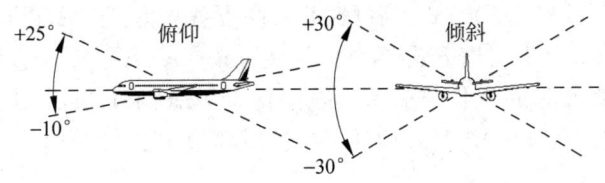

图 6.2-2　飞机的俯仰与倾斜限制

6.2.3　自动驾驶仪的常见工作方式

自动驾驶仪的工作方式由方式控制板(MCP)控制,在现代飞机上,自动驾驶仪的控制面板一般位于驾驶舱的遮光板上。方式控制板上的按钮和旋钮用于不同的工作模式和接通与断开自动驾驶仪。

一般说来,飞机的自动驾驶仪有俯仰、倾斜和航向三个控制通道,每个通道由相应的控制面板控制,但在倾斜和航向之间常常有交联信号,所以通常将自动驾驶仪分为俯仰通道(垂直通道)、倾斜和航向通道(横向通道)。而各通道的控制面板也集成在一起,构成方式控制面板。一种典型的方式控制板如图 6.2-3 所示。

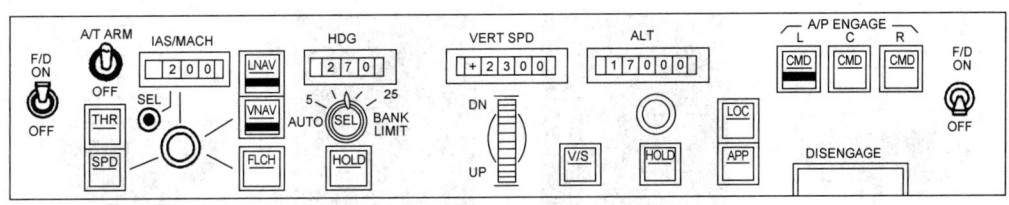

图 6.2-3　典型的方式控制板

自动驾驶仪的俯仰通道可以稳定和控制飞机的俯仰角、高度、速度、升降速度等;倾斜和航向通道可以稳定和控制飞机的航向角、倾斜角、偏航距离等。控制飞机的这些不同变量,就对应了驾驶仪不同的工作方式。根据所控制的状态量,可以完成姿态保持、高度保持、航向保持、自动改平、复飞等功能。

通过操纵方式控制面板上相应的控制旋钮或开关,可以实现自动驾驶仪的衔接、脱开和工作方式之间的转换。

自动驾驶仪通常以两种常见形式衔接,即驾驶盘操纵(CWS,即 CONTROL WHEEL STEERING)方式和指令(CMD,即 COMMAND)方式。

当自动驾驶仪以驾驶盘操纵(CWS)方式衔接时,自动驾驶仪的作用原理是:驾驶盘上驾驶员的操作量作为输入指令,被转换成电信号后,送到自动驾驶仪的核心计算机——飞行控制计算机,飞行控制计算机再输出信号去控制液压作动器,带动舵面运动,这时自动驾驶仪仅起到助力器的作用,相当于电传操纵飞机上的人工操作。

当自动驾驶仪以指令(CMD)方式衔接时,其俯仰通道、倾斜和航向通道分别以不同的方式来工作。飞行控制计算机会根据各通道的方式来自动计算输出指令,然后通过液压作动器控制飞机的相应操纵舵面,实现飞机的自动控制。

由于不同飞机上安装的自动驾驶仪系统各不相同,所以可能的俯仰通道的工作方式有:高度保持方式(ALTITUDE HOLD)、升降速度(或称垂直速度)(V/S)方式、高度层改变

(FLIGHT LEVEL CHANGE)方式、高度截获或高度获得方式(ALTITUDE ACQUIRE)、垂直导航方式(V NAV)、下滑道方式(G/S)、复飞方式(GO AROUND)等。

倾斜和航向通道可能的工作方式有：航向保持方式(HEADING HOLD)、航迹方式(TRACK)、水平导航方式(L NAV)、VOR方式、航向道方式(LOC)、跑道航迹方式(RWY TRACK)等。

在一般情况下，自动驾驶仪横向和纵向的不同工作方式对应不同的控制规律。当进行方式切换时，就伴随着控制规律的改变。

6.3 飞行指引

飞行指引(FD)使用与自动驾驶仪相同的输入信号来计算其输出信号。但这一输出信号用于显示，它指导驾驶员如何人工控制飞机的舵面，并且，当自动驾驶仪衔接后，驾驶员可以通过指令杆监控飞机的姿态。

飞行指引仪的符号有：十字指引杆、八字指引杆、V字指引杆和条形矢量指引杆，见图6.3-1。

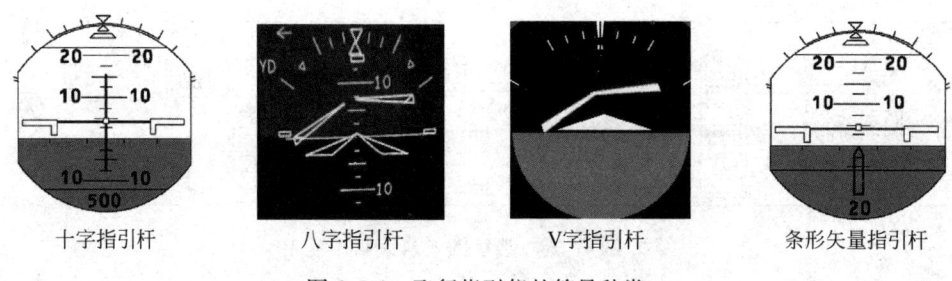

图6.3-1 飞行指引仪的符号种类

在陀螺地平仪上，可以看到飞行指引棒。它既在姿态指示器(ADI)上显示，也在现代飞机的主要飞行显示器(PFD)上显示。飞行指引的显示通常用两个指令棒，一个叫倾斜指令，一个叫俯仰指令，这两个指令棒以飞机符号作为参考基准。

当倾斜棒移动到左边时，驾驶员必须左转驾驶盘；相反，当倾斜棒移动到右边时，驾驶员必须右转驾驶盘。当俯仰棒向上移动时，驾驶员必须拉驾驶杆；当俯仰棒向下移动时，驾驶员必须推驾驶杆。

6.4 偏航阻尼系统

6.4.1 偏航阻尼系统的功用

偏航阻尼系统(YDS)是增稳系统的一部分。在飞机飞行的全过程中，偏航阻尼系统用于提高飞机绕立轴的稳定性。当航向平衡被破坏后，偏航阻尼器控制方向舵偏转，从而抑制飞机绕立轴和纵轴的摆动，即抑制飞机的"荷兰滚"运动，保持飞机的航向平衡和航向稳定性。

偏航阻尼系统通过自动地偏转方向舵，为飞机提供偏航阻尼，从而将飞机在飞行时由荷兰滚引起的航向偏差减到最小,将阵风引起的飞机侧滑以及湍流引起的机体变形所产生的飞机振荡减到最小。另外,它还提供飞机的转弯协调信号。

6.4.2 荷兰滚的原理

亚音速民航客机的机翼后掠角大约是 35°,这种空气动力学的设计是为了得到低阻力、高速度的飞行。但是也存在一个问题:飞机的航向稳定性差,容易产生荷兰滚,如图 6.4-1 所示。

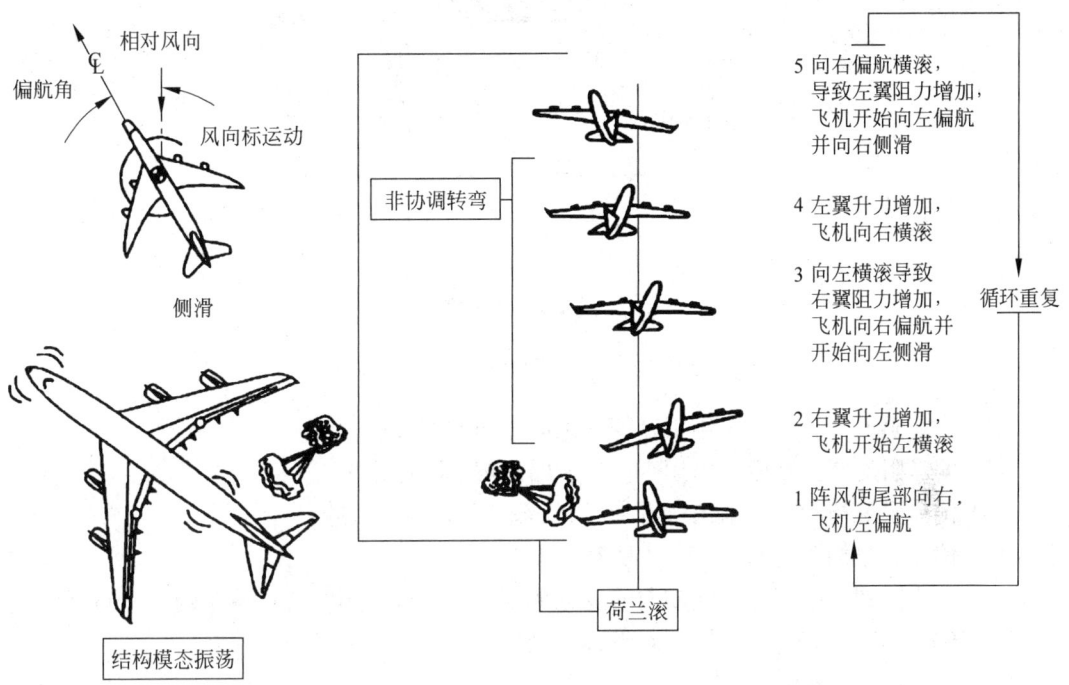

图 6.4-1 侧滑及荷兰滚运动

荷兰滚的产生原理:如图 6.4-1 所示,设飞机某时刻在位置 1 因左侧风干扰,飞机尾部向右运动,飞机向左偏航。在位置 2 时,由于后掠翼使垂直于右翼的气流分量大于左翼,从而使右机翼升力增加,飞机向左倾斜。在位置 3 飞机向左偏航并倾斜,引起右机翼阻力增加,飞机开始向右偏航并向左侧滑。在位置 4 时由于垂直于左翼的气流分量大于右翼,从而使左机翼升力增加,飞机开始向右倾斜。在位置 5 飞机向右偏航并倾斜,引起左机翼阻力增加,飞机向左偏航并向右侧滑。然后飞机又回到位置 1 的初始状态。综上所述,飞机倾斜引起右侧滑,形成左滚转和右偏航,进而形成左倾斜,引起左侧滑,又形成右倾斜和左偏航,进而形成右倾斜,引起左侧滑。这样循环重复。这种飘摆运动的飞行轨迹呈立体状 S 形,如图 6.4-2 所示,酷似荷兰人的滑冰动作,故被称为"荷兰滚",它不仅严重影响飞机乘坐的舒适性,而且会对飞机的结构造成损伤,因此必须加以抑制。飞机利用偏航阻尼系统来降低荷兰滚造成的影响。

另外,对于后掠翼高速飞行的飞机,如果机身较长,在飞行过程中会产生机身的弯曲和摆

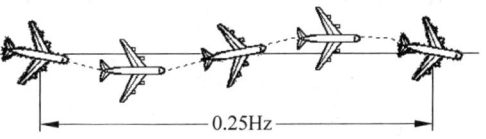

图 6.4-2 荷兰滚的振荡频率

动。为了抑制这种机身结构模态振荡趋势,提高驾驶的操纵性和乘坐的舒适性,有些偏航阻尼系统还具有振荡抑制功能,例如波音 B767-300 有模态抑制功能。

6.4.3 偏航阻尼系统的组成

偏航阻尼系统通常由下列部件组成,如图 6.4-3 所示。

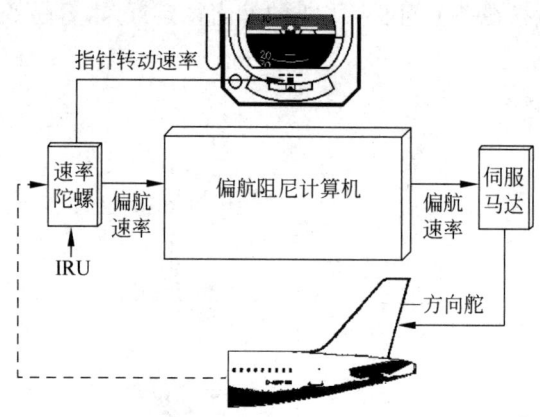

图 6.4-3　偏航阻尼系统组成

(1) 偏航阻尼计算机——用于计算正确的方向舵偏转量。
(2) 偏航阻尼器控制板——用来衔接或断开偏航阻尼系统。
(3) 偏航阻尼指示——给出位置指示、状态显示和警戒信息。
(4) 偏航阻尼伺服马达——用于驱动方向舵。
(5) 速率陀螺——用于探测航向的变化率。现代飞机使用的偏航速率信号来自惯性基准组件(IRU),这一信号用于计算荷兰滚的补偿值。

1. 偏航阻尼计算机

它用来计算方向舵的偏转方向。在偏航阻尼器内部有速度补偿电路、带通滤波器和协调转弯电路。速度补偿电路接受来自大气数据计算机系统的空速信号,以便调节方向舵的偏转来适应飞机速度。利用飞机的空速来修正方向舵偏转的大小。带通滤波器接受飞机的偏航信号,这一电路可以使计算机区分荷兰滚振荡和正常转弯。偏航阻尼速率信号达到荷兰滚振荡频率才能通过滤波器,允许荷兰滚的信号通过,不允许正常的转弯信号通过,改善荷兰滚阻尼。协调转弯电路接收来自垂直陀螺或惯导系统的倾斜姿态信号协调飞机的转弯。偏航阻尼计算机的组成框图如图 6.4-4 所示。

2. 偏航阻尼器控制板

控制板用来衔接或断开偏航阻尼系统,在不同的机型上,有各种各样的衔接电门和相应的指示灯,如图 6.4-5 所示。现在很多飞机上偏航阻尼的衔接电门有两个功能:衔接和指示。

当电门被压下或扳到 ON 位后,ON 灯亮。正常情况下,电门保持在 ON 位并且 ON 灯亮,系统正常工作。如果选择 OFF 位或者探测到故障,INOP 灯或相应的指示灯亮,系统不工作。

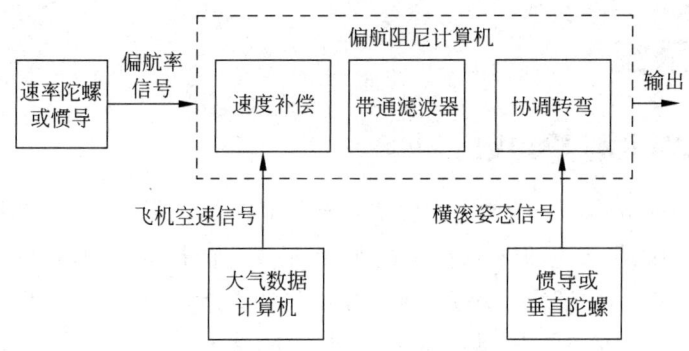

图 6.4-4 偏航阻尼计算机的组成框图

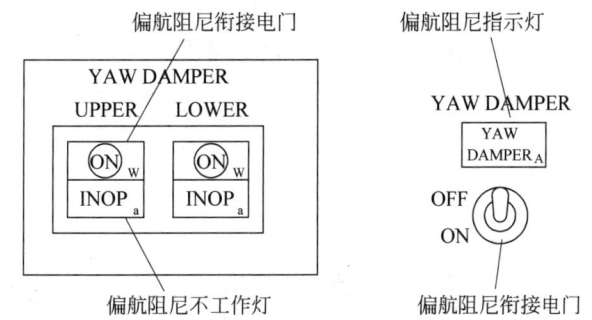

图 6.4-5 偏航阻尼控制板及衔接电门

指示灯亮的原因有以下几条：
(1) 偏航阻尼电门在 OFF 位；
(2) 探测到作动器故障；
(3) 探测到作动器 LVDT(线性可变差动传感器)故障；
(4) 没有一部惯导系统在导航"NAV"位；
(5) 探测到偏航阻尼组件故障。

3. 偏航阻尼指示

偏航阻尼的指示包括位置指示和状态显示以及警戒灯和警戒信息，早期的飞机有专门的方向舵位置指示器和转弯速率指示仪以及单独的通告灯。现在大型飞机的位置指示显示在 EICAS 或 ECAM 上，并有各种各样的状态指示和警戒信息。

4. 偏航阻尼伺服机构

我们知道，驾驶员通过脚蹬来偏转方向舵(见图 6.4-6)。用于飞行全过程控制的偏航阻尼器不能干扰驾驶员的输入信号。因此，偏航阻尼信号总是叠加到驾驶员的输入信号上，方向舵的偏转总是偏航阻尼输入信号和驾驶员输入信号之和。偏航阻尼信号引起的最大方向舵偏转被限制在 10°。偏航阻尼器作动时不产生脚蹬回输。

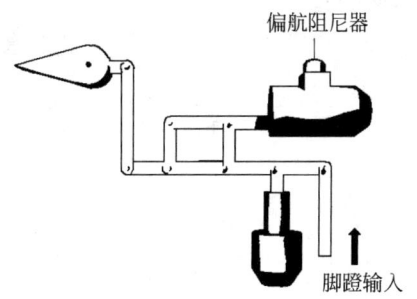

图 6.4-6 方向舵伺服机构的简单示意图

6.5 配平系统

6.5.1 安定面配平功用

俯仰配平系统(autotrim)的功能是自动地保持飞机在俯仰轴上的配平状态。小飞机上的水平安定面是不能移动的,但在大型客机上,水平安定面是可动的,其目的是为了减小升降舵上的载荷,或者说,俯仰配平系统配平飞机的纵向力矩,为升降舵卸荷。

安定面前缘向上(或向下)运动,会造成机头向下(或向上)运动,即安定面的运动将改变飞机的俯仰姿态。而飞机的俯仰运动本来是通过升降舵的上翻、下翻实现的,但水平安定面与升降舵共同构成水平尾翼的翼形,升降舵位置的变化使得水平尾翼不能保持流线形,因而飞机阻力增大,如果安定面不能移动,升降舵上将承受相当大的载荷。现在水平安定面可以调整,这样,既可以始终保持水平尾翼是流线形,又可以卸去升降舵上的巨大载荷,如图 6.5-1 所示。

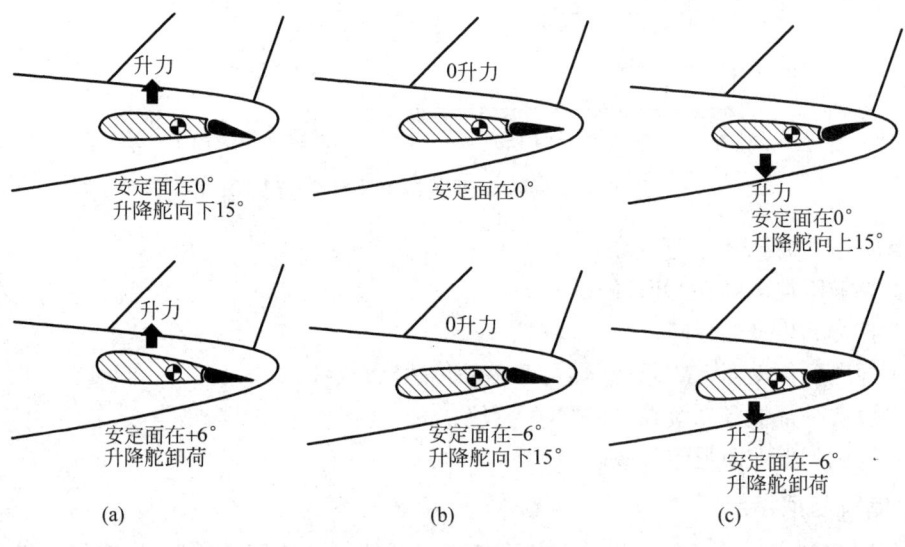

图 6.5-1 安定面配平原理

在图 6.5-1 所示的两种情况下,假定飞机姿态和空速为常数,水平安定面上产生的升力是相同的。一种情况是采用升降舵产生升力,水平尾翼不是流线形;另一种情况是用水平尾翼产生升力,尾翼是流线形,此时水平安定面发生移动。

图 6.5-1(a)显示出水平安定面上产生相同的向上升力。一种情况是安定面在 0°、升降舵向下 15°;另一种情况是安定面在+6°、升降舵与安定面保持流线形。此时,升力重心在尾翼上。

图 6.5-1(b)显示了另一对等值条件。上图为安定面在 0°、升降舵与安定面保持流线形;下图为安定面向下 6°、升降舵向下 15°。此时,水平尾翼上没有升力。当然,此时无须进行安定面配平,这里仅为了说明一种等值条件。

图 6.5-1(c)显示出水平安定面上产生相同的向下升力。一种情况是安定面在 0°、升降

舵向上15°；另一种情况是安定面在-6°、升降舵与安定面保持流线形。

上述这些数值和相关位置仅用于说明安定面配平的原理，实际数值和位置取决于飞机当时的空速和飞行姿态。通过这些例子我们可以看到，安定面前缘向上或向下运动引起飞机的机头向下或向上运动，从而达到配平的目的。

在人工飞行期间，只要接通驾驶盘上的开关，驾驶员就可以对安定面进行配平。在自动驾驶仪工作时，俯仰配平是自动进行的。

6.5.2 俯仰配平系统的组成和工作原理

俯仰配平系统一般由下列子系统组成，如图6.5-2所示。

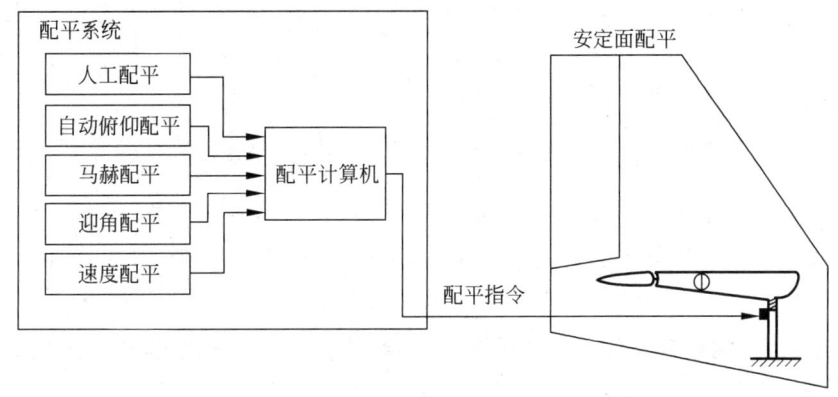

图 6.5-2 配平系统的组成

（1）人工配平——从配平开关输入人工配平指令。
（2）自动俯仰配平——当驾驶仪工作时，自动俯仰配平工作。
（3）马赫配平——用于防止马赫数增加时，引起飞机的向下俯冲。
（4）迎角（α）配平——用于防止飞机高速飞行期间产生大迎角。
（5）速度配平——在起飞和盘旋期间，为飞机提供速度稳定性。

1. 人工配平

当驾驶员拉驾驶杆时，升降舵向上偏转，飞机上仰。为了保持这一新的姿态，驾驶员要保持升降舵的偏转量。但是，这样将有很大的空气压力作用在升降舵上，这是我们所不希望的。因此，驾驶员按下主电配平开关使安定面移动。当安定面的前缘向下移动时，驾驶员可以松开作用在驾驶杆上的拉力。此时，升降舵与安定面保持流线型，从而使新的飞行姿态被保持。

来自驾驶杆的人工俯仰配平信号既可以直接加到安定面配平马达，也可以首先加到配平计算机。在那里，一些信号可以得到修正。只要驾驶员保持住配平开关"向上"或"向下"的位置，安定面就持续地移动，如图6.5-3所示。

2. 自动驾驶仪配平

当自动驾驶仪工作时，自动驾驶仪的俯仰配平功能总是起作用的。自动驾驶仪的杆探测器探测升降舵的偏转量，或者从升降舵位置传感器直接进行测量。当升降舵的偏转

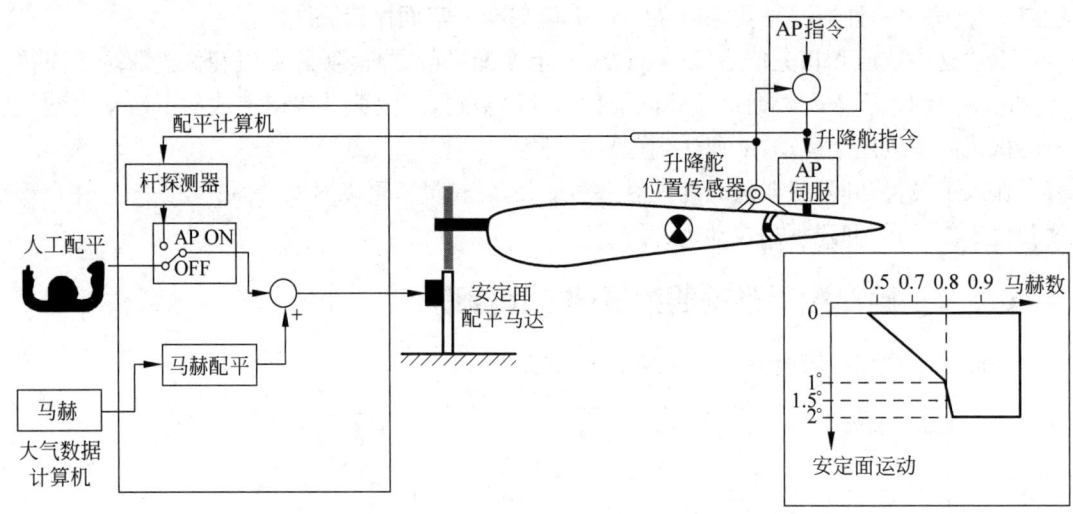

图 6.5-3 人工配平、自动驾驶仪配平及马赫配平

超出一定量时,配平计算发出指令使安定面配平马达工作,安定面向上或向下运动,由于升降舵的中立位置是由安定面位置决定的,当升降舵位置减小到零时,配平系统将马达停转。

当驾驶员按下驾驶杆上的配平开关时,自动驾驶仪脱开。于是,配平系统又回到人工配平状态(如图 6.5-3 所示)。

3. 马赫配平

当马赫数增加时,飞机的升力中心将向后移动。这将使飞机产生低头力矩,从而引起飞机向下俯冲。在飞行中,应该避免这种状态的发生。马赫配平系统完成的就是这一任务。

当马赫数增加时,配平系统使安定面的前缘向下,产生使飞机抬头的力矩以平衡飞机的低头力矩。马赫数由大气数据计算机提供,配平计算机利用飞机的气动特性,计算出所需要的配平指令(如图 6.5-3 所示)。

4. 迎角配平

迎角配平系统主要用于减小飞机高速飞行时产生的诱导阻力。迎角配平通过对最大迎角的限制来防止翼尖产生高压力差,它利用迎角传感器敏感的角度同飞机特定曲线进行比较。当迎角超过最大允许值时,安定面的前缘向上移动,从而使飞机产生低头力矩,直到使迎角低于特定曲线值为止,如图 6.5-4 所示。

5. 速度配平

在低速和大油门工作期间,速度配平系统提供飞机的速度稳定性。例如,在起飞和盘旋期间。速度配平的含义是:随着空速的增加,飞机的机头向上;随着空速的减小,飞机的机头向下。为了完成这一任务,速度配平系统需要用来自 ADC 的实际空速值探测速度的变化。另外,它还需要发动机的油门信号控制配平门限值(如图 6.5-4 所示)。

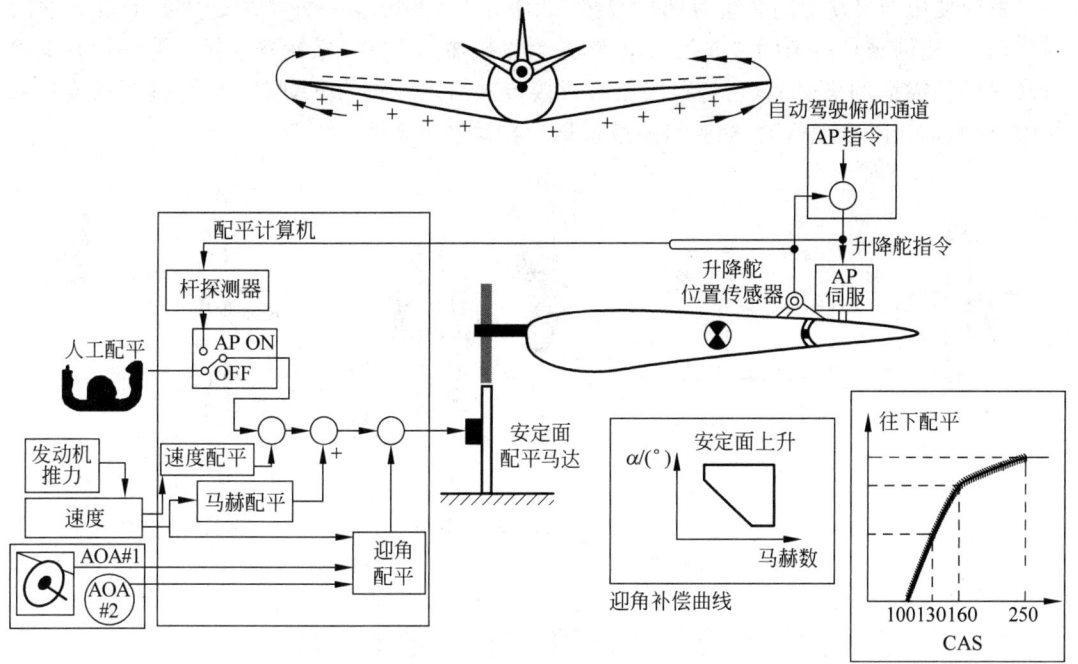

图 6.5-4 迎角配平及速度配平

6.6 自动油门系统

6.6.1 自动油门系统的功用

现代飞机的自动油门系统(ATS)能用于从起飞到着陆的整个飞行阶段,因此也可以叫做全程自动油门系统。这种自动油门系统通过两种操作方式中的一种来自动控制发动机的推力,如图 6.6-1 所示。

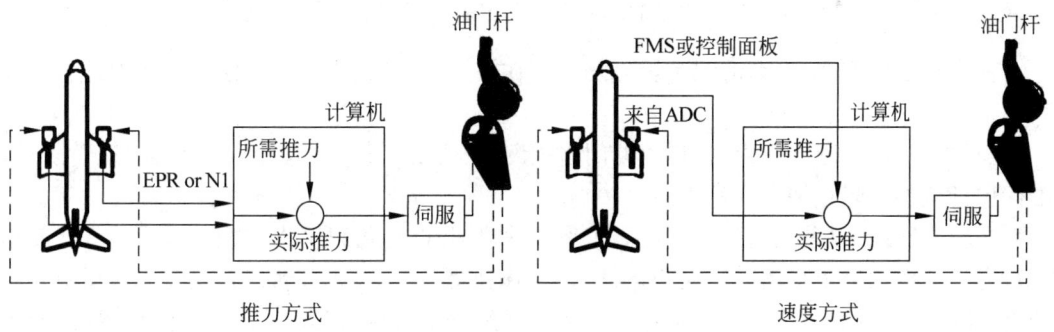

图 6.6-1 自动油门系统控制发动机的两种工作方式

一种方式叫做推力方式,它控制发动机压力比即 EPR,或控制 N1 转速,这一点由发动机的类型决定;另一种方式是速度方式,它控制飞机的计算空速,目标值来自飞行管理系统(FMS)或驾驶员自己选择。

目前使用的自动油门系统有两种类型,如图 6.6-2 所示。一种系统是典型的自动油门系统,它使用伺服马达来调整油门的位置,并且以机械的方式连接到发动机。另一种系统用于现代电传操纵的飞机上,它将数字信号直接传送给发动机的 FADEC 计算机。在这一系统中,没有油门的自动移动,因此该系统也称为自动推力系统。

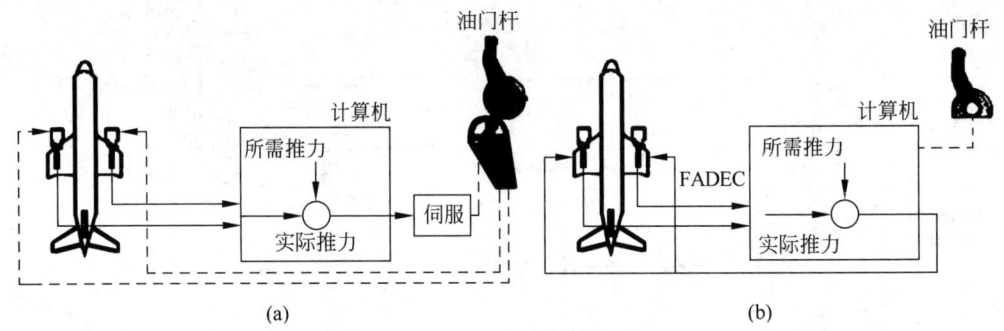

图 6.6-2 自动油门系统
(a) 典型的自动油门系统;(b) 先进的自动推力系统

6.6.2 自动油门系统在整个飞行过程中的工作情况

下面讨论自动油门系统在整个飞行过程中的工作情况,如图 6.6-3 所示。

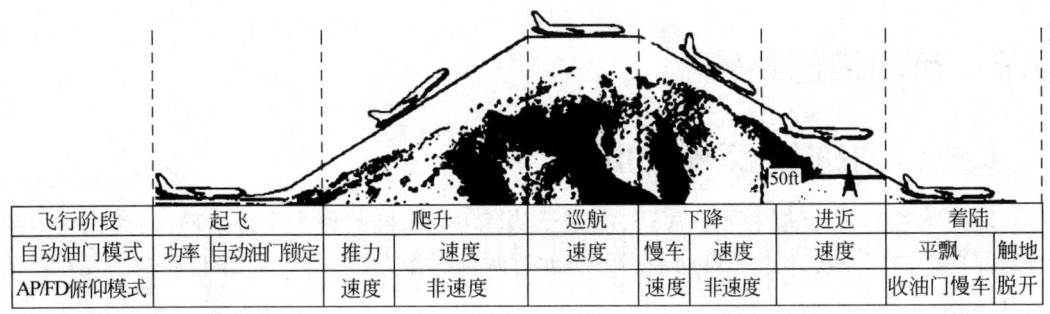

飞行阶段	起飞		爬升	巡航	下降		进近	着陆	
自动油门模式	功率	自动油门锁定	推力	速度	慢车	速度	速度	平飘	触地
AP/FD俯仰模式			速度	非速度	速度	非速度		收油门慢车	脱开

图 6.6-3 自动油门系统在整个飞行过程中的工作情况

在飞机起飞期间,自动油门系统总是工作在推力方式,其所需要的推力由推力计算机计算出来。

当发动机达到起飞推力时,自动油门将关断任何到达油门的指令,在起飞的最后阶段,油门保持功能将阻止油门的移动。

在爬升阶段,自动油门系统既可以工作在速度方式,也可以工作在推力方式。具体使用哪种方式主要取决于自动驾驶仪和飞行指引的俯仰方式。只要自动驾驶仪或飞行指引控制速度,就要使用推力方式。因为不允许有两个系统同时控制速度,所以,当自动驾驶仪和飞行指引不控制速度时,自动油门才能工作于速度方式。

在巡航阶段,飞机已经到达预定的飞行高度。这一阶段一直持续到下降阶段为止。在飞机巡航期间,飞行速度总是由自动油门系统控制。

在下降阶段,自动油门系统的工作情况与爬升阶段相同。当自动驾驶仪或飞行指引的俯仰通道工作于速度方式时,自动油门系统控制推力。在这一阶段,发动机的最小推力也被称为慢车,它用于取代最大推力。如果俯仰通道使用其他信号,那么自动油门系统控制速度。

在进近阶段,自动油门系统利用襟翼和起落架的位置控制进近速度。

在着陆阶段,飞机大约离地面 50ft 高拉平时,自动油门慢慢地减小到慢车位置。飞机着陆后,自动油门系统自动脱开。

当进近和着陆不可能时,飞机将进入复飞阶段。由于在复飞期间需要发动机达到最大推力,所以自动油门系统工作在推力方式。

第7章 通信系统

7.1 通信系统的组成和功用

现代飞机通信系统主要用以实现飞机与地面之间、飞机与飞机之间的相互联络,它还包括机内通话、广播、驾驶舱内话音记录等。该系统可以分为机内通话系统、无线电通信系统和飞机事故调查设备三部分,如图 7.1-1 所示。

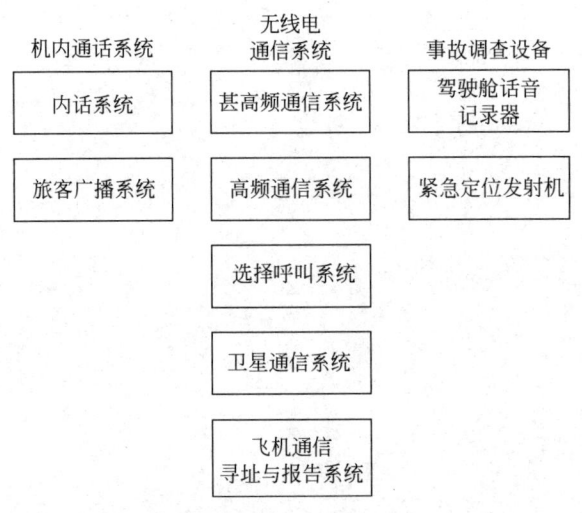

图 7.1-1 现代飞机通信系统的组成

机内通话系统用于飞机内部的通话,它包括内话系统和旅客广播系统(PA)。内话系统可使驾驶舱与飞机其他部位之间建立通信联络。例如,在维修期间,维护人员可以通过勤务内话完成机舱内部与外部的通话。旅客广播系统用于驾驶员和乘务员向旅客播放通告,例如,飞行安全通告等。

无线电通信系统包括甚高频通信系统(VHF)、高频通信系统(HF)、选择呼叫系统(SELCAL)、卫星通信系统(SATCOM)和飞机通信寻址与报告系统(ACARS)。VHF 通信系统通过无线电信号完成通信任务。其最大作用距离可达 200n mile。例如,该系统可与空中交通管制一起工作完成交通管制,还用于与其他飞机的通话联络。HF 通信系统可以完成长距离的通信任务,因为 HF 无线电信号采用电离层的反射进行传播。选择呼叫系统用于供地面塔台通过高频或甚高频通信系统对指定飞机或一组飞机进行呼叫联系。卫星通信系统允许进行全球通信,它还可以用于机上乘客的付费电话服务。ACARS 的含义是飞机通信寻址与报告系统,它将飞行和维护数据信息在飞机和地面台之间进行交换。该系统利用 VHF 或 HF 或 SATCOM 系统与地面台通信。

事故调查设备包括驾驶舱话音记录器和紧急定位发射机。驾驶舱话音记录器(CVR)记录所有机组人员的通话信号,在意外事件发生之后,用其记录的信号进行事故原因的调查。紧急定位发射机(ELT)可以帮助搜寻人员,确定失事飞机的位置。

位于驾驶舱属于通信系统的主要组件还有:

无线电管理板(RMP)——用于选择无线电通信设备和频率;

音频控制板(ACP)——用于控制飞机上所有的音频信号。

7.2 机内通话系统

机内通话系统主要包括内话系统和旅客广播系统。由于飞机上所有的音频信号都由音频管理系统控制,所以我们首先介绍该系统。

7.2.1 音频管理系统

在现代飞机上,该系统的中央计算机被称为音频管理组件(AMU),它与正、副驾驶和第三机组成员的音频设备相联。其连接框图如图 7.2-1 所示。

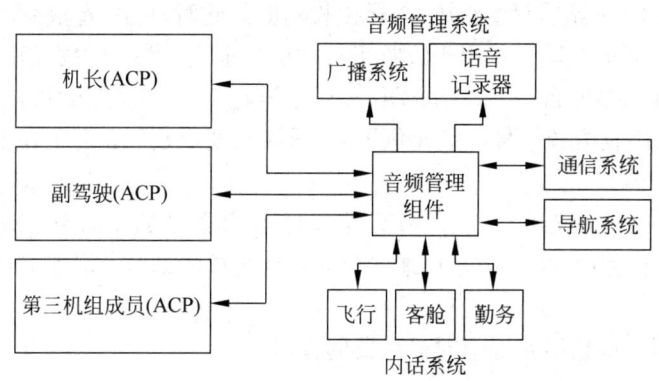

图 7.2-1 音频管理系统框图

机组成员之间通过飞行内话系统联络,乘务员之间使用客舱内话系统联络,维修人员之间则使用勤务内话系统联络。

驾驶员通过广播系统向乘客播放通知;AMU 处理所有上述信息,并将其加到驾驶舱语音记录器上记录。

7.2.2 音频控制板

每个机组成员都有自己的音频控制板(ACP),驾驶舱音频设备有头戴耳机、吊架话筒/耳机和氧气面罩。

注意:氧气面罩上的话筒优先于吊架话筒。即在使用它之后,要想再次使用吊架话筒,必须重新装好氧气面罩,并将氧气面罩的旗警告复位。

一种典型的音频控制板如图 7.2-2 所示,驾驶员通过它选择发射与接收功能。

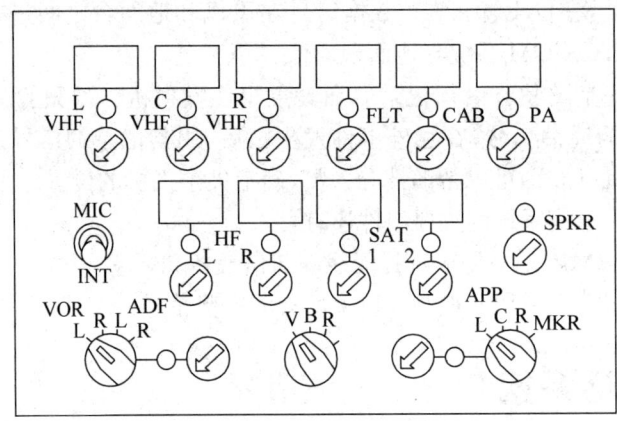

图 7.2-2　音频控制板

从图中可以看出,这架飞机的通信系统有左、中、右三部 VHF 收发机,左、右两套 HF 系统,以及卫星通信(SAT)设备。飞行内话(FLT)按钮用于选择同其他机组人员联络的通道;客舱(CAB)按钮选择同乘务员联络的客舱内话通道;在飞机停在地面上时,还可以选择勤务内话功能。客舱广播(PA)按钮选定广播系统,向乘客播放通知。

按下发射机选择开关,相应的指示灯亮,选择发射功能。注意:在同一时刻只能选择一套发射机。按下相应的音量调整旋钮,选择接收功能。此时,可以选择多套接收系统。

在音频控制板的最下边一行用于收听来自地面导航台的音频识别信息,例如 Morse 电码。可以选择的地面导航台有 VOR、ADF 和用于进近(APP)着陆的指点信标。在开关位于 V 位置时,只能接收语音信号;在 R 位置时,只能收到识别码信号;在 B 位置时,可以同时收到两种音频信号。

MIC/INT 是一个三位开关,位于 MIC 位置时,将驾驶员的发话声音通过无线电设备发射出去;位于中间位置时,可收听来自地面台或其他飞机的话音;位于 INT 位置时,将内话系统连接在一起。

SPKR 旋钮用于调整语音通信时扬声器的音量。

7.2.3　内话系统

内话系统包括飞行内话、客舱内话和勤务内话,如图 7.2-3 所示。

飞行内话系统用于机组人员之间的通信联络。地面机械员将吊架话筒/耳机连接于前起落架,也可以与驾驶舱人员联络。在联络时,机械员必须按下前起落架上的"CALL"按钮以提醒机组人员。此时,音频控制板上的 FLT 呼叫灯亮,并伴随短音调声音。驾驶舱人员按下"FLT"按钮或将"MIC/INT"开关扳到"INT"位置,将话筒连到飞行内话系统,即可与地面人员通话。在规定时间之后或驾驶员按下复位开关,可将呼叫复位。

当客舱人员与驾驶舱人员联络时,音频选择板上的 CAB 呼叫灯亮,并伴随有短音调声音。此时,驾驶舱人员按下"CAB"按钮,连接话筒和耳机到客舱内话系统,就可以与客舱人员联络。在规定时间之后,呼叫将自动复位,或通过按下复位按钮复位呼叫功能。

勤务内话系统主要用于维护飞机时,将驾驶舱与飞机内部、外部的不同区域连接起来。

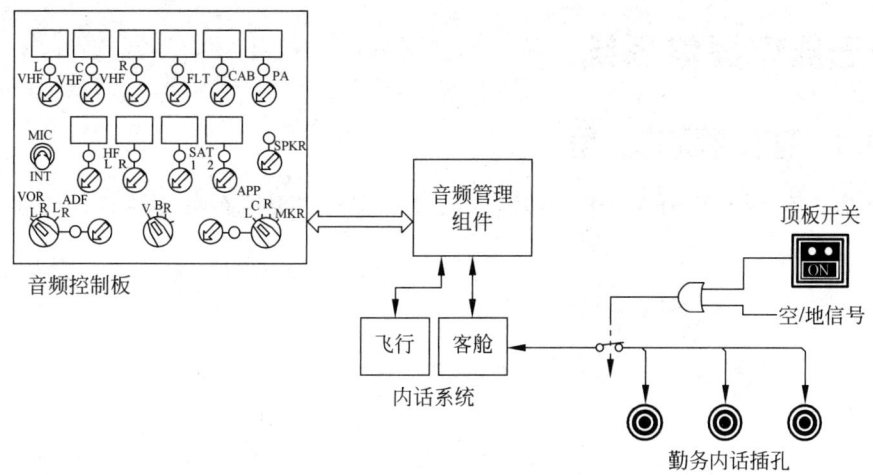

图 7.2-3　内话系统功能简图

它使用的是客舱内话通道。所以,使用勤务内话所进行的操作与客舱内话相同。

勤务内话插孔由空/地传感器自动控制,或者用驾驶舱顶板上的开关控制。

7.2.4　广播系统

广播(PA)系统的用途是为乘客提供信息。该信息来自驾驶员、乘务员、预录通知机和登机音乐。另外,它还产生谐音钟声作为注意信息。

广播系统的放大器是一个单独的组件,在一些飞机上它作为客舱通话系统的一部分,例如客舱内话数据系统(cabin intercommunication data system,CIDS)或先进客舱娱乐与服务系统(advanced cabin entertainment and service system,ACESS)。

为了防止音频信号的混淆,PA 放大器中优先逻辑电路对来自不同区域的音频信号进行排序:

(1) 优先 1——驾驶员话音;

(2) 优先 2——乘务长话音;

(3) 优先 3——乘务员话音;

(4) 优先 4——预录通知;

(5) 优先 5——登机音乐。

PA 系统产生谐音钟声不通过优先逻辑电路,所以,它总能发出声响。

当乘客呼叫乘务员时,发出高音调谐音;当一个乘务员呼叫另一个乘务员或呼叫驾驶员时,发出高—低谐音;当系好安全带或禁止吸烟标记出现时,发出低谐音。

在客舱减压后,氧气面罩释放,此时,在 14000ft 压力开关的触发下,音量电平将大大增加。

驾驶员按下音频控制板上的"PA"发射开关(有些飞机需按下并保持),才能向旅客播放通知。而利用手提麦克风播放通告时,则不使用音频控制板,该信号可以直接到达 PA 放大器。

接通"PA"音量调整旋钮,驾驶员可以听到所有广播的声音。利用这一侧音信号,驾驶员可以检查自己的发话。此时,不会将乘务员的话音中断。

7.3 无线电通信系统

7.3.1 甚高频通信系统

甚高频通信系统(VHF)用于与地面台或飞机之间实现短距离的话音与数据通信,如图 7.3-1 所示。

图 7.3-1 甚高频通信系统的功能

VHF 通信系统的工作频率范围是 118~135.975MHz。

注意:121.5MHz 是国际上规定的紧急频率。在飞机上紧急定位发射机使用这一频率,所以通信系统不用。

通信频道的间隔一般为 25kHz,共有 760 个频道。然而,随着飞机的数量不断增多,需要更多频道。因此,现代系统使用的频道间隔为 8.33kHz,大约有 2000 个频道可以使用。

现代商业飞机上一般都装有三套独立的 VHF 系统。左(L)系统通常用于正驾驶的话音通信,右(R)系统用于副驾驶的话音通信。第三套系统(C——中)作为备用或与 ACARS 系统联合使用。

每一套 VHF 通信系统都具有收发机和天线,三部天线分别安装于机身不同的部位,并且机型不同其安装的位置不同。

甚高频通信系统的功能简图如图 7.3-2 所示。

从图中可以看出,VHF 收发机的工作与音频控制板(ACP)和无线电管理板(RMP)有关。ACP 前文已经介绍,下面先介绍 RMP。

无线电管理板将 VHF 和 HF 通信系统的功能综合在一起,在飞机上安装有三块。在 RMP 上有:

(1) VHF 和 HF 通信系统频率选择旋钮。它用于给出通信系统所使用的频率。

(2) 两个频率显示窗口。左窗口显示的是系统正在使用的频率,右窗口显示的是备用频率。注意:当选择在 VHF C 系统时,该窗口显示 ACARS 或 DATA,则说明它与 ACARS 系统联合使用。

(3) 转换键。用于转换两个频率显示窗口显示的频率值。

(4) 系统选择键。用于选择所使用的通信系统。

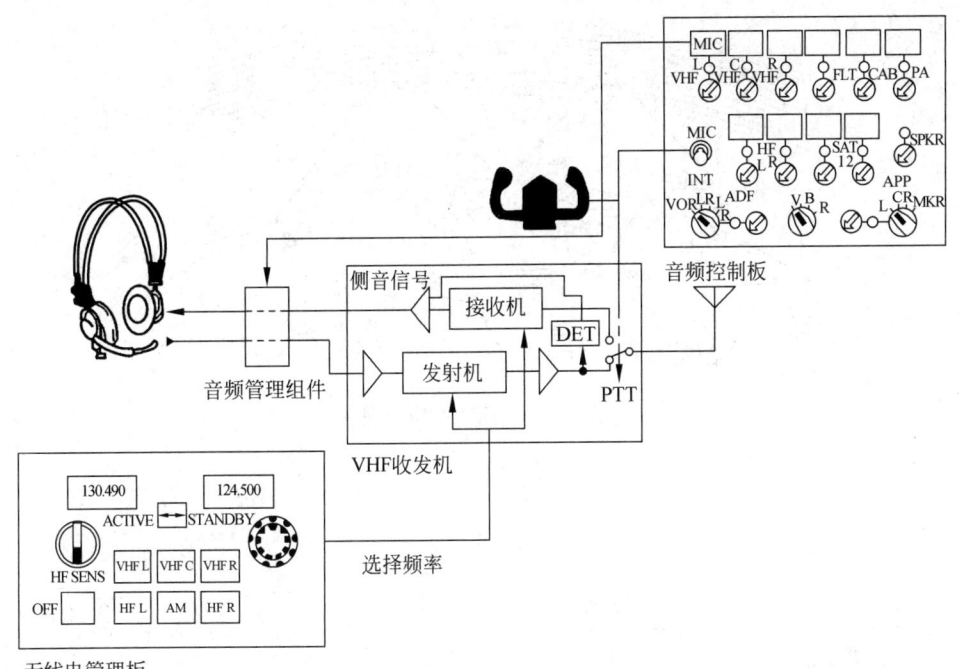

图 7.3-2 甚高频通信系统功能简图

每个 RMP 可以控制任意一套通信系统。在正常工作状态,机长的 RMP 控制(左) VHF 和 HF 系统,副驾驶的 RMP 控制(右) VHF 和 HF 系统。第三块 RMP 通常用于控制(中央) VHF 系统。

整个 VHF 通信系统的工作如下所述:

无线电管理板用于选择频率,该频率既作为发射机中的载波,又作为接收机中的本振信号;而音频控制板用于起始发射功能和选择音频信号。

在正常工作时,发射机的输出功率大约为 25W,通过收发机中的探测电路,在头戴耳机中可以听到侧音信号。如果侧音信号消失,则说明整个系统故障。

7.3.2 高频通信系统

HF 通信系统用于长距离通信,它一般安装在长途飞行的、需要远程通信的飞机上。

无线电信号通过电离层的反射传输信息,如图 7.3-3 所示,所以,它比视距传播的距离远。但不足之处是,电离层经常发生变化,所以通信质量不高。

在现代飞机上,卫星通信 SATCOM 系统取代了 HF 系统成为远程通信的首选,因为它可以更可靠地完成长距离的通信。

高频通信系统如图 7.3-4 所示。飞机通常有两套独立的 HF 通信系统,每套系统都有收发机和天线。收发机位于电子舱中,天线位于垂直安定面的前缘。天线耦合器用于对天线进行调谐,以选择 HF 频率,它靠近天线安装。

HF 收发机与 VHF 收发机一样,也将发射机和接收机集成在一部机载设备上,其发射功率比较大,为 200~400W。

在无线电管理板(RMP)上可以进行频率和系统选择,与 VHF 系统相同。HF 的频率

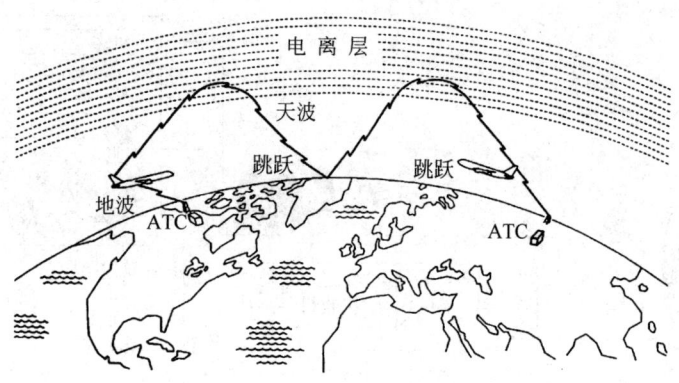

图 7.3-3 高频通信原理

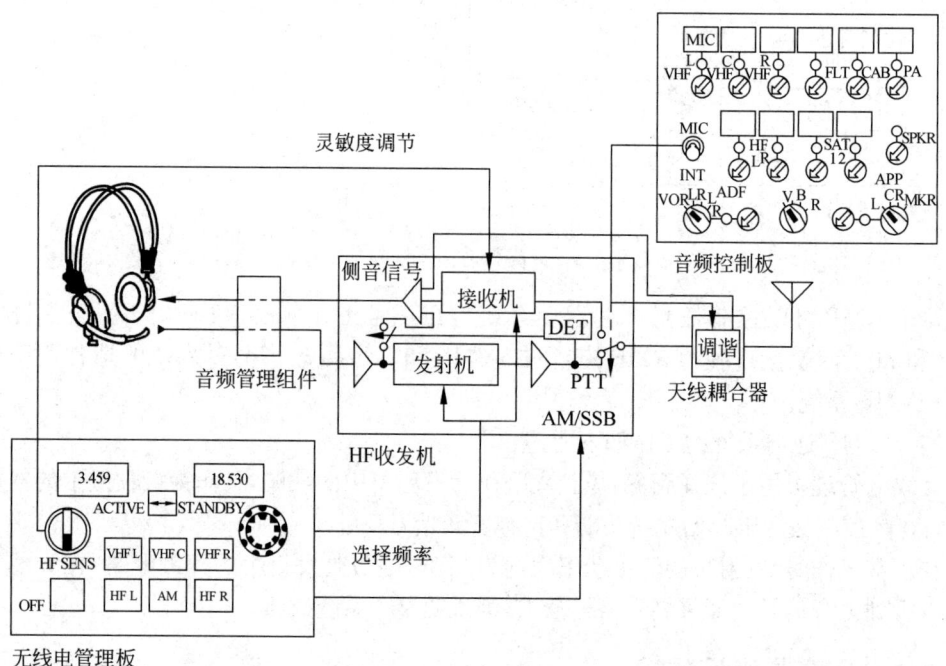

图 7.3-4 高频通信系统简图

范围为 2~29.999MHz,频率间隔为 1kHz。

在 RMP 上,使用 AM 按钮,可以选择 HF 的两种不同的工作方式。当第一次按下按钮时,选择 AM 调幅方式工作,这一方式将载波和上下边带一起发射出去,占用的频带较宽。当第二次按下按钮时,选择 SSB 方式,SSB 是单边带。这一方式仅发射调幅信号的一个边带,它占用的频带窄,传输效率比较高。

由于高频通信系统使用的频率低,其天线较长,因此,在起始发射功能之前,必须用天线耦合器将天线调谐在与所选 HF 频率相匹配的长度上。当然,此处提到的"天线长度"指的是电长度,而不是机械长度。注意,收发机工作于接收方式时不需要调谐。

天线的调谐过程为:按下 PTT 按钮,起始调谐过程。调谐时,耳机中可以听到 1kHz 的音调。天线调谐完成时,1kHz 的音调消失。再次按下 PTT 开关,起始发射功能。在正常的发射功率下,可以通过侧音信号监听发射信息。

7.3.3 选择呼叫系统

选择呼叫系统不是一种独立的通信系统,它在高频或甚高频通信系统的配合下工作。其功用是:当地面呼叫指定飞机时,在飞机上,以灯光、谐音钟声和信息显示的形式通知驾驶员,使他们立即与地面进行联络,这样既可以使驾驶员不必随时监听,避免疲劳,又可以免除地面人员长时间地等候呼叫的回应(如图 7.3-5 所示)。

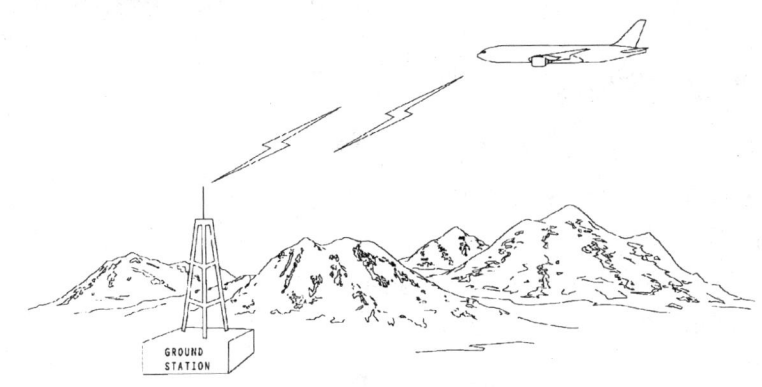

图 7.3-5 选择呼叫系统的功能

为了实现选择呼叫,机上高频和甚高频通信系统必须调谐在指定的频率上,并且把机上选择呼叫系统的代码调定为指定的飞机(或航班)代码。飞机的代码由四位字母组成,每位的字母可以是由 A 至 S(不用 I、N 和 O)中的一个,这样总共可有 10920 个选择呼叫代号。

选择呼叫系统由选择呼叫译码器、编码开关以及高频和甚高频通信系统、音频控制板等组成,如图 7.3-6 所示。

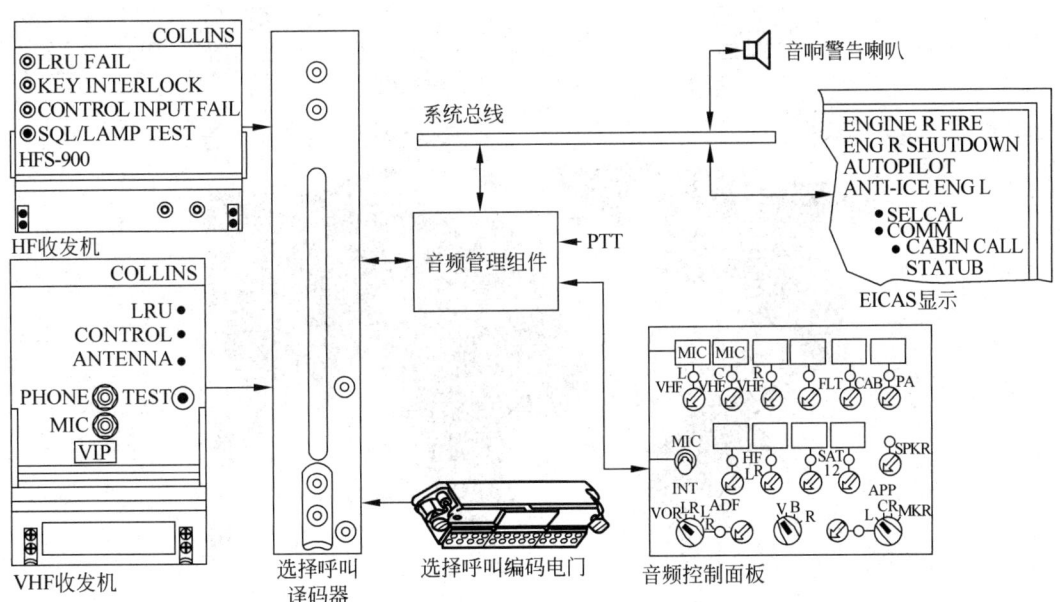

图 7.3-6 选择呼叫系统组成框图

甚高频和高频通信系统将接收到的地面呼叫信号加至选择呼叫译码器。它确定接收的编码是否为本机代码,并产生提醒信号。选择呼叫译码器对输入的四位代码信号译码,若呼叫代码与机上选择呼叫系统调定的代码符合,则表明地面呼叫本飞机。译码器将译码输出加到音频管理组件,其输出一路加至音频控制板使相应的呼叫灯(CALL)亮;另一路加到系统总线,使扬声器发出呼叫谐音钟声,通知驾驶员地面已发出呼叫。另外,从总线来的信号也加到 EICAS 显示器,在其上出现"SELCAL"文字信息。当驾驶员连接相应通信系统后,可按压音频控制板上相应的灯按钮进行复位。此时,即可用高频或甚高频通信系统与地面台进行联系。

7.3.4 卫星通信系统

与其他通信手段相比,卫星通信的主要优点为:
(1) 通信距离远,最大通信距离达 18 万 km 左右;
(2) 覆盖面积大;
(3) 通信频带宽、传输容量大,适于多种业务传输;
(4) 通信线路稳定可靠,通信质量高;
(5) 机动性好。

由于卫星通信具有上述突出优点,从而获得了迅速的发展,成为强有力的现代化通信手段之一,应用范围极其广泛,不仅用于传输话音、电报、数据等,而且由于卫星所具有的广播特性,它也特别适用于广播电视节目的传送。卫星通信系统(SATCOM)为 ACARS、驾驶员话音和电报、乘客话音和电传、电报通信提供可靠的全球数字数据通信。

SATCOM 系统由三个主要部分组成。第一是卫星,第二是飞机地球站(AES),第三是地面地球站(GES),如图 7.3-7 所示。

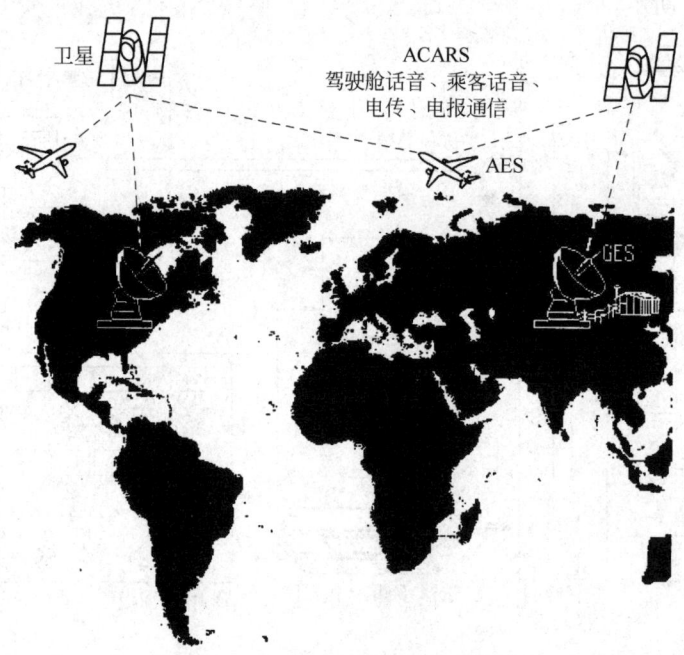

图 7.3-7 卫星通信系统的功用

1. 卫星

所谓"卫星通信"就是指利用空间的人造地球卫星作为中继站转发无线电信号，以实现两个或多个地球站之间的通信。地球站是指设在地球表面（包括地面、海洋和大气中）上的无线电（收/发）通信站，包括地面地球站（GES）和飞机上的机载地球站（AES）。而用于转发无线电信号来实现通信目的的这种人造卫星叫做通信卫星，卫星通信实际上就是利用通信卫星作为中继站的一种特殊的微波中继通信方式。如图 7.3-8 所示为卫星通信示意图。

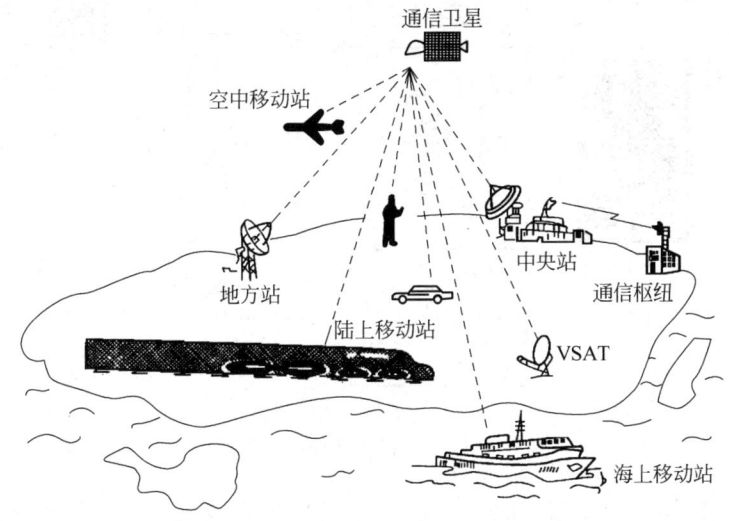

图 7.3-8 卫星通信示意图

卫星通信（SATCOM）利用 4 颗对地静止轨道的卫星（同步卫星），它位于地表面之上 36000km，在大西洋海域上空有两颗卫星，印度洋海域上空有一颗卫星，太平洋海域上空有一颗卫星。它们提供的覆盖面积从北纬 75°到南纬 75°。

2. 飞机地球站

飞机地球站（AES）是 SATCOM 系统的一部分，它是机载设备。它的结构取决于系统制造商和航线的需求。典型的系统由卫星数据组件（SDU）、无线电频率组件（RFU）、高功率放大器（HPA）、低噪声放大器和双工器（LNA/DIP）以及波束控制组件（BSU）和天线组成，如图 7.3-9 所示。

卫星数据组件（SDU）是 SATCOM 系统的心脏，它控制着与其他飞机系统的连接。例如，ACARS、驾驶员话音和乘客电话系统。它存储所有的卫星位置和频率，并根据飞机现在的位置，自动地选择离飞机最近的那颗卫星。从 MCDU 的 SATCOM 菜单上可以选择不同的功能或进行测试。

在发射期间，卫星数据组件将通信数据发送给无线电频率组件，它产生 1.66GHz 的载波频率，并且数据信号对载波进行调制，大功率低噪声放大器对已调信号进行放大，该信号到达波束控制组件和天线。

SATCOM 系统既使用机身顶部天线，也使用机身侧面天线。两种类型的高增益天线由几个天线单元组成。它们发射出朝向卫星的电磁波束。波束的方向由 BSU 根据飞机的位置和航向而定。因此，IRS 必须能提供给天线所使用的数据。

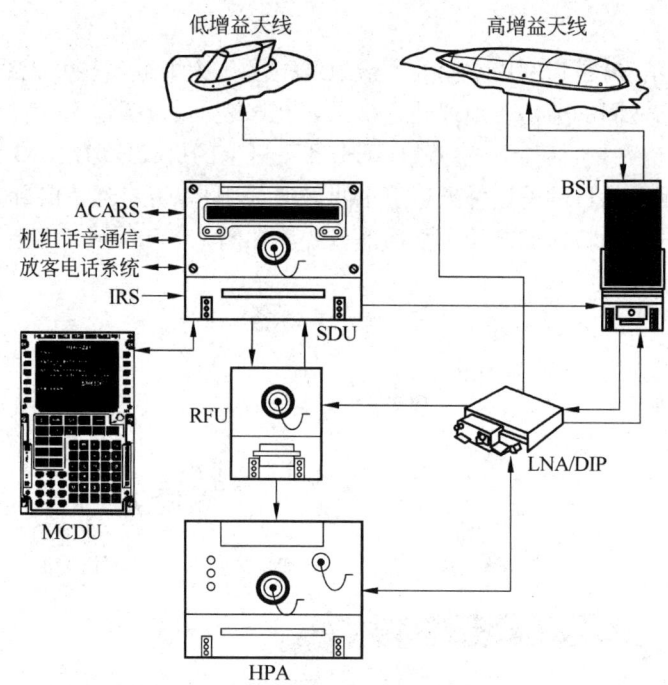

图 7.3-9 卫星通信系统的功能简图

一些系统仅使用机身顶部的低增益天线,它发射固定波束。这一系统只允许低速率的通信,例如,ACARS。但它不能用于话音通信。采用这种天线的优点是既不需要 BSU,也不需要来自 IRS 的飞机位置数据。

在接收期间,从天线接收来的信号加到双工器,它把发射与接收信号分离。来自双工器的数据通过 RFU 加到 SDU,在那里对接收信号解调,并分配到相关系统。

因为 SATCOM 天线的波束中心辐射功率很强,所以,在 SATCOM 工作时,天线周围不能有人和金属材料。维护时应按照手册上的说明执行。

3. 地面地球站

地面地球站(GES)由天线馈线设备、发射设备、接收设备、信道终端设备等组成,在世界范围内,大约有 255 个 SATCOM 地面地球站,它们对卫星进行跟踪测量,控制其准确进入静止轨道上的指定位置,并对在轨卫星的轨道、位置及姿态进行监视和校正,对在轨卫星的通信性能及参数进行监测、控制,以保证通信卫星的正常运行和工作。

7.3.5 飞机通信寻址与报告系统

飞机通信寻址与报告系统(ACARS)是一个数据链通信系统。它可以将信息和数据在飞机和地面台之间传递。这里,地面台指的是航线控制中心和空中交通管制中心。

ACARS 系统根据飞机的位置,使用 VHF-C 通信系统或卫星通信系统完成数据链通信任务。

地面台接收到 ACARS 发出的数据,并通过网络将数据传输到用户,这种数据的传输方向被称为下数据链;相反,数据从地面台传向飞机,则被称为上数据链(如图 7.3-10 所示)。

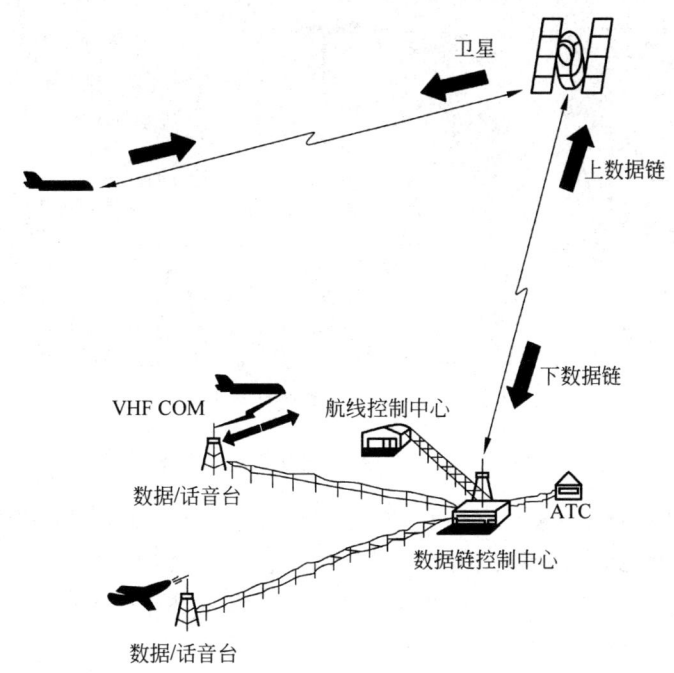

图 7.3-10 ACARS 的功能

ACARS 自动地发射和接收报告。该报告通常取决于飞行剖面。

OUT 报告表示：所有飞机的门都被关闭，停留刹车松开的时刻。

OFF 报告表示：由起落架和空/地继电器探测到飞机起飞离地的时刻。

ON 报告表示：由起落架和空/地开关探测到飞机落地的时刻。

IN 报告表示：飞机滑行到机位，停留刹车刹上的时刻。

上述报告也称为 OOOI 信息。

在飞机到达目的地之前的 120、20、7min，自动地向地面台发射预计到达时间。

在每个飞行阶段，飞机的环境监视系统（ACMS）自动地发射发动机报告，并且，只要发动机出现问题，例如 EGT 超限，都将自动发出报告。

人工报告与飞行剖面无关，在起飞准备期间，从地面到飞机的载荷报告属于上数据链信息。人工 ACARS 报告由驾驶员、航线人员和 ATC 人员起始。

如果地面台想同机组人员进行话音联络，那么，呼叫信息由地面发射到飞机上，它可以取代呼叫系统。

当机组人员需要特殊信息时，将发出需求报告信息，它属于下数据链信息。特殊信息为：机场或气象数据。机组人员或乘客的信息是对需求报告的回应，它属于上数据链信息。例如，它给出乘客通道的登机门和机组人员的下一次航班信息。

维护报告可以从 CMCS 起始，它将测试结果或维护报告传送到航线维护中心，如图 7.3-11 所示。

典型的 ACARS 系统有一个中央计算机，它被称为管理组件（MU）。它将飞机组件和 VHF 或卫星通信系统连接起来。

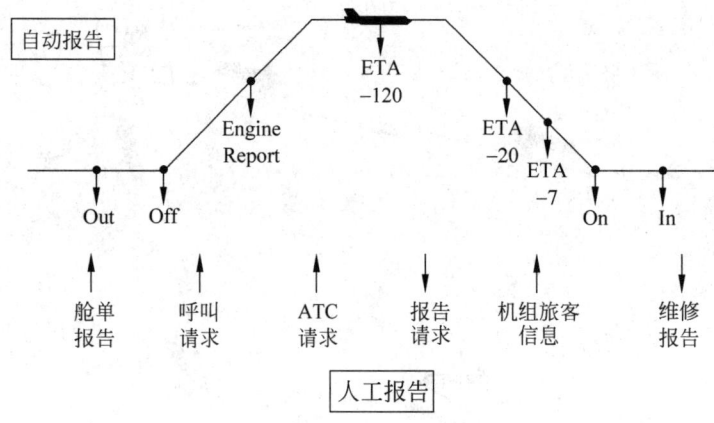

图 7.3-11 ACARS 自动和人工报告

如果在 RMP 上的频率窗口看到 DATA 或 ACARS，则说明 ACARS 同 VHF 通信系统一起工作。MU 自动地选择所需要的 VHF 频率。但是，在 RMP 上看不到。

如果 VHF 地面台不可用，ACARS 将使用 SATCOM 或 HF 系统。这取决于 FMC 或 IRS 提供的飞机位置。

ACARS 从 CMCS 和飞机环境监视系统获得维护数据。另外，ACARS 从几个离散信号中（例如：门和起落架开关）获得飞机的状态信息。

利用数据装载机为管理单元更新软件。

ACARS 的工作由 MCDU 控制，并且机组人员可以通过打印机打出每份报告，如图 7.3-12 所示。

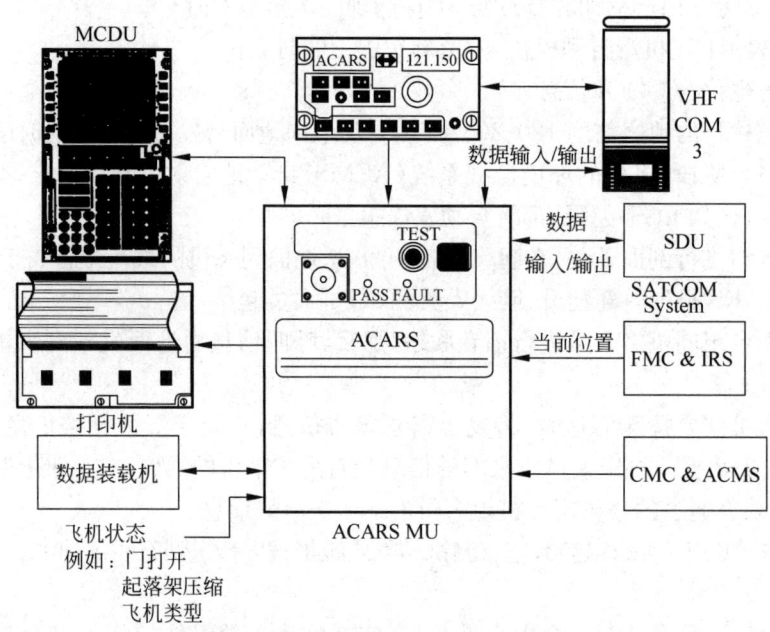

图 7.3-12 ACARS 系统工作简图

7.4 事故调查设备

7.4.1 驾驶舱话音记录系统

驾驶舱话音记录器(CVR)是一个非常重要的设备。因为,在飞机失事或发生意外事故之后,它可以用于对飞机当时情况的评价,它连续地记录驾驶舱中机组人员的通信联络话音。

现在使用的话音记录器有两种类型:模拟磁带记录器可记录飞机飞行结束前 30min 的话音数据,先前记录的信息被新记录的信息自动清除;数字式记录器可以记忆 120min 的内容,先前记录的信息被新记录的信息自动覆盖。

话音记录器通常有下列组件:

(1) 话音记录器,通常位于飞机尾部,靠近飞机数据记录器。

(2) 控制板,通常位于驾驶舱顶板。

(3) 区域话筒,安装在控制板上,其他部位还有分离式话筒。

在话音记录器的前面板上,有水下定位信标。

话音记录器有 4 个音频输入,3 个输入来自音频管理组件,在驾驶员的头戴耳机中可以听到它。由于所有的发射信号也要在头戴耳机中重复出现,所以记录的内容包括收、发话音信号。第 4 个输入来自区域话筒,它敏感整个驾驶舱的声音。

当一台发动机起动时,话音记录器开始自动记录信息。在飞机落地最后一台发动机停车 5min 之后,记录器停止工作。

飞机落地,并处于停留刹车位时,按下消除(erase)键,可以消除全部记录信息。

按下控制板上的测试按钮,可以测试话音记录器。该功能使记录器测试所有 4 个通道。在许多类型的飞机上,先闭合地面控制开关,才能接通记录器的电源。

在测试期间,测试表的指针必须指示在绿区或状态指示器显示"pass"。当在控制板的插孔中插入头戴耳机时,可以监听测试音频。上述话音记录器的功能简图如图 7.4-1 所示。

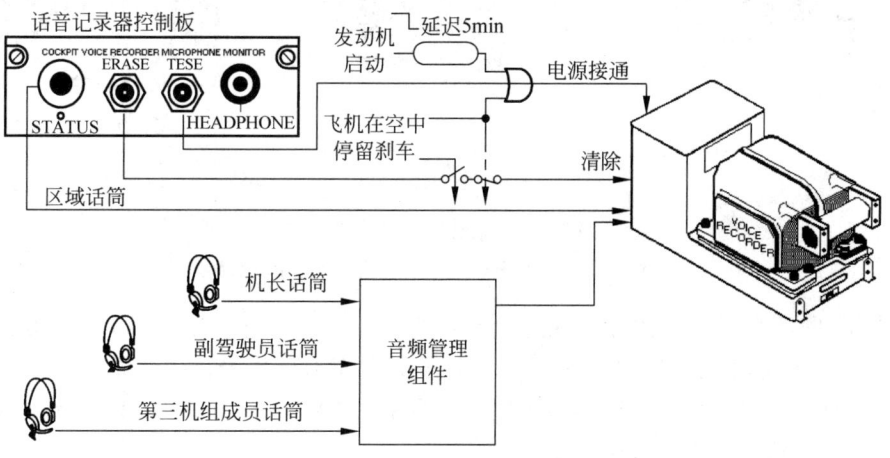

图 7.4-1 驾驶舱话音记录器功能简图

7.4.2 紧急定位发射机

在飞机发生意外着陆和落入水中之后,紧急定位发射机(ELT)可以帮助搜寻营救人员查找飞机的下落,如图 7.4-2 所示。

图 7.4-2 搜寻营救人员确定失事飞机下落

飞机上有两种类型的 ELT。第一种类型是一种固定式的发射机,它安装于飞机后部的上方;第二种类型是便携式的发射机,它位于客舱天花板靠近救生艇的部位(如图 7.4-3 所示)。

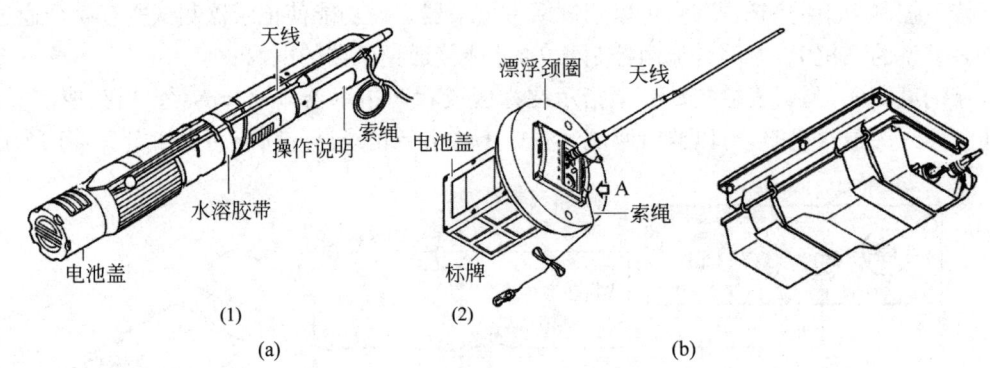

图 7.4-3 两种紧急定位发射机
(a) 便携式紧急定位发射机;(b) 固定式紧急定位发射机

便携式 ELT 使用两个国际上规定的紧急频率发射无线电信号。一个信号是 VHF 频段的 121.5MHz 信号,另一个信号是 UHF 频段的 243MHz 信号。两个无线电信号都用扫频音调信号调制。UHF 和 VHF 频率的接收范围大约为 200n mile,所以,如果飞机失事在这一范围内,营救人员就可以找到飞机。

在一些飞机上装有固定式 ELT,它通过靠近垂直安定面的小天线向外发射 121.5MHz 和 243MHz 的信号。另外,它还发射一个 406MHz 的附加信号,该信号包括飞机的型号、尾翼上的标志信息,这一信号卫星可以收到,它可以在全球范围内确定飞机的位置,如图 7.4-4 所示。

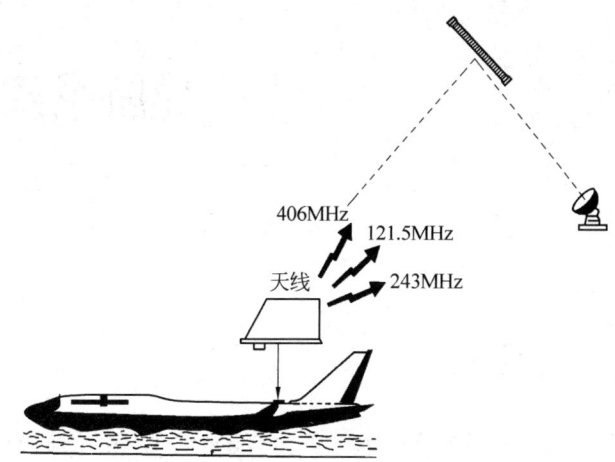

图 7.4-4　固定式紧急定位发射机的作用

ELT 靠内部电池供电,它至少能工作 48h。

当电池落入水中或人工启动发射时,便携式 ELT 工作。

当内部 g 开关探测到飞机纵轴的加速度大于 5g 时,固定式 ELT 将自动发射。另外,它还可以通过驾驶舱顶板的控制板人工启动。

在测试时应该注意:在每个小时的第一个 5min 内,只能接通 ELT 开关最多 15s。否则,产生的任何发射信号都将立刻启动搜索和营救工作。

在测试期间,当 VHF 通信系统调谐在 121.5MHz 时,可以听到扫频音调信号。

第8章 导航系统

8.1 导航系统的组成

导航是指引导飞机从某地沿预定的航线安全、准确地飞达目的地的过程。按照机载设备的功能分,导航系统可分为无线电导航系统、雷达系统、交通管制与警告系统、惯性基准系统以及飞行管理系统,如图8.1-1所示。

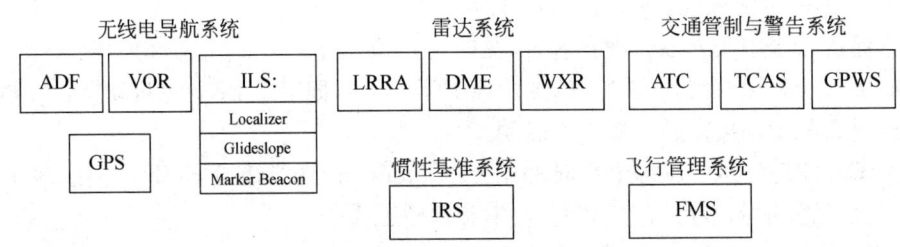

图 8.1-1　导航系统的组成

1. 无线电导航系统

无线电导航系统利用来自地面台或空中的无线电信号帮助驾驶员引导飞机沿正确航路飞行。

用于航路导航的两个最基本的系统是 ADF 和 VOR。ADF 是最早的航路导航系统,其含义是自动定向机;VOR 是最普遍使用的一个航路导航系统,其含义是甚高频全向信标。目前,一种新型的全球定位系统 GPS 已经安装在飞机上,它可以精确地为飞机定位。

用于引导飞机安全着陆的系统称为仪表着陆系统,用 ILS 表示,它由航向、下滑和指点信标系统组成。它可以在恶劣的气象环境下为飞机提供着陆引导。

2. 雷达系统

雷达系统包括无线电高度表(LRRA)、测距机(DME)和气象雷达(WXR)。它们分别用于测高、测距和飞机周围的环境监测,其收发机的工作频率均在 1GHz 以上。

3. 交通管制与警告系统

交通管制由机载空中交通管制(ATC)应答机和地面交通管制台共同完成;导航警告系统有交通警告与防撞系统(TCAS)和近地警告系统(GPWS)。

4. 惯性基准系统

惯性基准系统(IRS)是现代飞机必备的、自主式机载电子系统,它提供飞机的姿态、航向和飞机当前的位置等信息。

5. 飞行管理系统

飞行管理系统(FMS)是以飞行管理计算机为核心的高级区域导航、制导和性能管理系统,它的出现不但减轻了驾驶员的工作负担,而且可以使飞机以最佳的路线安全、经济地飞达目的地。

8.2 无线电导航系统

8.2.1 自动定向机系统

自动定向机即 ADF,它是一个近程无线电导航系统。它从地面台接收无线电信号,其频率范围为 190~1750kHz。ADF 接收机计算出飞机到地面台的相对方位角(RB),即以飞机机头方向为基准顺时针转到飞机与地面台连线之间的夹角。该计算结果在无线电磁指示器(RMI)和导航显示器(ND)上显示。

ADF 接收机还从地面台接收由音频信号调制的莫尔斯电码信号,并将其输出到音频系统,用于对地面台的识别,如图 8.2-1 所示。

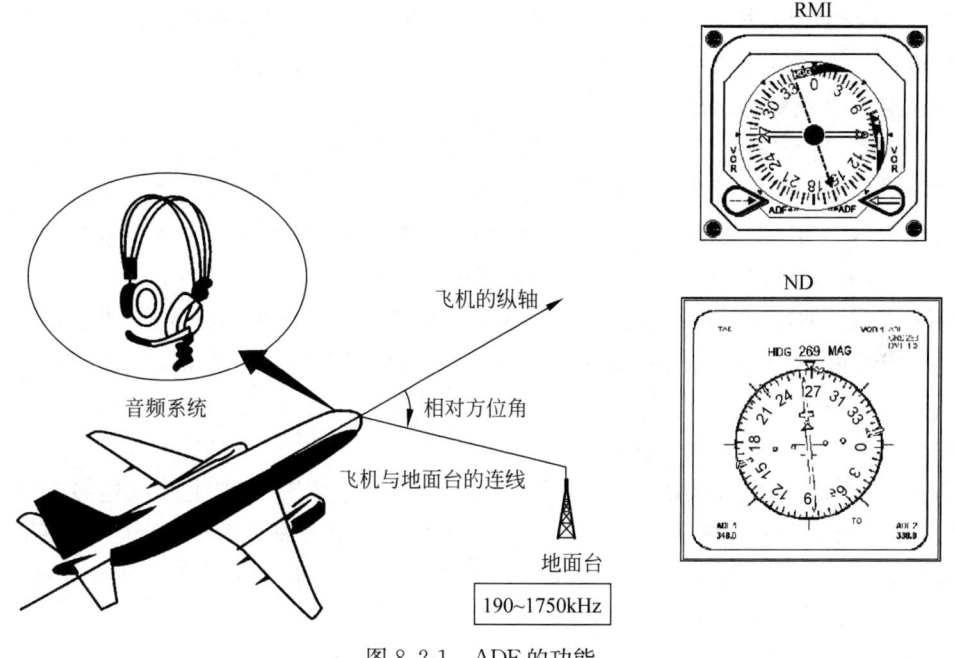

图 8.2-1 ADF 的功能

典型的 ADF 系统的接收机位于电子设备舱,天线位于机身顶部。接收机的调谐既可以由 FMS 自动完成,也可以在 ADF 控制板上完成。ADF 接收机输出的相对方位角在导航显示器(ND)上显示,大多数飞机上还安装有无线电磁指示器(RMI)。在 ACP 上选择 ADF 系统,可以收听地面台的音频识别信号,如图 8.2-2 所示。

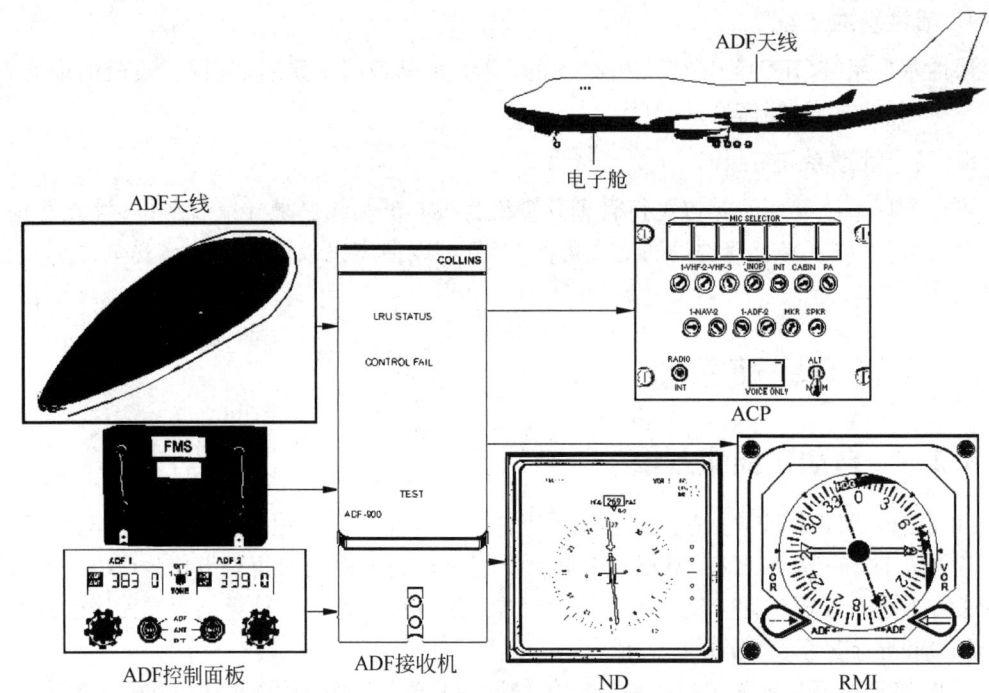

图 8.2-2 ADF 系统的组成与功能框图

ADF 系统利用两部天线接收来自地面台的电磁波。环形天线和感应天线(垂直天线)将信号传送到 ADF 接收机。ADF 接收机利用这两个信号计算出相对方位信号,并且驱动 ND 和 RMI 上的指针指示出相对方位。

我们知道,将普通收音机旋转 360°时,可以感受到接收信号的强度将发生变化。具体来说,在旋转 360°时,有两个方向上得到的声音最小,有两个方向上得到的声音最大。而普通收音机内部安装的是磁棒天线,它类似于环形天线,因此,利用环形天线可以找到电台的方位。其方向性图为"8"字形,如图 8.2-3(a)所示。

环形天线接收电磁波的磁场部分。当线圈轴垂直于电磁波来向时,线圈上感应的信号最强;当线圈轴平行于电磁波来向时,线圈上感应的信号最弱,ADF 正是利用接收信号的最弱点现象实现定向的。因为信号在最弱点附近的变化比在最强点附近的变化更明显,所以 ADF 定向也称为"哑点"定向。

但环形天线有两个方向信号最弱,环形天线在相差 180°的方向上接收信号的效果一样,这样给定向带来一个模糊点,如图 8.2-3(b)所示。为了去掉这一模糊定向点,则需要使用第二部天线,该天线称为感应天线,感应天线的方向性图为圆形,它没有方向性,如图 8.2-3(c)所示。

如果将两种类型的天线接收信号混合在一起,可以得到一个心脏形的辐射图形,可见,在该图中仅有一个最弱点,这样就解决了单值定向的问题,如图 8.2-3(d)所示。

现代飞机的 ADF 天线是一个固定的整体天线,其中包含一个感应天线和两个环形天线(正弦环形天线和余弦环形天线)。环形天线也不转动,它的两个线圈互相交叉绕在十字形铁芯上,如图 8.2-4 所示。

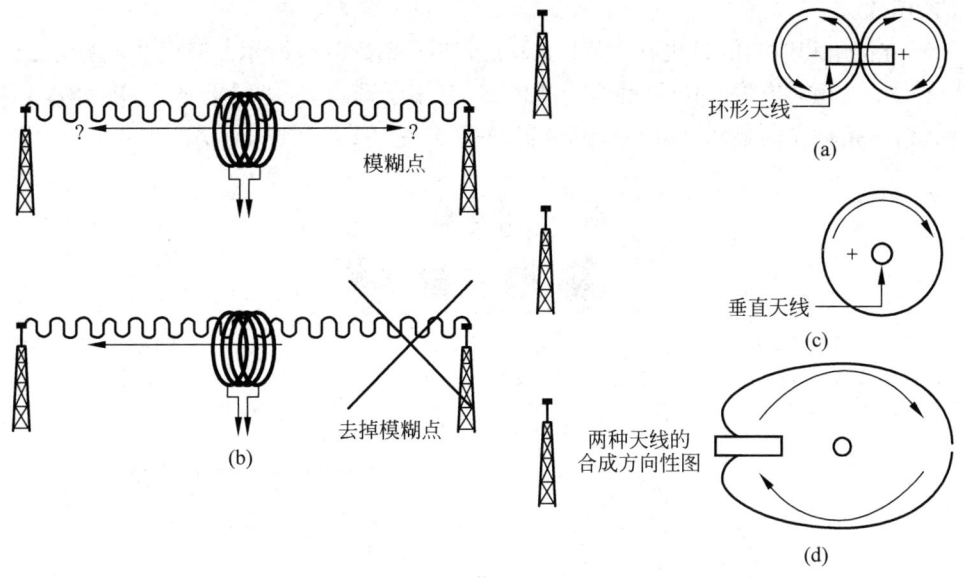

图 8.2-3 ADF 基本原理

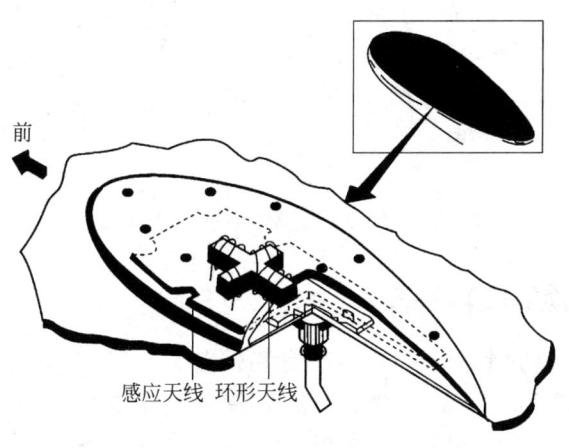

图 8.2-4 现代飞机的 ADF 天线

ADF 系统有两个工作方式,即 ADF 和 ANT,可人工选择,其控制板如图 8.2-5(a) 所示。

在 ADF 工作方式,系统具备所有的功能。它能计算出相对方位角,并且通过音频系统可以听到地面台发出的莫尔斯识别码。在 ANT 工作方式,只有感应天线工作,因此,不能计算出相对方位;但是,收听识别信号更清晰一些。这一方式用于电台识别信号较弱的情况下。

相对方位角显示在 ND 上。在飞机上有两套 ADF 系统,在 ND 上可以看到两个指针。ADF1 是单线的指针,ADF2 是带双线的指针。图 8.2-5(b) 所示的 ADF 1 指针指示为 50°,ADF2 指针指示为 345°。磁航向(MH)是以磁北为基准顺时针旋转到机头方向形成的角度,它也在 ND 上显示,图 8.2-5(b) 中 ND 上显示的磁航向是 269°。如果接收到的地面台信号太弱,指针将消失。如果系统探测到故障,警告旗将出现。在 ND 上的警告旗是一个琥珀色的矩形框。

相对方位角和航向信息也在 RMI 上显示，如图 8.2-5(c)所示。其背景盘指示出磁航向，指针指示出相对方位。RMI 有两个选择钮，它用于选择显示 ADF 或 VOR 角度。当信号太弱时，其指针总是显示在 3 点钟的位置，并且红色 ADF 警告旗出现。

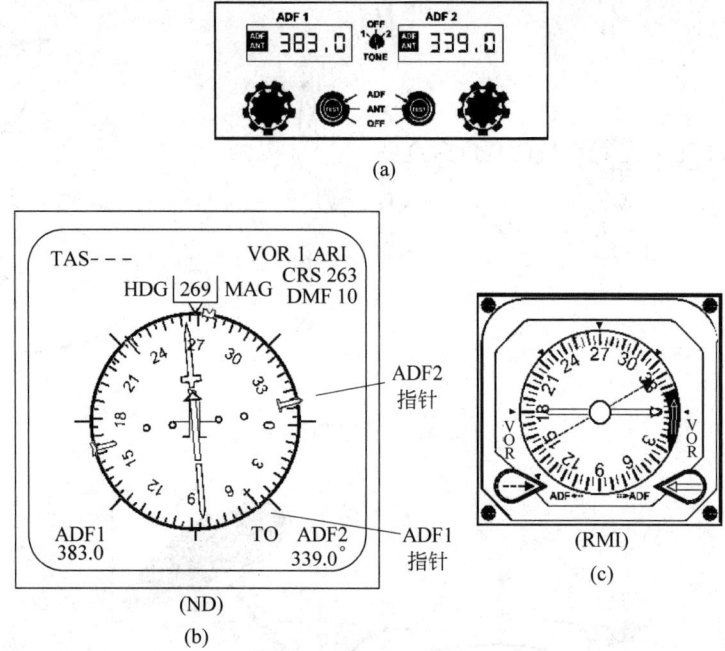

图 8.2-5　ADF 控制板和 ND/RMI 显示器

8.2.2　甚高频全向信标系统

VOR 的含义是甚高频全向信标，它利用地面台发射的 VHF 频段的全向和方向性信号进行定向。其频率范围为 108.00～117.95MHz，其作用距离与飞机高度等有关，其最大作用距离为 300～500km，因此，它属于甚高频近程无线电导航系统。VOR 系统接收来自地面发射台的信号并对其进行译码处理输出 VOR 方位角。VOR 方位角(VORB)是以飞机所在位置的磁北方位为基准，顺时针转到飞机与 VOR 台连线之间的夹角，如图 8.2-6 所示。

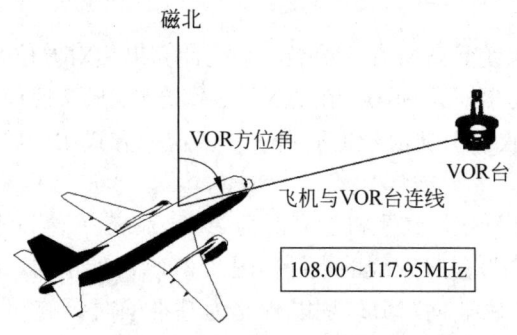

图 8.2-6　VOR 的基本功能

VOR 的工作原理与灯塔的工作相似。灯塔由闪亮和以一定速度旋转的光束两个可视信号组成。闪亮信号在每个方位都可以看到,而旋转光束只有在照射到某个方位上时,该方位上的光强度才最强。假设在旋转光束指向磁北时,闪亮信号闪烁。那么,将闪亮与旋转光束直射到某点时所用的时间测量出来,就可以确定该点相对于灯塔的方位。

VOR 地面台也发射两个信号,如图 8.2-7 所示。一个是基准信号,它向所有方向发射,就像灯塔的闪亮信号一样;第二个信号被称为可变信号,它相当于灯塔上发出的旋转光束。

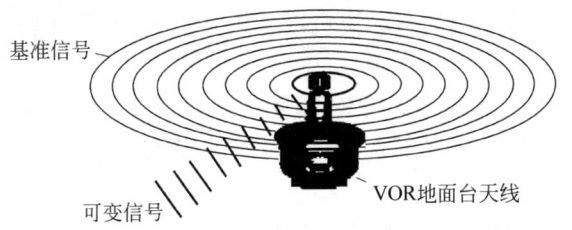

图 8.2-7　VOR 地面台的发射信号

VOR 接收机比较上述两个无线电信号,从而计算出飞机相对于 VOR 台的方位。为了便于理解,我们将 VOR 台向四周发射的电磁波称为射线,在图 8.2-8(a)所示的例子中,飞机位于 240°射线上。这一角度是从 VOR 台观察飞机得到的角度。注意:0°射线指向磁北。

在驾驶舱中,RMI/ND 指示器指示的角度是从飞机观察 VOR 台的角度,即 VOR 方位角。该角度总与射线相差 180°。因此,在本例中,VOR 方位角是 60°,如图 8.2-8(b)所示。在 RMI 上双线指针的箭头指示出 VOR 方位角,其末端指示出射线的角度,如图 8.2-8(c)所示。

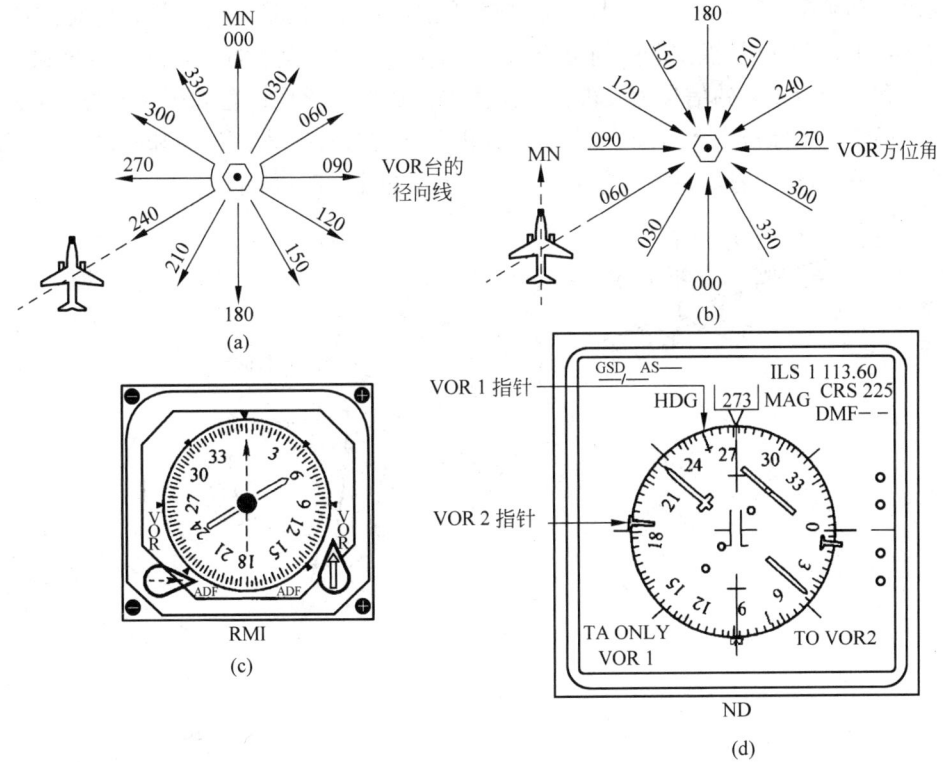

图 8.2-8　VOR 方位角的含义及指示

在先进飞机上采用 ND 显示 VOR 方位角。图 8.2-8(d) 上单线指针是 VOR 1 指针,其指示出的 VOR 方位角为 255°。

注意:VOR 方位角与飞机的航向无关。VOR 方位角(VORB)与磁航向(MH)和相对方位角(RB)存在如下关系:

$$VORB = MH + RB$$

在大型商业飞机上安装有两套 VOR 系统,每套系统都有接收机,它们安装在电子设备舱,其调谐既可以通过 FMS 自动完成,也可以在相应的 NAV 控制板上人工完成。VOR 系统天线位于垂直安定面上。

VOR 接收机的输出信息在 ND 和 RMI 上显示,并且提供给自动飞行控制系统的自动驾驶仪和飞行指引仪。另外,它还通过 FMS 加到 MCDU 上显示,在一些系统中还利用它进行位置计算。

VOR 接收机将从地面台接收到的音频信号输出到音频系统,驾驶员可以听到 VOR 台识别信号。另外,在大型机场还提供航站自动情报服务(ATIS)信息,因此,驾驶员还可以听到 VOR 台发射的语言交通信息和气象报告。

目前,有两种类型的 VOR 地面台。一种是基本 VOR 台;另一种是多普勒 VOR 台,它是由基本 VOR 天线组成的天线阵,其造价很高,但工作性能比较好,它能消除例如山峰或高大的建筑物产生的信号反射的影响。

8.2.3 仪表着陆系统

仪表着陆系统(ILS)是一种引导飞机进行着陆的设备,尤其是在气象条件恶劣或能见度差的条件下,为驾驶员提供着陆的引导信号,以保证飞机安全进近和着陆。系统利用来自地面航向和下滑台发射的信号为飞机对准跑道提供横向和垂向的位置偏差数据,其输出在显示器上显示。为完成自动着陆,该数据还输出到飞行管理系统(FMS)和自动飞行控制系统(AFS)。另外,仪表着陆系统还包括指点信标机,如图 8.2-9 所示。

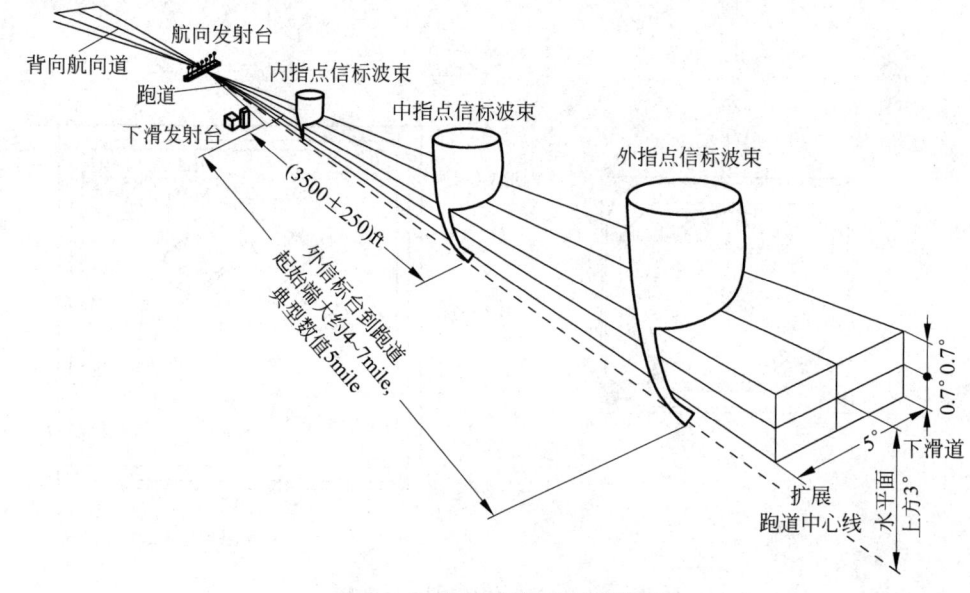

图 8.2-9 仪表着陆系统示意图

1. 航向台

航向台的发射频率为 108.10～111.95MHz，左波瓣用 90Hz 调制，右波瓣用 150Hz 调制，如图 8.2-10 所示，有 40 个频道。发射机发射的信号通过方向性天线阵向空间辐射出两个波瓣，其交会处对准跑道中心线。发射机房和天线位于跑道末端。

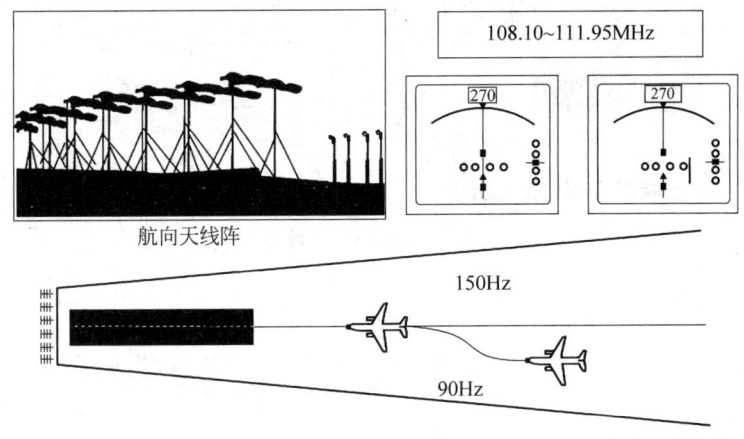

图 8.2-10　航向台的功能及指示

当飞机下降在跑道中心线上时，航向接收机接收到的两个调制信号的幅度相同，它驱动航向偏差指针指示在中间。如果飞机位于跑道中心线的左侧，则航向接收机中接收到的 90Hz 信号幅度大。航向偏差指针向右偏，这说明跑道中心线在飞机的右边，在显示器上，一个点表示 1°偏差。

在进近末端，航向偏差显示变为扩展显示，仅有两个偏差点，一个点表示 0.5°偏差。

2. 下滑台

下滑台的发射频率为 329.15～335.00MHz，上波瓣用 90Hz 调制，下波瓣用 150Hz 调制。有 40 个频道。两个波瓣的交界处形成了 2.5°～3°的下滑道。地面台位于跑道旁边大约 300m，在跑道始端平面之上。

当飞机飞在下滑中心线上时，下滑接收机接收到的两个调制信号的幅度相同，它驱动下滑偏差指针指示在中间。如果飞机位于下滑道的下方，则下滑接收机中接收到的 150Hz 信号幅度大。下滑偏差指针向上偏，这说明下滑道在飞机的上方，如图 8.2-11 所示。一个点通常为 0.35°。

机载 ILS 系统包括航向(LOC)、下滑(GS)和指点信标机。在大型商用飞机上有两套或三套 ILS 系统，每套系统都由天线、接收机和输出接口（到显示器和自动飞行控制系统）组成。

航向和下滑天线通常位于机头整流罩内。由于航向天线的工作频率低，而下滑天线的工作频率高，所以，航向天线尺寸大，下滑天线尺寸小。在一些飞机上，VOR 天线也作为航向系统的天线，因为它们处于同一个频段。另外，一部 ILS 接收机内包括航向/下滑接收机，如图 8.2-12 所示。

自动驾驶仪不需要任何可视的参照物就可以操纵飞机。但是，驾驶员必须监控自动着陆，并且需要看到跑道。需要多少可视物主要取决于机场和机场设备。

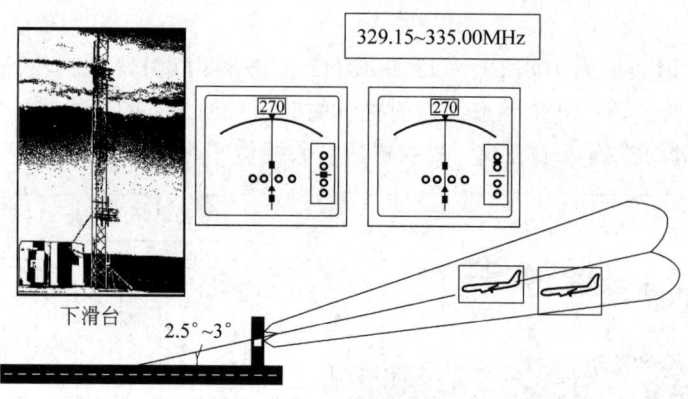

图 8.2-11 下滑台的功能及指示

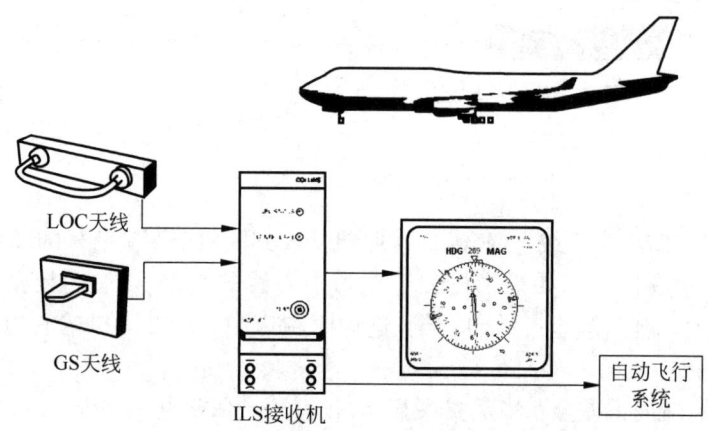

图 8.2-12 仪表着陆系统的组成及功能框图

国际民航组织(ICAO)根据不同气象条件下的着陆能力,规定了三类着陆标准,以决断高度(DH)和跑道视距(RVR)来划分。

1 类着陆:在决断高度为 200ft 时,跑道视距约 800m。
2 类着陆:在决断高度为 100ft 时,跑道视距约 400m。
3 类着陆:在决断高度为 100ft 时,跑道视距约 200m。

更精确的数值取决于跑道和飞机的类型。当驾驶员在决断高度上没有看到跑道时,就必须人工复飞。决断高度也称为最低高度,如图 8.2-13 所示,它由无线电高度表测量。

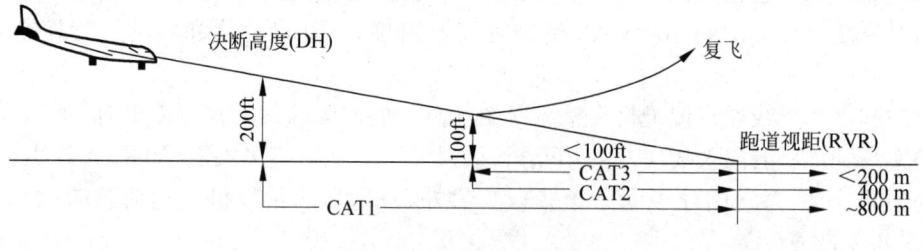

图 8.2-13 机场的类别

3. 指点信标系统

指点信标系统(MB)属于仪表着陆系统,其作用是:当飞机飞过信标发射台时,为驾驶员提供视觉和听觉信号以提示机组人员已经接近着陆跑道。在早期,地面上有三个信标机,即外信标机、中信标机和内信标机,如图 8.2-14 所示。但是,现在内信标机已经不再使用。所有信标机的发射频率都是 75MHz。

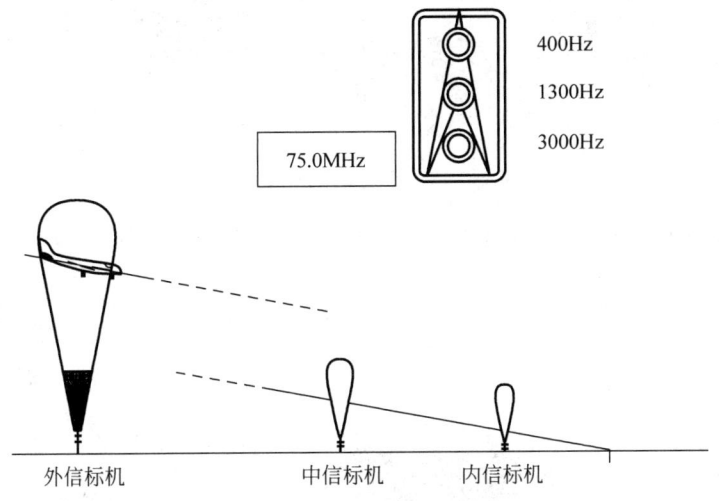

图 8.2-14 指点信标机的功能

外信标机(OM)位于离跑道大约 7km 处,其发射频率用 400Hz 的音调信号调制。当飞机飞过其上空时,在驾驶舱信标板上的蓝色灯亮,并听到 400Hz 的 Morse 码识别声音。

中信标机(MM)位于离跑道大约 1000m 处,发射信号用 1300Hz 的音调调制,在信标板上,琥珀色灯亮,并听到 1300Hz 的音调。

内信标机(IM)位于离跑道大约 300m 处,发射信号用 3000Hz 的音调调制。在信标板上的白色灯亮,并能听到 3000Hz 的音调声。

8.2.4 全球定位系统

全球定位系统(GPS)是一种基于卫星的、长距离的、全球性的导航系统。GPS 是一种全天候的无线电导航系统,它不受静电云团等气象干扰,通过收、发无线电信号可为用户提供精确的定位和时间基准等。GPS 不仅适用于飞机等航空航天飞行器,也适用于地面汽车、人群、海上船只等的定位和导航。使用 GPS 系统,可以引导飞机在起飞、巡航、进近、着陆等各个阶段沿预定的航线准确地飞行。此外,卫星导航系统还可以综合用于通信、交通管制、气象服务、地面勘测、搜救、授时等军事、民用方面的应用。

在地球上空 10900n mile(20202km)的轨道上,有 21 颗工作卫星和 3 颗备用卫星,如图 8.2-15 所示。每个卫星绕轨道一周需要 12h。

每颗卫星向外发射包括传输时间在内的信号。机载 GPS 组件比较信号的接收时间与发射时间,并计算出这一信号的传输时间。通过这一传输时间,就能确定飞机到卫星的距离。因为无线电信号在空间传播的速度是光速。

当机载 GPS 能收到至少 4 颗卫星的信号时,它就能计算出飞机所在位置的纬度、经度

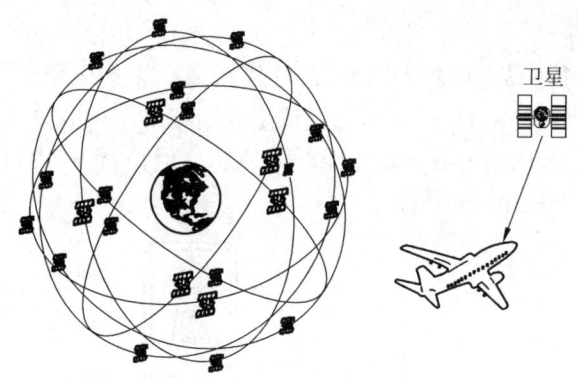

图 8.2-15　全球定位系统示意图

和高度,如图 8.2-16 所示。因为 GPS 中存储了所有卫星的轨道位置数据,它也被称为星历。

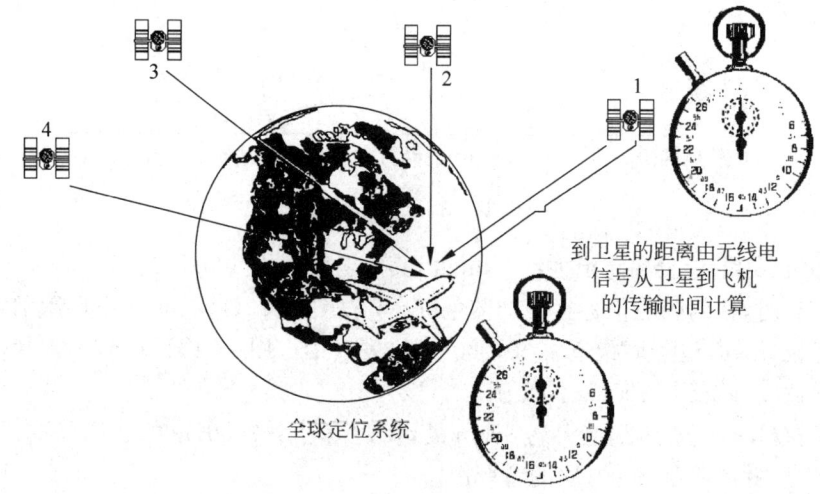

图 8.2-16　全球定位基本原理

GPS 提供两种服务,一种是精确定位服务,用 PPS 表示,它仅用于军事方面;另一种是标准定位服务,用 SPS 表示,它用于民用航空。

GPS 使用的频率是 1227.6MHz 和 1575.42MHz,其定位精度在 15～25m 之间。

在使用标准定位服务时,其 15m 的定位精度太低,这样,飞机不能利用 GPS 的定位数据着陆,定位精度太低的不足可以通过差分 GPS 进行改善,即 DGPS。

DGPS 是在机场上建造一个已知精确位置(纬度、经度、高度)数据的基准台,然后,利用 GPS 计算该基准台的位置,将已知位置数据与测量位置数据比较得到位置误差,如图 8.2-17 所示。将这一位置误差信号发射到飞机,利用它修正 GPS 计算出的飞机位置误差。采用这种方法,可以使其定位准确度提高到大约 3m。

在飞机上安装有两部 GPS。每部 GPS 都有一部安装于机身顶部的天线,它接收卫星信号。卫星信号传送到 GPS 接收机,GPS 接收机在对信号进行处理后,将其送到飞行管理系统进行导航计算(如图 8.2-18 所示)。

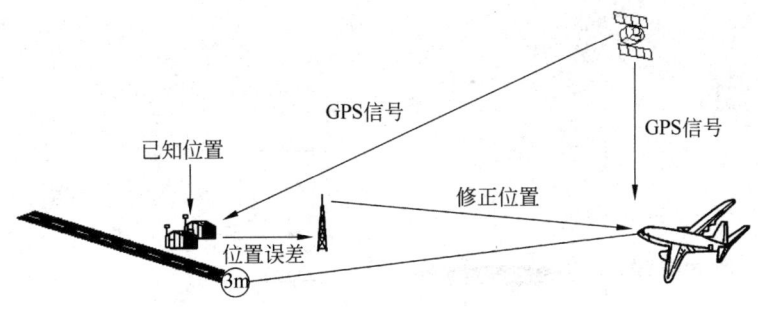

图 8.2-17　差分全球定位基本原理

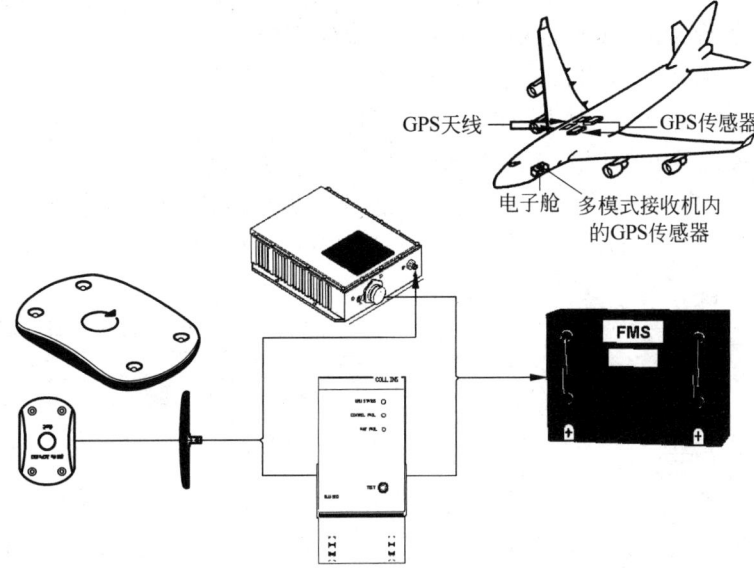

图 8.2-18　全球定位系统的组成

8.3　雷达系统

8.3.1　无线电高度表

无线电高度表的作用是测量飞机到地面的垂直距离,这一距离称为无线电高度。无线电高度表的测量范围是 0～2500ft,所以,该系统主要用于飞机的起飞、进近和着陆阶段。因此,这一系统也被称为低高度无线电高度表,用 LRRA 表示。

无线电高度表测高的基本原理如图 8.3-1 所示。由收发机中的发射机产生一个雷达信号,通过发射天线发向地面。该信号的一部分经地面反射回来,反射信号由接收天线接收。接收机根据收发无线电信号某参数的变化量(正比于发射信号与接收信号之间的时间延迟)计算出高度,输出到显示器上。

在大型飞机上通常有两套无线电高度表,每套无线电高度表都有一台收发机和两部天线,两部天线安装于机身底部,可以互换。其工作频率范围是 4200～4400MHz,发射功率大

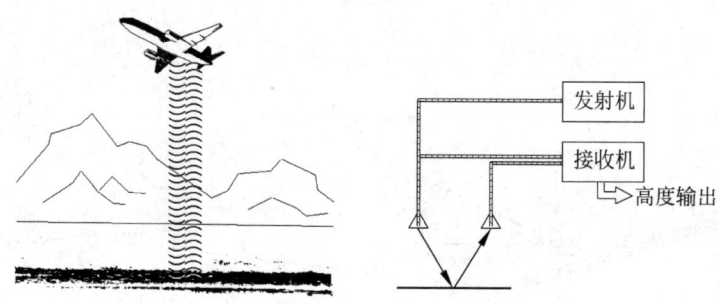

图 8.3-1 无线电高度表的测高原理

约为 500mW。它既可以在传统的高度表指示器上显示,也可以在主飞行显示器(PFD)上显示。通常第一套无线电高度也送到近地警告系统(GPWS)、空中防撞系统(TCAS)、气象雷达系统(WXR)和自动飞行控制系统(AFS)。

现代先进飞机用 PFD 显示无线电高度,如图 8.3-2 所示。低于 2500ft 的无线电高度,以白色数字的形式显示在 PFD 姿态指示区的下部。当无线电高度减小时,附加在数字显示之上的指针向上移动,表示飞机下降。在飞机接触地面时,指针到达水平位置。当无线电高度信号全部失效时,数字显示由红色的"RA"标签取代。在老式飞机上没有 PFD,其高度在 ADI 上显示。

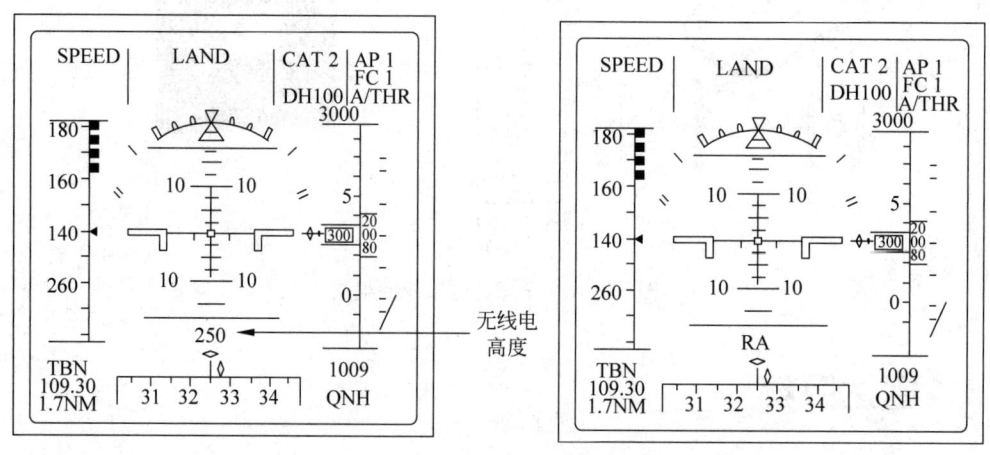

图 8.3-2 无线电高度及故障情况下 PFD 上的显示

典型的无线电高度表以模拟形式显示高度,在固定的飞机符号后面有指针和刻度盘或使用可移动条。当高度高于 2500ft 时,指针隐藏在遮挡罩的后面,可移动条显示黑背景。如果 RA 系统故障,在两种显示上都会出现红色警告旗。

决断高度用 DH 表示,DH 的选择既可以通过仪表上的旋钮进行,也可以在遥控控制板上进行,如图 8.3-3 所示。在现代飞机上,决断高度也可以在 MCDU 上输入。

已选择的决断高度既显示在无线电高度表上,也显示在 PFD 上。在进近时,当飞机的实际高度达到所选的决断高度时,将发出话音警告。与此同时,无线电高度显示从绿色变为琥珀色,指针式高度表上的 DH 灯亮。

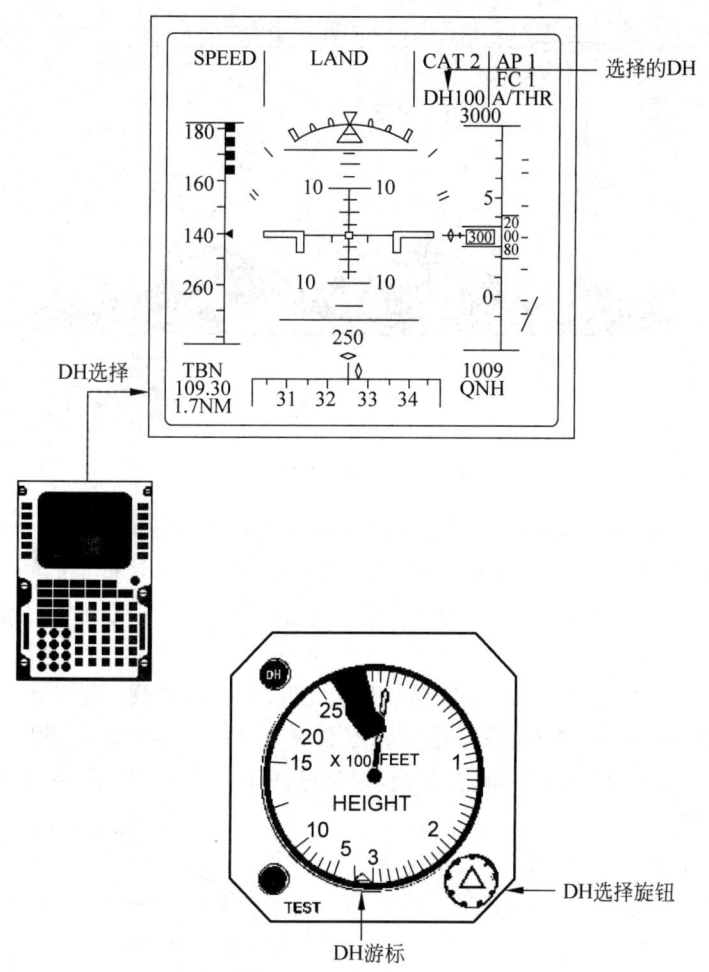

图 8.3-3 DH 的设置及指示

8.3.2 测距机

测距机用 DME 表示,DME 测距系统是通过机载询问器与地面测距信标台的询问、应答通信来测量飞机到地面测距信标台之间的斜距,而不是飞机到地面台的水平距离,该斜距可近似看作飞机到地面台的水平距离,两者的误差与飞机到地面台的距离及飞机的高度有关,当飞机到地面台的距离较远(如 35n mile 以上)且在巡航高度上飞行或飞机在进近着陆过程中,所测得的斜距与水平距离的误差通常为 1% 左右。飞机离地面台越远,斜距与水平距离越接近,如图 8.3-4 所示。

DME 系统与 VOR 系统相结合(通常二系统的地面信标都装在一起)可为飞机提供 ρ-θ 定位及区域导航引导;同时,也可以利用飞机到两个或三个地面测距信标所测得的距离,为飞机提供 ρ-ρ 或 ρ-ρ-ρ 定位等。此外,DME 系统还可与其他系统(如 VOR 系统)配合,实现对飞机的进近引导等。

DME 的工作频率范围是 962~1213MHz,它测量飞机到地面台的斜距,显示在 ND 上。DME 系统测量飞机到地面台的斜距,向地面台发射信号,该发射信号被称为询问信

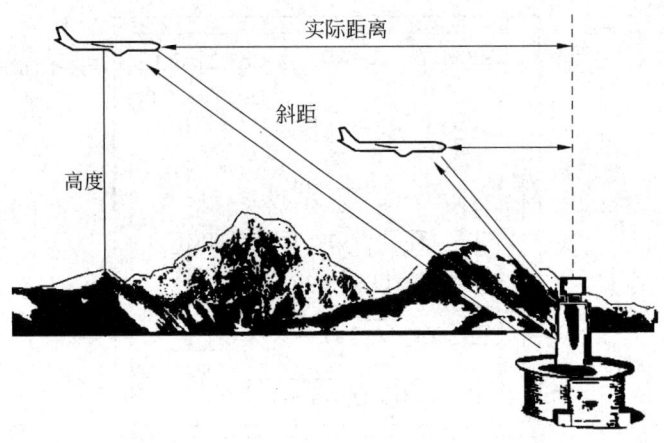

图 8.3-4　DME 测距示意图

号。接收机通过测量回答信号与询问信号之间的时间差计算出距离。这一时间的长短与距离成正比,该距离以数字的形式显示出来,其单位是海里。DME 地面台可以与 VOR 台装在一起,也可以与地面 LOC 信标台装在一起。因此,当选定相应的 VHF 导航频率时,DME 的频率也被自动调谐。

DME 系统由一台收发机和一部天线组成,如图 8.3-5 所示。收发机安装于电子设备舱,它产生询问信号,接收回答信号,并计算出斜距。DME 天线安装于机身底部,DME 系统的天线与 ATC 系统的天线相同,可互换,因为这两个系统工作于同一频段。

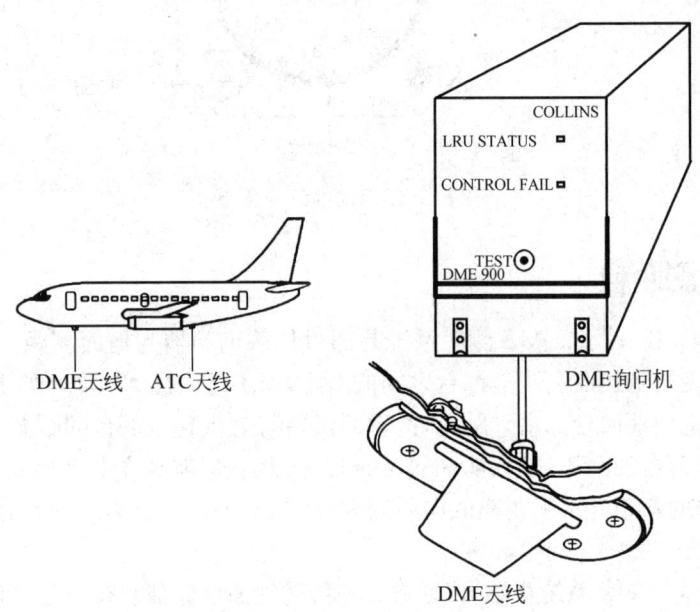

图 8.3-5　DME 系统的基本组成

DME 计算出的斜距可以在 RMI 和导航显示器(ND)上显示。另外,在主飞行显示器(PFD)上也有斜距显示,如图 8.3-6 所示。如果 DME 系统没有获得回答信号,那么,用横线取代数字显示。在探测到 DME 系统发生故障时,显示器上出现琥珀色的 DME 警告框。

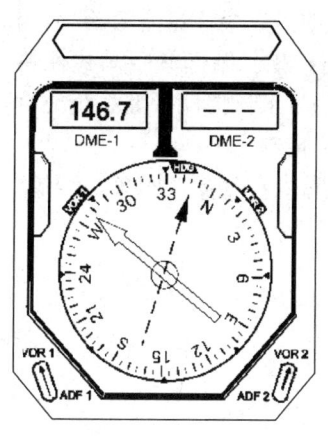 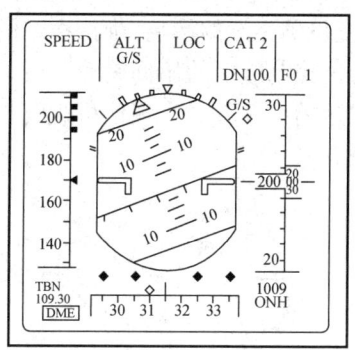 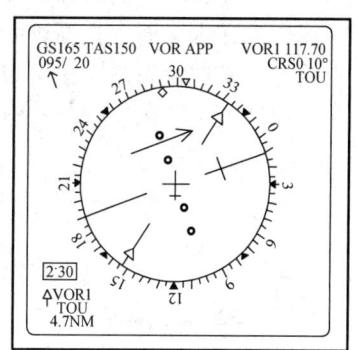

图 8.3-6　DME 距离的显示

8.3.3　气象雷达系统

机载气象雷达系统（WXR）用于在飞行中实时地探测飞机前方航路上的危险气象区域，以选择安全的航路，保障飞行的舒适和安全，如图 8.3-7 所示。它可以探测飞机前方的降水、湍流情况，也可以探测飞机前下方的地形情况，可以判断出飞机下方是城市、森林还是海洋。新型的气象雷达系统还具有预测风切变 PWS 功能，可以探测飞机前方风切变情况，使飞机在起飞、着陆阶段更安全。气象雷达用不同的颜色表示降水的密度和地形情况。

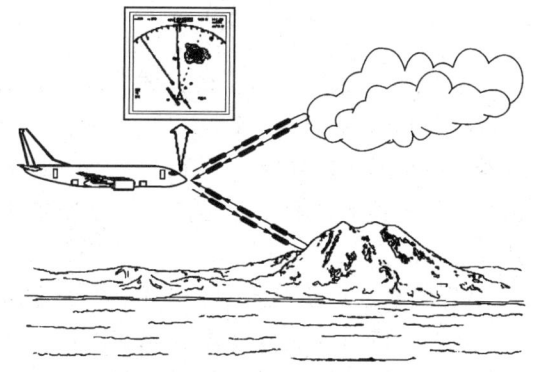

图 8.3-7　气象雷达系统的用途

典型的气象雷达系统由收发机、天线、波导管和控制板组成。系统的输出信号在导航显示器上显示。

收发机用来发射脉冲和接收回波并对回波进行分析。气象雷达系统是利用回波原理工作的，它向飞机前方 180°的范围内发射脉冲，在这一区域内的目标（例如，水滴等）将脉冲反射回来，气象雷达系统对回波进行分析，并将其分析结果在 ND 上显示，不同强度的信号用不同的颜色显示。现代气象雷达发射的脉冲功率为 100W。

天线组件安装在机头的整流罩内，它包括天线和天线驱动组件。利用平板缝隙天线或抛物面天线产生窄波束。由于平板缝隙天线产生的波束比抛物面天线产生的波束更窄，因此，在现代气象雷达系统中都采用平板缝隙天线。平板缝隙天线的另一个优点是旁瓣小，因为旁瓣大了会出现假目标。方位马达驱动天线在±90°的范围内扫描。俯仰倾斜马达保持天线始终在水平面内扫描，而不受飞机姿态的影响，维持稳定的信号来自惯性基准系统或垂直陀螺。俯仰倾斜马达也可以通过控制板上的俯仰旋钮进行人工控制。

控制板主要用来选择气象雷达的工作方式。现代机载气象雷达有"气象""气象与湍流""地图"三种工作方式，如图 8.3-8(a) 所示。

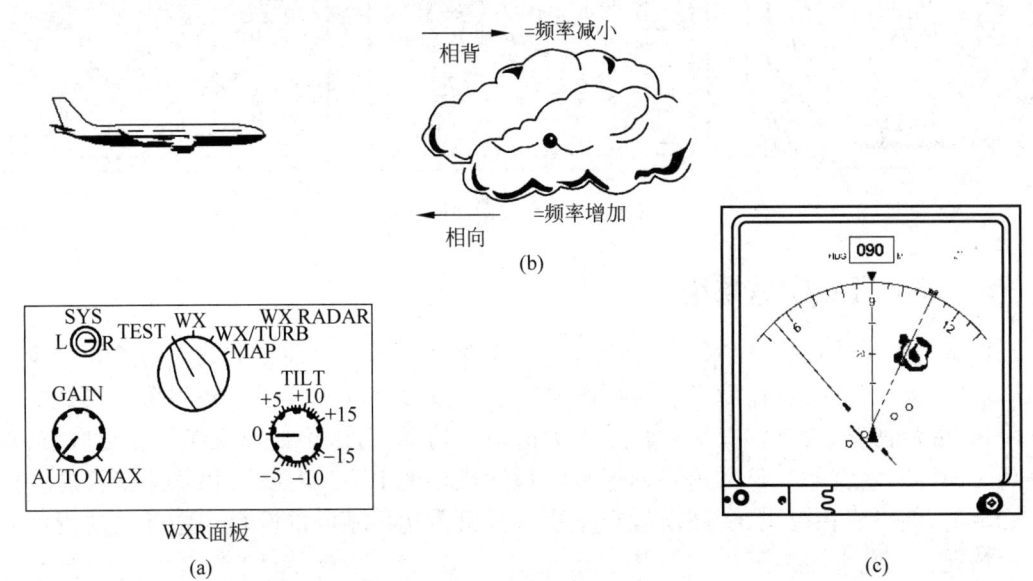

图 8.3-8 湍流方式

"气象"(WX)方式，是机载气象雷达的基本工作方式。此方式的功用是在飞行中连续地向驾驶员提供飞机前方航路及其两侧扇形区域中的气象状况及其他障碍物的平面显示图像。驾驶员根据雷达显示器上所显示气象目标的分布图像，即可选择安全的航线避开危险的气象区域或其他障碍物。在显示器上显示红色区表示非常严重的雷雨区，黄色表示中等雷雨区，绿色表示弱雷雨区。

"湍流"(TURB)方式，是现代气象雷达的典型工作方式。湍流是一种对飞行安全极具威胁的危险气象状态。湍流区域中的气流运动速度和方向急速多变，如图 8.3-8(b)所示，这将产生多普勒效应，利用这一原理就可以探测出湍流。当飞机遭遇这类区域时，不仅难以操纵，而且还会经受很大的应力，可能导致飞机结构的破坏，所以是极其危险的。

气象雷达工作于湍流方式时，雷达能检测出危险的湍流区域，将其显示为明显的品红色图像，使驾驶员易于识别。气象雷达湍流方式的检测距离通常为 40n mile。湍流区在 ND 上显示出来，如图 8.3-8(c)所示，在实际彩色显示器上用品红色表示。

"地图"(MAP)方式，用于观察飞机前下方的地表特征图形。选择地图方式时，呈现在荧光屏上的是飞机前下方地面的地表特征，诸如山峰、河流、湖泊、海岸线、大城市等的地形轮廓图像。为此，应使雷达天线波束照射飞机前下方的广大地区。在现代气象雷达中，这是通过将天线下俯一定角度来实现的。此时天线所形成的波束仍为锥形窄波束，与雷达工作在气象方式时的波束形状相同。

当雷达波束指向地面时,利用地表不同地物对雷达电波反射特性的差异,可以在雷达显示器上显示出飞机前下方扇区内的地表特征的图像,这就是气象雷达工作于"地图"方式时的地形观察功能。含有大量钢铁或其他金属结构的工业城市具有比周围大地更强的反射特性;河流、湖泊、海洋对电波的反射能力则明显不同于其周围或相邻的大地表面。雷达电波投射到大地表面时,不同地表特征便形成了强弱差别明显的雷达回波,根据雷达回波的这一特性,气象雷达便可在显示器上显示出地表特征的平面位置分布图形来。

气象雷达均设置有"测试"(TEST)方式,以判断雷达的性能状态。在测试方式,有的雷达发射机部分仍像正常工作时一样产生射频脉冲信号,但所产生的射频能量被引导到等效负载上去耗散掉,天线并不向外辐射能量,因此当飞机停放在地面时,可以不受各种条件的限制而方便地检查雷达的性能状况;有的雷达则使发射机工作约 1s,以检查收发组件的工作状况。

现代气象雷达系统的另一个功能是风切变预报,用 PWS 表示。风切变是非常危险的,因为飞机通过这一区域时,首先遇到强顶风,然后,在很短的时间内又变为顺风,如图 8.3-9 所示。如果驾驶员预先不知道这种情况,那么他就不会提前增加推力去抵消因顶风造成的升力损失,也不会防止顺风时可能产生的失速。

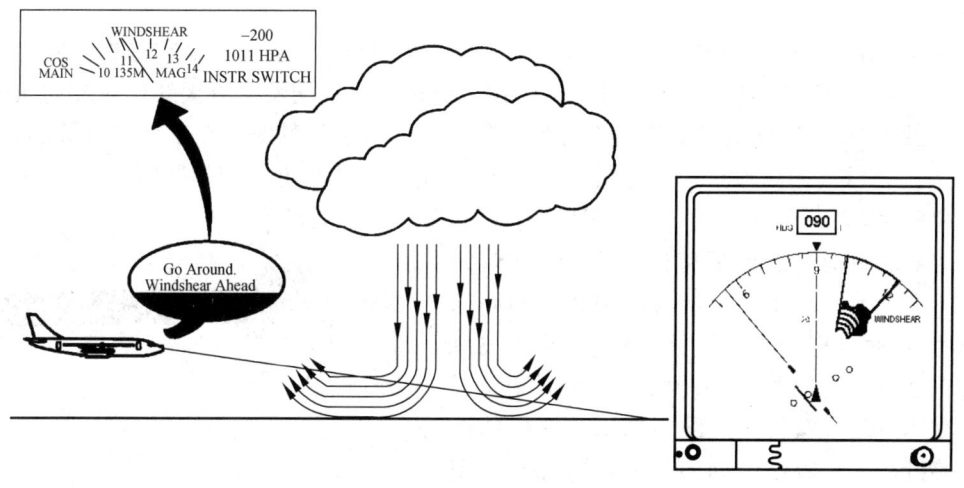

图 8.3-9 风切变方式

风切变的探测与湍流相同,但雷达系统要在回波中搜索取样,如果近的回波频率增高,较远的回波频率降低,那么这种情况就是风切变。当风切变被探测到之后,机组将获得如下警告:风切变标记"WINDSHEAR"在 ND 上显示,临界区用红黑条显示,符号边缘的黄色条指向刻度盘,它指示出的航向是驾驶员应该躲避的方向,还伴随有风切声音警告信息。

需要注意的是:在操作气象雷达系统工作时,必须遵守重要的安全规定。这是因为气象雷达的热效应和辐射效应与微波炉一样。因此,它会伤害人和设备,并且在飞机加油期间会引起爆炸。工作者必须遵守维护手册上的安全注意事项。

对于现代飞机来说,工作人员与正在工作的气象雷达系统应保持 10~15ft 的距离。飞机加油和大金属物体与气象雷达系统的安全距离为 200~300ft。不安全区域是飞机前方 180°的范围,因为气象雷达天线在工作时需要作往复扫描运动。

8.4 交通管制与警告系统

8.4.1 空中交通管制

1. 地面 ATC 雷达

为了保证飞行安全,必须具有空中交通管制系统(ATC),它监视并控制空中交通。为了做到这一点,需要地面雷达系统来提供一定空域内的飞机消息。地面 ATC 系统使用两种雷达:一次监视雷达(PSR)和二次监视雷达(SSR)。

一次监视雷达的地面网络系统可用于终端监视和航路监视。PSR 发射的一束射频信号遇到飞机被反射回来,被同一位置上的接收机接收。如果波束很窄,说明回波(飞机)就在波束内,因为能量返回到雷达了。如果发射的是一个短脉冲,就有可能测得所用时间,从而确定距离。雷达,就是用一个方向性天线在某个方向上发射脉冲能量,再用同一个天线接收反散射的能量,时间延迟用于确定距离,这就是"雷达 RADAR"这个词的含义:无线电探测和测距(radio detection and ranging)。PSR 的发射功率较大,不能显示目标的高度,不能识别目标。

二次监视雷达需要机载设备——应答机,它与地面 SSR 进行交流。应答机实际上就是一个收发机,它能够接收并应答脉冲编码传输。SSR 也是根据发射时天线所对准的角度来确定飞机的方位,根据从发射询问信号到接收应答信号之间的时间差来计算目标的距离。但是,由于 SSR 发射的询问信号有模式的区别,机载应答机根据不同的询问模式,给出识别应答和高度应答信号。由此可见,SSR 恰好克服了 PSR 的缺点。

通常地面雷达系统都包括 PSR 和 SSR,如图 8.4-1 所示。SSR 发射机某一模式的询问脉冲对信号,通过它的方向性天线辐射,天线波束的方向是与一次雷达协调一致的,发射时刻也与一次雷达同步。在其天线波束照射范围内的机载应答机对所接收到的询问信号进行接收处理与译码识别,如果判明为有效的询问信号,则由应答机中的编码电路控制发射电路产生应答发射信号。所产生的应答信号是由多个射频脉冲组成的射频脉冲串,它代表飞机的识别代码或高度信息。与此同时,向同一方位辐射的一次雷达也会接收到飞机所产生的回波信号,它的接收机所产生的飞机视频回波信号也同时输往数据处理与显示系统。在控制中心的圆形平面位置显示器上的同一位置,显示飞机的一次雷达回波图像与二次雷达系统所获得的飞机识别代码及高度信息。

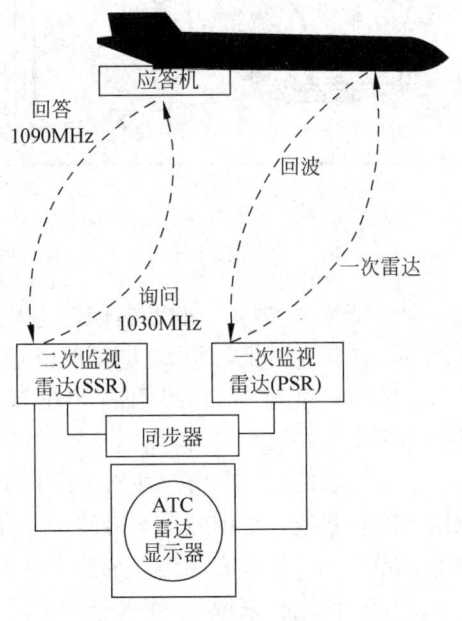

图 8.4-1 地面 ATC 雷达

2. 机载 ATC 应答机

机载 ATC 应答机有三种应答模式,即 A 模式、C 模式、S 模式。

在 A 模式时,应答机发射一个四位数字的飞机识别码。驾驶员通过话音通信系统,收听到 ATC 分配的数字识别码时,它可以在 ATC 控制板上选择。

在 C 模式时,应答机将来自大气数据计算机的气压高度数据发射给地面台。

S 模式应答机是一个更先进的系统,它可以对地面 ATC 台选择性的询问给予应答,以利于日益繁忙的空中交通管制,如图 8.4-2 所示。另外,交通警告与防撞系统(TCAS)的工作也需要 S 模式应答机,它可以对其他飞机 TCAS 系统的询问给予应答。装有 S 模式应答机的飞机都有一个唯一的机身地址码,这一码由当局给定。

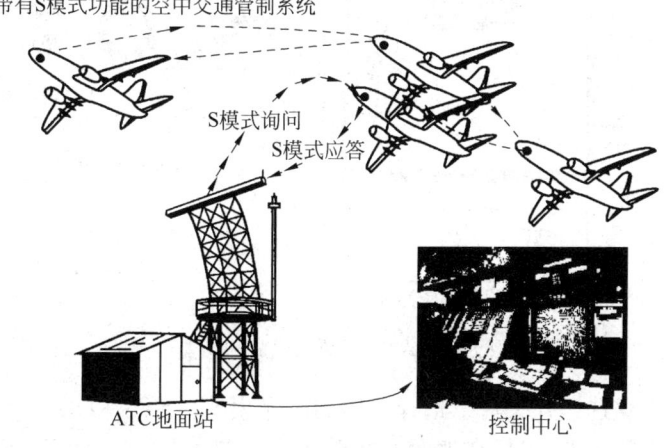

图 8.4-2 S 模式应答机功能

ATC 应答系统由应答机、控制板和天线组成,如图 8.4-3 所示。应答机位于电子设备舱。在世界范围内所有 ATC 应答机接收地面信号所使用的频率都是 1030MHz,而应答所使用的频率都是 1090MHz。

所有 ATC 应答机都有一部天线,它安装在飞机机身的底部。它可以和 DME 的天线互换,因为它们使用同一工作频段。对于 ATC 应答机为 S 模式应答机,通常还有一部装在机身顶部的天线,上、下天线可以与其他飞机的 TCAS 系统实现通信联络。

在驾驶舱中,还有 ATC 应答机系统的控制板,它还用于控制 TCAS 系统。有关这些内容将在 TCAS 中讨论。

大型商业飞机通常有两部相互独立的应答机,但是,在同一时刻,只有一部工作。在控制板上,利用转换开关(XPNDR),驾驶员可以选择工作的应答机。利用高度源选择开关(ALT SOURCE),选择所使用的大气数据系统,用 C 模式将气压高度发送出去。

图 8.4-3 中,显示窗口显示出 1 号 ATC 应答机正在工作,其识别码为 7065。显示窗显示的数字范围从 0000 到 7777,但是有三个码为应急码,在地面不能使用。应急码含义为:7500 表示劫机;7600 表示无线电故障;7700 表示飞机处于紧急状态。

驾驶员通过两个选择旋钮设定地面台提供的识别码。当地面台要求驾驶员确认飞机的识别码时,驾驶员按下识别按钮(IDENT),此时,发出识别脉冲(SPI),在地面台控制台的屏幕上该飞机的识别码闪亮。

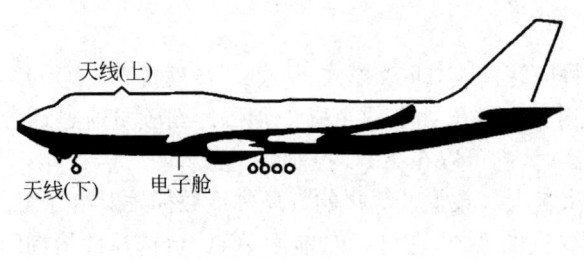
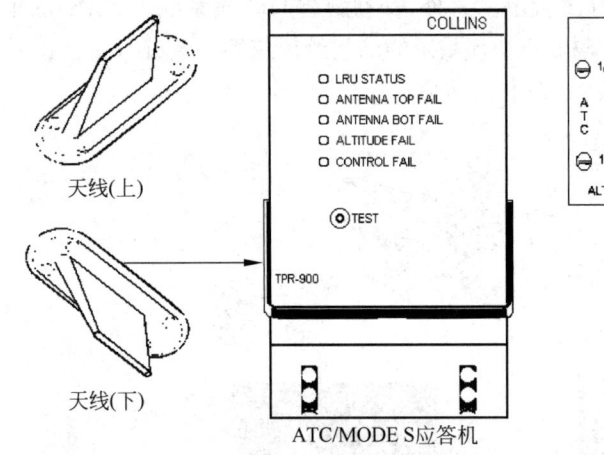
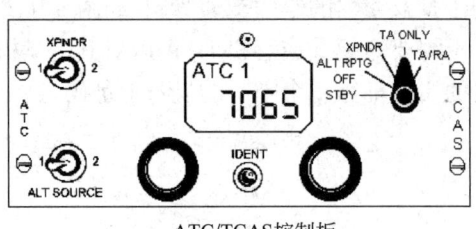

图 8.4-3 ATC 系统的组成和功能框图

驾驶员利用模式选择开关可以选择不同的工作模式。STANDBY 的含义是预位,此时不能对地面台的询问应答,飞机在地面就处于这种工作模式。在 ALT RPTG OFF 方式,应答机仅对 A 模式或 S 模式的询问进行应答,而不能进行高度报告。在 XPNDR 方式,应答机全功能工作,它对所有的询问给予应答。

8.4.2 交通警告与防撞系统

交通警告与防撞系统用 TCAS 表示,它可以保证装有 TCAS 设备的飞机周围空域的安全性。TCAS 的功能是确定与安装有 ATC 应答机飞机之间的距离、高度、方位和接近率。TCAS 通过监视其他飞机的轨迹,来确定与本飞机可能发生的危险相撞。它还提供给驾驶员声音和可视劝告信息,以完成飞机与飞机之间垂直避让的任务。

TCAS 可以监视的飞机达 50 架,并提供下列相关信息:决断咨询(RA)信息、交通咨询(TA)信息、接近交通信息和其他交通信息。TCAS 在飞机自身周围形成了两个保护区:决断咨询区和交通咨询区。这些区域用两机到最近相撞点的时间表示。最近相撞点用 CPA 表示,这一保护区被称为 τ 区。

TA 和 RA 的时间随飞机的高度变化。例如,在高度为 7000ft 时,如果还有 25s 飞机就要飞达最近相撞点,TCAS 将发出决断咨询(RA)信息;如果还有 40s 飞机就要飞达最近相撞点,将发出交通咨询(TA)信息,如图 8.4-4 所示。

如果目标飞机到达 TA-τ 区,将发出交通咨询警告。

当目标飞机到达 RA-τ 区时,决断咨询警告出现,并伴随有显示器上的视觉信号。

不在 RA 区和 TA 区的飞机,属于接近交通或其他交通信息。

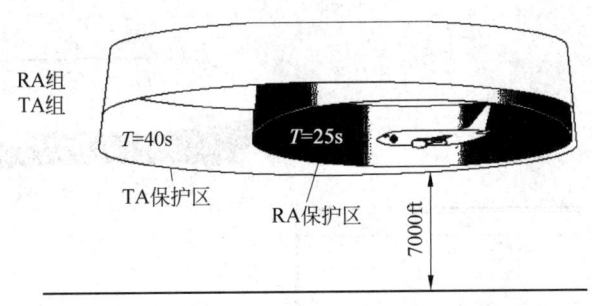

图 8.4-4 决断咨询(RA)信息和交通咨询(TA)信息

接近交通的含义是：目标飞机位于以 TCAS 飞机为球心，6n mile 为半径，相对高度小于 1200ft 的范围内，见图 8.4-5。

其他交通表示：目标飞机位于以 TCAS 飞机为球心，6n mile 为半径或相对高度大于 1200ft 的范围外，如图 8.4-5 所示。

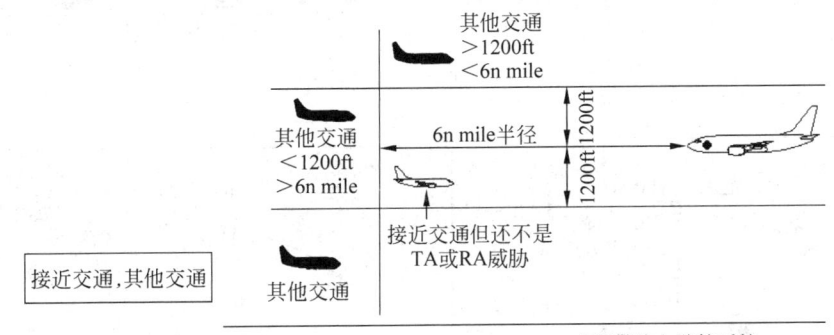

图 8.4-5 接近交通信息和其他交通信息

典型的 TCAS 系统有下列主要组件(见图 8.4-6)：TCAS 计算机位于电子设备舱，两部天线用于发射和接收。一部位于机身顶部，另一部位于机身底部。ATC 和 TCAS 共用一块控制板。

TCAS 计算机通过天线与其他飞机的 ATC 应答机进行通信联络，TCAS 使用的频率与 ATC 应答机相同，即以 1030MHz 的频率发射询问信号，以 1090MHz 的频率接收应答信号。

TCAS 计算机计算飞机的入侵方向，它还通过数据总线与本机的 ATC 应答机进行联络，因为它需要来自飞机其他系统的信息。例如：来自大气数据计算机的气压高度，来自低高度无线电高度表的无线电高度和来自惯性基准系统的航向。TCAS 计算机还为 EFIS 显示器提供输出信号，并加到扬声器提供声音警告。

TCAS 信息在导航显示器上的显示如图 8.4-7 所示。在 ND 上，用四种符号表示 TCAS 信息。

图 8.4-7(a)显示的是选择 TA ONLY 方式时的 TCAS 信息。此时，ND 上没有红色符号，只有交通信息符号和交通咨询声音。

图 8.4-7(b)显示的是选择 TA/RA 方式时的 TCAS 信息。此时，ND 上可能出现所有

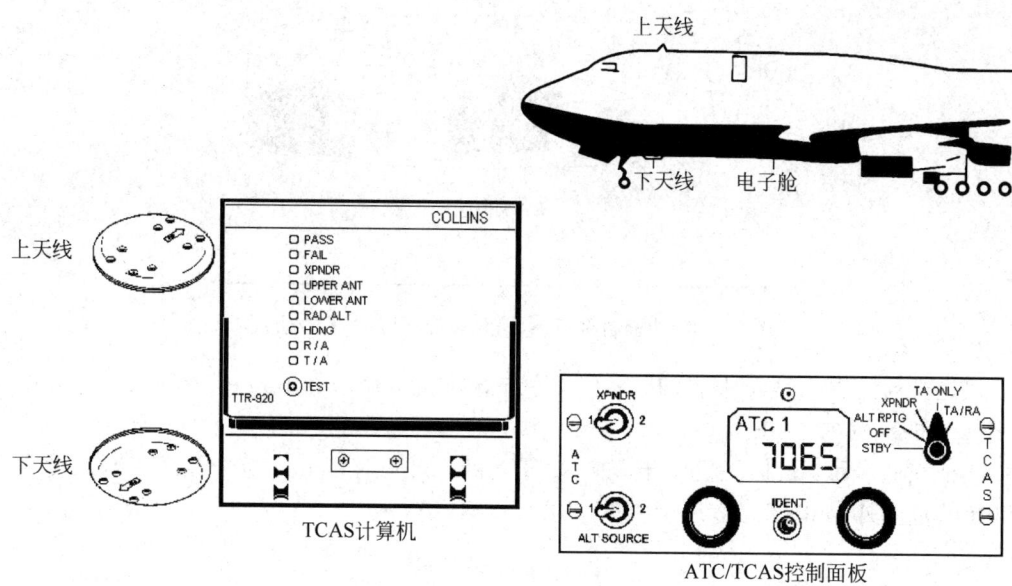

图 8.4-6　TCAS 系统的组成

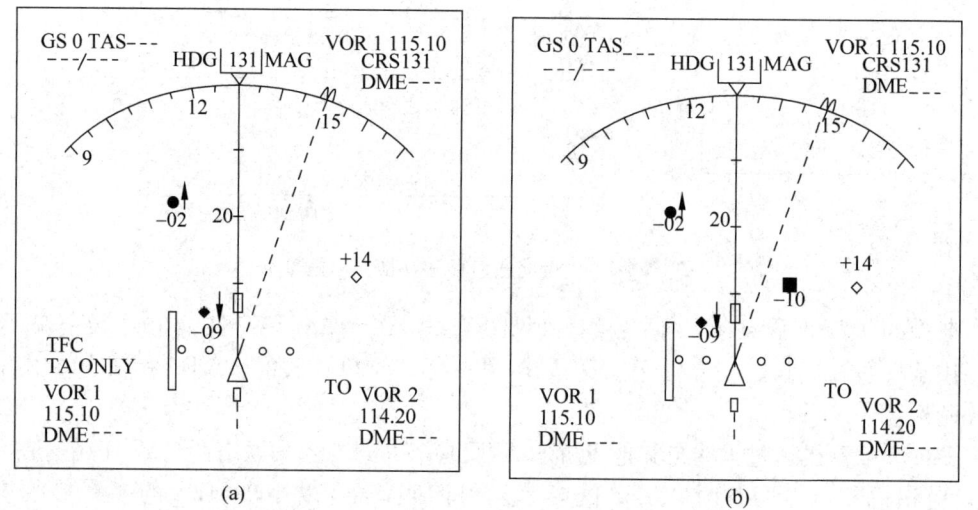

图 8.4-7　ND 上显示的 TCAS 信息

四种符号,并伴有声音警告信息。

其他交通信息用空心菱形和高度值表示,两个符号都是白色。在图 8.4-7 中,目标在本飞机之上 1400ft,相距大约 20n mile。

接近交通信息用实心菱形和高度值表示,两个符号都是白色。在图 8.4-7 中,目标在本飞机之下 900ft,下降率大于 500ft/min,相距大约 5n mile。

交通咨询信息用实心圆和高度值表示,两个符号都是琥珀色。在图 8.4-7 中,入侵飞机在本飞机以下 200ft,爬升率大于 500ft/min,相距大约 25n mile。

决断咨询信息用实心方块和高度值表示,符号是红色。在图 8.4-7(b)中,该入侵飞机在本飞机以下 1000ft,其垂直速度小于 500ft/min,相距大约 12n mile。

8.4.3 近地警告系统

近地警告系统(GPWS)的功能是:当飞机与地面出现错误的接近时,用警告灯和警告声警告机组人员。在一些飞机上,主飞行显示器上也有警告信息。该系统在飞机高度低于2500ft时自动工作,如图8.4-8所示。

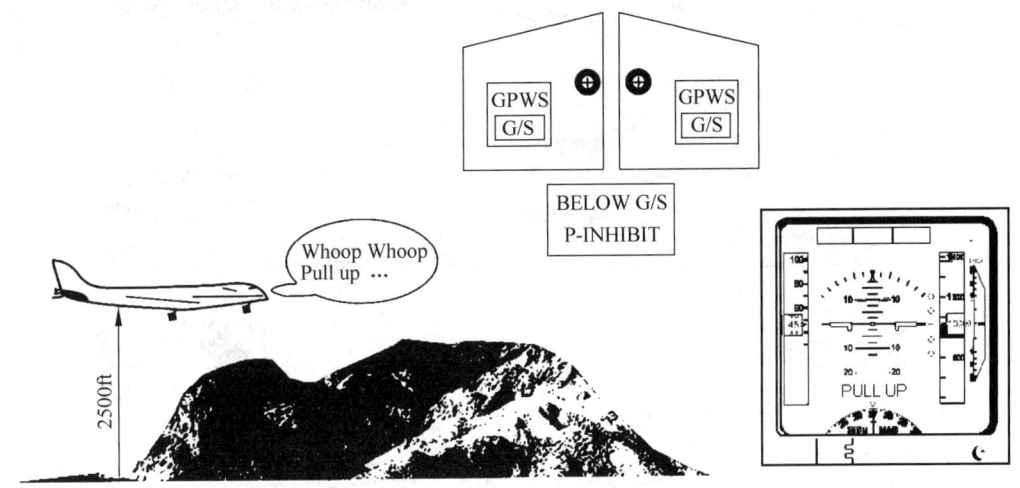

图 8.4-8 近地警告系统的功能

典型的近地警告系统有一个数字计算机,它安装于电子设备舱。不同类型的警告和提醒灯位于每个驾驶员和控制板的前方,它们被称为GPW组件。

近地警告系统需要无线电高度、垂直速度、下滑道偏离、起落架和襟翼位置等主要输入信号,如图8.4-9所示。

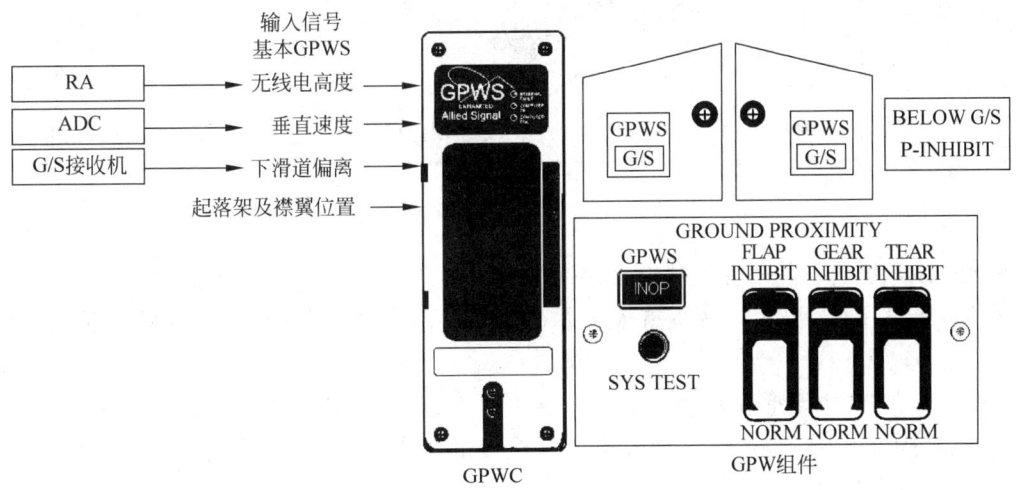

图 8.4-9 近地警告系统的组成

GPWS有7种警告模式,如图8.4-10所示,下面逐一进行简单介绍。

模式1为"过大下降率"模式。当飞机以大垂直速度下降到2500ft时,该模式起动,向

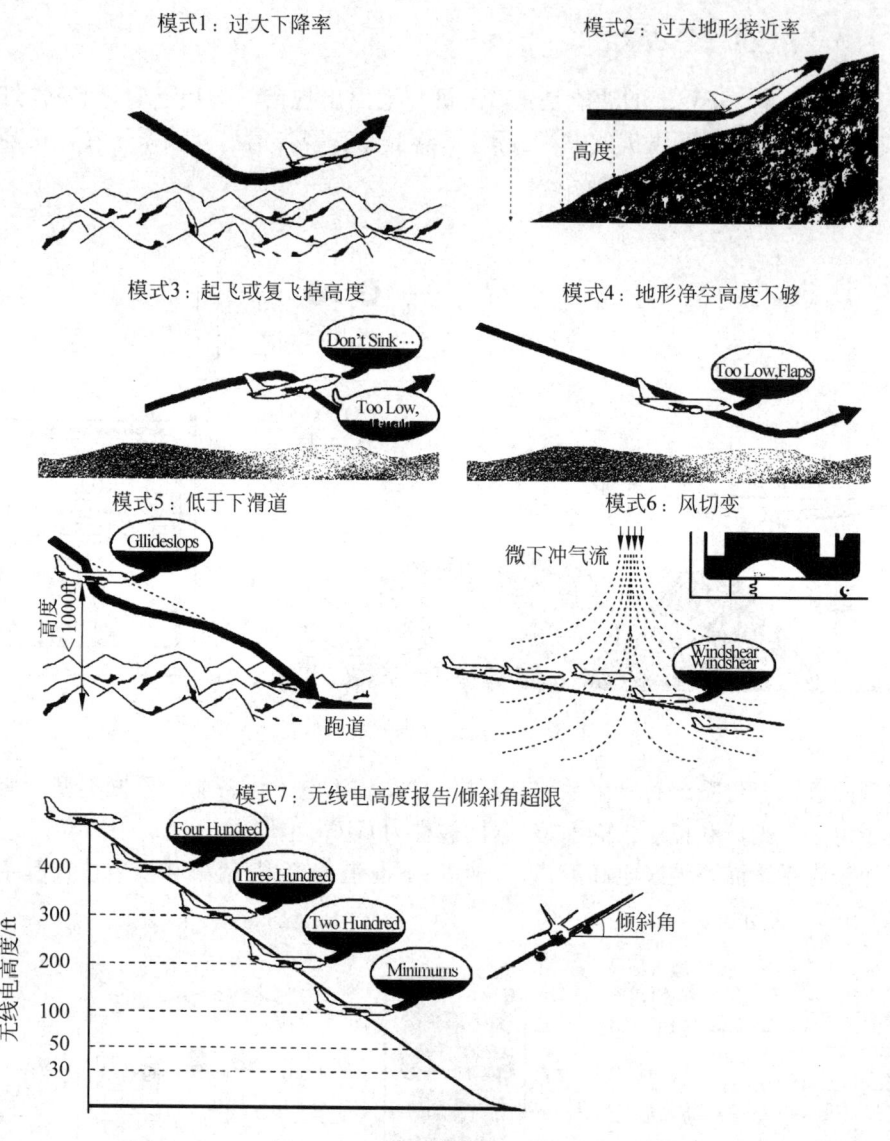

图 8.4-10 近地警告的 7 种模式

机组人员发出警告。除语音提醒外,红色的 GPWS 灯亮,或者 Pull up 信息在 PFD 上显示。如果飞机继续下降,那么语音提醒变为警告。当危险环境消失后,提醒或警告信息自动停止。

模式 2 为"过大地形接近"模式。当飞机的高度急剧下降时,这一提醒信息被触发。例如,当飞机接近上升的地形时,如山等。如果高度继续减小,那么,提醒变为警告。当危险环境消失时,警告自动停止。

模式 3 为"起飞或复飞掉高度"模式,当这种情况出现时,第一步是声音提醒,并伴随有红色灯亮。如果飞机继续下降,那么声音提醒变为警告。当危险环境消失时,警告自动停止。

模式 4 为"地形净空高度不够"模式,当飞机下降到 500ft 以下,而起落架还没有放开,该模式启动,提醒声音出现,并且红灯亮。在低于 250ft 时,襟翼位置仍不对,那么系统将给出襟翼提醒信息。

如果由于技术问题,飞机在起落架和襟翼位置不正确时需要迫降,那么,驾驶员可以利用 GPW 组件的开关,抑制相应的警告出现。

模式 5 为"低于下滑道"模式,在无线电高度低于 1000ft 时,如果飞机位于下滑道的下面,那么该模式工作。当超过临界偏差时,声音提醒出现,琥珀色的下滑灯亮。当无线电高度更低时,超过临界偏差更多,那么提醒音量逐渐变大。

模式 6 为"风切变"模式,它警告机组人员在起飞或进近期间,出现了危险的风切变情况。

模式 7 为"无线电高度报告/倾斜角超限"模式,当飞机接近地面或倾斜角超过临界值时,该模式启动发出提醒声音。

8.5 惯性基准系统

惯性基准系统(IRS)是现代飞机必备的、自主式的机载电子系统,可提供飞机的姿态、航向和飞机当前的位置等信息。它由惯性基准组件(IRU)和多功能控制显示组件(MCDU)组成,如图 8.5-1 所示。

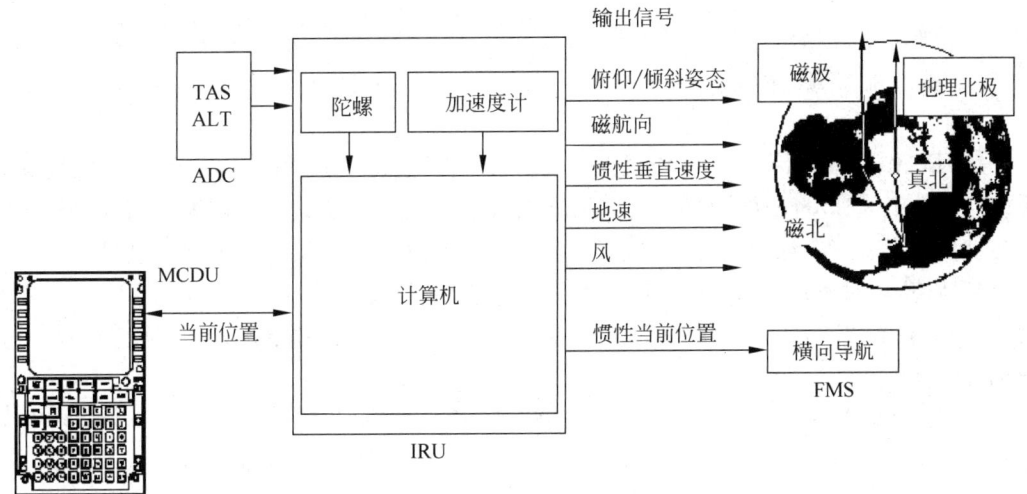

图 8.5-1 IRS 系统基本功能和组成

惯性基准组件包括陀螺、加速度计和计算机。通常,惯性基准系统使用的陀螺是激光陀螺,加速度计采用的是电磁摆式加速度计。

激光陀螺利用旋转光束测量角速率,如图 8.5-2 所示。一条光束由阳极 1 和阴极之间的高压产生,它通过三个棱镜将光束折射,使其顺时针旋转;另一条光束由阳极 2 和阴极之间的高压产生,同样通过棱镜形成逆时针旋转的光束。当组件静止时,两束光走过相同的路径,因此在监视窗口形成静止的干涉条纹。当组件顺时针旋转时,则顺时针光束的行程大于逆时针光束的行程;反之,则顺时针光束的行程小于逆时针光束的行程。于是,在监视窗口则形成左移或右移的干涉条纹。可见,干涉条纹的移动与组件的旋转相关。因此,在 IRU

中,利用激光陀螺敏感飞机的姿态变化。

加速度计测量沿着飞机各轴的运动加速度。实际上,电磁摆式加速度计由一个带有中心轴的质量块、两个静激励绕组和一个移动的输出绕组组成,如图8.5-3所示。在飞机加速运动时,带有输出绕组的质量块移动,改变了动、静绕组之间的耦合,从而使输出绕组上产生电压。该电压与飞机的加速度相关。

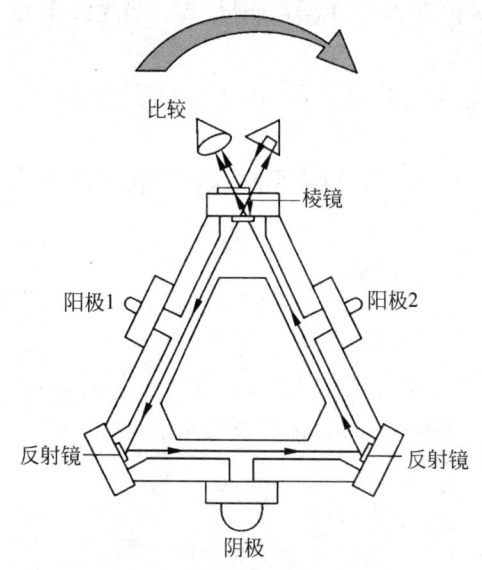

图8.5-2　激光陀螺基本原理

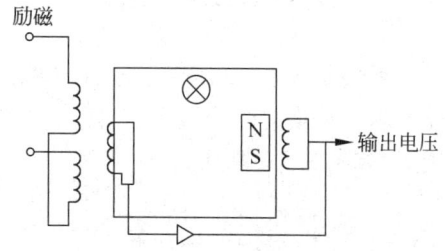

图8.5-3　电磁摆式加速度计的原理

在IRS中,上述所有元件在飞机上固定安装,与飞机结构成为一体,该系统称为捷联式系统。三个激光速率陀螺测量绕飞机各轴的旋转角速度;计算机利用该测量值计算出飞机的各种姿态角;三个加速度计测量沿飞机各轴的加速度,计算机对合成加速度进行一次积分得到地速,再对速度进行积分,就得到了飞机飞行的距离。

另外,在IRU的计算机存储器中,存有地球上所有位置的磁差,因此,它可以计算出磁航向。

在整个飞行期间,利用加速度信号对飞机的现时位置进行更新,所以,飞机的现时位置数据还用于飞行管理系统的横向导航。IRU计算机的计算不能中断,因此,它需要备用直流电源,一旦备用直流电源供电IRU时,直流供电通告牌亮。

应该说明的是:惯性基准系统的计算必须有一个初始点,因此,飞机在地面接通电源时,必须通过控制显示组件(CDU)输入当地的经度、纬度作为初始点,从而使IRU进入校准阶段。只有该阶段结束,惯性基准系统才能进行正常的计算。

8.6　飞行管理系统

飞行管理系统(FMS)是一个计算机系统,它可以减小驾驶员的工作负担,并使飞机既安全又经济地飞行。它通过横向导航(L-NAV)功能计算出飞机从起飞机场到达目的地机场的最佳飞行路线;通过垂直导航(V-NAV)功能计算出最佳飞行剖面,这一功能也被称为性能计算。它还可以预计出飞机在每个飞行阶段所需要的时间。因此,飞行管理系统为驾驶员提供了四维导航计算,如图 8.6-1 所示。

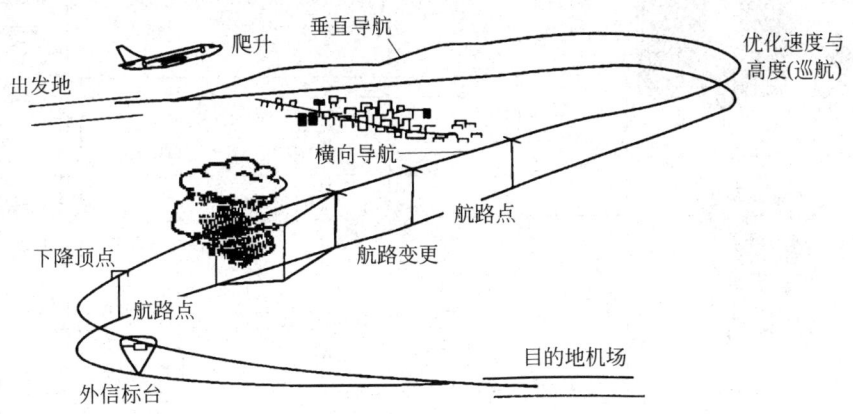

图 8.6-1　飞行管理系统的主要功能

FMS 有一台或两台飞行管理计算机(FMC),它通过两个控制板和两个控制显示组件(CDU)与驾驶员进行沟通,如图 8.6-2 所示。对于长距离飞行的飞机,常常还需要第三台 CDU 作为备用。FMS 向 EFIS 提供的计算数据用于显示,向自动飞行控制系统提供的数据用于自动控制。当然,FMS 本身也需要许多传感器作为其输入信号。

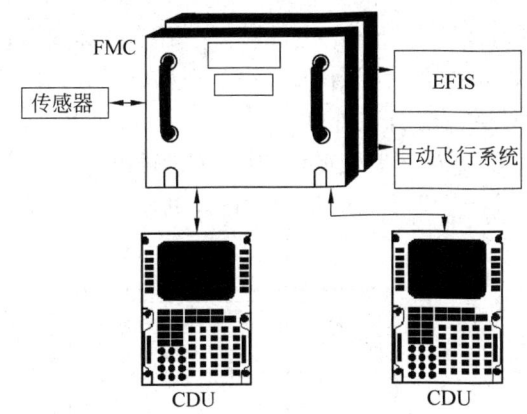

图 8.6-2　飞行管理系统的组成

1. 横向导航

飞行管理计算机可以分成两部分:一部分是计算横向导航数据的导航计算机,另一部分是计算垂直导航数据和时间的性能计算机,如图 8.6-3 所示。

在图 8.6-3 中,虚线的上半部分是导航计算机的框图,其中有一个导航数据库,它存储所有飞行阶段所需要的导航数据,这一数据必须每 28 天更新一次。利用该数据库,FMC 可以通过给定的飞机位置和输入的飞行航路建立飞行计划。航空公司航路必须由驾驶员在控制显式组件(CDU)上输入。

在飞机飞行过程中,将飞行计划中标出的位置与飞机的现实位置进行比较。这一比较结果是一个位置误差,它被送到自动驾驶仪和飞行指引的横滚计算机中进行计算,输出操纵

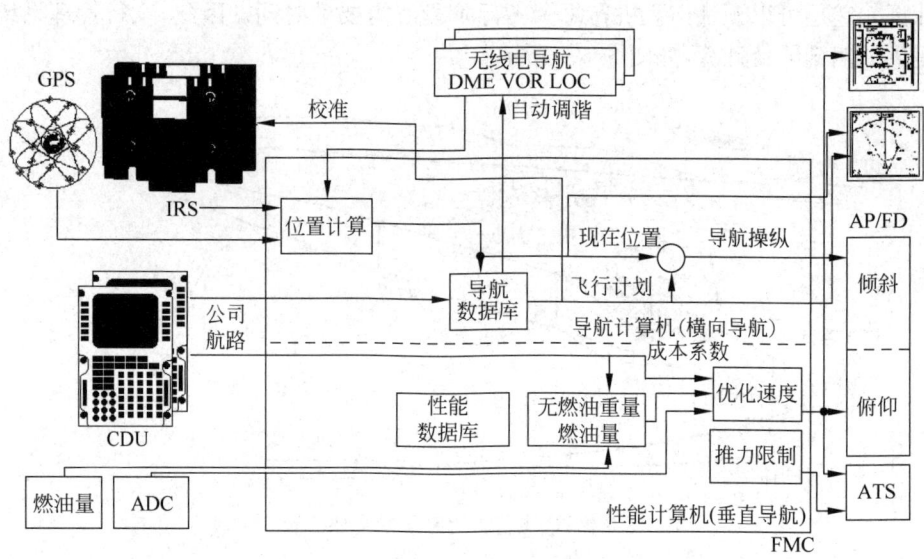

图 8.6-3 横向导航和垂直导航框图

指令信号。自动飞行控制系统的内回路利用这一信号指示出飞机向左或向右。飞行管理计算机利用差值传感器中的信号计算出飞机现时的位置。这些差值传感器就是全球定位系统(GPS)和惯性基准系统(IRS)。

在地面上,飞机的现时位置由 IRS 给出,但是,在 IRS 校准期间,必须通过 FMS 给定初始位置。在飞行期间,IRS 的位置数据由 GPS 更新。如果需要,还可以利用 DME、VOR 和 LOC 信标机等无线电导航数据进行位置更新。

现时位置和飞行计划数据都在导航显示器(ND)上进行显示。这里有一个例子,数据显示在 EFIS 的导航显示器上,飞机符号相对于飞行计划和其他导航数据的关系在 ND 上可以看到,如图 8.6-4 所示。

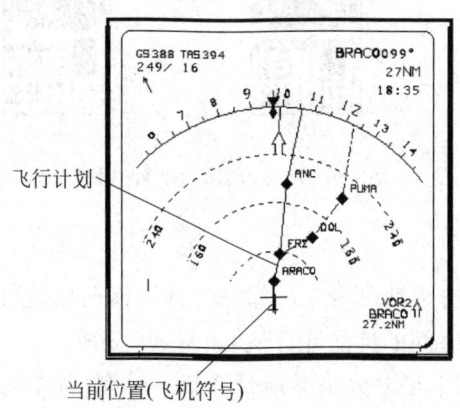

图 8.6-4 飞行计划和飞机现时位置在 ND 上的显示

2. 垂直导航

垂直导航或性能计算的任务是计算出飞机爬升、巡航和下降期间的最佳垂直剖面。FMC 的任务是计算出每个飞行阶段的最佳速度和必要的发动机推力,这一推力值通常作为极限值。所有计算出的飞机和发动机的性能数据都存储在性能数据库中。在图 8.6-3 中，虚线的下半部分是性能计算机的框图。

飞机的最佳速度主要取决于外部环境，比如，ADC 提供的气压高度和温度，以及飞机的重量。重量通常由 FMS 进行计算，它包括燃油系统提供的燃油量。零燃油重量(ZFW)由驾驶员在 CDU 上输入。

最佳速度通常也被称为经济速度(economic speed)，它给出了飞机飞行全过程所消耗的总油量。为了计算出这一速度，FMC 需要成本系数(cost index)，计算公式为

$$成本系数 = \frac{总运营成本 - 燃油成本}{燃油成本}$$

该系数表示了飞行时间与油耗之间的关系，在选定飞行计划后可以估算出这一数值。但是，在 CDU 上，驾驶员可以对该数值进行修改。成本系数在 0~999 之间，0 的含义是：只有油耗值是重要的，所以节省燃油消耗即可减少成本，该计算以最小油耗为目的进行；999 的含义是：只有飞行时间是重要的，所以缩短飞行时间即可减少成本，此时的计算以最大速度为目的进行。

最佳速度作为一个目标速度传送到自动驾驶仪、飞行指引俯仰通道和自动油门系统。ATS 还要从 FMC 中获得推力门限值。计算速度在 PFD 上显示。

通过上面描述可知，飞行管理系统所做的工作比驾驶员还重要。它可以完成飞行计划、导航计算、性能计算、无线电频率的自动调谐、最佳飞行速度和推力门限值的计算等任务。

第9章 机载维护系统

9.1 概述

随着航空工业的不断发展,特别是计算机技术、网络技术、信息技术等飞速发展,大量新技术应用到飞机上,系统的高度集成造成潜在故障源增加,处理故障难度增大,使得机载维护系统在不断发展,与之相适应。同时,维修理念也在不断改进。

为了保证飞行安全,减少重大事故与损失,帮助维护人员提高排故的速度和效率,航空领域早就开始对飞机的健康管理技术进行研究,从飞机系统或部件的失效监控和故障检测、机内自测试设备(BITE)和飞机状态监控系统(ACMS)发展到机载维护系统(OMS)。其发展历程分为四个阶段。

第一阶段的维护方式主要体现在早期飞机上,如波音727/707/737CL、麦道DC-9/MD-80,飞机系统主要由机械结构和模拟式部件组成。为了能对系统或部件的状态进行检查,设置了相应的测试按钮,采用PTT(push-to-test)方式,给电路提供电流来检查设备完好性。测试结果通过灯的红绿色指示来查找故障状态,绿灯表示测试通过,红灯则为故障。

第二阶段主要在20世纪80年代早期,ARINC与其工业合作伙伴颁布了第一个有关机载维护的标准ARINC604《机内自测试设备(BITE)的设计和使用指南》,阐述了BITE的设计要求和使用原理,定义了中央故障显示系统(CFDS)的配置、功能和操作。飞机上的机载设备以数字式计算机为主,随着数字化系统的应用,机载设备的软硬件实现了系统的自测试,故障检测由各自的LRU(航线可更换件)完成并报告,有些部件的前面板有显示窗来显示故障及测试结果。如波音757/767/737NG、麦道90、空客310/320。

第三阶段,是在20世纪80年代后期,部件设计更规范,输入/输出接口标准化。Honeywell公司设计了中央维护计算机(CMC),与安装BITE功能的大部分计算机相连接,接收并处理送来的信息,进行分析确定故障源,同时将故障信息与驾驶舱效应(FDE)相结合,显示故障信息。如波音747-400、麦道11、空客330。

第四阶段主要体现在新一代飞机上,如波音777/787、空客380,应用于飞机上的技术越来越先进,系统高度集成,各系统之间关联更密切、更加综合化,对信息的处理数字化、速度快、信息量大,维修理念也随之改变,这就需要有先进的维护系统,以满足航空发展的需要。在20世纪90年代,美国Honeywell公司、航空公司、飞机制造商和航空电子设备制造商联合开发并制定新的机载维护标准ARINC624《机载维护系统(OMS)设计指南》,在原来BITE和CFDS基础上,发展为机上综合的维护系统。采用中央维护计算机技术和数据链技术,集中处理故障和状态信息,并通过数据链传输给航空公司的地面终端。机载维护系统的核心部件是 CMC,通过综合和相关性处理 BITE 信息,并接收和分析来自飞机状态监控系统(ACMS)的信号的数据,能准确地报告和隔离故障,提供状态监控功能,实现经济有效的维护。

9.2 系统的组成及工作原理

9.2.1 组成及工作方式

1. 组成

按照 ARINC624 的标准规定,OMS 的组成如图 9.2-1 所示。

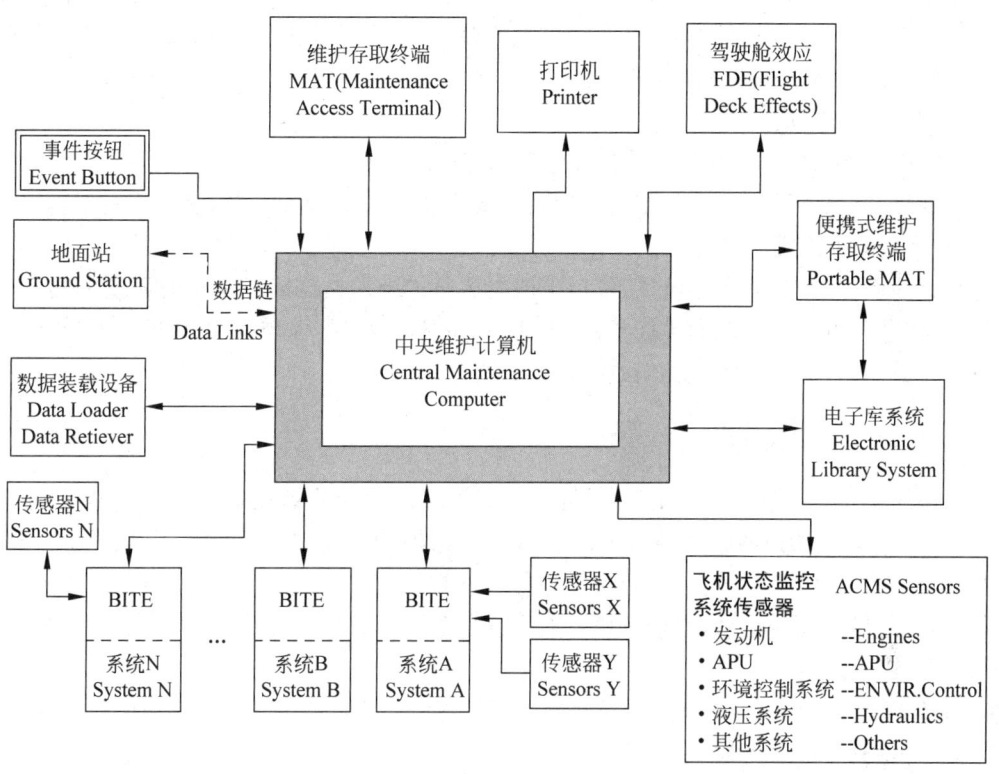

图 9.2-1 OMS 的组成

系统主要由中央维护计算机(CMC)、飞机系统部件的 BITE(包括软硬件)、监视驾驶舱效应所需的接口、ACMS 传感器、电子库系统接口、维护存取终端(MAT)或便携式维护存取终端(PMAT)、数据链(ACARS)接口、数据装载系统接口、打印机、事件按钮接口等组成。

机载维护系统的核心部件是 CMC,负责系统的正常运作,其连接着机载维护系统的各个信息输入系统和用户报告输出系统设备及显示器,将机载维护功能集成一体。

每一个计算机都有一个独立的 BITE 功能,BITE 功能包括两个部分:探测故障和地面测试。如果系统在正常的工作期间产生故障,BITE 会识别引起故障的原因并送到 CMC 计算机。

人/机接口可以设计有MAT、PMAT,在新一代飞机上(如B787或A380),存取终端设计了机载维护终端设备(OMT)、机长和副驾驶的机载信息终端(OIT)、维护笔记本(ML)。

电子库系统主要用来储存各种维修文件,如维护手册、MEL,系统简图手册,线路图手册,IPC等,便于简化维护流程,快速完成修理措施。

OMS主要完成以下功能:①收集飞机系统的故障数据;②分类、整合故障数据;③关联故障数据和驾驶舱效应;④格式化数据,以统一标准格式存储、显示和下传故障数据;⑤对系统进行地面测试,如设备更换验证测试、系统运行测试、系统功能测试、校验和调节测试;⑥显示系统软硬件构型,包括件号和序号。

2. 工作方式

CMC和飞机上所有系统的主要电子部件都有连接,其主要作用是收集、处理、存储飞机故障数据,产生维护报告,启动系统测试,构型管理(件号识别)等。由于飞机在飞行中和地面上的工作状态不同,对CMC的工作方式也有要求。CMC主要有两种工作方式:正常工作方式(即报告方式)和交互工作方式。

1) 正常工作方式

在空中或地面工作,CMC连续扫描所有和它相连接的系统,从BITE收集各种信息,进行相关处理,创建各种报告并存储。例如当前飞行报告、最近飞行报告、历史飞行报告等。

2) 交互工作方式

只在地面才工作,即人机对话,是指维护人员通过维护访问终端来进行系统的测试、构型检查,以及获得飞机系统的排故数据(包括历史故障信息)。简单地说,就是通过交互方式来进行排故,查找故障原因并证实故障是否仍然存在。

9.2.2 工作原理

机载维护系统综合了传统的失效监测及故障检测、机内测试设备、飞机状态监控系统。核心CMC计算机通过各系统的电子部件BITE连续监控,接收电子中央警告系统的FDE信息和ACMS的传感器数据,进行故障监控与数据采集、故障诊断、数据处理,产生各种故障报告,并进行传输与记录,通过各接口人工或自动地提取报告并显示,为维护人员记录和分析故障提供依据。

故障的处理分为三个步骤:故障数据采集与监控、故障诊断与隔离、故障储存。

1. 故障数据采集与监控

CMC采集故障信息和数据的主要途径有三种,即BITE、FDE和ACMS,以获取与事件监控、数据记录、故障诊断与预测等有关的多组数据。

1) 从机载计算机的BITE。飞机系统设备主要是由航线可更换件(LRU)组成,而LRU包括数字计算机、控制面板、传感器、作动筒、监控器等,除计算机外,所有其他部件由这些计算机统一监控,如果同一系统有多个计算机,则由其中一个主计算机进行统一负责。这些部件产生的离散信号和模拟信号经预处理,或由计算机进行处理,转化为数字信号为计算所用,处理过程中如果发现数据有问题,或计算机本身问题,如处理器、存储器、ARINC总线、各种输入/出电路和构型等异常,BITE会识别引起故障的原因并立刻向CMC报告。

2) 从驾驶舱中央显示与警告系统。在驾驶舱内,机组可通过显示系统的数据和信息来监控飞机系统的工作状态。如果显示系统监控到数据或信息异常,显示与警告的计算机则以特定的状态指示来警告机组,同时送 FDE 到 CMC。所谓的驾驶舱效应是指:如果飞机系统监控到相关的一个系统或一个功能丢失,需要进行修理,系统将自动送故障数据到综合显示系统,产生相应的信息或符号等显示,我们将其统称为驾驶舱效应(FDE)。

3) 从飞机状态监控系统(ACMS)。ACMS 实时采集飞机各系统传感器产生的模拟或离散信号,经预处理转化为数字信号,送至 CMC 进行监控。传感器多用于监测机械部件(如发动机系统、燃油系统、液压系统、环控系统、起落架系统、翼面操纵系统、供电系统等)。

2. 故障诊断与隔离

故障诊断通过采集到的有关数据,对部件进行故障的检测、监测、诊断和预测。

故障隔离是指根据程序来确定产生故障的部件,对采集到的有关数据和故障诊断结果进行综合分析处理,完成故障隔离、故障修复、故障预测和故障报告。故障处理算法接收系统报告的故障,将其隔离到系统部件级或者系统接口级。

为了进行故障隔离、定位并产生与之相关的维护信息,CMS 需对飞机各系统报告的故障数据进行处理,其数学模型为基于故障方程的诊断分析,以离散量、模拟量和总线信号为变量,依据算法和故障模型建立逻辑关系,通过逻辑来判断,得到输出逻辑量,根据逻辑量的含义向维护访问终端发送并存储维护信息,供地面维护人员使用。

CMC 接收到各种数据后,进行故障处理,数据处理流程共分为 6 个步骤:输入处理、抑制和特殊事件自检、连锁效应去除、合并与隔离、驾驶舱故障效应与维护信息关联和存储,如图 9.2-2 所示。诊断程序包括这 6 个步骤实施数据处理所需的各种程序,是故障处理模块的神经中枢,对于故障隔离、维护信息的产生起到重要作用。同时,这个诊断规则还具有过滤功能,可将一些瞬时故障和虚假信息过滤掉。

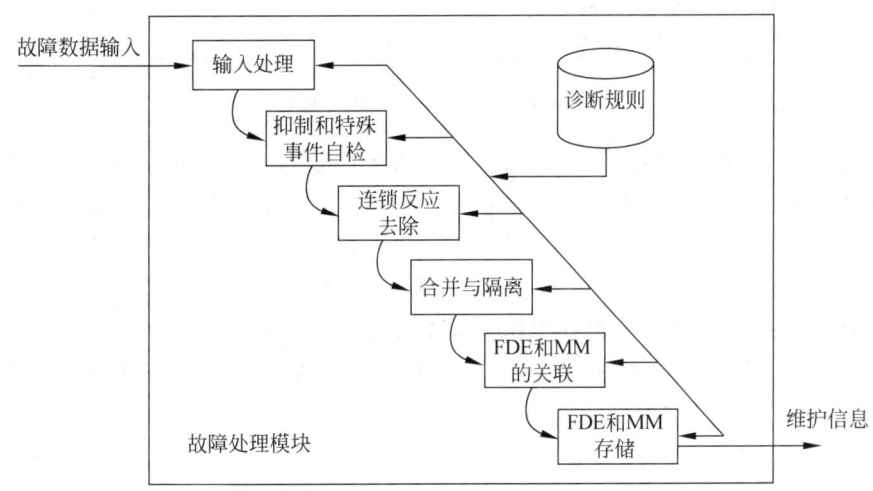

图 9.2-2 故障数据处理流程

(1) 输入处理。识别和标注故障报告、驾驶舱故障效应或离散信息中有效信息,滤除无效输入信息,将有效信息输入到下一个环节进行处理。驾驶舱故障效应直接输入到驾驶舱效应和维护信息关联的步骤进行处理。

(2) 抑制和特殊事件自检。对由于飞机在特定工作阶段而错误产生的故障信息被认定为虚假信息并进行抑制,以免误导维护人员;对于数据类输入(非故障报告),将使用诊断规则中预先设置的方法进行处理,当探测到故障,将被视为特殊事件,由故障处理模块产生特殊事件故障报告并输入到下一步进行处理。

(3) 连锁效应去除。所谓连锁效应引起的故障报告是指在某一个航段中同一时间,某个故障出现在设备链的第一级设备中,且多次报告。连锁效应去除利用预先设定好的诊断规则判断该故障处在源设备还是下游设备,下游故障将被处理为无效故障,并进行抑制,如图 9.2-3 所示。

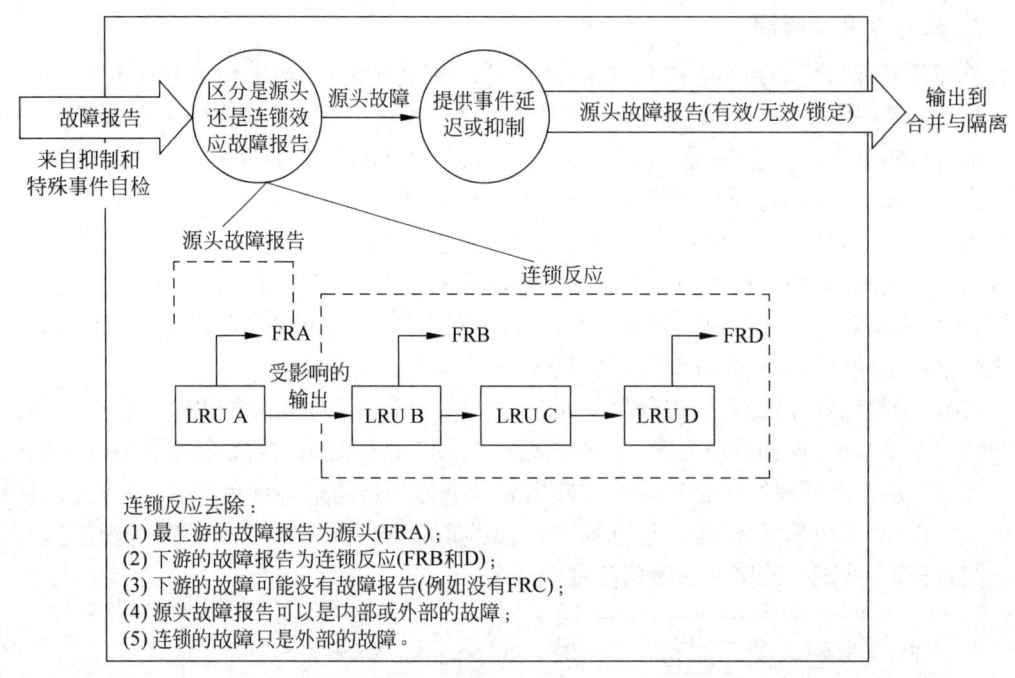

图 9.2-3　连锁反应去除原理简图

当 A 组件故障,触发故障报告 A,同时由于 A 组件故障又引起设备链中 B 和 D 组件产生故障报告。故障诊断逻辑认定 A 为源设备,其他为下游设备,B 和 D 组件产生故障报告将被抑制,从而避免虚假故障或同一个故障多次被报告。例如,左迎角传感器(AOA)故障,由于是大气数据系统的传感器,大气数据计算机(ADC)BITE 探测到故障,自动发送 L AOA 故障到 CMC;与此同时,相应的其他系统如 A(自动飞行系统)、B(惯性基准系统)、C、D 等,由于需要用到左 ADC 数据进行计算,受影响造成故障产生,其计算机的 BITE 将会生成"NO DATA FROM L ADC"信息送至 CMC,利用连锁反应去除原理,即内部/外部故障处理流程,最后确定所有的故障是由于 L AOA 故障造成的,生成"L AOA FAILURE"信息。

(4) 合并与隔离。CMC 把各种故障报告分成多个组,然后相关联的故障信息合成一个维护信息,并明确发生故障的系统或部件。合并生成的维护信息类型有:航线可更换件(LRU)内部故障的维护信息、LRU 外部故障造成的维护信息和接口故障维护信息等。

(5) 驾驶舱效应与维护信息关联。CMC 利用相关性原理,依靠逻辑流程,将活跃的或锁定的驾驶舱效应(FDE)与活跃的维护信息相关联。CMC能相关联活跃的、不活跃的或锁定的信息,在一条FDE产生的同时,CMC也接收到一条与该FDE相关的维护信息,CMC将FDE与该维护信息相关联。

3. 数据储存

故障数据存储是将所有的信息存于计算机的故障历史数据区非易失存储器(NVM)里,包括故障、维护信息数据、FDE、维护提醒信息。而每一条维护信息内容包括:信息序号,ATA章节,信息名称,是否活跃的、连续或间断的,间断出现次数,以及飞行航段、飞行阶段、发生故障时间、相关的FDE等。

完成数据加载与飞机故障/状态信息的传输,将采集的实时状态与故障数据、故障分析数据、故障报告、发动机趋势/超限数据和系统参数等发送到机上显示系统和指定的输出设备。输出设备包括维护访问终端(MAT)、便携式维护访问终端(PMAT)、机载打印机和数据卡下载和数据链接口。

9.3　OMS 人/机界面描述

为了使用户更方便快捷地访问OMS以获取维护数据,该系统设计了相应的人/机界面,主要分为驾驶舱终端、远程控制终端和数据下载终端。通过数据链或数据装载功能,将故障数据下载到地面处理系统中分析,形成维护方案等,数据链可将飞机的故障状态数据实时地从空中发回地面,维护人员可根据相关数据做好事先准备,在飞机着陆后进行及时必要的修理,以减少飞机签派延误。所提供的信息还可使航空公司减少非例行维护的次数,并通过识别反复出现的故障和趋势,以提高机队可靠性,防患于未然。

驾驶舱界面可以是MAT、PMAT、显示器等。通过驾驶舱界面可以完成基本的访问功能,例如,目前故障、目前航段故障、最近航段故障、故障历史、地面测试、飞机状态监控、维护文档存取、LRU清单、勤务报告等。

根据用户的需要,也可增加一些其他功能,例如查找软/硬件构型、发动机配平数据、监控报告项目修改等,以协助深度的排故障工作。

由于维修人员在日常工作中经常使用接口界面来进行排故,为了加深了解,在此选择波音777的界面MAT加以说明。

波音777的维护界面维护访问终端(MAT)安装在驾驶舱内,主菜单共4个选项:机载维护、状态监控、当前状态和自选装载,如图9.3-1所示。状态监控功能是用来访问ACMS,通过此选项来获得ACMS数据;当前状态项可用来查看当前系统的工作情况,其访问内容与机载维护项差不多,而机载维护项内容分的更详细,查找更方便;自选装载可用来安装需要的软件,下面主要介绍机载维护项内容,其余3个选项功能不再细述。

当选择机载维护项时,发送请求到CMC,然后CMC发送数据到MAT菜单上显示。子菜单显示主要有5项:航线维护、深度维护、其他功能、帮助和报告,如图9.3-2所示。

1. 航线维护

航线维护项的功能是过站期间飞机停在登机桥时进行快速的故障处理,主要包含4个功能:进港FDE、现时FDE、地面测试和系统构型。

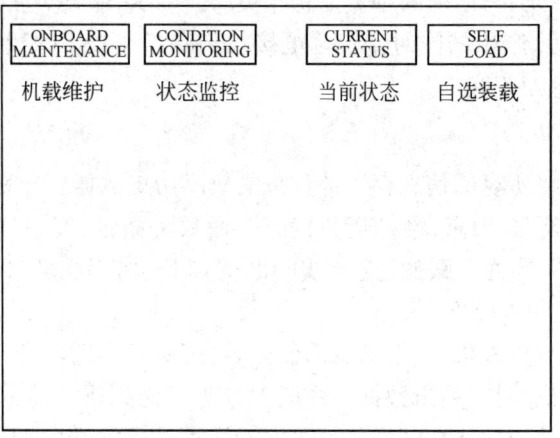

图 9.3-1 波音 777 MAT 的主菜单

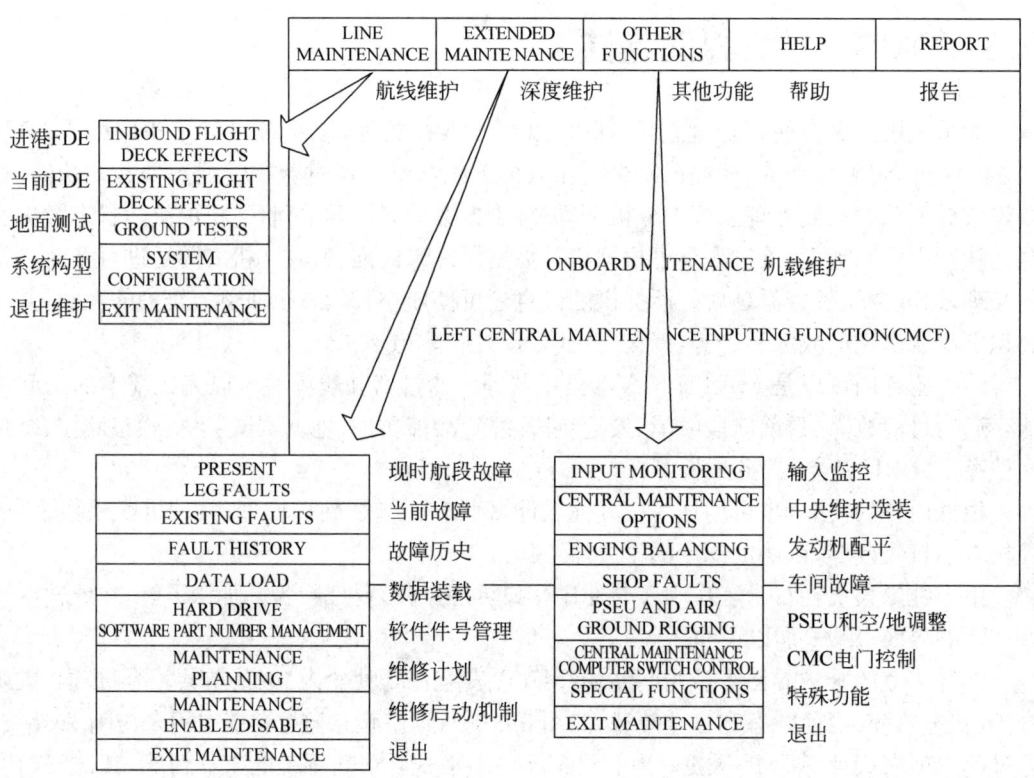

图 9.3-2 MAT 维护菜单

进港 FDE 主要是显示飞机刚飞完的航段（Leg 00 航段）发生的故障 FDE 清单，以及相关的故障信息，当飞机过站维护时，维护人员在 MAT 上查找相关的信息，以便及时处理这些故障。FDE 的内容包括 FDE 名称、FDE 和维护信息的活跃性、故障代码、FDE 出现的时间和日期、相关的维护信息；维护信息包含的内容有维护信息码、活跃性、飞行阶段、时间和日期、维护信息的描述。

活跃性是指故障状态,它们的表现可能是活跃的(active)、不活跃的(not active)或是锁定的(latched)状态。活跃的表示系统被连续监控到故障产生且故障还存在;而不活跃的说明该故障曾经出现,但现在不复存在了;锁定的主要是状态信息和计划维护信息,信息锁定是说该故障信息对排故十分重要,维护维息锁定原因主要有几种情况:①如果某系统控测到故障且后面飞行航段不再使用相关设备作为它功能的一部分,②该信息和 FDE 相关联,③如果故障存在但没能一直被检测到。所以需要由 CMC 储存器保存着,甚至有些信息当该故障消失或排除后仍然存在,需要人工抹除。

当前 FDE 显示的是目前所有活跃的和锁定的 FDE,其显示格式和进港 FDE 一样,在此不再说明。

地面测试项的主要功能是飞机在地面,通过此项选择对飞机各系统进行自检启动,详细检查系统的工作状态,包括计算机各功能如处理器、存储器、ARINC 总线、各种输入/出电路和构型情况等。如果测试结果是健康的,则显示"Test OK";如果发现故障,则显示相应的故障信息。地面测试有 3 项子功能:系统测试、操作测试和 LRU 更换测试。

系统测试主要是证实系统在初始安装或重要修理后,满足正常设计规范和间隙合适。系统设计允许在连续使用中降级工作,和因环境不同,如温度、压力、湿度、振动和模拟因素影响的间隙出现变化,调整规范和间隙来维持系统或部件最大有效。

操作测试是证实系统的所有元件(包括余度通道和通信连接)已被安装和回应正常的操作方式。LRU 更换测试是当 LRU 更换或修理后,通过测试来证实其基本的工作能力。

系统构型项用来选择系统 LRU 的构型数据,即硬件和软件的件号,包括系列号、改装状态和程序钉选装构型。

2. 深度维护

深度维护项用来进行彻底排故,需要有足够的停场时间,如飞机航后停场,维护人员根据信息显示来查找故障原因。其子菜单包括 7 项功能:当前航段故障、目前故障、故障历史、数据装载、软件管理、维护计划和维护启动/抑制。

当前航段故障主要是用来查找 00 航段所发生的故障信息,通过信息进一步确定故障原因。目前故障项主要用来显示当前飞机存在的所有故障,包括活跃的和锁定的。

故障历史是指以前飞行航段所产生的故障,其可作为排故的参考资料,以跟踪故障的发生过程。当开始执行一个新的航班后,上一个航段报告就会成为历史,此航段的所有信息会从它的存储器中移到历史存储器中存储起来。维护人员通过进入 CMC 储存的历史故障清单,查找以前航段曾经出现的故障情况,和现在发生的故障一起加以分析,以确定故障原因,通常用来排除复杂的故障或间歇性故障。

数据装载功能是用来安装 LRU 的软件。软件管理功能用来管理 LRU 的软件,包括软件升级、软件测试和软件的件号检查。维护计划功能用来查找维护提醒信息和维护计划信息,这些故障暂时对系统的正常工作不会有影响,不需要马上处理,但有可能会升级,可按计划进行处理。

其他功能项主要是用来处理更加复杂的故障,如输入接口传送信号情况监控,发动机配平数据查找,车间修理 LRU 时查找内部故障等,在此不作详细解释。

9.4 打印机

1. 打印机说明

打印机可以自动或人工打印 CMS 报告或其他系统报告。

不同型号的打印机,其面板上的控制键有所不同,而且所选用纸的尺寸也不同。如图 9.4-1 所示为一种典型的打印机,在面板上有 4 个按钮,当纸不够或卡纸时,琥珀色"打印纸警告"指示灯点亮。关断按钮可控制打印机的电源,测试按钮可启动打印机的功能测试;如果纸还没露出到出纸切口外面,可按压出纸按钮。

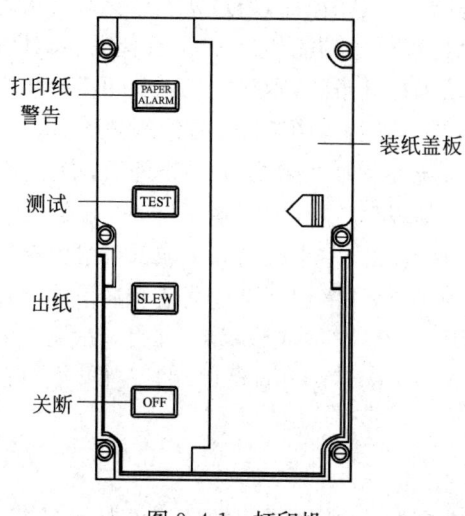

图 9.4-1 打印机

2. 打印机勤务

维护打印机时,可通过测试来检查其工作状态,对打印机的测试可通过面板上的测试电门或在 MCDU 上启动 CMC 测试菜单来进行。如果打印纸不够,需要更换。更换时要按以下程序进行:

(1) 选择尺寸合适的打印纸,断开打印机的供电;

(2) 打开打印机的装纸盖板,取出剩下的纸筒;

(3) 换上新的打印纸,正确地装到打印机上,用手转动驱动轴,使纸滑过相关的纸轮;

(4) 盖好装纸盖板,按压并保持出纸电门,直至打印纸伸出到打印机外。

9.5 机载数据装载系统

1. 概述

在飞机上可选装各种型号的数据装载系统,可有各种不同的操作方法,但其作用都是一样的。有的飞机采用移动的数据装载设备,这种方式较为独立,但使用起来不太方便。

2. 数据装载系统的作用

数据装载系统的作用是当安装新的计算机或软件构型出错时,使用该系统装载新的软件程序。同样,我们可通过装载系统为 CMC 装载软件或下载故障数据。

3. 系统的组成

如图 9.5-1 所示,数据装载系统主要由数据装载选择器、多功用磁盘驱动组件和数据装载路由器组成。选择器用来选择需要安装数据的目标计算机,可选择多个计算机,但同一时间只有一个计算机可被装载数据。磁盘驱动组件用来驱动磁盘数据的装载。路由器连接到驱动器和计算机之间,路由输入/输出数据。

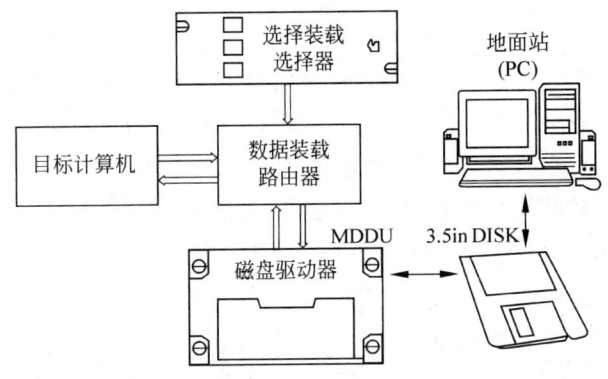

图 9.5-1 数据装载系统的组成

4. 安装/下载程序

安装数据库的程序如下:

(1) 在选择器上接通电源电门,按压"NEXT"或"PREV"按钮选择需要安装数据的计算机,会在显示窗口显示出来,同时在驱动器上显示"驱动器已准备好"信息。

(2) 插入磁盘,并在选择器上按压选择控制键。在驱动器上显示传输正在进行。

(3) 经过 10min 左右,显示传输已完成。在此期间,如果数据传输出现问题,会显示相关的信息。从驱动器上退出磁盘,关断选择器上的电源。

数据下载程序如下:

(1) 接通选择器上的电源,但不需要选择目标计算机,插入磁盘。

(2) 在 MCDU 上选择相应的故障报告页面,按下此报告的行选择键,则开始下载。

(3) 下载完后会在驱动器窗口显示传输完成,取出磁盘,关断电源。

9.6 飞机状态监控系统

1. 概述

飞机状态监控系统(ACMS)主要用来提供所记录的系统性能数据,通过分析性能变化趋势,了解飞机系统的健康状况,以便有计划适时地采取正确的维护措施,避免飞机营运过程中因非计划维护所造成的困扰。

ACMS 接收系统传感器的各种参数,如发动机性能参数、APU 性能参数、电源发电机参数、飞机空气动力参数和环境控制系统参数等,以实时形式显示进行连续监控。同时,对收集的各种参数进行处理,生成各种报告,并管理各参数和报告的储存。

维修人员利用飞机健康监测和诊断程序,对报告的数据进行综合分析,通过图表来监控各参数的变化趋势,预测飞机系统的健康状况,以便能及时做出处理。如果需要对复杂的系统排除故障,解决重复性故障问题,可借助 ACMS 的数据进行分析,帮助深度排除故障。利用监控数据,也使解决技术问题变得更容易。

为了满足不同的客户需求,在状态监控区,不管是用于趋势监控的系统数据采集还是用于飞行分析记录,ACMS 是非常灵活的。它准许用户提供客户化特征以便进行专门的工程分析。

2. 组成

典型的 ACMS 组成部件有:数据管理组件(DMU)、选装数字式 ACMS 记录器(DAR)、打印按钮和其他数据提取接口,如图 9.6-1 所示。DMU 是一个计算机,作为主要部件,位于电子设备舱,它收集、存储和处理各种飞机系统数据,并产生各种状态报告;DAR 将数据存储到一个可替换的存储卡中,用于地面性能分析、维护或状态监控。预编程序的部分数据可通过地面支持设备(GSE)存储到 DAR 中。

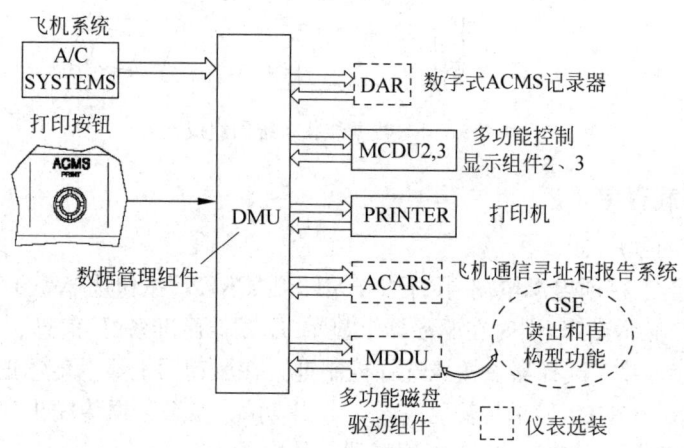

图 9.6-1 ACMS 的组成

3. ACMS 的功用

1) 数据采集/处理

ACMS 可以提取模拟数据、离散数据和总线上的数据,它有能力采集所选择的数据组用来事件监控、数据记录和报告产生。ACMS 有能力判断数据是否有效,用来作为数据源标准。ACMS 以系统最高的采集百分比来采集各种数据,它转化数据到工程单位,并有基本的过滤功能,如防反跳、锁定、数据平滑等。

ACMS 能够存取故障间隙系统的余度状态,用于多个级别功能余度使用,来维持系统工作的、降级状态报告的需要。在最低余度级别达到之前,工作者应提前做好维护措施。

2) 事件监控

ACMS 使用布尔逻辑和算术运算法来监控选择的飞机数据设置。这种运算法则被用来进行计算,用来判断事件产生,能够启动将来的措施,例如,数据记录、报告产生和报告分析。系统能支持分类运算法则来评估不同的概率。

3) 数据记录

ACMS 有大容量的储存装置,如光盘、磁盘或固态记录器,以便记录采集或转换的数据。

4) 报告产生

ACMS 定期收集特殊事件的数据,给出事件发生的飞行剖面和航路所在的具体位置,由内部逻辑触发、机组警告事件,由人工按压事件电门记录的数据定期或不定期拍照开始和结束时间点,以产生各种报告。每个报告头包括:报告识别号、飞机识别号、日期和时间、航班号、离场和目的地、飞行阶段、软件的件号等。

5) 报告管理

ACMS 能储存各种报告在非易失储存器(NVM)里,基于特殊的参数管理报告,例如,每个飞行航段报告储存的发生数量、第一个发生或最后一个发生的报告记录、记录每个报告产生的飞行航段号、每个报告发生的最大数量等。根据用户需要,也可删除相应的报告。

6) 报告输出

ACMS 可发送各种报告到规范的输出设备,如 MAT,打印机、数据链、数据装载器、大容量储存设备(如快速存取记录器)等。

7) 机载显示

在 MAT 上可显示 ACMS 的控制菜单、报告显示和指令。在菜单上可显示监控的实时参数,也可选择各种报告显示,例如发动机的各种报告:发动机起飞报告、发动机爬升报告、发动机巡航报告、正常发动机起动报告、异常发动机起动报告等。

8) 数据链

通过数据链,飞行机组可人工或自动发送 ACMS 报告到地面站。

4. 机载编程

1) 客户化参数更改

用户可通过 MAT 或数据链对 ACMS 参数进行更改,此项由工程人员操作,当输入密码后可得到可编程的报告,进入 ACMS 报告中,根据航空公司的监控要求,对相应的参数项目进行修改,如执行抑制报告产生、重置触发逻辑、改变报告的常值和统计值、显示文件数据等,使得 ACMS 收集所需要的参数,以进行性能分析和事件监控计算。

2) 编程报告

ACMS 能够供技术人员创建新的编程报告,可编程报告可定义多个,由用户控制的编程报告有如下类型:①事件监控能力;②被收集的参数;③数据收集概率;④数据收集期;⑤数据记录的启动;⑥输出设备的选择;⑦报告有效期。

3) 数据显示

根据用户需求,ACMS 能够在 MAT 上显示静态或动态的信号和用户定义的参数,可以显示默认的格式,并以一定的更新率来显示参数,可显示工程单位数据和二进制参数。

5. 地面基本支持软件

地面基本支持软件(GBSS)能提供用户定义的应用功能如下:参数定义、控制逻辑、报告产生、数据记录、MAT 菜单。可进行软件更新,在 ACMS 的起始菜单页上可查看到该软件的版本号。在 GBSS 上可进行数据输入和语法检查,发现问题会产生相应的错误信息提醒。可对报告特征、MAT 上的 ACMS 显示特征和机载参数数据库进行更改。

1) 参数定义

通过 GBSS 可创建被 ACMS 利用的输出信号和这些参数的可视性,由用户定义的输入参数可提供数值用来计算,储存中间的结果,或获得数据区。输入信号和用户定义参数可以用来进行事件监控、报告产生、数据记录和数据显示。

2) 控制逻辑

GBSS 提供工具来规范控制逻辑、规范事件监控和控制其他 ACMS 功能所需的运算法则。这些工具有如下特征:支持布尔逻辑的语法和运算符、精确的和静态的功能库、数据记录的控制、报告产生、分配和删除的控制、调试功能。

3) 报告产生

规范报告特征,报告的特征包括:报告中包含输入参数清单和用户定义的参数、收集数据的结束期限、报告保留的标准、规范的格式。

4) 数据记录

通过大容量装置来储存数据,数据记录的格式按规范要求。

5) 机载显示

在 MAT 上以文档或符号格式显示数据,通过现时菜单显示实时参数值,通过历史报告清单显示储存的历史报告。通过 GBSS,更改 MAT 上 ACMS 菜单结构和显示格式。

参考文献

[1] 任仁良,张铁纯. 涡轮发动机飞机结构与系统(ME-TA)(上、下册)[M]. 北京:兵器工业出版社,2006.
[2] 刘建英,任仁良. 飞机电源系统[M]. 北京:中国民航出版社,2013.
[3] 严东超. 飞机供电系统[M]. 北京:国防工业出版社,2010.
[4] FAA Flight Standards Service. Aviation Maintenance Technician Handbook-Airframe(Volume 1). U. S. Department of Transportation,2012.
[5] FAA Flight Standards Service. Aviation Maintenance Technician Handbook-Airframe(Volume 2). U. S. Department of Transportation,2012.
[6] B737-300/400/500 AMM&CMM. Boeing Company,2001.
[7] B737NG AMM &CMM. Boeing Company,2001.
[8] B747-400 AMM&CMM. Boeing Company,2002.
[9] B787 TECHNICAL TRAINNING MANUAL. Boeing Company,2010.
[10] B757 Aircraft Maintenance Manual. Boeing Company,2006.
[11] B767 Aircraft Maintenance Manual. Boeing Company,2001.
[12] B777 Aircraft Maintenance Manual. Boeing Company,2009.
[13] A320 Aircraft Maintenance Manual. Airbus Company,2003.
[14] Department of transportation FAA. ELECTRICAL SYSTEMS FOR A&Ps[M]. US:Jeppesen Sanderson,Inc. ,1992.
[15] EISMIN T K. AIRCRAFT ELECTRICITY & ELECTRONICS[M]. 5th ed. UK:Longman Group,1994.
[16] Tooley M and Wyatt D. AIRCRAFT ELECTRICITY AND ELECTRONICS SYSTEM[M]. US:McGraw-Hill Book Company,2009.
[17] SAFT Component Maintenance Manual Nickel-Cadmium Battery 442CH1,France JAN/17/2002.
[18] Component Maintenance Manual Battery and Charger System,Part Number BFS24,derlan incorporated,Oct 15/98.
[19] International Standard ISO1540,Aerospace—Characteristics of aircraft electrical systems. International organization for standardization,2006.
[20] International Standard ISO6858,Aircraft—Ground support electrical supplies,Ground requirements. International organization for standardization,2006.
[21] 任仁良,万强. 航空锂电池的控制与保护[J]. 电源技术,2015,296(5):903-904.
[22] 任仁良,毕翔,等. 飞机碱性电瓶充放电参数测量仪的设计与研究[J]. 测控技术,2014,33(5):10-13
[23] 中华人民共和国国家军用标准 GJB 57A—2006,飞机地面电源供电特性及一般要求. 国防科学技术工业委员会,2006.
[24] 中华人民共和国民用航空行业标准 MH/T 6018—1999,地面静态电源. 中国民用航空总局,1999.
[25] AR1NC624-1. Design Guidance for onboard Maintenance System[Z]. AERONAUTIC RADIO,INC. ,1993.
[26] 赵瑞云. 民用飞机机载维护系统发展浅议[R]. 探索 创新 交流:第三届中国航空学会青年科技论坛文集,2011,45-53.
[27] 唐大鹏. 民用飞机机载维护系统设计研究[J]. 科技创新导报,2012,30,23-25.
[28] 王健,民用飞机机载维护系统故障诊断技术研究[J]. 科技创新导报,2011,34,80-81.